U0305245

信息与计算科学丛书 52

三维油气资源盆地数值模拟的理论和实际应用

袁益让 韩玉笈 著

科学出版社
北京

内 容 简 介

三维盆地发育史数值模拟，就是应用现代计算数学、渗流力学、石油地质和计算机技术，再现盆地发育过程，特别是盆地发育过程中与生成油气有关的地层古温度、地层压力在时空概念下的动态过程，其数学模型为一组非线性对流-扩散偏微分方程组．并以此为基础进一步研究油气生成、运移、聚集及油气分布规律、分布范围，定量地预测一个盆地、一个地区油气蕴藏量及油藏位置．其数学模型为一组多层多相渗流耦合系统．它对于油气资源和油田的勘探和开发有着重要的理论和实用价值．油气资源盆地模拟软件系统由五个模块组成：地史模块，热史模块，生烃史模块，排烃史模块，运移聚集史模块．前四个模块用于资源评估，油气运移聚集史数值模拟模块是盆地模拟最困难、最关键的部分，为确定油藏位置和储量提供重要的依据．

本书可作为信息和计算科学专业、数学和应用数学专业、计算机软件、计算流体力学、石油勘探与开发等专业的本科生参考书，研究生的教材，高等学校、科研单位、生产企业上述相关专业的教师、科研人员和工程师的读物或参考书．

图书在版编目(CIP)数据

三维油气资源盆地数值模拟的理论和实际应用/袁益让，韩玉笈著．—北京：科学出版社，2013

(信息与计算科学丛书；52)

ISBN 978-7-03-035847-9

Ⅰ．①三… Ⅱ．①袁… ②韩… Ⅲ．①含油气盆地-油气资源-数值模拟 Ⅳ．①P618.130.2

中国版本图书馆 CIP 数据核字 (2012) 第 251071 号

责任编辑：王丽平 唐宝军 / 责任校对：包志虹

责任印制：钱玉芬 / 封面设计：陈 敬

科学出版社 出版

北京东黄城根北街16号

邮政编码：100717

http://www.sciencep.com

双青印刷厂 印刷

科学出版社发行 各地新华书店经销

*

2013年1月第 一 版 开本：B5(720×1000)

2013年1月第一次印刷 印张：18 1/2

字数：370 000

定价：79.00 元

(如有印装质量问题，我社负责调换)

《信息与计算科学丛书》序

20 世纪 70 年代末，由已故著名数学家冯康先生任主编，科学出版社出版了一套《计算方法丛书》，至今已逾 30 册. 这套丛书以介绍计算数学的前沿方向和科研成果为主旨，学术水平高、社会影响大，对计算数学的发展、学术交流及人才培养起到了重要的作用.

1998 年教育部进行学科调整，将计算数学及其应用软件、信息科学、运筹控制等专业合并，定名为“信息与计算科学专业”. 为适应新形势下学科发展的需要，科学出版社将《计算方法丛书》更名为《信息与计算科学丛书》，组建了新的编委会，并于 2004 年 9 月在北京召开了第一次会议，讨论并确定了丛书的宗旨、定位及方向等问题.

新的《信息与计算科学丛书》的宗旨是面向高等学校信息与计算科学专业的高年级学生、研究生以及从事这一行业的科技工作者，针对当前的学科前沿，介绍国内外优秀的科研成果. 强调科学性、系统性及学科交叉性，体现新的研究方向. 内容力求深入浅出，简明扼要.

原《计算方法丛书》的编委和编辑人员以及多位数学家曾为丛书的出版做了大量工作，在学术界赢得了很好的声誉，在此表示衷心的感谢. 我们诚挚地希望大家一如既往地关心和支持新丛书的出版，以期为信息与计算科学在新世纪的发展起到积极的推动作用.

石钟慈

2005 年 7 月

前　　言

盆地发育史模拟是从石油地质的物理化学机理出发, 首先建立地质模型, 然后建立数学模型, 最后研制成相应的计算机软件, 从而在时空概念下由计算机定量地模拟盆地的形成、演化, 烃类的生成、运移和聚集的演化过程. 所以通常称之为盆地发育史数值模拟, 其应用软件产品称为盆地模拟系统, 这是当今世界石油地质科学领域内一个新兴的重要领域.

三维盆地发育史数值模拟, 就是利用现代计算数学、渗流力学、石油地质和计算机技术, 再现盆地发育过程, 特别是盆地发育过程中与生成油气有主要关系的地层古温度、地层压力在时空概念下的动态过程, 并以此为基础进一步研究油气生成、运移、聚集及油气分布规律、分布范围, 定量地预测一个盆地、一个地区油气蕴藏量及油藏位置. 这对于油气资源和油田的勘探和开发有着重要的理论和实用价值.

油气资源盆地模拟软件系统由五个模块组成. 这五个模块为: ① 地史模块; ② 热史模块; ③ 生烃史模块; ④ 排烃史模块; ⑤ 运移聚集史模块. 地史模块的功能是重建盆地沉积史和构造史. 热史模块的主要功能是重建油气盆地的古热流史和古温度史. 生烃史模块的主要功能是重建油气盆地的成熟史和生烃量史. 排烃史模块的功能是重建油气盆地的排烃史. 油气运移聚集史又称油气二次运移史, 该模块是盆地模拟最困难、最关键的部分, 为油气资源评估、确定油藏位置和储量提供重要的依据.

本书共分 5 章, 第 1 章为三维油气资源评估的数值模拟, 主要取材于 1989~1993 年山东大学数学研究所和胜利油田计算中心联合承担的胜利石油管理局攻关课题 “三维盆地模拟系统研究”, 该系统在三维空间框架下对盆地的地史、热史、生烃和排烃史在国内外首次实现了三维定量化的数值模拟. 该软件系统已应用于 “八五” 期间全国第二轮油气资源评价中的 “济阳坳陷及其外围地区的油气资源盆地模拟计算研究” 项目中, 对济阳坳陷、临清坳陷东部和潍北坳陷进行了整体模拟计算, 定量评价的成果已经成为编制胜利油田发展规划和勘探部署的重要依据. 它为运移聚集数值模拟的研究奠定了基础, 构造了平台. 该项技术已走出胜利油田, 为全国其他石油勘探地区服务. 1996 年中国石油天然气总公司勘探科技工程项目 “中国东部深层石油地质综合评价及勘探目标选择研究” 中, 胜利油田的三维盆地模拟软件被选中为渤海湾盆地深层油气资源评价软件. 先后评价了辽河油田、冀东油田、大港油田、中原油田和胜利油田所辖的各坳陷的资源量. 该项技术 1994 年获胜利石油管理局科技进步奖一等奖, 1995 年获山东省科技进步奖一等奖.

第 2 章为单层油资源运移聚集数值模拟, 主要取材于 1993~1997 年山东大学数学研究所和胜利油田计算中心联合承担的中国石油天然气总公司 "八五" 科技攻关项目和胜利石油管理局重点科技攻关项目 "二次运移定量模拟研究". 经过近五年的攻关, 提出全新的、合理的数学模型, 构造了新的数值模拟方法, 对 M. K. Hubbert, H. Dembicki, L. Calalan 等知名学者所做的二次运移聚集的水动力学实验进行了数值模拟, 其结果完全一致, 在此基础上, 在国内外第一个成功地研制出单层准三维和三维运移聚集数值模拟软件系统, 并已运用到胜利油田东营盆地的实际问题的数值计算, 模拟结果和油田位置等实际情况基本吻合. 成果曾在 1996 年 12 月中国石油天然气总公司和 1997 年 1 月石油大学 (北京) 的汇报会上, 得到我国著名石油地质学家的高度评价, 有着重要的理论和实用价值. 该项技术 1998 年获胜利石油管理局科技进步奖一等奖.

第 3 章为多层油资源运移聚集数值模拟, 主要取材于 1998~2000 年山东大学数学研究所和胜利油田计算中心联合承担的胜利石油管理局的重点科技攻关课题 "多层油资源运移聚集定量数值模拟技术研究". 开展了多层 (带断层、通道) 油资源运移聚集定量数值模拟技术研究, 提出了全新的数学模型, 构造了新的数值模拟方法, 成功地在国内外第一个研制成多层油资源运移聚集软件系统, 并将程序并行化, 使软件系统达到一个新的水平和上了一个新的台阶. 并已成功的应用到惠民凹陷、滩海地区、东营凹陷等地区, 得到了很好的模拟结果. 该项技术 2002 年获胜利石油管理局科技进步奖一等奖, 2003 年获山东省科技进步奖三等奖.

第 4 章为大规模并行计算运移聚集数值模拟, 主要取材于 2001~2003 年山东大学数学研究所和胜利油田计算中心联合承担的胜利石油管理局攻关课题 "油资源二次运移聚集并行处理区域化精细数值模拟技术研究". 提出数学模型, 精细并行修正算子分裂迭代格式, 并行计算程序设计, 并行计算信息传递, 交替方向网格剖分方法, 成功实现了数值模拟尺度从千米级降到百米级的高精度数值模拟. 对数值方法进行理论分析, 成功地解决了这一计算石油地质、渗流力学的著名问题. 它对油资源的精细评估、寻找隐蔽性 "土豆块" 的圈闭、油藏位置的确定、寻找新的油田, 均有重要的理论和实用价值. 2004 年继续合作, 联合承担胜利石油管理局重点科技攻关项目 "石油资源运聚通道数值模拟技术研究", 提出了新的数学模型及数值解法, 实现了断层的时间性、封堵性、垂向运移性的计算机模拟, 实现了断层作为影响石油资源运移聚集的地质因素的计算机处理技术, 使得原有的软件系统达到了一个新的层次, 并把不整合作为断层的特例进行处理, 成功地在并行的情况下实现了断层、不整合的处理功能, 提高了软件系统的处理能力和模拟精度, 对修改后的数学模型进行了严格的理论分析. 该项技术 2005 年获胜利石油管理局科技成果奖.

第 5 章为数值分析基础, 考虑到盆地模拟的数学模型是一组具有活动边界的非线性偏微分方程初边值问题, 它具有非线性、大区域、动边界、超长时间模拟等特点. 我们提出并采用现代迎风、特征线、分数步、残量和并行数值计算的方法和技术. 并建立严谨的收敛性理论, 使数值模拟计算和工业应用软件建立在坚实的数学、力学基础上. 我们先后承担了多项 "国家 973 计划"、"国家攀登计划"、"国家自然科学基金 (数学、力学)", 国家教育部博士点基金等有关能源数值模拟的理论和应用课题. 曾先后获 1995 年国家光华科技基金奖三等奖, 2003 年教育部提名国家科学技术奖 (自然科学) 一等奖, 1988 年、1993 年、1997 年三次获国家教委科技进步奖 (自然科学) 二等奖. 并于 1993 年由于培养研究生的突出成果 "面向经济建设主战场探索培养高层次数学人才的新途径" 获国家级优秀教学成果奖一等奖.

盆地发育史的数值模拟在国内外仅有二十多年的历史, 运移聚集史的数值模拟是近十多年才发展起来的油气资源评价的国际前沿课题. 它是科学地、定量化地认识和研究石油地质过程的重要手段之一, 是进行油气资源评价和勘探的最新技术.

到目前, 法国的 Ungerer、日本的中山一雄及德国的 Welte 等给出了二次运移的二维剖面模型. Ungerer 对英国的北海油田做了二维剖面问题的数值计算工作. 国内从事二次运移研究的单位较多, 但仅有北京石油勘探开发研究院完成了二维剖面系统, 并应用于生产实际.

在本课题的研究中, 在数学、渗流力学方面我们始终得到 Jr. J.Douglas、R. E. Ewing、姜礼尚教授、石钟慈院士、符鸿源研究员的指导、帮助和支持! 在计算渗流力学和石油地质方面得到郭尚平院士、汪集旸院士、徐世浙院士、秦同洛教授、胜利油田总地质师潘元林、胜利油田地科院总地质师王捷的指导、帮助和支持! 并一直得到山东大学和胜利石油管理局有关领导的大力支持! 特在此表示深深的谢意!

在本课题长达二十多年的研究过程中, 山东大学先后参加此项研究工作的有我的学生: 王文洽教授、羊丹平、鲁统超、赵卫东、程爱杰、崔明荣、杜宁和李长峰等博士. 胜利油田先后参加此项工作的有: 张建世、杨成顺、王志刚、冯国祥、王永福、毛景标、杨秀辉、左东华等高级工程师.

袁益让
2009 年 11 月于山东大学 (济南)
韩玉笈
2009 年 11 月于胜利石油管理局 (东营)

目　录

第 1 章　三维油气资源评估的数值模拟

1.1　引　　言

三维油气资源评估数值模拟是对油气盆地发育地质过程进行定量化研究的最新技术, 是当代研究和评价油气盆地资源潜力的先进技术, 也是国内外争相攻关的困难课题. 它以现代石油地质理论为基础, 综合石油地质、地球化学、渗流力学、计算数学、计算机等多学科的先进成果, 首先建立地质模型, 然后建立数学模型, 运用当代计算技术, 以计算机为手段, 综合应用钻井、地质、物探、地球化学分析等多种信息和资料, 通过计算机模拟, 在时间和空间概念下定量地再现盆地沉积、构造发育史、温度演化史和有机质成熟演化史, 进而对盆地的生烃量、排烃量和远景资源作出定量评价, 实现了计算机的绘图自动化, 使 “可视化” 的程度得到了极大提高.

因为盆地的发育、油气的生成是一个超长时间、大面积、厚地层、变动区域、多因素和复杂地质事件影响的过程, 要想真实地再现这一过程, 是非常困难的. 国内外通常采用的是简化了的一维或二维数学模型和计算方法, 但是盆地的发育演化毕竟是在三维空间下进行的, 要真实再现这一过程, 非三维模型不可. 三维油气资源评估数值模拟软件系统最先使用三维模型求解超压方程和热流方程, 描述质量和能量在三维空间的流动、传递和交换, 真正实现了油气盆地的沉积埋藏史、古热流史和古温度史、烃类的成熟度史和生烃量及排烃量史的数值模拟.

问题的数学模型是一组具有活动边界的非线性偏微分方程初边值问题. 问题具有非线性、大区域、动边界、超长时间模拟等特点, 给构造数值方法和设计计算机软件达到工业化应用带来极大困难. 经过联合攻关, 在研究国际计算数学新成果的基础上, 把求解高维问题最有效的算子分裂法用于解决三维盆地模拟问题, 并提出和应用了特征分裂格式. 理论分析和实际应用表明, 算法绝对稳定, 运算速度快, 精度高.

软件系统采用了网格自动生成技术. 把地层按地质年代分成大层、小层和网格三个层次. 每个时间步的模拟区域大小和边界变化后, 网格能自动生成, 并且随地层变动处理地质参数. 克服三维区域的大小和边界随时间变化带来的困难, 大大提高了模拟精度.

按网格和地层相结合处理地质参数. 盆地在沉积过程中孔隙度逐渐变小, 每层厚度逐渐变薄, 地层与网格的不匹配给地质参数的处理和使用带来了很大困难, 本系统按网格和地层相结合处理地质参数成功地解决了这一难题, 使精度大大提高.

本系统成功地实现了盆地模拟结果的绘图自动化和可视化. 并成功地把计算机辅助设计 (CAD) 技术用于资源评价中, 系统采用图形自动输入, 人机交互操作分区, 可以对图形进行再次加工、编辑, 对编辑加工后的图形用 C 语言进行数据自动采集, 实现模拟结果的绘图自动化和可视化, 极大地提高了工作效率.

系统各功能模块相对稳定, 一个大的盆地模拟工作可以分阶段进行, 计算结果在时间、空间概念下自动排序, 根据需要可以选择性地输出各种图表, 为油气资源评价提供了先进的技术手段.

分裂算法与变动网格相结合的技术. 通常情况下, 分裂算法是在固定区域和固定网格上进行的. 在变动区域和变动网格上用分裂算法以及如何选择算子分裂的顺序, 是三维盆地模拟的新问题, 本系统巧妙地解决了这一难题.

本系统取得了显著的经济效益. 系统投产以来, 已成功地用于全国 "八五" 期间第二次油气资源评价, 它综合运用了胜利油田开发以来丰富的勘探开发资料, 对胜利油田 20 个盆地地质发育历史进行了定量化再研究和再认识. 经本系统科学评价, 给出胜利油田含油气储量 80 亿吨的结论, 比 "六五" 期间 35 亿吨的结论更科学、更符合实际情况, 为胜利油田制定发展规划和勘探部署, 为国家制定能源政策和石油工业发展规划提供了科学依据, 作出了积极贡献.

1.2 数学模型

盆地模拟中三个主要的数学模型是超压方程、热流方程和阿伦尼乌斯方程[1~5].

1.2.1 超压方程

盆地地下孔隙介质是由岩石的骨架和孔隙中的流体组成的. 任取一块岩石, 其受力状态为：一方面, 该岩块要承受作用在它上面的全部重量, 即上覆荷重 (S); 另一方面, 孔隙中的流体本身还具有内压 (P). 作用在岩块上的有效应力 (σ) 有如下关系式：

$$\sigma = S - P. \tag{1.2.1}$$

若以 V 表示岩块体积, V_{s} 表示岩石骨架体积, ϕ 表示岩块的孔隙度, 则

$$V_{\mathrm{s}} = (1-\phi)V.$$

这里, 提出第一个基本假设, 岩石的骨架是不可压缩的. 含有孔隙的沉积物的压缩性, 体现在因孔隙介质中流体的排出而引起孔隙空间的变小, 其骨架体积不随时间 (t) 而变化

$$\frac{\partial V_{\mathrm{s}}}{\partial t} = 0.$$

把 V_s 的表达式代入上式并整理, 可得到

$$\frac{\partial\phi}{\partial t}=\frac{(1-\phi)}{V}\frac{\partial V}{\partial t}.$$

根据胡克定律, 岩块的相对形变与作用其上的有效应力变化成正比

$$\frac{\Delta V}{V}=-\alpha\Delta\sigma,$$

式中 α 为比例系数.

用对时间的偏导表示:

$$\frac{1}{V}\frac{\partial V}{\partial t}=-\alpha\frac{\partial\sigma}{\partial t},$$

于是

$$\frac{\partial\phi}{\partial t}=-\alpha(1-\phi)\frac{\partial\sigma}{\partial t}. \tag{1.2.2}$$

式 (1.2.2) 是计算孔隙度变化率的基本公式, 比例系数 α 通常称作岩石的压缩系数. 把式 (1.2.1) 代入式 (1.2.2), 有

$$\frac{\partial\phi}{\partial t}=-\alpha(1-\phi)\left(\frac{\partial S}{\partial t}-\frac{\partial P}{\partial t}\right). \tag{1.2.3}$$

式 (1.2.3) 表明, 在沉积盆地沉降过程中, 沉积岩中每个单元体均因其孔隙度的减小而受到压实. 这种压实不仅与岩石本身的压缩系数 α 有关, 而且与其孔隙度 ϕ 有关, 还与岩石所受到的有效应力变化率有关. 沉积速率越大, 上覆荷重的变化率越大, 孔隙度的变化率越大; 但是, 如果岩层的渗透率较低, 流体的排出不甚通畅, 就会使岩块内流体压力增高, 导致流体压力变化率变大, 反而使岩石孔隙度的变化率变小.

提出的第二个基本假设是, 岩块内的流体是可以压缩的. 对于可压缩流体, 胡克定律描述了流体体积的相对变化与压力的变化成正比

$$\frac{\mathrm{d}V_{\mathrm{w}}}{V_{\mathrm{w}}}=-\beta\mathrm{d}P,$$

式中 V_{w} 是岩石中的流体体积, β 为比例系数. 当流体压力由 P_0 变化到 P 时, 相应的流体体积由 $V_{\mathrm{w}0}$ 变化到 V_{w}, 对上式积分并整理得

$$\int_{V_{\mathrm{w}_0}}^{V_{\mathrm{w}}}\frac{\mathrm{d}V_{\mathrm{w}}}{V_{\mathrm{w}}}=-\int_{P_0}^{P}\beta\mathrm{d}P,$$

$$\ln\frac{V_{\mathrm{w}}}{V_{\mathrm{w}0}}=\beta(P_0-P),$$

$$V_{\mathrm{w}}=V_{\mathrm{w}_0}\mathrm{e}^{\beta(P_0-P)}.$$

用 M 表示体积为 V_{w} 的流体质量, ρ_{w} 表示此时的流体密度, 有

$$\rho_{\mathrm{w}}=\frac{M}{V_{\mathrm{w}}}=\frac{M}{V_{\mathrm{w}_0}}\mathrm{e}^{-\beta(P_0-P)}=\rho_{\mathrm{w}_0}\mathrm{e}^{-\beta(P_0-P)},$$

上式中 ρ_{w_0} 表示体积为 V_{w_0} 时的流体密度. 上式对时间偏微商

$$\frac{\partial\rho_{\mathrm{w}}}{\partial t}=\rho_{\mathrm{w}_0}\mathrm{e}^{-\beta(P_0-P)}\beta\frac{\partial P}{\partial t},$$

即

$$\frac{\partial\rho_{\mathrm{w}}}{\partial t}=\rho_{\mathrm{w}}\beta\frac{\partial P}{\partial t}. \tag{1.2.4}$$

式 (1.2.4) 表明, 流体密度的变化率, 与流体压力的变化率成正比, 比例系数 β 一般称作流体的压缩系数.

描述质量守恒的连续性方程为

$$-\nabla(\rho_{\mathrm{w}}\boldsymbol{V})=\frac{\partial(\rho_{\mathrm{w}}\phi)}{\partial t},$$

式中 $\boldsymbol{V}$ 是速度向量, 算子 ∇ 的表达式为

$$\nabla=\frac{\partial}{\partial x}\boldsymbol{i}+\frac{\partial}{\partial y}\boldsymbol{j}+\frac{\partial}{\partial z}\boldsymbol{k}.$$

把方程右端项展开, 并把式 (1.2.2)、(1.2.4) 代入

$$\frac{\partial(\rho_{\mathrm{w}}\phi)}{\partial t}=\phi\rho_{\mathrm{w}}\beta\frac{\partial P}{\partial t}-\rho_{\mathrm{w}}\alpha(1-\phi)\frac{\partial\sigma}{\partial t}. \tag{1.2.5}$$

在重力作用下渗流的达西定律为

$$\boldsymbol{V}=-\frac{K}{\mu}\nabla(P-\rho_{\mathrm{w}}gD), \tag{1.2.6}$$

式中, K 是渗透率, μ 是黏度, g 是重力加速度, D 是距水平面的深度. 把 (1.2.5)、(1.2.6) 两式代入连续性方程, 得到

$$\nabla\cdot\left(\frac{\rho_{\mathrm{w}}K}{\mu}\nabla(P-\rho_{\mathrm{w}}gD)\right)=\phi\rho_{\mathrm{w}}\beta\frac{\partial P}{\partial t}-\rho_{\mathrm{w}}\alpha(1-\phi)\frac{\partial\sigma}{\partial t}. \tag{1.2.7}$$

记 $\rho_{\mathrm{w}}gD=P_{\mathrm{n}}$, 显然 P_{n} 是静水柱压力. 岩块中的流体压力 P 由两部分组成, 一部分为静水柱压力, 另一部分为孔隙流体的超压力, 记作 P_{a}, 则 $P_{\mathrm{a}}=P-P_{\mathrm{n}}$.

将式 (1.2.1) 代入式 (1.2.7), 并用超压力 P_{a} 表示需要求解的未知量, 则式 (1.2.7) 变为

$$\begin{aligned}\nabla\cdot\left(\frac{\rho_{\mathrm{w}}K}{\mu}\nabla P_{\mathrm{a}}\right)=&[(1-\phi)\alpha+\phi\beta]\rho_{\mathrm{w}}\frac{\partial P_{\mathrm{a}}}{\partial t}-\alpha(1-\phi)\rho_{\mathrm{w}}\frac{\partial S}{\partial t}\\&+[(1-\phi)\alpha+\phi\beta]\rho_{\mathrm{w}}\frac{\partial P_{\mathrm{n}}}{\partial t},\end{aligned} \tag{1.2.8}$$

方程 (1.2.8) 就是所推导建立的超压方程.

1.2.2 热流方程

描述能量守恒定律的热流方程, 控制着能量的传递. 在盆地模拟方法中, 借用斯泰尔曼 (Stallman) 1967 年推导的由热的传导和热的对流两者同时发生的热流方程

$$\nabla \cdot (K_{\mathrm{s}} \nabla T_{\mathrm{m}}) - c_{\mathrm{w}} \rho_{\mathrm{w}} \nabla \cdot (\boldsymbol{V} T_{\mathrm{m}}) + Q = c_{\mathrm{s}} \rho_{\mathrm{s}} \frac{\partial T_{\mathrm{m}}}{\partial t}, \tag{1.2.9}$$

式中 T_{m} 是温度, K_{s} 是沉积物的热导率,$\boldsymbol{V}$ 是流体运动速度, c_{w} 是流体比热, ρ_{w} 是流体密度, c_{s} 是沉积物比热, ρ_{s} 是沉积物密度, Q 是热源或热汇, t 是时间, 算子 ∇ 同前.

方程 (1.2.9) 中的流体流动速度可以根据达西定律通过公式 (1.2.6) 由压力值获得, 也可以通过计算每个时间间隔的各个单元体的压实量取得. 根据试验计算, 与热的传导相比, 热的对流对地层温度的影响作用相对较小.

1.2.3 阿伦尼乌斯方程

描述干酪根热降解的阿伦尼乌斯方程为

$$\begin{aligned} \frac{\mathrm{d}C_{\mathrm{A}}}{\mathrm{d}t} &= -KC_{\mathrm{A}}, \\ K &= S\mathrm{e}^{-E/(RT)}, \end{aligned} \tag{1.2.10}$$

式中, C_{A} 是岩块中的干酪根含量浓度, t 是经历的地质时间, K 是反应速率, S 和 E 分别是干酪根降解的频率因子和活化能, R 是气体常数, T 是绝对温度.

假定所考察的生油岩在地温间隔 $\Delta T_i = T_i - T_{i-1}$(°C) 下, 经历了 $G_i(\mathrm{M_a})$ 地质时间 (i=1,2,$\cdots$, n). 当地温间隔取得比较小时 (如取 $\Delta T_i = 10$°C), 反应速率 K 可视为常数. 因此, 对式 (1.2.10) 逐段积分, 各段反应速率 K_i 均可提到积分号外:

$$\begin{aligned} &\ln(C_{\mathrm{A}})_1 - \ln(C_{\mathrm{A}})_0 = -K_1 G_1, \\ &\ln(C_{\mathrm{A}})_2 - \ln(C_{\mathrm{A}})_1 = -K_2 G_2, \\ &\cdots\cdots \\ &\ln(C_{\mathrm{A}})_n - \ln(C_{\mathrm{A}})_{n-1} = -K_n G_n. \end{aligned}$$

等式两边相加并注意正负号, 有结果

$$\ln(C_{\mathrm{A}})_0 - \ln(C_{\mathrm{A}})_n = \sum_{i=1}^{n} K_i G_i. \tag{1.2.11}$$

根据蒂索 (Tissot) 与威尔特 (Welte) 等 1978 年的研究, 干酪根转化成烃的温度范围为 50~250°C, 最有利的成油温度为 100~110°C. 若用 K_T、K_{T+10} 与 K_{T+20}

分别表示地温为 T°C、$(T+10)$°C 以及 $(T+20)$°C 时的反应速率, 经推导有

$$1.006 \leqslant \frac{K_{T+10}}{K_T} \bigg/ \frac{K_{T+20}}{K_{T+10}} \leqslant 1.086.$$

上式表明, 在不很严格的场合, 地温每升高 10°C, 其反应速率的比值很接近一个常数, 据韦帕尔斯 (D. Waples) 1976 年的研究, 该比值可近似取作

$$\frac{K_{T+10}}{K_T} = \frac{K_{T+20}}{K_{T+10}} = 2, \tag{1.2.12}$$

也就是通常说的, 温度每升高 10°C, 反应速率 K 的值增加一倍.

用温度间隔 100~110°C 时的反应速率 K_{100} 去除公式 (1.2.11) 的两端

$$\frac{\ln(C_{\mathrm{A}})_0 - \ln(C_{\mathrm{A}})_n}{K_{100}} = \sum_{i=1}^{n} r_i G_i,$$

式中 $r_i = K_i/K_{100}$, 根据分子分母同乘一个非零实数其值不变的简单原理, r_i 显然是公比为 2 的等比级数中的某一项, 称之为温度系数 (无因次). 温度与温度系数的关系如表 1.2.1 所示. 上式中的右端就是通常所指的温度时间指数

$$\mathrm{TTI} = \sum_{i=1}^{n} r_i G_i,$$

它是反映干酪根受热降解的一个重要指标.

表 1.2.1 不同温度下的温度系数

温度范围/°C	温度系数 r_i
50~60	0.03125
60~70	0.0625
70~80	0.125
80~90	0.25
90~100	0.5
100~110	1.0
110~120	2.0
120~130	4.0
130~140	8.0

洛帕廷 (Lopation) 1971 年和韦帕尔斯通过对测定数据的研究分析, 发现生油岩的镜质体反射率值 R_0 与温度时间指数 TTI 有着良好的统计关系, 并分别给出了这两者之间的经验公式, 见表 1.2.2.

表 1.2.2 洛帕廷公式与韦帕尔斯公式

洛帕廷公式	$R_0 = 1.301\log\text{TTI} - 0.5282$	
韦帕尔斯公式	$R_0 = 0.2$	$0<\text{TTI}\leqslant 0.3$
	$R_0 = (\log\text{TTI}+1.28)/3.80$	$0.3<\text{TTI}\leqslant 10$
	$R_0 = (\log\text{TTI}+0.69)/2.82$	$10<\text{TTI}\leqslant 30$
	$R_0 = (\log\text{TTI}-0.14)/1.74$	$30<\text{TTI}\leqslant 75$
	$R_0 = (\log\text{TTI}-0.67)/1.20$	$75<\text{TTI}\leqslant 300$
	$R_0 = (\log\text{TTI}-1.01)/0.98$	$300<\text{TTI}\leqslant 2000$
	$R_0 = (\log\text{TTI}-1.59)/0.73$	$2000<\text{TTI}\leqslant 60000$
	$R_0 = (\log\text{TTI}-2.09)/0.57$	$6000<\text{TTI}\leqslant 400000$

指标 R_0 反映了生油岩的成熟程度, 称作生油岩成熟度. 它决定了生油岩的烃产率. 所谓烃产率, 是指干酪根热解过程, 每克有机碳累计产生烃类的毫克数, 如图 1.2.1 所示. 不同类型的干酪根, 有不同的烃产率曲线, 一般可以通过实际地层演化剖面上述指标的测定值或者特意设计的实验室热模拟试验测定数据绘制.

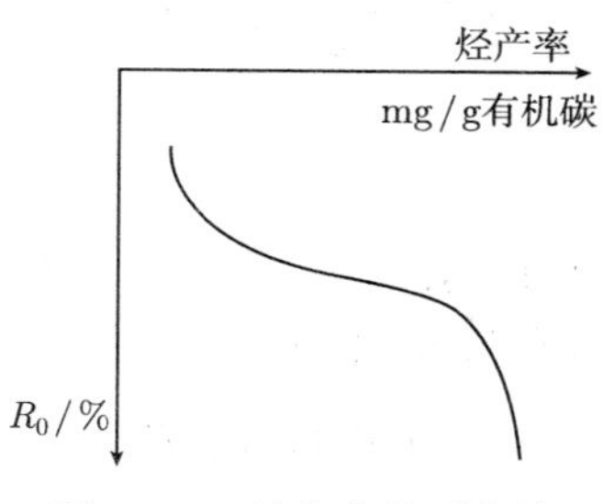

图 1.2.1 烃产率关系曲线

综上所述, 如果知道盆地的生油岩体积和有机碳含量, 利用各节点计算出来的 R_0 数据, 查出相应的烃产率关系曲线, 就可以计算出该盆地的总的生油量.

1.2.4 方程中某些参数的计算公式

1. *渗透率 K*

在超压方程中, 渗透率 K 是从孔隙度与渗透率的经验关系里, 根据已经计算出来的该时间间隔的孔隙度值来确定的. 不同的岩性有不同的经验公式, 本方法采用了指数型回归关系式.

2. *孔隙流体黏度 μ*

据 Yükler, 孔隙流体的运动黏度主要与地层温度有关, 设地层温度为 T°C, 则黏度公式是

$$\mu = (5.3 + 3.8AT - 0.26AT^3)^{-1},$$

这里 $AT = (T°\text{C} - 150°\text{C})/100°\text{C}$.

3. *岩石压缩系数 α*

从统计意义上说, 压缩系数 α 的对数与孔隙度 ϕ 之间成线性关系. 令 ϕ_0 表示岩石的原始孔隙度, $\phi_{\min}$ 表示该岩性岩石的最小孔隙度, 与 ϕ_0 相对应的岩石压缩

系数表示为 $\alpha_{\max}$, 与 $\phi_{\min}$ 相对应的岩石压缩系数表示为 $\alpha_{\min}$. 有了上述四个点, 在以 ϕ 和 $\lg\alpha$ 为坐标轴的坐标平面内, 经验直线已唯一地被确定. 其截距由

$$h=\frac{\phi_{\min}\lg\alpha_{\max}-\phi_0\lg\alpha_{\min}}{\phi_{\min}-\phi_0} \tag{1.2.13}$$

给出, 因此, 求孔隙度为 ϕ 时的岩石压缩系数 α, 可由下式计算:

$$\alpha=10^{\left[\frac{\phi}{\phi_{\min}}(\lg\alpha_{\min}-h)+h\right]}. \tag{1.2.14}$$

4. 流体密度 ρ_{w}

流体密度用下式计算:

$$\rho_{\mathrm{w}}=\rho_{\mathrm{w}_0}[1+\beta_T(T-T_0)],$$

这里 ρ_{w_0} 是温度为 T_0 时的流体密度, ρ_{w} 是温度为 T 时的流体密度, β_T 是流体体积膨胀系数, 取作 $-0.5\times\mathrm{e}^{-3}$.

5. 沉积物的密度 ρ_{s}

沉积物密度公式为

$$\rho_{\mathrm{s}}=\phi\rho_{\mathrm{w}}+(1-\phi)\rho_{\mathrm{r}},$$

这里 ρ_{r} 是岩石骨架密度, 不同岩性的骨架有不同的 ρ_{r}.

6. 沉积物热导率 K_{s}

沉积物热导率公式取

$$K_{\mathrm{s}}=K_{\mathrm{r}}(K_{\mathrm{w}}/K_{\mathrm{r}})^{\phi},$$

这里 K_{r}、K_{w} 分别为岩石和流体的热导率.

7. 沉积物比热 c_{s}

沉积物的比热也是通过岩石的比热 c_{r} 和流体的比热 c_{w} 由下式计算:

$$c_{\mathrm{s}}=(1-\phi)c_{\mathrm{r}}[1+\Omega_{\mathrm{r}}(T-T_0)]+\phi c_{\mathrm{w}}[1+\Omega_{\mathrm{w}}(T-T_0)].$$

这里, 不同的岩性, 有不同的岩石比热 c_{r}, Ω_{r} 和 Ω_{w} 分别为描述岩石和流体的比热随温度由 T_0 变到 T 而变化的常数, 它们分别取 0.769×10^{-3} 和 0.219×10^{-3}.

可以看出, 超压方程和热流方程所采用的很多系数, 都是孔隙度的函数. 而孔隙度的计算, 如前所述, 已由公式 (1.2.3) 给出. 于是三个主要的方程以及这些方程系数的公式, 构成了盆地模拟方法的数学基础.

1.3 数值解法

模拟计算盆地地质发育的历史, 首先根据沉积地层现今的孔隙度 (ϕ) 和原始孔隙度 (ϕ_0) 的差异, 按现今的地层厚度 (H) 恢复其原始沉积厚度 (H_0), 厚度恢复公式是

$$H_0 = (1-\phi)H/(1-\phi_0).$$

地层原始厚度和相应的沉积时间知道后, 即可计算出沉积速率. 显然, 盆地内平面上不同的计算点有不同的沉积速率曲线, 这些曲线描述了盆地的沉积过程.

为了清楚地阐明数值方法, 我们将数学模型规范化、方程 (1.2.8) 是关于超压 p 的流动方程和方程 (1.2.9) 是关于古温度 T 的热传导方程, 它们都是抛物型的, 方程 (1.2.3) 是关于孔隙度 ϕ 的方程是一阶常微分方程, 在盆地孔隙内的流体仅有"微小压缩" 的情况下, 其数学模型是[6~10]

$$\nabla\cdot\left(\frac{K}{\mu}\nabla p\right) = \varphi\frac{\partial p}{\partial t} - f\frac{\partial S}{\partial t} + \varphi\frac{\partial P_n}{\partial t}, \quad X=(x,y,z)^{\mathrm{T}}\in\Omega_1, t\in J=(0,\bar{T}], \quad (1.3.1\text{a})$$

$$p\equiv 0, X\in\Omega_2, t\in J, \quad (\text{流动方程}) \quad (1.3.1\text{b})$$

$$\nabla\cdot(K_{\mathrm{s}}\nabla T) - c_{\mathrm{w}}\rho_{\mathrm{w}}\nabla\cdot(VT) + Q = c_{\mathrm{s}}\rho_{\mathrm{s}}\frac{\partial T}{\partial t}, \quad X\in\Omega, t\in J, (\text{古温度传导方程}) \quad (1.3.2)$$

$$\frac{\partial\phi}{\partial t} = -f\left(\frac{\partial S}{\partial t} - \frac{\partial p}{\partial t} - \frac{\partial P_n}{\partial t}\right), \quad X\in\Omega, t\in J, (\text{孔隙度方程}) \quad (1.3.3)$$

此处 $\Omega=\Omega_1\cup\Omega_2$ 是盆地的三维有界区域, 见图 1.3.1. 超压 $p=p(X,t)$ 在超压区 Ω_1 满足方程 (1.3.1a), 在非超压区 Ω_2 上恒为零, 即满足方程 (1.3.1b).$\nabla = \left(\frac{\partial}{\partial x}, \frac{\partial}{\partial y}, \frac{\partial}{\partial z}\right)^{\mathrm{T}}$, $\bar{T}$是数值模拟时间, $T=T(X,t)$ 是古温度函数,$\phi=\phi(X,t)$ 是孔隙度, S 和 P_{n} 分别是负荷重和静止水柱压力, $P_{\mathrm{n}}=\rho_{\mathrm{n}}gD$, D 是距水面深度, $\varphi=\alpha(1-\phi)+\beta\phi$, $f=\alpha(1-\phi)$, α、β 分别是骨架和流体的压缩系数, μ 是黏度, K 是渗透率, $V=-\frac{k}{\mu}\nabla(p-\rho_{\mathrm{w}}gD)$ 是达西速度, K_{s} 是沉积物的热导率,Q 是热源或热汇项, 是已知函数, c_{s} 和 ρ_{s} 分别是沉积物的比热和密度,c_{w} 和 ρ_{w} 分别是流体的比热和密度.

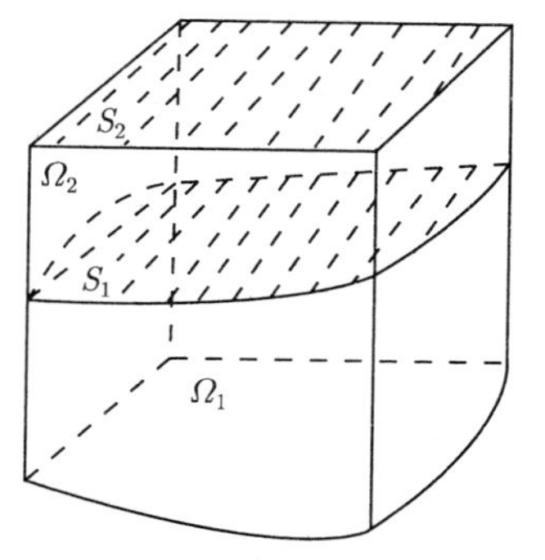

图 1.3.1　求解区域示意图

边界条件:

$$p=0, (X,t)\in S_1\times J, \quad \nabla p\cdot\boldsymbol{\gamma}=0, (X,t)\in(\partial\Omega_1\backslash S_1)\times J,$$

$$T=T_0, (X,t)\in S_2\times J, \quad \nabla T\cdot\boldsymbol{\gamma}=0, (X,t)\in(\partial\Omega\backslash S_2)\times J,$$

此处 γ 为相应的边界曲面 $\partial\Omega_1$、$\partial\Omega$ 的外法向方向. $\nabla p\cdot\gamma=0$ 表示不渗透边界条件, $\nabla T\cdot\gamma=0$ 表示绝热边界条件.

初始条件:

$$p(X,0)=p^0(X),T(X,0)=T^0(X),\quad X\in\Omega.$$

1.3.1　超压方程的计算

引进区域 Ω 的剖分 Ω_h 区域, $X_{ijk}=(x_i,y_j,z_k)^{\mathrm{T}}=(ih_x,jh_y,kh_z)^{\mathrm{T}},X_{ijk}\in\Omega_h,h_x,h_y,h_z$ 分别是 x,y,z 方向的步长, Δt 是时间步长, $t^n=n\Delta t,W_{ijk}^n=W(X_{ijk},t^n)$, 在方程 (1.3.1) 中先用差商代替导数 $\dfrac{\partial p}{\partial t}$, 则有

$$\nabla\cdot(K_\mu\nabla p^{n+1})=\varphi\frac{p^{n+1}-p^n}{\Delta t}-f\frac{\partial S}{\partial t}+\varphi\frac{\partial P_n}{\partial t}.\tag{1.3.4}$$

将 (1.3.4) 写成可分裂的形式

$$\begin{aligned}&\left(1-\Delta t\varphi^{-1}\frac{\partial}{\partial z}\left(K_\mu\frac{\partial}{\partial z}\right)\right)\left(1-\Delta t\varphi^{-1}\frac{\partial}{\partial x}\left(K_\mu\frac{\partial}{\partial x}\right)\right)\\&\cdot\left(1-\Delta t\varphi^{-1}\frac{\partial}{\partial y}\left(K_\mu\frac{\partial}{\partial y}\right)\right)p^{n+1}=p^n+\Delta t\varphi^{-1}f\frac{\partial S}{\partial t}-\Delta t\frac{\partial P_n}{\partial t},\end{aligned}\tag{1.3.5}$$

此处 $K_\mu=\dfrac{K}{\mu}$. 记 $K_{\mu,ijk}=\left(\dfrac{K}{\mu}\right)_{ijk}$, $K_{\mu,i+1/2,jk}=2K_{\mu,i+1,jk}K_{\mu,ijk}h_yh_z\Delta t/((K_{\mu,i+1,jk}+K_{\mu,ijk})h_x)$, $E_{ijk}=\varphi_{ijk}h_xh_yh_z$, $F_{ijk}=f_{ijk}h_xh_yh_z$. 记 P_h 和 T_h 分别表示差分解, $\delta_x(K_\mu\delta_{\bar{x}}P_h^n)_{ijk}=K_{\mu,i+1/2,jk}(P_{h,i+1,jk}^n-P_{h,ijk}^n)-K_{\mu,i-1/2,jk}(P_{h,ijk}^n-P_{h,i-1,jk}^n)$, 同样定义 $K_{\mu,i,j+1/2,k}$、$K_{\mu,ij,k+1/2}$ 和 $\delta_y(K_\mu\delta_{\bar{y}}P_h^n)_{ijk}$、$\delta_z(K_\mu\delta_{\bar{z}}P_h^n)$. 在已知 t^n 时刻 P_h^n 的情况下, 对于可分裂的形式 (1.3.5), 可用下面的差分格式求 P_h^{n+1}:

$$\begin{aligned}\delta_z(K_\mu\delta_{\bar{z}}P_h^{n+1/3})_{ijk}=&E_{ijk}(P_{h,ijk}^{n+1/3}-P_{h,ijk}^n)-F_{ijk}(S_{ijk}^{n+1}-S_{ijk}^n)\\&+E_{ijk}(P_{n,ijk}^{n+1}-P_{n,ijk}^n),\end{aligned}\tag{1.3.6a}$$

$$\delta_x(K_\mu\delta_{\bar{x}}P_h^{n+2/3})_{ijk}=E_{ijk}(P_{h,ijk}^{n+2/3}-P_{h,ijk}^{n+1/3}),\tag{1.3.6b}$$

$$\delta_y(K_\mu\delta_{\bar{y}}P_h^{n+1})_{ijk}=E_{ijk}(P_{h,ijk}^{n+1}-P_{h,ijk}^{n+2/3}).\tag{1.3.6c}$$

超压方程的计算程序: 首先由 (1.3.6a) 用追赶法求出过渡层的解 $\{P_{h,ijk}^{n+1/3}\}$, 再由 (1.3.6b) 同样用追赶法求出过渡层的解 $\{P_{h,ijk}^{n+2/3}\}$, 最后由 (1.3.6c) 求出 t^{n+1} 时刻的差分解 $\{P_{h,ijk}^{n+1}\}$. 由于问题是正定的, 故此差分解存在且唯一.

1.3.2　热流方程的计算

对古温度方程 (1.3.2), 定义 $\delta_x(V_xT_h^n)_{ijk}=V_{x,i+1/2,jk}\dfrac{T_{h,i+1,jk}^n+T_{h,ijk}^n}{2}-V_{x,i-1/2,jk}\dfrac{T_{h,i-1,jk}^n+T_{h,ijk}^n}{2}$, $(R_{xy})_{ijk}=(c_{\mathrm{w}}\rho_{\mathrm{w}})_{ijk}h_xh_y$, $(R_s)_{ijk}=(c_s\rho_s)_{ijk}h_xh_yh_z$ 及 $\delta_y(V_yT_h^n)$、

$\delta_z(V_zT_h^n)$、$(R_{xz})_{ijk}$、$(R_{yz})_{ijk}$. 类似地定义 $K_{s,i+1/2,jk}$, $K_{s,i,j+1/2,k}, K_{s,ij,k+1/2}$ 和 $\delta_x(K_s\delta_{\bar{x}}T_h^n)_{ijk}$ 等, 在已知 T_h^n 的情况下, 同样可以导出下述差分格式求 T_h^{n+1}:

$$\delta_z(K_s\delta_{\bar{z}}T_h^{n+1/3})_{ijk} - (R_{xy})_{ijk}\delta_z(V_zT_h^{n+1/3})_{ijk} + Qh_xh_y\Delta t = (R_{\rm s})_{ijk}(T_{h,ijk}^{n+1/3} - T_{h,ijk}^n), \tag{1.3.7a}$$

$$\delta_x(K_s\delta_{\bar{x}}T_h^{n+2/3})_{ijk} - (R_{yz})_{ijk}\delta_x(V_xT_h^{n+2/3})_{ijk} = (R_{\rm s})_{ijk}(T_{h,ijk}^{n+2/3} - T_{h,ijk}^{n+1/3}), \tag{1.3.7b}$$

$$\delta_y(K_s\delta_{\bar{y}}T_h^{n+1})_{ijk} - (R_{xz})_{ijk}\delta_y(V_yT_h^{n+1})_{ijk} = (R_{\rm s})_{ijk}(T_{h,ijk}^{n+1} - T_{h,ijk}^{n+2/3}), \tag{1.3.7c}$$

式中 $V = (V_x, V_y, V_z)^{\rm T}$ 为达西速度, $V_{x,i+1/2,jk}$ 表示 $V_x(X_{i+1/2,jk}, t^n)$ 的值. 应该注意, 在方程 (1.3.7a) 中, 只有源汇节点才有 $Qh_xh_y\Delta t$.

热流方程的计算程序: 首先由 (1.3.7a) 用追赶法求出过渡层的解 $\{T_{h,ijk}^{n+1/3}\}$, 再由 (1.3.7b) 求出 $\{T_{h,ijk}^{n+2/3}\}$, 最后由 (1.3.7c) 求出 t^{n+1} 时刻的差分解 $\{T_{h,ijk}^{n+1}\}$. 同样此差分解存在且唯一.

对于孔隙度方程 (1.3.3), 在格式 (1.3.6) 求出超压 P_h^{n+1} 之后, 可以直接求出 ϕ:

$$\phi_{ijk}^{n+1} - \phi_{ijk}^n = -f_{ijk}(S_{ijk}^{n+1} - S_{ijk}^n - P_{h,ijk}^{n+1} + P_{h,ijk}^n - P_{n,ijk}^{n+1} + P_{n,ijk}^n). \tag{1.3.8}$$

1.3.3 数值实例

我们以胜利油田提供的模型实例进行了数值计算, 被模拟的盆地如图 1.3.2 所示, 平面上共有 15×6 个计算点, 15 个不同地层自下而上编号, 计算是在大步长情况下进行的. 主要参数如表 1.3.1 所示, 数值结果表明, 计算得到的超压和古温度有很强的物理特性, 地层的模拟厚度与地质资料也拟合得很好. 图 1.3.3(a)~(c) 给出了盆地的 1~4 层在剖面 $j = 2$ 上不同沉积时期的古温度分布, 它完全符合问题的物理特征和要求. 数值计算还得到了孔隙度 ϕ、渗透率 K、流体黏度 μ 等重要地质参数的变化结果.

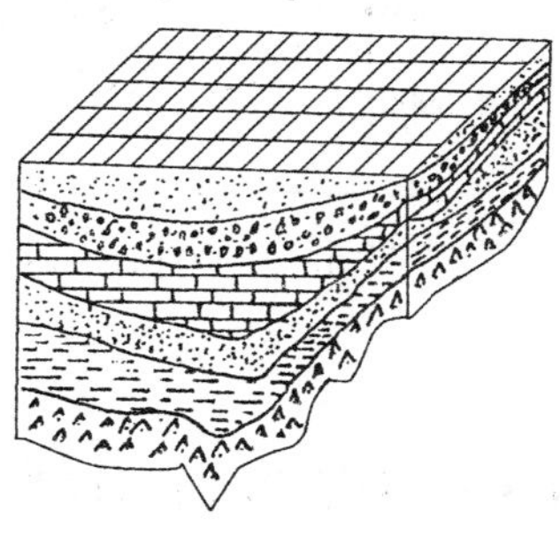

图 1.3.2 模拟盆地示意图

表 1.3.1 主要地质参数表

名称与符号	数值或计算公式
黏度 μ	$(5.3+3.8AT-0.26AT^3)^{-1}$, $AT=(T-150)/100$
流体密度 $\rho_{\rm w}$	$\rho_{\rm w0}(1+\beta_T(T-T_0))$, $\beta_T=-0.5\times {\rm e}^{-3}$
沉积物密度 $\rho_{\rm s}$	$\phi\rho_{\rm w}+(1+\phi)\rho_{\rm s}$
时间步长 Δt	50(万年)
x, y 方向步长 h_x、h_y	1.5×10^3cm
z 方向步长 h_z	2.0×10^3cm

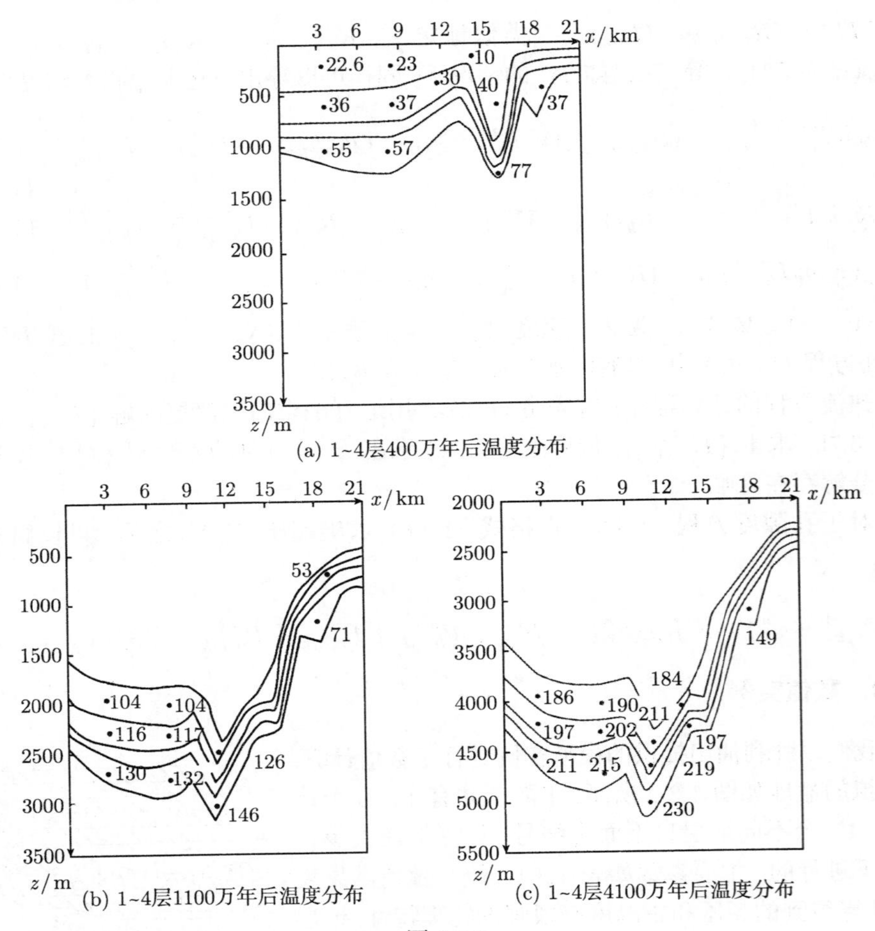

(a) 1~4层400万年后温度分布

(b) 1~4层1100万年后温度分布

(c) 1~4层4100万年后温度分布

图 1.3.3

1.3.4 网格自动生成技术

盆地模拟问题的显著特点之一是其数学模型属于动边界问题, 在盆地沉积压实发育过程中, 盆地的大小 (特别是纵方向的尺寸)、形状 (即边界) 无时无刻不在发生变化. 因此在数值求解过程中, 每一个时间步都要重新确定求解区域的网格分布, 另外在沉积压实过程中, 盆地内点的深度也发生变化, 即求解区域内的每个网格点所代表的盆地的物理点是变化的, 例如纵坐标为 200m 的某一网格点, 当经过一个时间步长后, 盆地发生了沉积和压实 (下沉). 纵坐标为 200m 的网格点所代表的物理点发生了下沉, 经过一个时间步长后, 它又代表了一个由上方下沉下来的一个新的物理点. 盆地模拟的这种边界变动和内点下沉的特点给数值求解增加了新的困难. 我们在程序设计中采取了网格自动生成技术, 在实际盆地模型中, 我们取 x、y

方向的步长均为 2.0km, 纵向步长为 25m. 盆地经过一个时间步长的沉积压实之后, 我们要分别计算每个纵向网格上的沉积量和压实量, 从而重新确定盆地的边界, 我们把边界点分为左右、前后、上下几类, 用 −1 代表左、前两类边界点, 用 −2 代表右、后两类边界点, 并且记下上、下两个网格点的序号. 内点的示性数是 1, 这样一个新的求解区域连同其边界点就完全确定下来, 例如图 1.3.4(a) 表示某一时刻 j=5 时的剖面上的网点分布, −1 表示右边界, −2 表示右边界, 1 表示内点, 区域外的点用 0 表示, 图 1.3.4(b) 表示 i=5 时的剖面图, −1 表示前面边界上的点, −2 表示后面边界上的点, 区域外的点用 0 表示.

−1	1	1	1	1	1	1	1	1	−2
−1	1	1	1	1	1	1	1	1	−2
−1	1	1	1	1	1	1	1	1	−2
−1	1	1	1	1	1	1	1	1	−2
0	−1	1	1	1	1	1	1	1	−2
0	−1	1	1	1	1	1	−2	0	0
0	−1	1	1	1	−2	0	0	0	0
0	0	−1	1	1	−2	0	0	0	0
0	0	0	0	0	0	0	0	0	0

(a) 垂直剖面网格生成 ($j = 5$)

−1	1	1	1	1	1	1	1	1	−2
−1	1	1	1	1	1	1	1	1	−2
−1	1	1	1	1	1	1	1	1	−2
−1	1	1	1	1	1	1	1	1	−2
−1	1	1	1	1	1	1	1	1	−2
0	−1	1	1	1	1	1	1	1	−2
0	−1	1	1	1	1	1	1	−2	0
0	−1	1	−2	0	−1	1	1	−2	0
0	−1	1	−2	0	−1	1	1	−2	0
0	−1	−2	0	0	−1	1	−2	0	0
0	0	0	0	0	0	0	0	0	0

(b) 垂直剖面网格生成 ($i = 5$)

图 1.3.4

关于内点下沉的处理, 我们在每一个时间步长 (50 万年) 之后, 先算出沉积量和压实量, 然后给出每个物理点下沉的距离, 把每个物理点上的量赋给它下沉后所到达的新网格点上, 如果不在网格点上时, 采取插值的办法处理. 这样, 新时刻的求解区域及其边界就被重新确定.

1.4 盆地模拟中的参数选取

盆地模拟方法需要地质、地球物理、地球化学、热力学及岩石学等多方面的参数, 这些参数的选取直接关系到模拟的成败. 根据模拟济阳坳陷的实践, 确定参数的选取.

1.4.1 地质参数

地质参数包括地层厚度、生油层厚度、地层的地质年代、盆地发育过程中地质事件等内容.

地质参数中最主要的是全区不同层系、自下而上的分层地层等厚图. 虽然在计算生油量时主要考虑的是生油层的情况, 但是, 生油层以上的新第三系和第四系的地层, 也必须将其分层 (组) 厚度的数据、图件提供出来, 否则, 晚第三纪以来的演化就无法模拟. 这一点往往容易被人们忽视. 对于勘探程度低的地区, 可以根据地震反射界面和构造图编绘出地层分层等厚图, 渤海及珠江口海域几个盆地的参数准备就是这样做的.

生油层是研究的重点, 要有生油岩等厚图. 盆地中若没有足够多的探井控制, 则可根据地层向沉降中心加厚, 砂岩和泥岩的比例相对降低, 暗色泥岩的厚度逐步加大的自然趋势加以推测.

盆地各地层的地质年代, 要细分很不容易. 就我国大多数盆地而言, 目前尚无分层、组的地层绝对年代测定数据. 对于济阳坳陷各盆地, 根据第三纪始新世、渐新世、中新世、上新世和全新世的国际通用年龄, 可作出大的年代分划. 然后, 属于同一个世的各地层组段, 根据其沉积速率、沉积厚度、岩性、岩相等分析, 进行更详细的划分. 如渐新世的各沉积地层, 其地质年代从距今 3800 万年起到距今 2400 万年为界划分, 其间有东营组和沙河街组两组地层沉积, 根据这两组地层的沉积厚度、岩性和岩相, 确定东营组的沉积期约为 600 万年, 沙河街组约为 800 万年, 再根据沙河街一、二、三段的地层情况, 更细分为沙一、沙二两段各为 250 万年, 沙三段 300 万年, 沙三段又分成上、中、下三组地层, 估计各用 100 万年的沉积期, 于是渐新世各沉积地层的历史年代得到了详细的划分.

盆地发育过程中的地质事件如构造运动、沉积间断等因素均应在参数准备时加以考虑. 在模拟济阳坳陷地质发育史过程中, 关于早、晚第三纪的地层不整合事件, 由于剥蚀厚度无法确定, 对其作了沉积间断处理, 即将该时期的沉积厚度取作零. 难度较大的是确定不整合持续的时间, 即从渐新世末期东营组早期出现的沉积间断开始, 到中新世馆陶组开始接受沉积、下第三系生油岩重新埋藏加速演化的起始时间为止的这一段地质时间. 威尔特教授根据欧洲早、晚第三纪间的阿尔卑斯运动规模, 提出这段沉积间断时间共持续 1500 万 ~1700 万年的意见. 分析了渤海湾地区馆陶组的地层厚度和分布, 根据山东临朐山旺中新统富含大量植物、昆虫、鸟类化石的硅藻土层大体相当于馆陶组晚期的湖相沉积, 其地质年代大约为距今 1500 万 ~1700 万年前; 考虑到济阳坳陷馆陶组沉积前地层不整合规模较大, 分布较广, 暂时选用间断时间约 1100 万年, 即馆陶组在本区距今大约 1400万年前开始接受沉积. 济阳坳陷第三纪地质年代时间明细表如表 1.4.1 所示.

表 1.4.1　济阳坳陷第三纪地质时间表

世	全新世	上新世	中新世		渐新世						
组	平原	明化镇	馆陶	沉积间断	东营	沙河街					
段							沙一	沙二	沙三		
层									上	中	下
持续时间/万年	200	400	800	1000	100	500	250	250	100	100	100
距今时间/万年前	200	600	1400	2400	2500	3000	3250	3500	3600	3700	3800

1.4.2　热学参数

热学参数包括井下实测温度数据、岩石和流体的热导率和比热、各个地质时期的大地热流值等.

井下实测温度数据的主要用途是用来检验模拟计算结果的正确性, 因此要求测温资料质量要高, 能反映地层真实温度.

岩石和流体的热导率和比热等热学性质参数, 使用的是 Yükler 提供的文献数据, 模拟计算中把岩性分成七类, 不同的岩性有不同的热学参数.

中国科学院地质研究所地热室根据华北地区的实测资料提出, 该地区的现代热流值为 1.5HFU. 古代的大地热流值现在已无法测定, 但可以根据构造地质学原理进行推导. 还有一种方法是, 根据区域构造条件, 通过与现代相应构造单元大地热流值进行地质类比而借用. 据现代裂谷区域实测资料, 大地热流值可达1.8~2.0HFU. 本区中、晚中生代发生断裂和大规模的火山喷发; 第三纪以来虽有断裂和局部火山喷发, 但以沉陷为主, 说明地壳开始冷却. 据此, 认为济阳坳陷第三纪前热流值高于 1.8HFU, 第三纪以来, 该值逐步下降, 以至变为目前的 1.5HFU. 济阳坳陷各地质时期大地热流值 (包括调试值和试用值) 列于表 1.4.2 中.

表 1.4.2　济阳坳陷各地质时期热流值调试表

时代	Q	N_m	N_g	E_d	ES_1	ES_2	ES_3^U	ES_3^M	ES_3^L	ES_4
试用值	1.6	1.6	1.6	1.6~1.65	1.7	1.7~1.75	1.85	1.85	1.85	1.85
调试值	1.5	1.5	1.55	1.6	1.65	1.7	1.75	1.75	1.8	1.8

1.4.3　有机地球化学参数

有机地球化学方面的参数有：生油岩有机碳含量、实测的镜质体反射率、烃产率关系曲线.

盆地各生油层有机碳含量的化验室测定数据要求用等值线图的方式提供, 而且要与相应层位的生油岩等厚图互相匹配. 当该测定数据太少时, 也应做出有机碳含量实测数据点图.

实验室测定的岩石镜质体反射率数据, 也是用来检验模拟计算结果真实性的, 所以选用的实测数据要合理, 要有代表性.

烃产率曲线直接影响到盆地生油量计算, 因此, 该曲线的确定应格外慎重. 根据大量的自然演化剖面, 结合人工热模拟实验, 选用了 7 条镜质体反射率与烃产率关系曲线, 它们分属三种不同类型的干酪根, 见表 1.4.3.

表 1.4.3　实用烃产率曲线综合数据表

产物	总烃 (mg/gc) (THC)						
干酪根类型 / R_0/%	I_1	I_2	I_3	II_1	II_2	II_3	III
0.4	19	16	14	11	9	4	2
0.5	41	36	36	35	32	8	2
0.6	80	66	63	75	62	28	6
0.7	170	111	103	110	95	45	37
0.8	323	188	157	145	124	63	74
0.9	411	240	183	160	131	82	95
1.0	413	273	199	168	138	97	111
1.1	409	284	215	163	139	116	122
1.2	396	287	227	156	139	128	133

1.5　软件系统结构及输出成果

1.5.1　计算流程图

在这里列出软件结构图 (图 1.5.1) 和总流程图 (图 1.5.2). 在总流程图中, 框 (5)~ 框 (9) 是主要部分, 其中框 (9) 和框 (8) 的结构基本相同 (图 1.5.3~ 图 1.5.6).

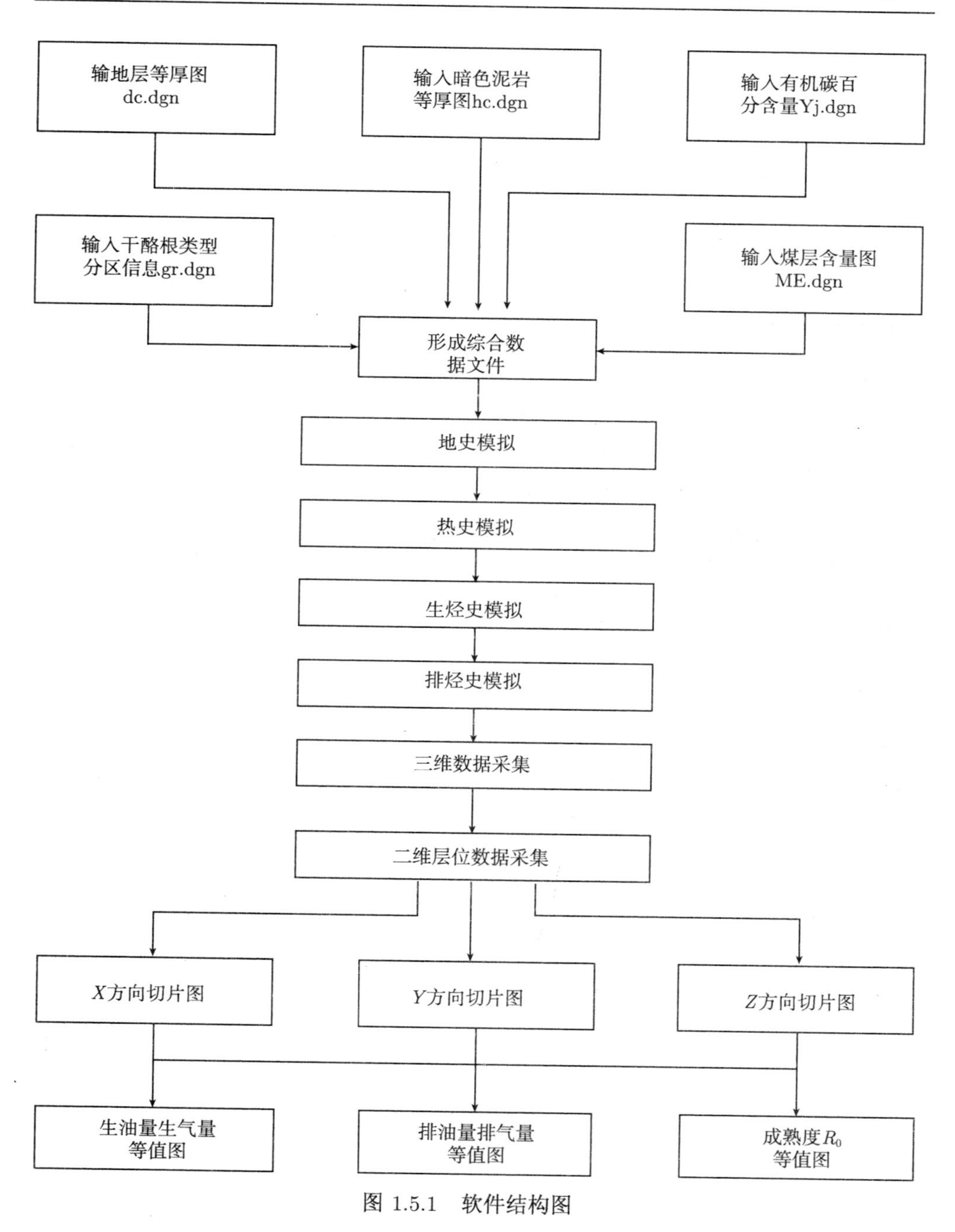
输地层等厚图
dc.dgn
输入暗色泥岩
等厚图hc.dgn
输入有机碳百
分含量Yj.dgn
输入干酪根类型
分区信息gr.dgn
输入煤层含量图
ME.dgn
形成综合数
据文件
地史模拟
热史模拟
生烃史模拟
排烃史模拟
三维数据采集
二维层位数据采集
X方向切片图
Y方向切片图
Z方向切片图
生油量生气量
等值图
排油量排气量
等值图
成熟度R_0
等值图

图 1.5.1 软件结构图

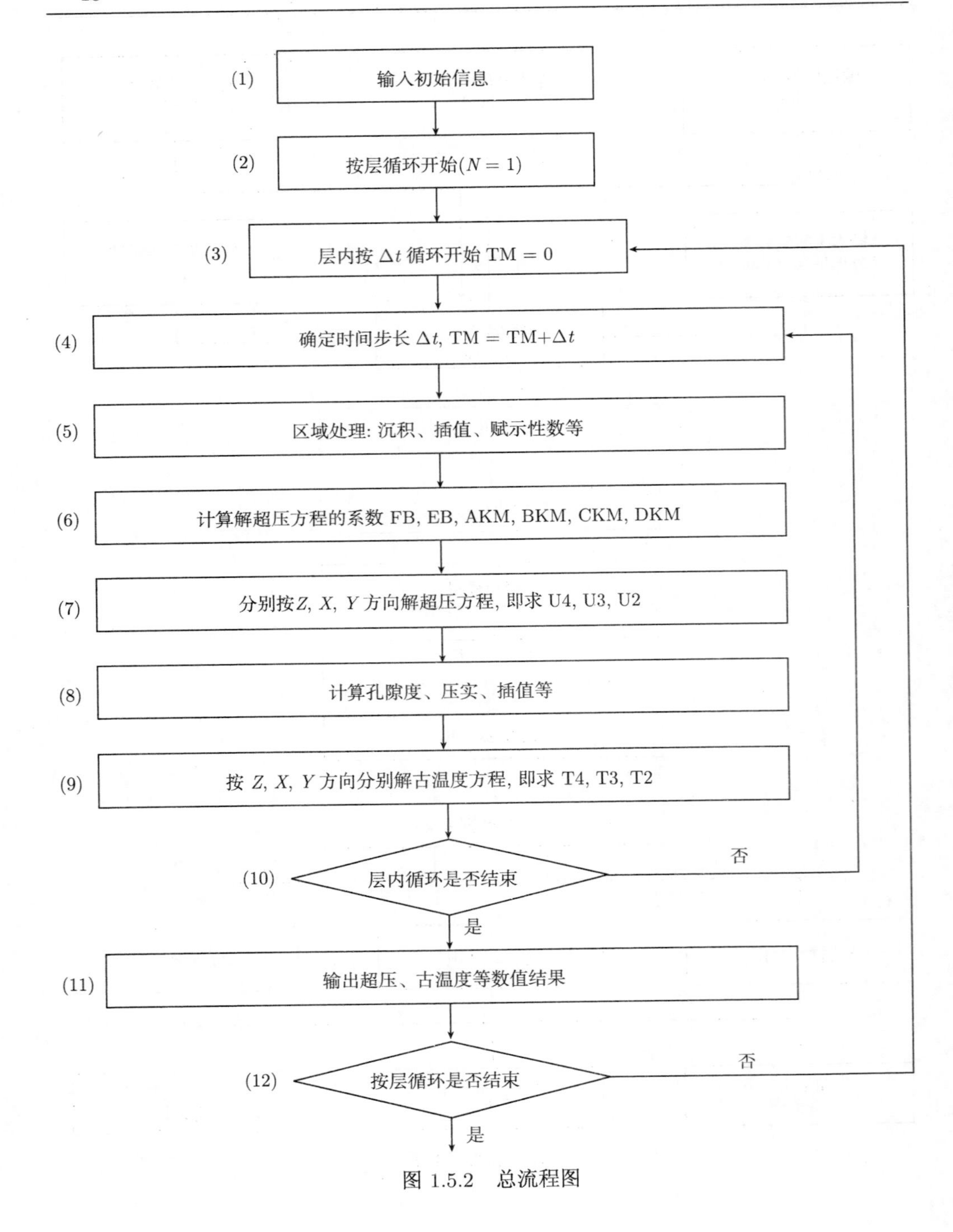
(1)
输入初始信息
(2)
按层循环开始($N = 1$)
(3)
层内按 Δt 循环开始 TM = 0
(4)
确定时间步长 Δt, TM = TM+Δt
(5)
区域处理: 沉积、插值、赋示性数等
(6)
计算解超压方程的系数 FB, EB, AKM, BKM, CKM, DKM
(7)
分别按Z, X, Y 方向解超压方程, 即求 U4, U3, U2
(8)
计算孔隙度、压实、插值等
(9)
按 Z, X, Y 方向分别解古温度方程, 即求 T4, T3, T2
(10)
层内循环是否结束
否
是
(11)
输出超压、古温度等数值结果
(12)
按层循环是否结束
否
是

图 1.5.2　总流程图

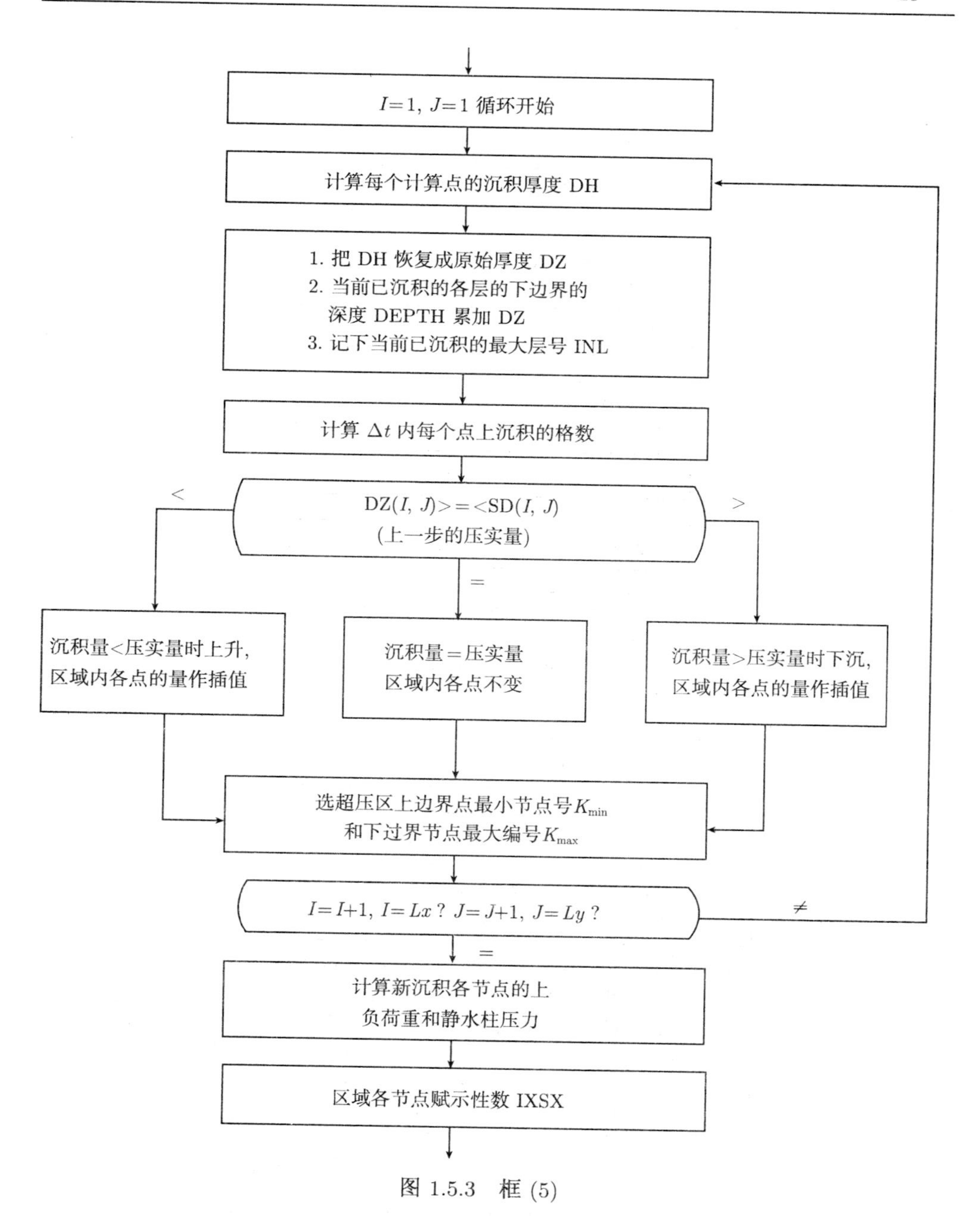
$I=1$, $J=1$ 循环开始
计算每个计算点的沉积厚度 DH
1. 把 DH 恢复成原始厚度 DZ
2. 当前已沉积的各层的下边界的深度 DEPTH 累加 DZ
3. 记下当前已沉积的最大层号 INL
计算 Δt 内每个点上沉积的格数
DZ(I, J)>=<SD(I, J)
(上一步的压实量)
<
=
>
沉积量<压实量时上升，区域内各点的量作插值
沉积量=压实量 区域内各点不变
沉积量>压实量时下沉，区域内各点的量作插值
选超压区上边界点最小节点号 K_{min}
和下过界节点最大编号 K_{max}
$I=I+1$, $I=Lx$? $J=J+1$, $J=Ly$?
≠
=
计算新沉积各节点的上负荷重和静水柱压力
区域各节点赋示性数 IXSX

图 1.5.3 框 (5)

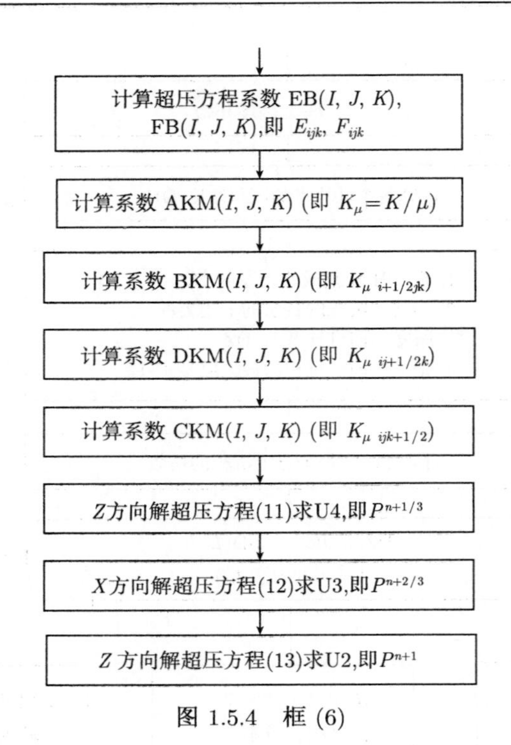

图 1.5.4　框 (6)

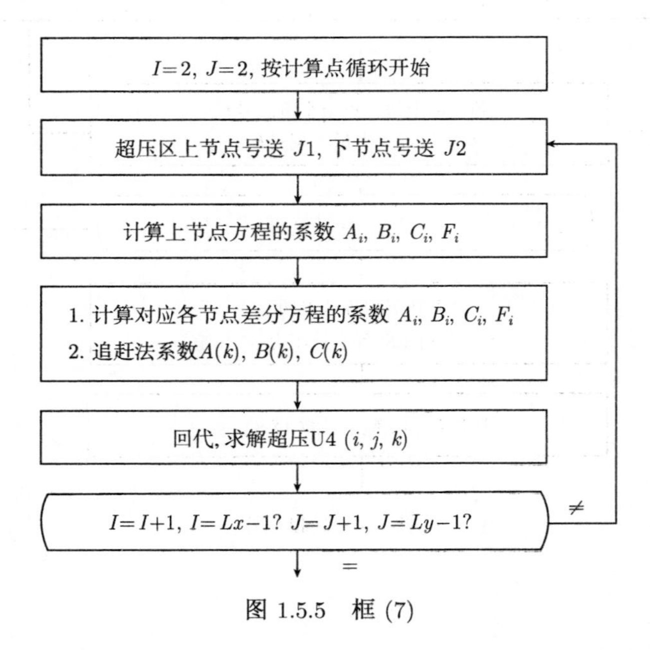

图 1.5.5　框 (7)

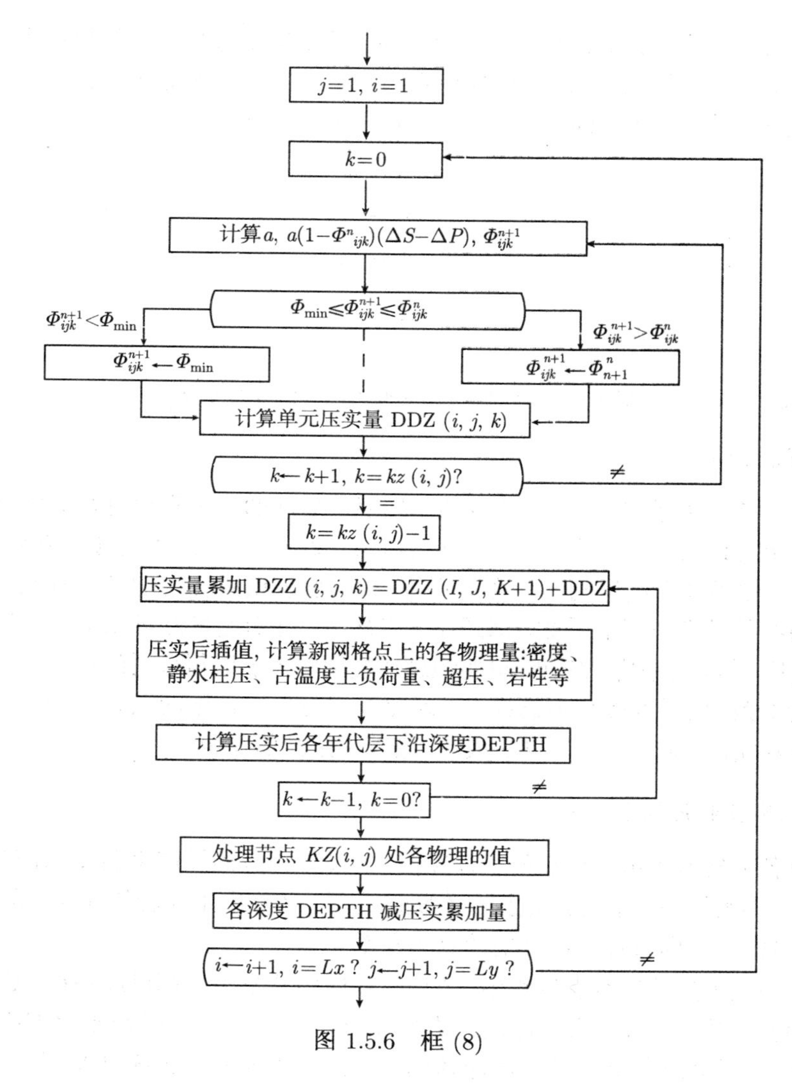

图 1.5.6　框 (8)

1.5.2　输出成果

1. 图形输入和解编

从数字化仪把 1.4 节所述的等厚图、等值线图输入到计算机内, 变成储存在磁带上的信息. 然后对这些信息进行解编. 形成下一个作业要用的文件. 输入和解编的程序设计, 具有检查、更新和组装等功能, 使不必要的返工减少到最低限度.

2. 离散化

从数字化仪输入的数据是等值线上的, 而计算要求是网格节点上的数据, 因此,存在一个从等值线向计算网格节点离散化的过程, 这个过程采用插值的办法完成. 在本系统中, 采用的插值方法是以插值点为原点, 把图形分成四个象限, 在各个象限找一个距离最近的等值线上的控制点, 按下列公式插值:

$$Y = \frac{\sum_{i=1}^{4} \frac{F_i}{r_i}}{\sum_{i=1}^{4} \frac{1}{r_i}},$$

式中 F_i 是控制点上的幅值, r_i 是控制点与插值点之间的距离.

3. 模拟计算

模拟计算是本系统的核心, 计算的结果要与盆地的实际资料进行对比, 包括各网格节点上的地层厚度、地层温度、地层压力 (如果存在欠压实的话) 和镜质体反射率值等. 如果计算结果同实际资料不符, 就需要调整所使用的各项参数, 最经常需调整的参数是岩石压缩系数、渗透率、岩性. 今孔隙度虽然可以实测, 但作为一个地层层段 (组) 的平均孔隙度, 也要经过适当调整才能取得合适的值. 一旦参数调整也不能奏效, 则需要改变概念模型. 因此人们对目标盆地的认识, 即概念模型是否符合客观实际, 对于模拟计算的成败, 起着决定性的作用.

4. 生油量和排烃量计算

根据各网格节点镜质体反射率计算值, 通过查相应的烃产率曲线, 计算出节点的产烃率, 再利用生油岩厚度数据和有机碳含量, 计算出生油岩的体积、重量以及有机碳总量, 由此即可计算出盆地的总生油量.

由于在模拟盆地发育史过程中, 各个时期地层的压实量都已经获得. 这个量就是地层中孔隙流体排出的量, 可把它称为排液量. 当生油岩埋藏到一定深度之后, 干酪根开始热解成烃, 并随着孔隙流体的排出而从生油岩中运移出来, 其运移出来的数量可称作排烃量. 为了计算排烃量, 定义生油岩含油饱和度如下:

$$\text{生油岩含油饱和度} = \frac{\text{累积生油量} - \text{累积排烃量}}{\text{孔隙体积}}.$$

假定随地层压实而从生油岩排出的流体含油饱和度与残留在生油岩孔隙中的流体含油饱和度大体相同, 那么各个地质历史时期排烃量可按下式计算:

$$\text{排烃量} = \text{含油饱和度} \times \text{排液量}.$$

5. 计算结果的图件、表格输出

从油气资源评价实际工作的要求出发, 所建立的盆地模拟软件系统可以输出以下 10 项图件或数据:

(1) 根据各个地质历史时期地层等厚图所编制的宝塔图.

(2) 盆地地层发育剖面图. 主要用于研究盆地的地质构造和地层的发育历史, 进而分析油气运移、聚集及保存条件.

(3) 有机质成熟度图. 可以编绘出各个生油层在各个不同的地质时期的有机质成熟度平面分布图.

(4) 烃产率分布图. 各个生油层在各个不同的地质时期的烃产率平面分布图可供定量评价分析.

(5) 单位面积生油量等值线图. 根据模拟计算结果, 将每平方千米某生油层或累计生油量数据标绘在生油量图网格中心点上, 并可勾绘等值线.

(6) 生油剖面图. 按生油层分层编绘的这种剖面图, 从纵向上反映了生油层进入成熟阶段的时间、成熟程度以及生油数量的分布情况.

(7) 排烃量图. 按计算节点输出每个生油层在各个地质时期内的排烃量, 据此可以编绘一系列排烃量等值线图、剖面图和相关关系图.

(8) 异常压力分布图. 当盆地存在欠压实地层时, 可以输出这些地层的异常压力数据, 并据此编绘出异常压力分布等值线图.

(9) 供油单元图. 这种图件是根据单位面积生油量等值线图、异常压力分布图以及地层发育剖面图, 用手工编制的. 供油单元包含两重意义: 一是一个生储配置体系就是一个供油单元. 如夹于大套生油岩中的某个水下冲积扇或深水浊积扇. 二是根据孔隙流体压力的分布, 大体以各二级构造单元的向斜轴线作为压力的分界面. 所划分的地质体在盆地发育过程中, 由于向斜轴线的转移, 而使供油量随之改变. 如东营凹陷北带的供油量随着向斜轴线或沉积中心的南移而不断增大, 而东营凹陷中带的供油量则相对减少.

(10) 油气运移矢量图. 根据生油岩孔隙流体压力分布, 用密集的箭头符号反映油气运移的方向趋势和相对强度.

1.6 在济阳坳陷油气资源评价中的应用

应用盆地模拟方法, 对济阳坳陷的油气资源进行了总体评价[11~15].

济阳坳陷由东营、沾化、车镇、惠民四个凹陷组成. 这些凹陷内水文地质条件闭塞, 各个凹陷的沉积、生油、构造发育和油气分布均自成体系. 它们既有共同性, 又有差异性, 有利于方法的对比研究. 特别是这几个凹陷的勘探程度不同, 可以用勘探程度较高的凹陷实际勘探成果, 检验方法的适应性, 有利于方法的修改、补充和完善.

本次油气资源评价研究与第一次资源评价对比, 不仅在评价方法、计算机软件上有很大的提高, 并且评价层系全, 划分了二大套评价层系. 中古生界 (含孔店组) 的资源系统是本次新评价, 模拟计算结果生油量 68.5×10^8t, 煤岩生气量 $250000\times10^8\text{m}^3$, 测算气资源量 $(501\sim1254)\times10^8\text{m}^3$, 油型气资源量 $(440\sim1100)\times10^8\text{m}^3$. 新生界资评系统不包括滩海的黄河口、青东凹陷, 模拟计算生油量 827×10^8t, 石油总资源量 65.37×10^8t, 生气量 $165800\times10^8\text{m}^3$. 计算气层气资源 $503.8\times10^8\text{m}^3$, 溶解气资源 $2015.38\times10^8\text{m}^3$. 与第一次油气资源评价结果相比, 有显著增加 (表 1.6.1). 各凹陷生烃量增加幅度不同, 以东营凹陷最大, 其次为沾化凹陷、惠民凹陷, 车镇凹陷相对较少. 第一次盆地模拟生烃量 (含海域) 为 518.9×10^8t, 计算石油资源量为 51.9×10^8t, 扣去海域石油资源量后为 45×10^8t. 本次计算石油资源量为 65×10^8t, 增加了 20×10^8t 石油远景资源, 分析其差异的主要原因有以下几点.

表 1.6.1　济阳坳陷一、二次资源评价各凹陷生烃量对比表(单位: 亿吨)

凹陷	一次资源评价			二次资源评价
	氯仿 A 法 (1982 年)	图像分析 —A 法 (1985 年)	一维数值模拟 (1984 年)	三维数值模拟 (1993 年)
东营凹陷	237.82	197.63	191.09	450.994
沾化凹陷	51.11	58.22	83.06	170.033
车镇凹陷	39.4	40.56	51.70	98.177
惠民凹陷	85.16	94.64	49.48	107.984
合计	412.95	301.10	375.33	827.188

1. 凸起“解体”主要生油岩的面积扩大

随着油气勘探程度的提高和边、坡、洼地区的钻探, 主要生油岩系的暗色泥岩面积扩大了 1529km^2. 本次济阳坳陷数值模拟计算最大生油岩面积 14932km^2, 下第三系沙一段 ~ 沙四段上部暗色泥岩体积 7448km^2, 比第一次油气资源评价时计算的暗色泥岩体积增加了 1057km^2(图 1.6.1).

2. 生油岩统计的岩性范围扩大

本次资源评价把油页岩也作为生油岩, 济阳凹陷下第三系沙一段、沙三段下部油页岩均进行统计. 仅东营凹陷沙三段下部生油岩厚度就增加近 100m, 本次资源评价最大厚度取值 250m.

3. 生油岩丰度指标提高

近几年油气勘探实践证实下第三系富集生油层存在. 济阳坳陷孤南洼陷沙一段

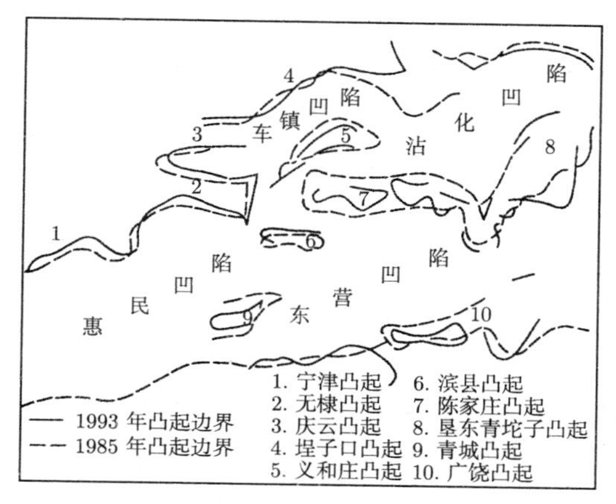

图 1.6.1 济阳坳陷凸起范围演变图

生油岩厚 100m, 含颗石藻富集生油层的有机碳含量 2%~10%, 氯仿沥青 "A"0.2%~1.4%. 牛庄洼陷沙三段中下部富集生油层厚 150m 左右, 有机碳平均值 5%, 比第一次油气资源评价沙三段下部有机碳最大值 1.2%增加了 3.8%. 各凹陷沙三中、下段生烃量计算结果增长情况见表 1.6.2.

表 1.6.2 济阳坳陷沙三中、下段一、二次资评生烃量对比表(单位: 亿吨)

凹陷名称 \ 层位 \ 生烃量	沙三中段			沙三下段		
	第一次	第二次	增加量	第一次	第二次	增加量
东营凹陷	59.78	89.299	29.519	23.19	136.151	112.961
沾化凹陷	9.24	17.296	8.056	37.37	96.853	59.483
车镇凹陷	7.72	10.635	2.915	19.24	60.758	41.518
惠民凹陷	13.22	14.284	1.064	17.97	55.791	37.821

4. 引进低熟生油岩形成低熟油的模式

用济阳坳陷实测累计烃产率曲线进行计算机模拟, 计算了镜煤反射率小于 0.5% 的体积、生排烃量, 增加了低熟油资源量.

5. 以小洼陷为单元进行聚集系数研究

对高勘探程度的洼陷探求生、排烃量与已找到石油储量间关系, 按不同类型洼陷确定聚集系数, 提高了远景资源量的预测精度 (表 1.6.3).

本次油气资源评价, 还对临清坳陷、昌潍坳陷进行了数值模拟和评价.

1) 临清坳陷模拟结果与评价

临清坳陷也以沙四段为界分上下二套地层进行模拟计算, 其结果列于表 1.6.4.

表 1.6.3　济阳坳陷一、二次资源评价资源量对比表

类别	一次资源评价				二次资源评价
	氯仿 A 体积法	图像分析 —A 法	蒙特卡洛法	一维模拟法	三维数值模拟
生烃量/亿吨	412.95	178～616	—	375.34	827
排烃系数 %	20～30	20～34	31	24	16.5～24.5
排烃量/亿吨	82.6～123.9	—	98.32	90.32	167
聚集系数 %	50	50	50	50	15～45
总资源量/亿吨	41.3～61.94	20～40—70	49.16	45.15	65

表 1.6.4　临清坳陷盆地模拟结果

	生烃量/10^8t	排烃量/10^8t	生气/10^8m^3	排气/10^8m^3	煤型气/10^8m^3
Es_2+Es_3, Es_4	19.185	5.406	1805.8	393.5	
Ek, J—K, C—P	24.215	11.267	22788.0		167649.5

临清的沙河街组生油岩主要分布在禹城、德南、梁水镇等几个洼陷中, 盆小底浅, 均属 III 类洼陷, 普遍演化程度较低. 从成熟度图可以看出 Es_2+Es_3 地层除梁水镇洼陷中心部位 R_o 达到 0.5%外, 其他地区均在 0.3% 左右, 目前该地区已获得低产工业油流的德 1 井和贾 2 井, 其原油分析也证明为低熟油.

沙河街组生烃量为 19.185×10^8t, 排烃量为 5.406×10^8t, 若取 III 类洼陷的聚集系数为 20%, 则资源量为 1.08×10^8t.

从下套烃源层的模拟结果来看, 石炭二迭系的煤型气生气量占了绝对优势, 达到 167349.5×10^8m^3, 按排聚系数 0.5%计算得到煤成气资源量为 836.74×10^8m^3, 气资源量的分布主要集中在梁水镇、德州、夏津和禹城等地区.

不难看出临清坳陷的二套烃源层潜在资源量明显不同, 上部沙河街组地层以发育低熟油为主, 而下部地层则以煤型气和烃源气占优势, 均应引起勘探工作的注意.

2) 昌潍坳陷模拟结果与评价

潍北凹陷是昌潍坳陷中生油气条件最好的一个凹陷. 鉴于资料限制, 本次评价仅对潍北凹陷进行计算机模拟. 主要生烃层为孔二段, 据 49 块生油岩样品分析, 有机质类型为 II-III 型, 原油具有高含蜡 (0.86%～29.3%)、高凝点 (17～43°)、高烷烃 (48.5%～82.5%) 等特点. 通过计算机模拟主要生油层处于成熟 — 高成熟阶段, 结果见表 1.6.5.

表 1.6.5　潍北凹陷 Ek_2 油气资源汇总表

生油岩面积/km^2	生油岩体积/km^3	生烃量/10^8t	排烃量/10^8t	生气量/10^8m^3	排气量/10^8m^3	聚集系数/%	总资源量/10^8t	油溶气/10^8m^3	气层气10^8m^3
518	473.5	16.3	7.6	11334.8	10337.2	16	1.22	37	138

孔二段生烃量为 16.38×10^8t, 排烃量为 7.6×10^8t, 考虑到沙四沉积以后至东营组长期遭受剥蚀油气逸散严重, 故取聚集系数为 16%, 其总资源量为1.22×10^8t, 气资源量为 $175\times10^8\mathrm{m}^3$. 从计算结果看本凹陷具有较大的找油、找气前景.

此外, 在石油资源量预测方面, 本次资源评价研究采用数论布点法、翁氏旋回法、特尔菲法等多种方法测算了济阳坳陷、临清坳陷、潍北凹陷的石油资源量, 各种方法测算数据是接近的, 说明盆地数值模拟计算石油资源量是可信的, 具体数据见表 1.6.6.

表 1.6.6 各种方法预测资源量汇总表(单位: 10^8t)

地区 \ 计算方法	数论布点法	巴内托定律	盆地数值模拟	PETRIMES资源评价法	翁氏旋回法	特尔菲法
东营	27.7	26.5	31.2			
沾化	17	21.3	17.4			
车镇	5.6	3.14	8.4			
惠民	10.5	3.43	8.25			
济阳坳陷	60	54.55	65.37	49~51	47~51	50
潍北	1.6		1.22			
临清坳陷东部	2.4		1.08			
滩海	5		8			
合计(后四个地区)	69		75.67			

1.7 计算机输出图件

盆地模拟技术是从石油地质的物理化学机理出发. 首先建立地质模型, 然后建立数学模型, 最后编制计算机软件. 从而在时间、空间概念下由电子计算机定量地模拟油气盆地的形成和演化、烃类的生成等地质过程. 该项技术来自常规的石油地质研究, 但又区别于常规方法, 即实现了地质过程的全定量化研究. 这种定量化的历史模拟能够直接揭示盆地油气规律本质和历史演变过程, 不仅从根本上改进和完善石油地质的研究方法, 而且可以利用模拟结果自动实现计算机绘图, 从而代替了繁重的手工绘图.

这里提供的部分图件是胜利石油管理局计算中心利用该系统由计算机自动绘制的. 它为石油地质学家查明地下油气资源的储量和分布提供了科学依据, 如图 1.7.1～图 1.7.5 所示, 为制定发展石油工业的规划和决策提供了科学依据.

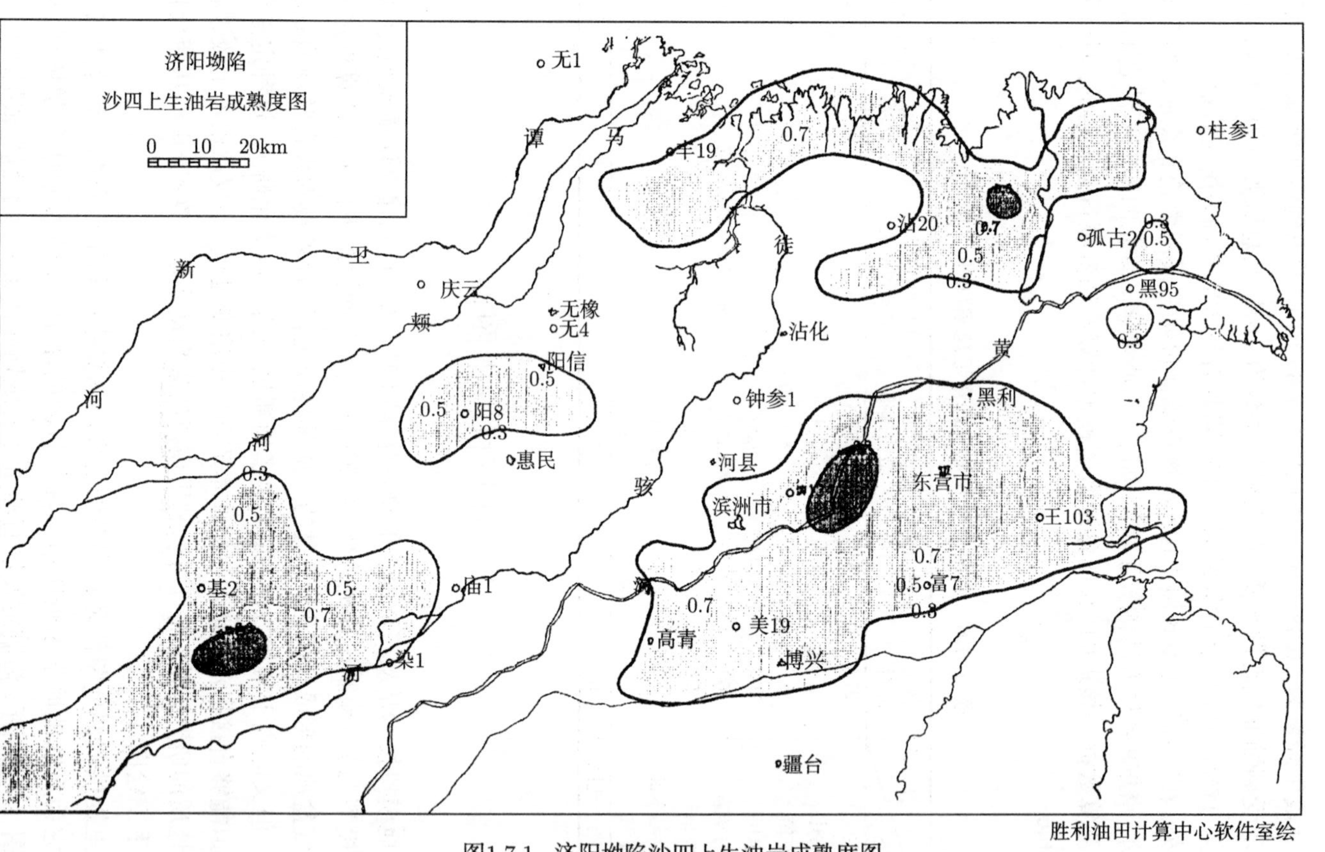

图1.7.1　济阳坳陷沙四上生油岩成熟度图

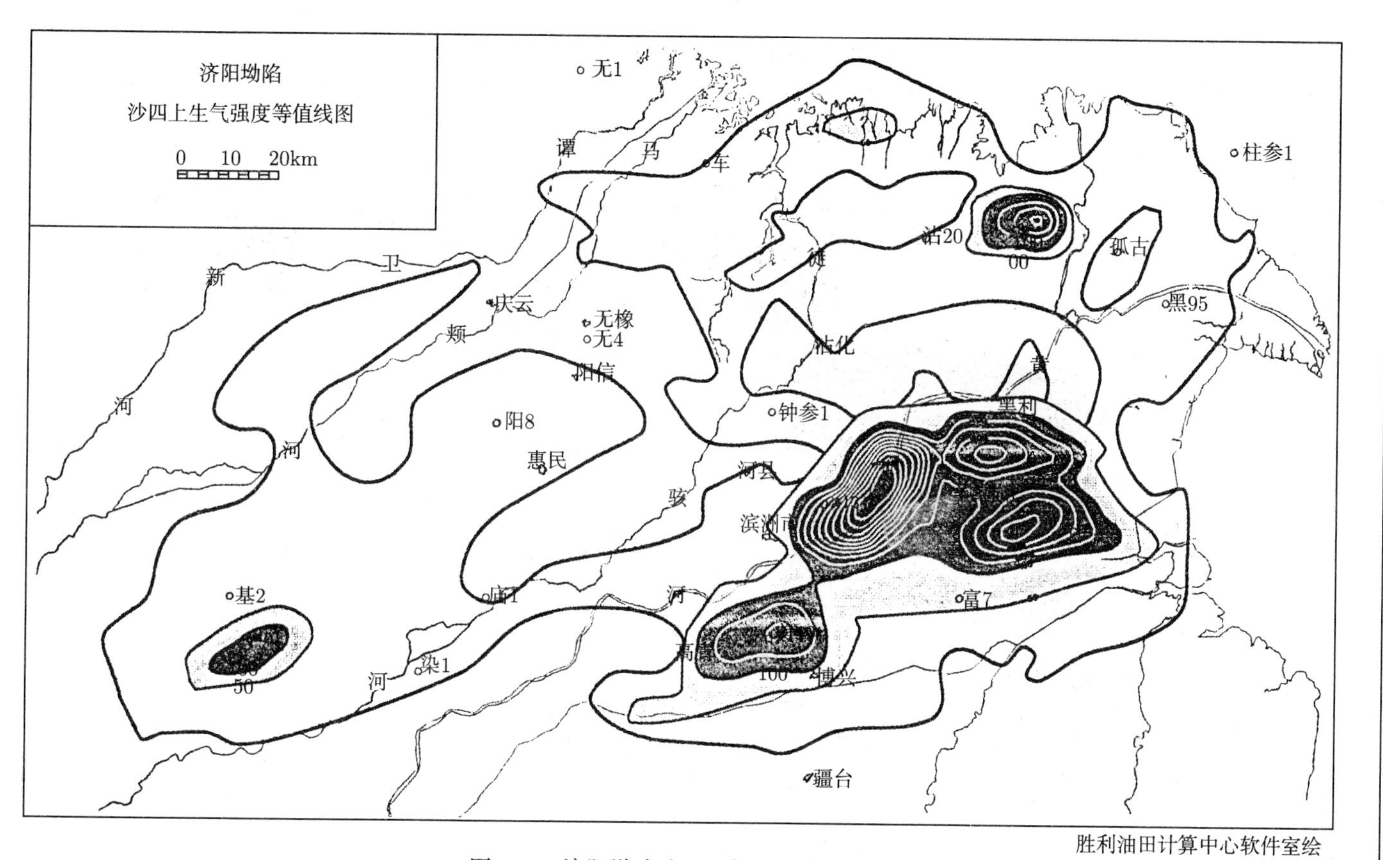

胜利油田计算中心软件室绘

图1.7.2 济阳坳陷沙四上气强度等值线图

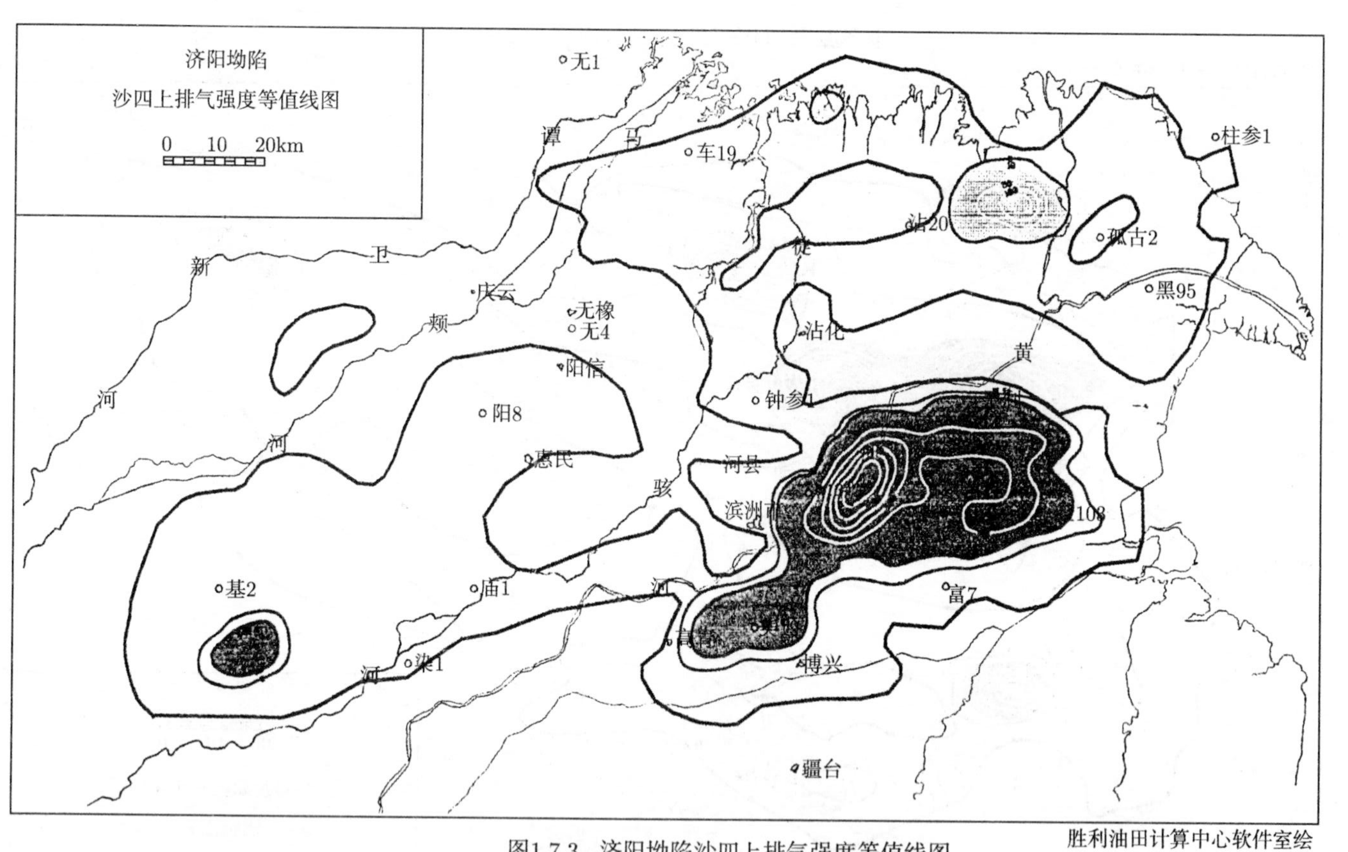

图1.7.3　济阳坳陷沙四上排气强度等值线图

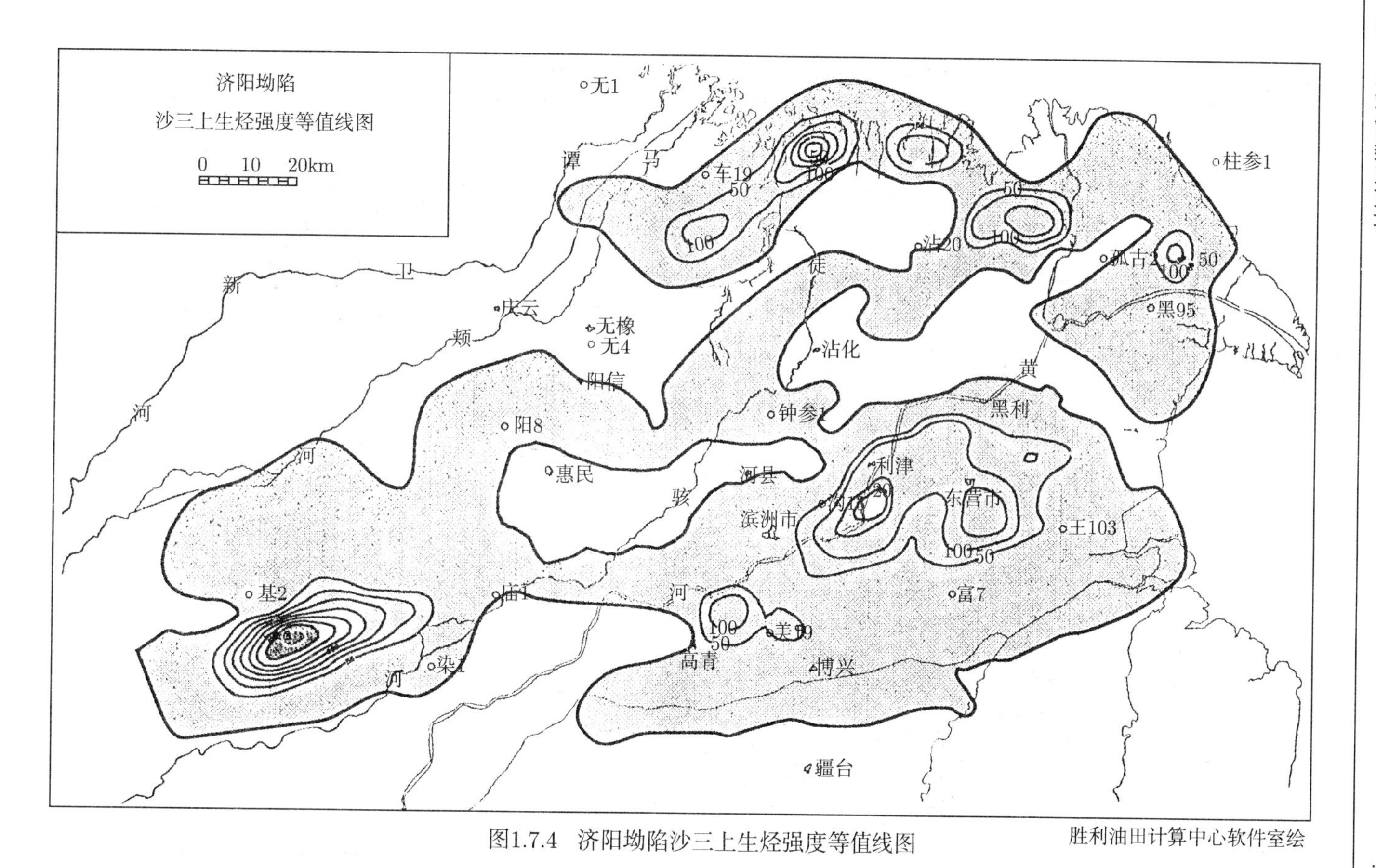

图1.7.4 济阳坳陷沙三上生烃强度等值线图 胜利油田计算中心软件室绘

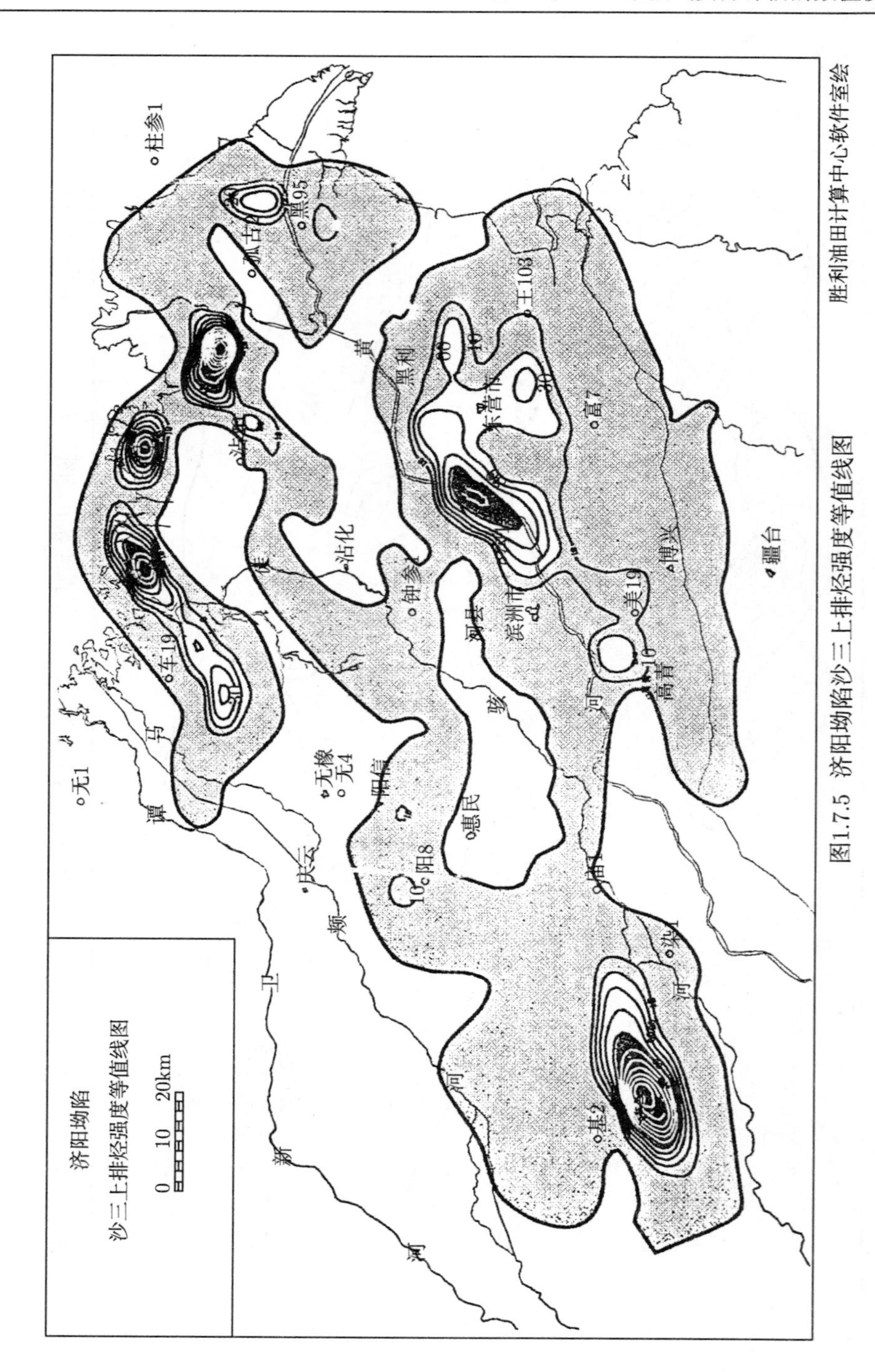

图1.7.5 济阳坳陷沙三上排烃强度等值线图

胜利油田计算中心软件室绘

参考文献

[1] 韩玉笈, 王捷, 毛景标. 盆地模拟方法及其应用//油气资源评价方法研究与应用. 北京：石油工业出版社, 1988.

[2] 艾伦 P A, 艾伦 J R. 盆地分析 —— 原理及应用. 陈全茂译. 北京：石油工业出版社, 1995.

[3] Welte D H, Yükler M A. Petroleum origin and accumulation in basin evolution-a quantitative model. AAPG. Bull., 1981, 8: 1387~1396.

[4] Yükler M A, Cornford C, Welte D H. One-dimensional model to simulate geologic. hydrodynamic and thermodynamic development of a sedimentary basin. Geol. Rundschau, 1978, 3: 960~979.

[5] Ungerer P. 盆地评价：热传递、流体流动、烃类生成、运移的综合二维模拟. 何登发译. 国外油气勘探, 1991, 2: 1~12; 3: 18~32.

[6] 袁益让, 王文洽, 羊丹平等. 含油气盆地发育剖面的数值模拟. 石油学报, 1991, 4: 11~20.

[7] 袁益让, 王文洽, 羊丹平等. 三维盆地发育史数值模拟. 应用数学和力学, 1994, 5: 409~420. Yuan Y R, Wang W Q, Yang D P, et al.. Numerical simulation for evolutionary history of three-dimensional basin. Applied Mathematics & Mechanics (English Edition), 1994, 5: 435~446.

[8] 袁益让, 羊丹平, 王文洽. 含油气盆地三维问题的计算机模拟及其数值分析. 计算物理, 1992, 4: 361~365.

[9] 袁益让. 油藏数值模拟中动边值问题的特征差分方法. 中国科学 (A 辑), 1994, 10: 1029~1036.

Yuan Y R. Characteristic finite difference methods for moving boundary value problem of numerical simulation of oil deposit. Science in China (Series A), 1994, 12: 1442~1453.

[10] 袁益让. 三维动边值问题的特征混合元方法和分析. 中国科学 (A 辑), 1996, 1: 11~22. Yuan Y R. The characteristic mixed finite element method and analysis for three-dimensional moving boundary value problem, Science in China (Serics A), 1996, 3: 276~288.

[11] 山东大学数学研究所, 胜利石油管理局：三维盆地模型研究, 1993.4.

[12] 胜利石油管理局：济阳坳陷及外围地区油气潜力暨资源评价, 1994.1.

[13] 西德 KFA 石油及有机地球化学研究所, 中国胜利油田地质科学研究院：中华人民共和国临邑盆地上部地层的油气潜量 —— 三维盆地模拟及有机地球化学研究成果, 1985.11.

[14] 袁益让. 渗流力学//有限元理论与方法 (第三分册). 北京：科学出版社, 2009, 943~991.

[15] Yuan Y R, Wang W Q, Han Y J. Theory, method and application of a numerical simulation in an oil resources basin methods of numerical solutions of aerodynamic problems. Special Topics & Reviews in Porous Media—An International Journal, 2010, 1: 49~66.

第2章　单层油资源运移聚集数值模拟

2.1　引　　言

"二次运移定量模拟研究"是中国石油天然气总公司"八五"科技攻关项目和胜利石油管理局重点科技攻关项目. 由胜利石油管理局计算中心和山东大学数学研究所联合承担, 从 1993 年起至 1997 年年底止, 联合攻关, 取得了重要成果.

三维盆地发育史数值模拟, 就是利用现代计算数学、计算机技术, 再现盆地发育过程, 特别是盆地发育过程中与生成油气有主要关系的地层古温度、地层压力在时空概念下的动态过程, 并以此为基础进一步研究油气生成、运移、聚集及油气分布规律、分布范围, 定量地预测一个盆地、一个地区油气蕴藏量及油藏位置. 这对于油气资源的评估和油田的勘探和开发有着重要的理论和实用价值[1~6].

油气资源盆地模拟软件系统由五个模块组成. 这五个模块为: ① 地史模块; ② 热史模块; ③ 生烃史模块; ④ 排烃史模块; ⑤ 运移聚集史模块. 地史模块的功能是重建盆地沉积史和构造史; 热史模块的功能是重建油气盆地的古热流史和古温度史; 生烃史模块的功能是重建油气盆地的烃类成熟史和生烃量史; 排烃史模块的功能是重建油气盆地的排烃史, 又称油气初次运移史, 它为运移聚集史模块提供预备条件; 运移聚集史模块的功能是重建油气盆地的运移聚集史, 又称油气二次运移史, 该模块是盆地模拟的最困难、最关键的部分, 油气二次运移史为油气资源评估、确定油藏位置和储量提供重要的依据.

油气运移的过程是油气从低孔、低渗的生油层运移到相对高孔、高渗的运载层, 最终在储集层中可能形成一个集中的烃类聚集. 初次运移是指从低孔、低渗生油层运移到相对高孔、高渗地层, 其最大距离可达数千米. 油气二次运移是指继初次运移之后, 油气通过高孔、高渗运载层内的运移和沿断层、裂缝、通道和不整合面的运移, 若遇到合适的油藏构造, 油气聚集就形成油藏, 其最大运移距离可达数十千米.

2.1.1　国内外概况

三维盆地模拟是对油气盆地发育过程进行定量化研究的最新技术. 它系统综合了地质、地球化学、计算数学、渗流力学、计算机等多门学科的最新成果. 盆地发育史的运移聚集史数值模拟系统, 其功能是重建油气盆地的运移聚集演化史, 它是盆地模拟最重要最困难的部分, 对油气资源评价, 确定油藏位置和寻找新的油田具有极其重要的价值. 它是国际石油地质领域的著名问题, 也是世界主要工业国家在重点研究的热门攻关课题.

1989～1993 年, 山东大学数学研究所和胜利油田计算中心联合攻关, 在三维空间框架下对盆地的发育演化史、热史、生烃排烃史在国内外首次实现了三维定量化的数值模拟[7～9], 并用于全国第二次油气资源评价, 它为运移聚集数值模拟的研究奠定了基础, 构造了平台.

在前一个软件系统的基础上, 我们开展了 "二次运移定量模拟研究" 科技项目的研究, 在国内外第一个完成了准三维和三维问题二次运移定量模拟软件系统的研制, 并已应用于胜利油田东营凹陷, 得到了很好的结果.

法国 P.Ungerer 曾建立二维剖面盆地模型[10,11](1987), 北京勘探院 BMWS 系统具有一维生烃二维 (剖面) 运移的特点[12], 海洋石油总公司研究中心把专家系统引入盆地模拟和圈闭评价中也有特色.

2.1.2 研究内容

含油气盆地运移聚集史数值模拟系统的功能是对油气盆地的油资源运移聚集演化史进行定量化计算机数值模拟, 它是盆地模拟最重要最困难的部分. 它必须在盆地模拟系统完成生烃量、排烃量的基础上进行. 沉积盆地中油的生成、排烃、运移、聚集和最后形成油藏是油气勘探研究中的核心问题. 油是如何运移并聚集到现今的圈闭中, 油在盆地中是如何分布的, 这些都是油二次运移和聚集过程数值模拟所研究的重要内容. 它对油气资源评价, 确定油藏位置和寻找新的油田具有重要的价值.

(1) 我们深入研究了油水二次运移聚集的机理, 主要是: ① 二次运移的主要驱动力是由运载层的油和孔隙水之间密度差产生的浮力, 和企图把全部孔隙流体 (水及油) 运移至低位势区的位势梯度. ② 二次运移的主要制约力和毛细管力有关, 当孔径变小时增加, 在毛细管力超过驱动力时, 就可能出现滞留现象. 原油和地下水在地层中运动主要是一种渗流过程, 油势场和水势场控制着原油和地下水渗流动力的方向和大小. 我们提出全新的准确的数学模型.

(2) 三维油资源运移聚集史的渗流力学模型, 具有很强的双曲特性, 且需长达数百万年至数千万年稳定、可靠、高精度的数值模拟, 其数值方法在数学和力学上都是十分困难的, 是当今国际渗流力学的著名问题. 到目前为止, 国内外仅对二维剖面问题有一些初步的模拟结果, 对三维问题完全是空白的. 我们从实际出发深入研究和分析了二次运移聚集准三维和三维问题的地质和渗流力学的特征和计算渗流力学上的困难, 提出新的修正交替方向隐式迭代格式, 并得到稳定性和最佳收敛性结果, 成功地解决了这一著名问题[10～15].

(3) 用我们提出的计算格式, 对国际著名学者 M. K. Hubbert, H. Dembicki, L.

Catalan 等做过的油水二次运移聚集的著名水动力学实验[16~19] 进行了数值模拟，结果与实验完全吻合，并具有很强的物理力学特性，十分清晰地看到油水运移、分离、聚集的全过程，同时计算格式具有很强的稳定性、高阶收敛性和很高的精确度，完全适合于大规模科学和工程计算.

(4) 在此基础上我们成功地对胜利油田东营凹陷的实际问题进行数值模拟计算. 计算结果在油田位置等方面，和实际情况基本吻合. 成功地解决了这一国际著名的渗流力学和石油地质问题.

2.2 数学模型

原油和地下水在地层中的运移主要是一种渗流过程，油势场和水势场控制着石油和地下水渗流的运动方向和水动力的大小.

2.2.1 达西定律

$$\boldsymbol{u}_{\mathrm{o}} = -\frac{k_{\mathrm{ro}}(s)}{\mu_{\mathrm{o}}}\nabla\varphi_{\mathrm{o}}, \quad \boldsymbol{u}_{\mathrm{w}} = -\frac{k_{\mathrm{rw}}(s)}{\mu_{\mathrm{w}}}\nabla\varphi_{\mathrm{w}}, \tag{2.2.1}$$

式中 $\boldsymbol{u}_{\mathrm{o}}$、$\boldsymbol{u}_{\mathrm{w}}$ 分别为油相、水相流速，μ_{o}、μ_{w} 分别为油相、水相黏度，k_{ro}、k_{rw} 分别为油相、水相渗透率，φ_{o}、φ_{w} 分别为油相、水相流动势.

$$\varphi_{\mathrm{o}} = p_{\mathrm{o}} - \rho_{\mathrm{o}}gh, \quad \varphi_{\mathrm{w}} = p_{\mathrm{w}} - \rho_{\mathrm{w}}gh, \quad h = h_0 - z, \tag{2.2.2}$$

式中 p_{o}、p_{w} 分别为油相、水相压力，ρ_{o}、ρ_{w} 为油水密度，h_0 为基准高度.

2.2.2 连续性方程

$$-\nabla\cdot\boldsymbol{u}_{\mathrm{o}} = \varphi\frac{\partial s_{\mathrm{o}}}{\partial t}, \quad -\nabla\cdot\boldsymbol{u}_{\mathrm{w}} = \varphi\frac{\partial s_{\mathrm{w}}}{\partial t}, \tag{2.2.3}$$

式中 φ 为孔隙度，s_{o}、s_{w} 分别为油相、水相饱和度.

2.2.3 状态方程

毛细管压力

$$p_{\mathrm{c}} = p_{\mathrm{o}} - p_{\mathrm{w}} = p_{\mathrm{c}}(s_{\mathrm{w}}), \tag{2.2.4}$$

$$s_{\mathrm{o}} + s_{\mathrm{w}} = 1. \tag{2.2.5}$$

2.2.4 流动方程

将达西定律和状态方程代入连续性方程，并记 $s = s_{\mathrm{w}}$ 得

$$\nabla\cdot\left(K\frac{k_{\mathrm{ro}}}{\mu_{\mathrm{o}}}\nabla\varphi_{\mathrm{o}}\right) = -\varphi\frac{\partial s}{\partial t}, \quad \nabla\cdot\left(K\frac{k_{\mathrm{rw}}}{\mu_{\mathrm{w}}}\nabla\varphi_{\mathrm{w}}\right) = \varphi\frac{\partial s}{\partial t}. \tag{2.2.6}$$

若将 $\dfrac{\partial s}{\partial t}$ 表示为

$$\frac{\partial s}{\partial t}=\frac{\mathrm{d}s}{\mathrm{d}p_{\mathrm{c}}}\frac{\partial p_{\mathrm{c}}}{\partial t}=s'\left(\frac{\partial\varphi_{\mathrm{o}}}{\partial t}-\frac{\partial\varphi_{\mathrm{w}}}{\partial t}\right),$$

此处 $s'=\dfrac{\mathrm{d}s}{\mathrm{d}p_{\mathrm{c}}}$, 则流动方程 (2.2.3) 可写为

$$\nabla\cdot\left(K\frac{k_{\mathrm{ro}}}{\mu_{\mathrm{w}}}\nabla\varphi_{\mathrm{o}}\right)=-\varphi s'\left(\frac{\partial\varphi_{\mathrm{o}}}{\partial t}-\frac{\partial\varphi_{\mathrm{w}}}{\partial t}\right),\tag{2.2.7}$$

$$\nabla\cdot\left(K\frac{k_{\mathrm{rw}}}{\mu_{\mathrm{w}}}\nabla\varphi_{\mathrm{w}}\right)=\varphi s'\left(\frac{\partial\varphi_{\mathrm{o}}}{\partial t}-\frac{\partial\varphi_{\mathrm{w}}}{\partial t}\right).\tag{2.2.8}$$

若考虑源汇项, 则流动方程可写为

$$\nabla\cdot\left(K\frac{k_{\mathrm{ro}}}{\mu_{\mathrm{o}}}\nabla\varphi_{\mathrm{o}}\right)+B_{\mathrm{o}}q=-\varphi s'\left(\frac{\partial\varphi_{\mathrm{o}}}{\partial t}-\frac{\partial\varphi_{\mathrm{w}}}{\partial t}\right),\tag{2.2.9}$$

$$\nabla\cdot\left(K\frac{k_{\mathrm{rw}}}{\mu_{\mathrm{w}}}\nabla\varphi_{\mathrm{w}}\right)+B_{\mathrm{w}}q=\varphi s'\left(\frac{\partial\varphi_{\mathrm{o}}}{\partial t}-\frac{\partial\varphi_{\mathrm{w}}}{\partial t}\right),\tag{2.2.10}$$

此处 B_{o}、B_{w} 为流动系数, $B_{\mathrm{o}}=\dfrac{k_{\mathrm{ro}}}{\mu_{\mathrm{o}}}\left(\dfrac{k_{\mathrm{ro}}}{\mu_{\mathrm{o}}}+\dfrac{k_{\mathrm{rw}}}{\mu_{\mathrm{w}}}\right)^{-1}$, $B_{\mathrm{w}}=\dfrac{k_{\mathrm{rw}}}{\mu_{\mathrm{w}}}\left(\dfrac{k_{\mathrm{ro}}}{\mu_{\mathrm{o}}}+\dfrac{k_{\mathrm{rw}}}{\mu_{\mathrm{w}}}\right)^{-1}$.

2.2.5 初始条件和边界条件

饱和度初值:

$$s_{\mathrm{o}}=0.0,\quad s_{\mathrm{w}}=1.0.\tag{2.2.11}$$

压力初值: 设模拟层顶端深度为 h_0, 则压力初值为 $p_{\mathrm{w}}=p_{\mathrm{dm}}+p_{\mathrm{w}}gh$, 式中 p_{dm} 为 h_0 处静水柱压力, $p_{\mathrm{o}}=p_{\mathrm{w}}+p_{\mathrm{c}}$. 水和油的初始位势为

$$\varphi_{\mathrm{w}}=p_{\mathrm{w}}-\rho_{\mathrm{w}}gh=p_{\mathrm{dm}},\quad \varphi_{\mathrm{o}}=p_{\mathrm{o}}-\rho_{\mathrm{o}}gh.\tag{2.2.12}$$

边界条件: 油水从生油层到运载层再到储集层, 边界条件可分为两种: 一种是封闭边界, 一种为流动边界. 对于封闭边界:

$$\frac{\partial\varphi_l}{\partial\boldsymbol{n}}=0,\quad l=\mathrm{o,w};\quad \frac{\partial s_l}{\partial\boldsymbol{n}}=0,\quad l=\mathrm{o,w},\tag{2.2.13}$$

此处 $\boldsymbol{n}$ 为边界的外法线方向.

对于流入、流出边界, 可视为只有源汇项的封闭边界处理, 流入边界称为源, 取正号, 流出边界称为汇, 取负号.

2.3 数值方法和分析

对单层油资源运移聚集数值模拟这一石油地质科学课题, 我们提出修正交替方向隐式迭代格式[20~28].

设 x、y、z、t 方向的步长分别为 Δx、Δy、Δz、Δt, 在 x、y、z 方向作长方体网格剖分, 记 $M_{ijk}=(i\Delta x, j\Delta y, k\Delta z)^{\mathrm{T}}$, $t^m=m\Delta t$, 若 $t=t^m$ 时刻的 φ_{o}^m、φ_{w}^m 已知, 需要寻求下一时刻的 $\varphi_{\mathrm{o}}^{m+1}$、$\varphi_{\mathrm{w}}^{m+1}$. 记

$$\Delta(A\Delta\varphi^{m+1})_{ijk}=\Delta_{\bar{x}}(A_x\Delta_x\varphi^{m+1})_{ijk}+\Delta_{\bar{y}}(A_y\Delta_y\varphi^{m+1})_{ijk}+\Delta_{\bar{z}}(A_z\Delta_z\varphi^{m+1})_{ijk}, \tag{2.3.1}$$

$$\Delta_{\bar{x}}(A_x\Delta_x\varphi^{m+1})_{ijk}=A_{x,i+1/2,jk}(\varphi_{i+1,jk}-\varphi_{ijk})^{m+1}-A_{x,i-1/2,jk}(\varphi_{ijk}-\varphi_{i-1,jk})^{m+1}, \tag{2.3.2}$$

此处 $A_{x,i+1/2,jk}=\left(K\dfrac{\Delta y\Delta z}{\Delta x}\dfrac{k_{rw}}{\mu_w}\right)_{i+1/2,jk}$, 系数按偏上游原则取值. 为书写简便, 下面将下标 (ijk) 省略.

方程 (2.2.9)、(2.2.10) 差分离散化得

$$\Delta(A_{\mathrm{w}}\Delta\varphi_{\mathrm{w}}^{m+1})+B_{\mathrm{w}}^m q^{m+1}=G\Delta_t\varphi_{\mathrm{w}}^m-G\Delta_t\varphi_{\mathrm{o}}^m, \tag{2.3.3}$$

$$\Delta(A_{\mathrm{o}}\Delta\varphi_{\mathrm{o}}^{m+1})+B_{\mathrm{o}}^m q^{m+1}=-G\Delta_t\varphi_{\mathrm{w}}^m+G\Delta_t\varphi_{\mathrm{o}}^m, \tag{2.3.4}$$

此处 $G=-V_{\mathrm{p}}\varphi s'/\Delta t, V_{\mathrm{p}}=\Delta x\Delta y\Delta z, \Delta_t\varphi_{\mathrm{w}}^m=\varphi_{\mathrm{w},ijk}^{m+1}-\varphi_{\mathrm{w},ijk}^m, \Delta_t\varphi_{\mathrm{o}}^m=\varphi_{\mathrm{o},ijk}^{m+1}-\varphi_{\mathrm{o},ijk}^m, s'$ 的第 $l+1$ 次迭代由下述公式计算:

$$s'^{(l+1)}=\omega_1\left(\frac{s^{(l)}-s^m}{p_{\mathrm{c}}^{(l)}-p_{\mathrm{c}}^m}\right)+(1-\omega_1)s'^{(l)}, \tag{2.3.5}$$

此处 l 是迭代次数, $0<\omega_1<1$ 是平滑因子.

若能求出 t^{m+1} 时刻的 $\varphi_{\mathrm{o}}^{m+1}$、$\varphi_{\mathrm{w}}^{m+1}$, 则饱和度按下述公式计算:

$$s^{m+1}=s^m+s'(\varphi_{\mathrm{o}}^{m+1}-\varphi_{\mathrm{o}}^m-\varphi_{\mathrm{w}}^{m+1}+\varphi_{\mathrm{w}}^m) \tag{2.3.6}$$

针对大范围、非线性、超长模拟时间、高精度和强稳定性的要求, 我们提出一类新的修正交替方向隐式迭代格式. 从基本差分离散方程 (2.3.3), (2.3.4) 出发, 提出下述计算格式.

2.3.1 准三维问题的数值方法

对准三维问题, 我们提出修正交替方向隐式迭代格式.

在 x 方向,

$$\begin{aligned}&\Delta_{\bar{x}}A_{x\mathrm{w}}\Delta_x\varphi_{\mathrm{w}}^* + \Delta_{\bar{y}}A_{y\mathrm{w}}\Delta_y\varphi_{\mathrm{w}}^{(l)} + \Delta_{\bar{z}}A_{z\mathrm{w}}\Delta_z\varphi_{\mathrm{w}}^{(l)} - G\varphi_{\mathrm{w}}^* + G\varphi_{\mathrm{o}}^*\\ =&H_{l+1}\left(\sum A_{\mathrm{w}}\right)(\varphi_{\mathrm{w}}^* - \varphi_{\mathrm{w}}^{(l)}) - B_{\mathrm{w}}q - G\varphi_{\mathrm{w}}^m + G\varphi_{\mathrm{o}}^m,\end{aligned} \tag{2.3.7}$$

$$\begin{aligned}&\Delta_{\bar{x}}A_{x\mathrm{o}}\Delta_x\varphi_{\mathrm{o}}^* + \Delta_{\bar{y}}A_{y\mathrm{o}}\Delta_y\varphi_{\mathrm{o}}^{(l)} + \Delta_{\bar{z}}A_{z\mathrm{o}}\Delta_z\varphi_{\mathrm{o}}^{(l)} + G\varphi_{\mathrm{w}}^* - G\varphi_{\mathrm{o}}^*\\ =&H_{l+1}\left(\sum A_{\mathrm{o}}\right)(\varphi_{\mathrm{o}}^* - \varphi_{\mathrm{o}}^{(l)}) - B_{\mathrm{o}}q + G\varphi_{\mathrm{w}}^m - G\varphi_{\mathrm{o}}^m,\end{aligned} \tag{2.3.8}$$

此处 H_{l+1} 为迭代因子

$$\sum A_{\mathrm{w}} = (A_{\mathrm{w},i+1/2,jk} + A_{\mathrm{w},i-1/2,jk} + A_{\mathrm{w},i,j+1/2,k} + A_{\mathrm{w},i,j-1/2,k} + \cdots + A_{\mathrm{w},ij,k-1/2}).$$

在 y 方向,

$$\begin{aligned}&\Delta_{\bar{x}}A_{x\mathrm{w}}\Delta_x\varphi_{\mathrm{w}}^* + \Delta_{\bar{y}}A_{y\mathrm{w}}\Delta_y\varphi_{\mathrm{w}}^{**} + \Delta_{\bar{z}}A_{z\mathrm{w}}\Delta_z\varphi_{\mathrm{w}}^{(l)} - G\varphi_{\mathrm{w}}^{**} + G\varphi_{\mathrm{o}}^{**}\\ =&H_{l+1}\left(\sum A_{\mathrm{w}}\right)(\varphi_{\mathrm{w}}^{**} - \varphi_{\mathrm{w}}^*) - B_{\mathrm{w}}q - G\varphi_{\mathrm{w}}^m + G\varphi_{\mathrm{o}}^m,\end{aligned} \tag{2.3.9}$$

$$\begin{aligned}&\Delta_{\bar{x}}A_{x\mathrm{w}}\Delta_x\varphi_{\mathrm{o}}^* + \Delta_{\bar{y}}A_{y\mathrm{w}}\Delta_y\varphi_{\mathrm{o}}^{**} + \Delta_{\bar{z}}A_{z\mathrm{o}}\Delta_z\varphi_{\mathrm{o}}^{(l)} + G\varphi_{\mathrm{w}}^{**} - G\varphi_{\mathrm{o}}^{**}\\ =&H_{l+1}\left(\sum A_{\mathrm{o}}\right)(\varphi_{\mathrm{o}}^{**} - \varphi_{\mathrm{o}}^*) - B_{\mathrm{o}}q + G\varphi_{\mathrm{w}}^m - G\varphi_{\mathrm{o}}^m.\end{aligned} \tag{2.3.10}$$

在 z 方向,

$$\begin{aligned}&\Delta_{\bar{x}}A_{x\mathrm{w}}\Delta_x\varphi_{\mathrm{o}}^* + \Delta_{\bar{y}}A_{y\mathrm{w}}\Delta_y\varphi_{\mathrm{w}}^{**} + \Delta_{\bar{z}}A_{z\mathrm{w}}\Delta_z\varphi_{\mathrm{w}}^{(l+1)} - G\varphi_{\mathrm{w}}^{(l+1)} + G\varphi_{\mathrm{o}}^{(l+1)}\\ =&H_{l+1}\left(\sum A_{\mathrm{w}}\right)(\varphi_{\mathrm{w}}^{(l+1)} - \varphi_{\mathrm{w}}^{**}) - B_{\mathrm{w}}q - G\varphi_{\mathrm{w}}^m + G\varphi_{\mathrm{o}}^m,\end{aligned} \tag{2.3.11}$$

$$\begin{aligned}&\Delta_{\bar{x}}A_{x\mathrm{o}}\Delta_x\varphi_{\mathrm{o}}^* + \Delta_{\bar{y}}A_{y\mathrm{o}}\Delta_y\varphi_{\mathrm{o}}^{**} + \Delta_{\bar{z}}A_{z\mathrm{o}}\Delta_z\varphi_{\mathrm{o}}^{(l+1)} + G\varphi_{\mathrm{w}}^{(l+1)} - G\varphi_{\mathrm{o}}^{(l+1)}\\ =&H_{l+1}\left(\sum A_{\mathrm{o}}\right)(\varphi_{\mathrm{o}}^{(l+1)} - \varphi_{\mathrm{o}}^{**}) - B_{\mathrm{o}}q + G\varphi_{\mathrm{w}}^m - G\varphi_{\mathrm{o}}^m.\end{aligned} \tag{2.3.12}$$

为了提高精度, 引入残量的计算, 记

$$\begin{aligned}P_x &= \varphi_{\mathrm{w}}^* - \varphi_{\mathrm{w}}^{(l)}, & R_x &= \varphi_{\mathrm{o}}^* - \varphi_{\mathrm{o}}^{(l)},\\ P_y &= \varphi_{\mathrm{w}}^{**} - \varphi_{\mathrm{w}}^*, & R_y &= \varphi_{\mathrm{o}}^{**} - \varphi_{\mathrm{o}}^*,\\ P_z &= \varphi_{\mathrm{w}}^{(l+1)} - \varphi_{\mathrm{w}}^{**}, & R_z &= \varphi_{\mathrm{o}}^{(l+1)} - \varphi_{\mathrm{o}}^{**},\end{aligned}$$

于是可将方程组 (2.3.7)~(2.3.12) 改写为下述形式:

$$\begin{aligned}&\Delta_{\bar{x}}A_{x\mathrm{w}}\Delta_x P_x - \left(G + H_{l+1}\sum A_{\mathrm{w}}\right)P_y + GR_x\\ =&-[\Delta A_{\mathrm{w}}\Delta\varphi_{\mathrm{w}}^{(l)} + B_{\mathrm{w}}q - G(\varphi_{\mathrm{w}}^{(l)} - \varphi_{\mathrm{w}}^m) + G(\varphi_{\mathrm{o}}^{(l)} - \varphi_{\mathrm{o}}^m)],\end{aligned} \tag{2.3.13}$$

$$\begin{aligned}&\Delta_{\bar{x}}A_{xo}\Delta_x R_x-\left(G+H_{l+1}\sum A_{\mathrm{o}}\right)R_y+GP_x\\&=-\left[\Delta A_{\mathrm{o}}\Delta\varphi_{\mathrm{o}}^{(l)}+B_{\mathrm{o}}q+G(\varphi_{\mathrm{w}}^{(l)}-\varphi_{\mathrm{w}}^{m})-G(\varphi_{\mathrm{o}}^{(t)}-\varphi_{\mathrm{o}}^{m})\right].\end{aligned}\tag{2.3.14}$$

对于 P_y、R_y 与 P_z、R_z 同样可写出 y 方向与 z 方向的类似求解方程组.

对于单层空间问题, 由于运载层的实际厚度比水平方向模拟区域尺寸小得多, 我们提出按下述方法将其化为如下问题求解, 此问题称为准三维问题.

将方程 (2.2.9), (2.2.10) 对 z 积分平均得

$$\nabla\cdot\left(K_1\Delta Z\frac{k_{\mathrm{ro}}}{\mu_{\mathrm{o}}}\nabla\varphi_{\mathrm{o}}\right)+B_{\mathrm{o}}q_1\Delta Z=-\varphi_1 s'\Delta Z\left(\frac{\partial\varphi_{\mathrm{o}}}{\partial t}-\frac{\partial\varphi_{\mathrm{w}}}{\partial t}\right),\tag{2.3.15}$$

$$\nabla\cdot\left(K_1\Delta Z\frac{k_{\mathrm{rw}}}{\mu_{\mathrm{w}}}\nabla\varphi_{\mathrm{w}}\right)+B_{\mathrm{w}}q_1\Delta Z=\varphi_1 s'\Delta Z\left(\frac{\partial\varphi_{\mathrm{o}}}{\partial t}-\frac{\partial\varphi_{\mathrm{w}}}{\partial t}\right),\tag{2.3.16}$$

其中 ΔZ 中运载层的厚度, 它是 $(x,\ y)$ 的函数.

$$\begin{aligned}&K_1=\frac{1}{\Delta Z}\int_{h_1(x,y)}^{h_2(x,y)}K(x,y,z)\mathrm{d}z,\quad \varphi_1=\frac{1}{\Delta Z}\int_{h_1(x,y)}^{h_2(x,y)}\varphi(x,y,z)\mathrm{d}z,\\&q_1=\frac{1}{\Delta Z}\int_{h_1(x,y)}^{h_2(x,y)}q(x,y,z)\mathrm{d}z,\end{aligned}$$

此处 $h_1(x,y)$、$h_2(x,y)$ 分别为运载层在 (x,y) 处的上边界与下边界的深度, 其余符号的意义同三维问题. 本模型适用于运载层的厚度比水平方向模拟区域尺寸小得多的情况. 其数值方法只是把 z 方向去掉即可, 在相应的计算公式中分别将K、φ、q 换为 K_1、φ_1、q_1.

对于垂直剖面, 油水二次运移聚集问题的数学模型和数值方法的形式与三维相同, 只是把 y 方向去掉即可.

2.3.2 三维问题的修正交替方向隐式迭代格式

对三维问题, 我们提出修正交替方向隐式迭代格式. 从基本差分离散方程 (2.3.3)、(2.3.4) 出发.

在 z 方向,

$$\begin{aligned}&\frac{1}{2}\Delta_{\bar{z}}A_{z\mathrm{w}}\Delta_z\varphi_{\mathrm{w}}^{m+\frac{1}{3}}+\frac{1}{2}\Delta_{\bar{z}}A_{z\mathrm{w}}\Delta_z\varphi_{\mathrm{w}}^{m}+\Delta_{\bar{y}}A_{y\mathrm{w}}\Delta_y\varphi_{\mathrm{w}}^{m}+\Delta_{\bar{x}}A_{x\mathrm{w}}\Delta_x\varphi_{\mathrm{w}}^{m}\\&-G\varphi_{\mathrm{w}}^{m+\frac{1}{3}}+G\varphi_{\mathrm{o}}^{m+\frac{1}{3}}=-B_{\mathrm{w}}q-G\varphi_{\mathrm{w}}^{m}+Gq_{\mathrm{o}}^{m},\end{aligned}\tag{2.3.17}$$

$$\begin{aligned}&\frac{1}{2}\Delta_{\bar{z}}A_{z\mathrm{o}}\Delta_z\varphi_{\mathrm{o}}^{m+\frac{1}{3}}+\frac{1}{2}\Delta_{\bar{z}}A_{z\mathrm{o}}\Delta_y\varphi_{\mathrm{o}}^{m}+\Delta_{\bar{y}}A_{y\mathrm{o}}\Delta_y\varphi_{\mathrm{o}}^{m}+\Delta_{\bar{x}}A_{x\mathrm{o}}\Delta_x\varphi_{\mathrm{o}}^{m}\\&+G\varphi_{\mathrm{w}}^{m+\frac{1}{3}}-G\varphi_{\mathrm{o}}^{m+\frac{1}{3}}=-B_{\mathrm{o}}q+G\varphi_{\mathrm{w}}^{m}-G\varphi_{\mathrm{o}}^{m}.\end{aligned}\tag{2.3.18}$$

在 y 方向,

$$\frac{1}{2}\Delta_{\bar{y}}A_{y\mathrm{w}}\Delta_y\varphi_{\mathrm{w}}^{m+\frac{2}{3}}-\frac{1}{2}\Delta_{\bar{y}}A_{y\mathrm{w}}\Delta_y\varphi_{\mathrm{w}}^{m}-G\varphi_{\mathrm{w}}^{m+\frac{2}{3}}+G\varphi_{\mathrm{o}}^{m+\frac{2}{3}}=-G\varphi_{\mathrm{w}}^{m+\frac{1}{3}}+G\varphi_{\mathrm{o}}^{m+\frac{1}{3}}, \tag{2.3.19}$$

$$\frac{1}{2}\Delta_{\bar{y}}A_{y\mathrm{o}}\Delta_y\varphi_{\mathrm{o}}^{m+\frac{2}{3}}-\frac{1}{2}\Delta_{\bar{y}}A_{y\mathrm{o}}\Delta_y\varphi_{\mathrm{o}}^{m}+G\varphi_{\mathrm{w}}^{m+\frac{2}{3}}-G\varphi_{\mathrm{o}}^{m+\frac{2}{3}}=G\varphi_{\mathrm{w}}^{m+\frac{1}{3}}-G\varphi_{\mathrm{o}}^{m+\frac{1}{3}}. \tag{2.3.20}$$

在 x 方向,

$$\frac{1}{2}\Delta_{\bar{x}}A_{x\mathrm{w}}\Delta_x\varphi_{\mathrm{w}}^{m+1}-\frac{1}{2}\Delta_{\bar{x}}A_{x\mathrm{w}}\Delta_x\varphi_{\mathrm{w}}^{m}-G\varphi_{\mathrm{w}}^{m+1}+G\varphi_{\mathrm{o}}^{m+1}=-G\varphi_{\mathrm{w}}^{m+\frac{2}{3}}+G\varphi_{\mathrm{o}}^{m+\frac{2}{3}}, \tag{2.3.21}$$

$$\frac{1}{2}\Delta_{\bar{x}}A_{x\mathrm{o}}\Delta_x\varphi_{\mathrm{o}}^{m+1}-\frac{1}{2}\Delta_{\bar{x}}A_{x\mathrm{o}}\Delta_x\varphi_{\mathrm{o}}^{m}+G\varphi_{\mathrm{w}}^{m+1}-G\varphi_{\mathrm{o}}^{m+1}=G\varphi_{\mathrm{w}}^{m+\frac{2}{3}}-G\varphi_{\mathrm{o}}^{m+\frac{2}{3}}. \tag{2.3.22}$$

则隐式迭代格式如下:

在 z 方向,

$$\begin{aligned}&\frac{1}{2}\Delta_{\bar{z}}A_{z\mathrm{w}}\Delta_z\varphi_{\mathrm{w}}^{*}+\frac{1}{2}\Delta_{\bar{z}}A_{z\mathrm{w}}\Delta_z\varphi_{\mathrm{w}}^{(l)}+\Delta_{\bar{y}}A_{y\mathrm{w}}\Delta_y\varphi_{\mathrm{w}}^{(l)}+\Delta_{\bar{x}}A_{x\mathrm{w}}\Delta_x\varphi_{\mathrm{w}}^{(l)}-G\varphi_{\mathrm{w}}^{*}+G\varphi_{\mathrm{o}}^{*}\\=&H_{l+1}\left(\sum A_{\mathrm{w}}\right)(\varphi_{\mathrm{w}}^{*}-\varphi_{\mathrm{w}}^{(l)})-B_{\mathrm{w}}q-G\varphi_{\mathrm{w}}^{m}+G\varphi_{\mathrm{o}}^{m},\end{aligned} \tag{2.3.23}$$

$$\begin{aligned}&\frac{1}{2}\Delta_{\bar{z}}A_{z\mathrm{o}}\Delta_z\varphi_{\mathrm{o}}^{*}+\frac{1}{2}\Delta_{\bar{z}}A_{z\mathrm{o}}\Delta_z\varphi_{\mathrm{o}}^{(l)}+\Delta_{\bar{y}}A_{y\mathrm{o}}\Delta_y\varphi_{\mathrm{o}}^{(l)}+\Delta_{\bar{x}}A_{z\mathrm{w}}\Delta_x\varphi_{\mathrm{o}}^{(l)}+G\varphi_{\mathrm{w}}^{*}-G\varphi_{\mathrm{o}}^{*}\\=&H_{l+1}\left(\sum A_{\mathrm{o}}\right)(\varphi_{\mathrm{o}}^{*}-\varphi_{\mathrm{o}}^{(l)})-B_{\mathrm{o}}q+G\varphi_{\mathrm{w}}^{m}-G\varphi_{\mathrm{o}}^{m}.\end{aligned} \tag{2.3.24}$$

在 y 方向,

$$\begin{aligned}&\frac{1}{2}\Delta_{\bar{y}}A_{y\mathrm{w}}\Delta_y\varphi_{\mathrm{w}}^{**}-\frac{1}{2}\Delta_{\bar{y}}A_{y\mathrm{w}}\Delta_y\varphi_{\mathrm{w}}^{(l)}-G\varphi_{\mathrm{w}}^{**}+G\varphi_{\mathrm{o}}^{**}\\=&H_{l+1}\left(\sum A_{\mathrm{w}}\right)(\varphi_{\mathrm{w}}^{**}-\varphi_{\mathrm{w}}^{*})-G\varphi_{\mathrm{w}}^{*}+G\varphi_{\mathrm{o}}^{*},\end{aligned} \tag{2.3.25}$$

$$\begin{aligned}&\frac{1}{2}\Delta_{\bar{y}}A_{y\mathrm{o}}\Delta_y\varphi_{\mathrm{o}}^{**}-\frac{1}{2}\Delta_{\bar{y}}A_{y\mathrm{o}}\Delta_y\varphi_{\mathrm{o}}^{(l)}+G\varphi_{\mathrm{w}}^{**}-G\varphi_{\mathrm{o}}^{**}\\=&H_{l+1}\left(\sum A_{\mathrm{o}}\right)(\varphi_{\mathrm{o}}^{**}-\varphi_{\mathrm{o}}^{*})+G\varphi_{\mathrm{w}}^{*}+G\varphi_{\mathrm{o}}^{*}.\end{aligned} \tag{2.3.26}$$

在 x 方向,

$$\begin{aligned}&\frac{1}{2}\Delta_{\bar{x}}A_{x\mathrm{w}}\Delta_x\varphi_{\mathrm{w}}^{(l+1)}-\frac{1}{2}\Delta_{\bar{x}}A_{x\mathrm{w}}\Delta_x\varphi_{\mathrm{w}}^{(l)}-G\varphi_{\mathrm{w}}^{(l+1)}+G\varphi_{\mathrm{o}}^{(l+1)}\\=&H_{l+1}\left(\sum A_{\mathrm{w}}\right)(\varphi_{\mathrm{w}}^{(l+1)}-\varphi_{\mathrm{w}}^{**})-G\varphi_{\mathrm{w}}^{**}+G\varphi_{\mathrm{o}}^{**},\end{aligned} \tag{2.3.27}$$

$$\begin{aligned}&\frac{1}{2}\Delta_{\bar{x}}A_{x\mathrm{o}}\Delta_x\varphi_{\mathrm{o}}^{(l+1)}-\frac{1}{2}\Delta_{\bar{x}}A_{x\mathrm{o}}\Delta_x\varphi_{\mathrm{o}}^{(l)}+G\varphi_{\mathrm{w}}^{(l+1)}-G\varphi_{\mathrm{o}}^{(l+1)}\\=&H_{l+1}\left(\sum A_{\mathrm{o}}\right)(\varphi_{\mathrm{o}}^{(l+1)}-\varphi_{\mathrm{o}}^{**})+G\varphi_{\mathrm{w}}^{**}-G\varphi_{\mathrm{o}}^{**}.\end{aligned} \tag{2.3.28}$$

为了提高精确度, 引入残量计算; 记

$$p_z = \varphi_{\mathrm{w}}^{*} - \varphi_{\mathrm{w}}^{(l)}, \quad R_z = \varphi_{\mathrm{o}}^{*} - \varphi_{\mathrm{o}}^{(l)},$$
$$p_y = \varphi_{\mathrm{w}}^{**} - \varphi_{\mathrm{w}}^{*}, \quad R_y = \varphi_{\mathrm{o}}^{**} - \varphi_{\mathrm{o}}^{*},$$
$$p_z = \varphi_{\mathrm{w}}^{(l+1)} - \varphi_{\mathrm{w}}^{**}, R_x = \varphi_{\mathrm{o}}^{(l+1)} - \varphi_{\mathrm{o}}^{**}.$$

最后可得实用的修正交替方向隐式迭代格式:

在 z 方向,

$$\begin{aligned}&\frac{1}{2}\Delta_{\bar{z}} A_{z\mathrm{w}} \Delta_z P_z - \left(G + H_{i+1}\sum A_{\mathrm{w}}\right) P_z + GR_z \\ =& -\left[\Delta A_{\mathrm{w}} \Delta\varphi_{\mathrm{w}}^{(l)} + B_{\mathrm{w}} q - G(\varphi_{\mathrm{w}}^{(l)} - \varphi_{\mathrm{w}}^{m}) + G(\varphi_{\mathrm{o}}^{(l)} - \varphi_{\mathrm{o}}^{m})\right],\end{aligned} \tag{2.3.29}$$

$$\begin{aligned}&\frac{1}{2}\Delta_{\bar{z}} A_{z\mathrm{o}} \Delta_z R_z - \left(G + H_{l+1}\sum A_{\mathrm{o}}\right) R_z + GP_z \\ =& -\left[\Delta A_{\mathrm{o}} \Delta\varphi_{\mathrm{o}}^{(l)} + B_{\mathrm{o}} q + G(\varphi_{\mathrm{w}}^{(l)} - \varphi_{\mathrm{w}}^{m}) - G(\varphi_{\mathrm{o}}^{(l)} - \varphi_{\mathrm{o}}^{m})\right].\end{aligned} \tag{2.3.30}$$

在 y 方向,

$$\frac{1}{2}\Delta_{\bar{y}} A_{y\mathrm{w}} \Delta_y P_y - \left(G + H_{i+1}\sum A_{\mathrm{w}}\right) P_y + GR_y = -\frac{1}{2}\Delta_{\bar{y}} A_{y\mathrm{w}} \Delta_y P_z, \tag{2.3.31}$$

$$\frac{1}{2}\Delta_{\bar{y}} A_{y\mathrm{o}} \Delta_y R_y - \left(G + H_{i+1}\sum A_{\mathrm{o}}\right) R_y + GP_y = -\frac{1}{2}\Delta_{\bar{y}} A_{y\mathrm{o}} \Delta_y R_z. \tag{2.3.32}$$

在 x 方向,

$$\frac{1}{2}\Delta_{\bar{x}} A_{x\mathrm{w}} \Delta_x P_x - \left(G + H_{l+1}\sum A_{\mathrm{w}}\right) P_x + GR_x = -\frac{1}{2}\Delta_{\bar{x}} A_{x\mathrm{w}} \Delta_x (P_y + P_z), \tag{2.3.33}$$

$$\frac{1}{2}\Delta_{\bar{x}} A_{x\mathrm{o}} \Delta_x R_x - \left(G + H_{l+1}\sum A_{\mathrm{o}}\right) R_x + GP_x = -\frac{1}{2}\Delta_{\bar{x}} A_{x\mathrm{o}} \Delta_x (R_y + R_z). \tag{2.3.34}$$

2.4 运移聚集水动力学实验的数值模拟与分析

我们以胜利油田提供的地质参数和数据, 对 M.K.Hubbert, H.Dembicki, L. Catalan 等学者做过的油气二次运移聚集的著名模拟水动力学实验[16~19] 进行了数值模拟实验, 数值结果与实验结果基本吻合, 并具有很强的物理、力学特性, 十分清晰地看到油气运移、分离、聚集的全过程 (表 2.4.1).

2.4.1 剖面问题的数值模拟和分析

对剖面问题, 基于数学模型 (2.2.7)、(2.2.8) 和数值解法 (2.3.7)~(2.3.16), 我们对几个模型问题进行了数值模拟, 数值模拟是成功的.

表 2.4.1 模型参数(全部数据均采用水动力学标准单位)

s	$k_{\mathrm{ro}}(s)$	$k_{\mathrm{rw}}(s)$	s	$p_{\mathrm{c}}(s)$	地质参数	
0.03	0.7000	0.000	0.200	4.5000	φ	0.3
0.35	0.4000	0.004	0.300	0.1750	$\Delta\rho g$	0.5×10^{-3}
0.40	0.2600	0.009	0.320	0.1170	h_0	0.1177×10^{4}
0.45	0.1650	0.015	0.360	0.0648	μ_{w}	0.4
0.50	0.1040	0.023	0.410	0.0378	μ_{o}	20.0
0.55	0.0640	0.031	0.460	0.0270	K	2.0
0.60	0.0340	0.040	0.510	0.0225	Δx	0.5×10^{4}
0.65	0.0150	0.052	0.750	0.0113	Δy	0.5×10^{4}
0.70	0.0015	0.066	0.760	0.0000	Δz	0.5×10^{3}
0.75	0.0000	0.085	0.800	−1.1500		

(1) 模型问题 1：模拟区域为长方形区域, 如图 2.4.1、图 2.4.2 所示. 初始条件为静止的水, 时间步长为 $\mathrm{d}t$=300 年, 流入量 1.4268×10^{-6}, 流出量等于流入量. 对如图 2.4.1、图 2.4.2 的流入流出边界进行了数值模拟. 图 2.4.3、图 2.4.5、图 2.4.7、图 2.4.9 是对应图 2.4.1 在 30 万年、120 万年、300 万年、450 万年的水饱和度等值线图, 对应图 2.4.2, 30 万年、120 万年、300 万年、450 万年的水饱和度等值线图为图 2.4.4、图 2.4.6、图 2.4.8、图 2.4.10.

从数值模拟结果可以看出：油在运移聚集过程中, 当油聚集到一定量时, 才开始运移, 在浮力作用下上升, 上升到上面的封闭边界时, 油将沿着上封闭边界运移, 随着上面封闭边界附近油饱和度的增加, 油聚集的范围不断扩大, 最后油从流出边界流出; 时间越长, 聚集的油越多; 流入的量越多, 聚集的油亦越多; 且流入流出边界直接影响着运移聚集的过程和储油量. 所有这些现象同模拟实验的结论相一致.

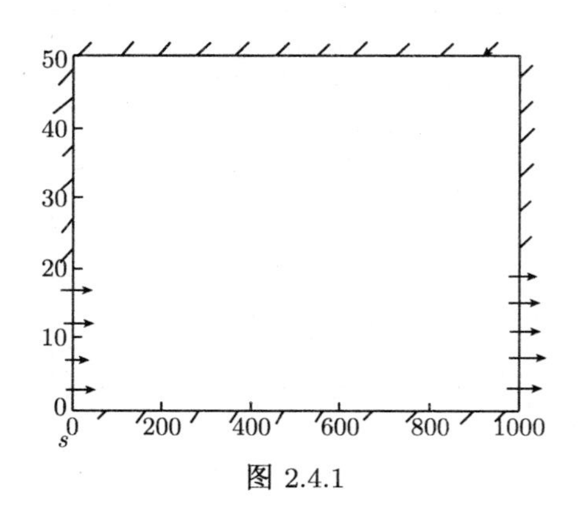

图 2.4.1

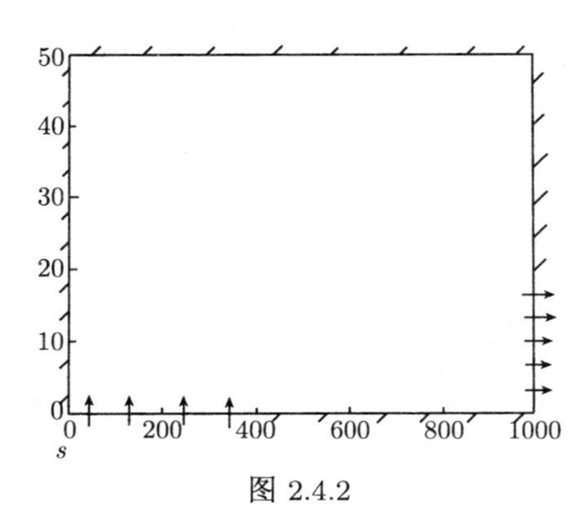

图 2.4.2

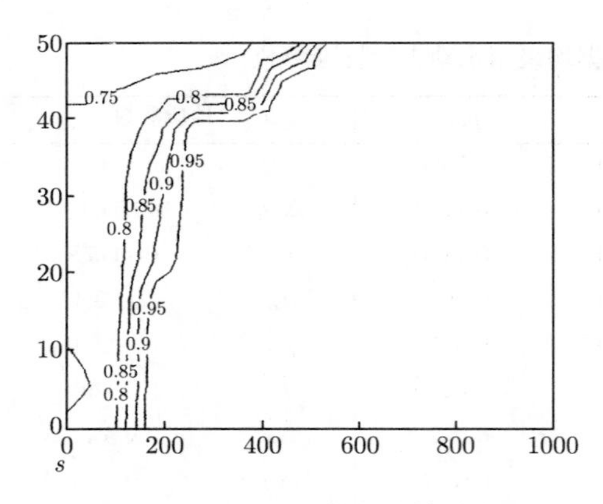

图 2.4.3　30 万年水饱和度等值线图

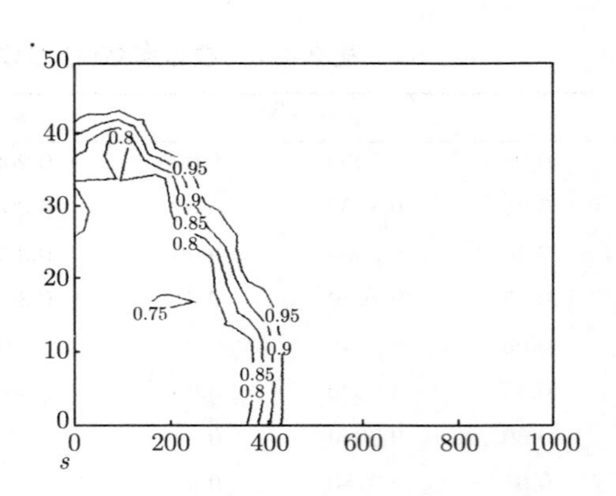

图 2.4.4　30 万年水饱和度等值线图

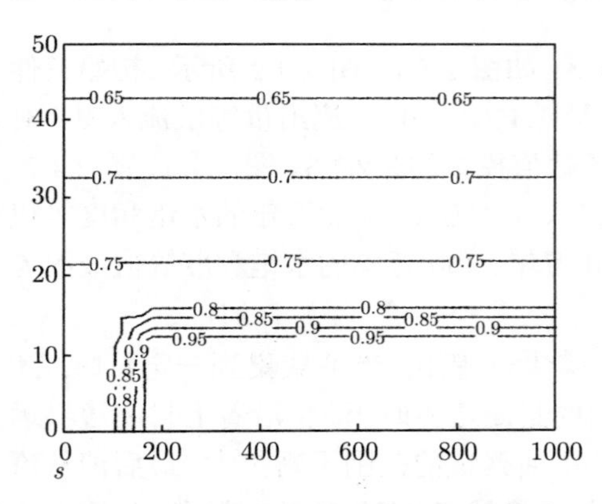

图 2.4.5　120 万年水饱和度等值线图

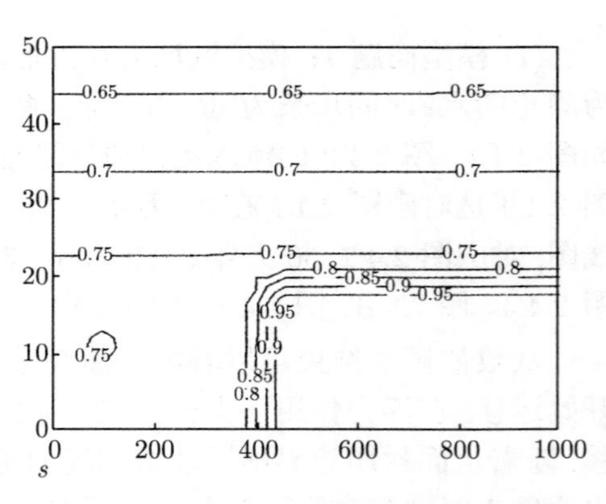

图 2.4.6　120 万年水饱和度等值线图

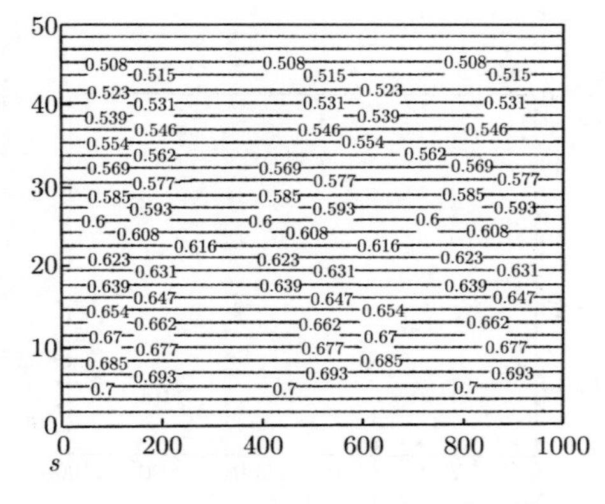

图 2.4.7　300 万年水饱和度等值线图

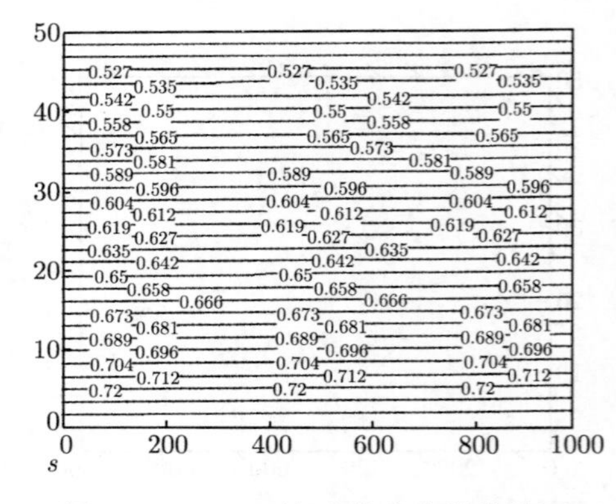

图 2.4.8　300 万年水饱和度等值线图

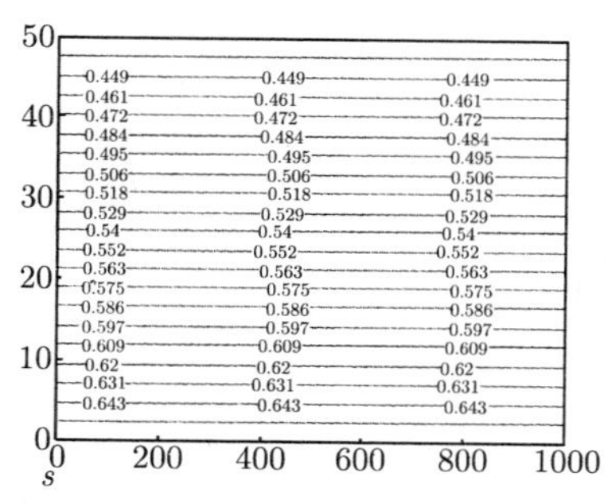

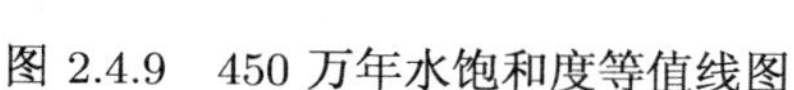
图 2.4.9 450 万年水饱和度等值线图

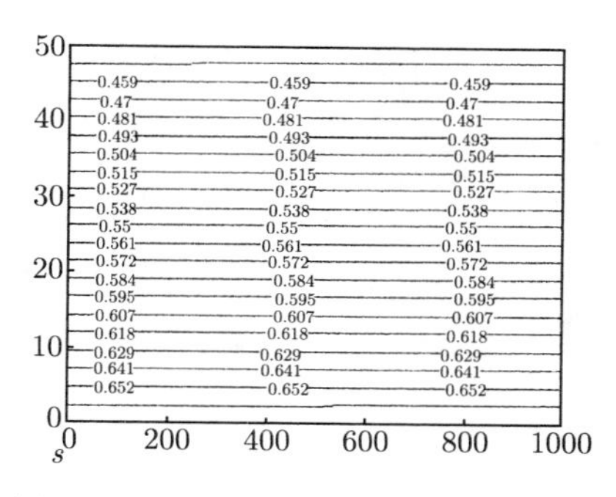

图 2.4.10 450 万年水饱和度等值线图

(2) 模型问题 2：模拟区域为斜背式构造, 如图 2.4.11、图 2.4.12 所示, 初始条件、时间步长、流入、流出量同模型问题 1. 边界条件考虑了图 2.4.11、图 2.4.12 中的两种情况. 对图 2.4.11 的流入流出情况, 30 万年、120 万年、300 万年、450 万年的水饱和度等值线图为图 2.4.13、图 2.4.15、图 2.4.17、图 2.4.19. 对图 2.4.12 的情况, 相同时刻的水饱和度等值线图为图 2.4.14、图 2.4.16、图 2.4.18、图 2.4.20.

从数值模拟的结果可看出, 油运移聚集过程基本上同模型问题 1, 同时, 斜背式构造越深, 越容易存油.

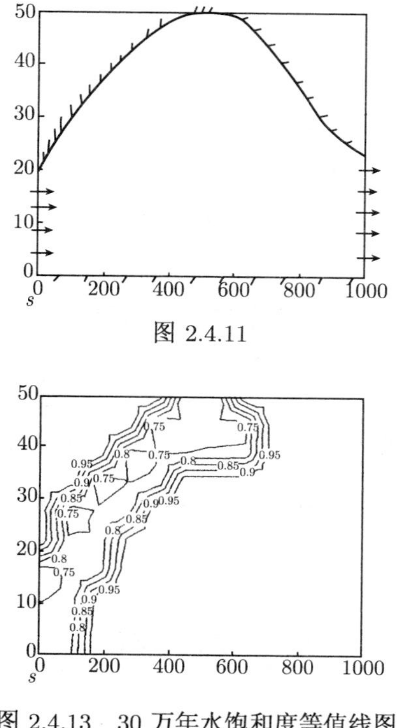

图 2.4.11

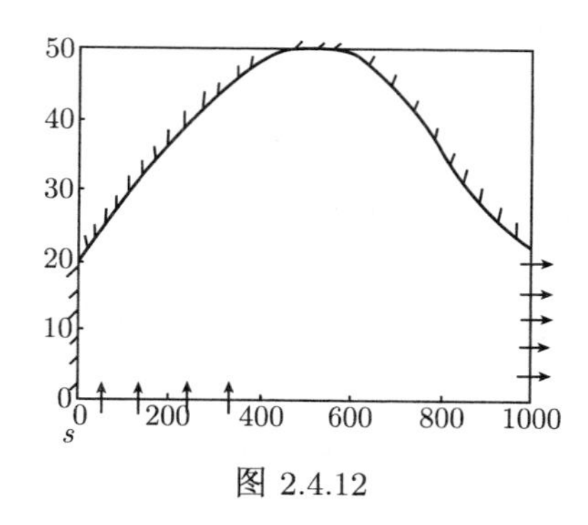

图 2.4.12

图 2.4.13 30 万年水饱和度等值线图

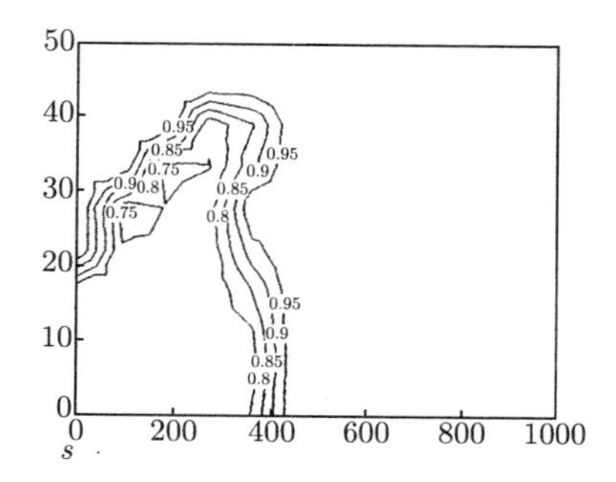

图 2.4.14 30 万年水饱和度等值线图

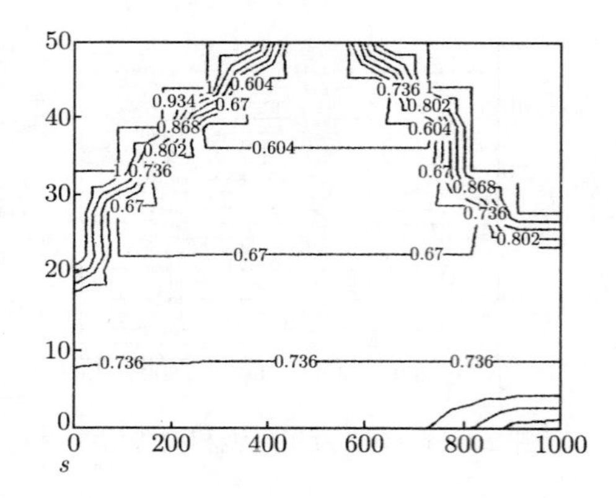

图 2.4.15　120 万年水饱和度等值线图

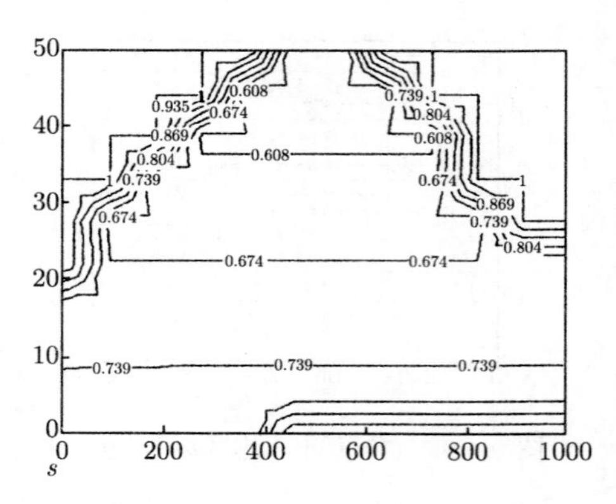

图 2.4.16　120 万年水饱和度等值线图

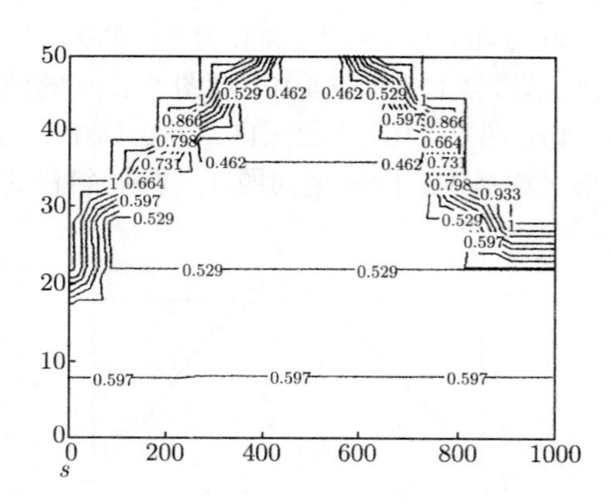

图 2.4.17　300 万年水饱和度等值线图

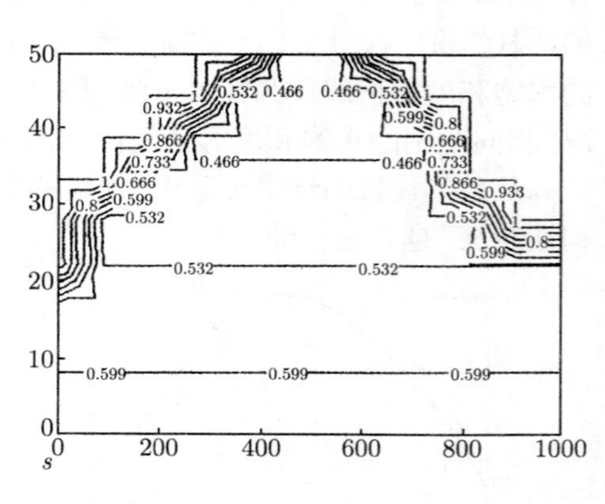

图 2.4.18　300 万年水饱和度等值线图

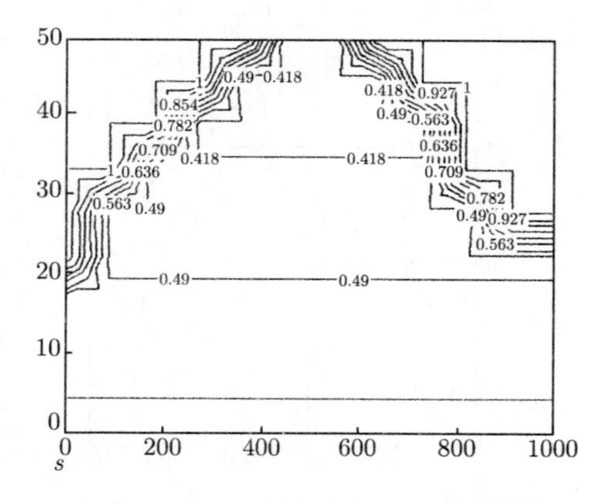

图 2.4.19　450 万年水饱和度等值线图

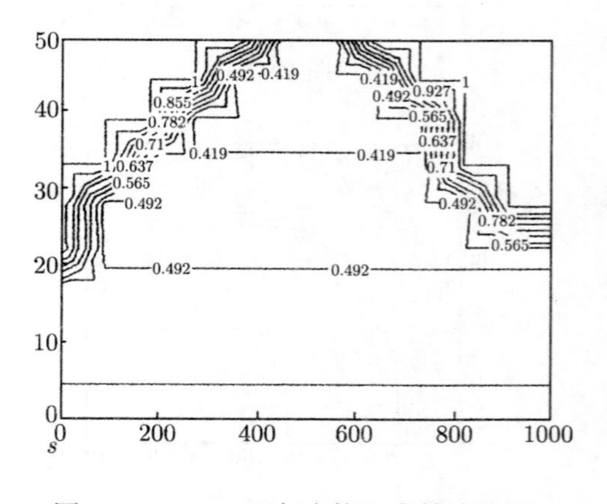

图 2.4.20　450 万年水饱和度等值线图

(3) 模型问题 3：模拟区域如图 2.4.21 所示，已知的数据为：运移聚集层的底的深度和厚度，模拟层的层底深度，层的厚度及上边界与下边界流入运载层的水和油量；初始条件是静止的水，时间步长为 300 年. 图 2.4.22～ 图 2.4.25 分别为在一定流入流出量的情况下，120 万年、180 万年、300 万年、420 万年的水饱和度等值线图.

从模拟结果看到，油在浮力、水动力等作用下，可以聚集在上面. 且构造越好，存油越多.

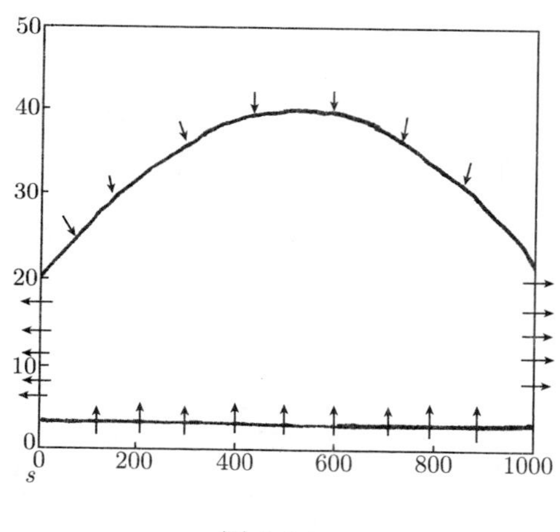

图 2.4.21

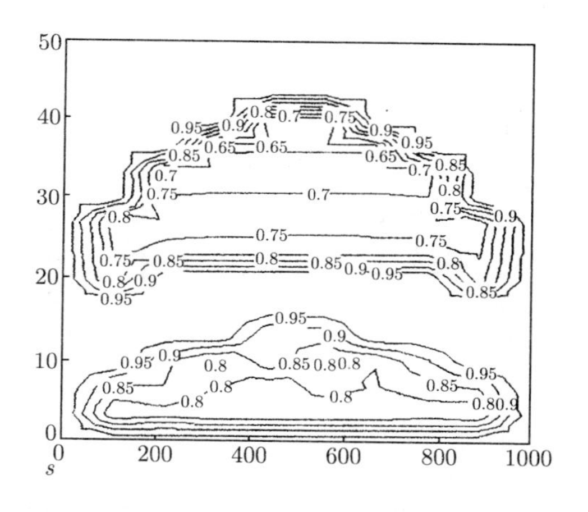

图 2.4.22 120 万年水饱和度等值线图

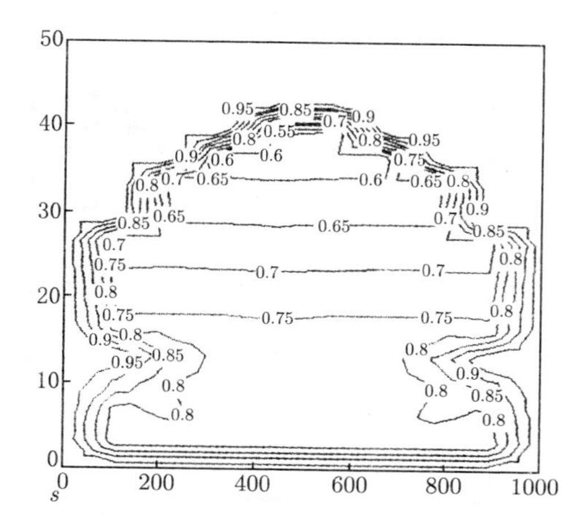

图 2.4.23 180 万年水饱和度等值线图

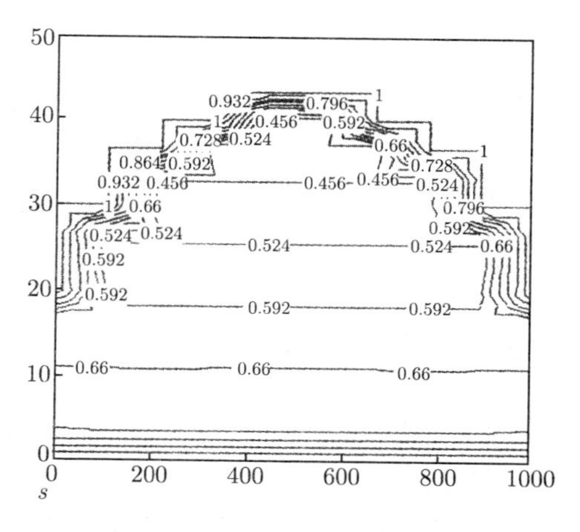

图 2.4.24 300 万年水饱和度等值线图

(4) 模型问题 4: 考虑斜三角形式的剖面问题, 模拟区域如图 2.4.26 所示, 初始条件同前面的模型, 流入流出边界如图 2.4.26 所示, 流入量流出量为 7.61035×10^{-7}, 对该问题进行数值模拟, 模拟水饱和度在 160 万年、300 万年、400 万年、500 万年的等值线图为图 2.4.27～ 图 2.4.30, 时间步长为 100 年.

从数值模拟的结果可看到: 油在运移聚集的过程中, 当油增加到一定的浓度后, 在浮力作用下上升, 上升至上面的封闭边界后, 沿着上边界向上运移, 直到三角构造的顶部, 然后, 顶部浓度开始增加, 最后全被油充满, 这与模拟实验的情形非常相似.

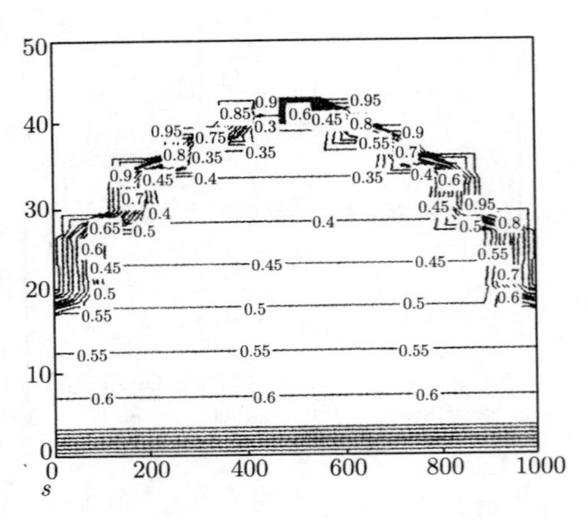

图 2.4.25　420 万年水饱和度等值线图

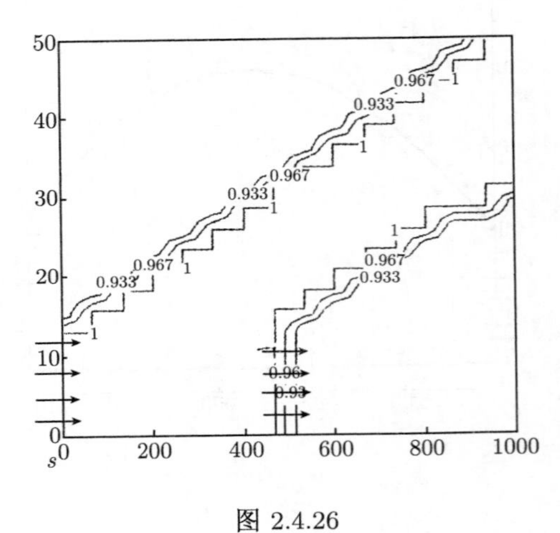

图 2.4.26

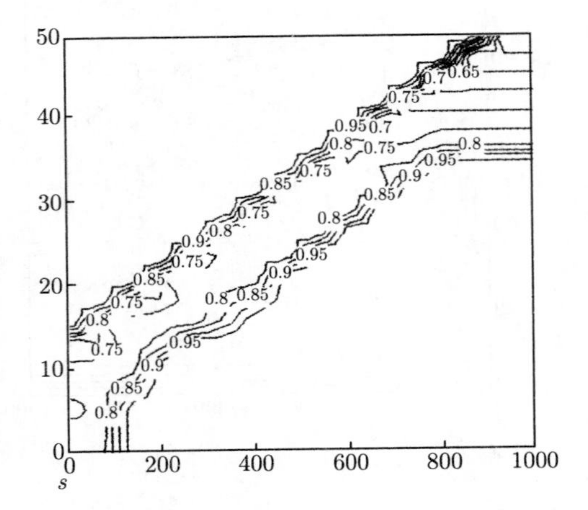

图 2.4.27　160 万年水饱和度等值线图

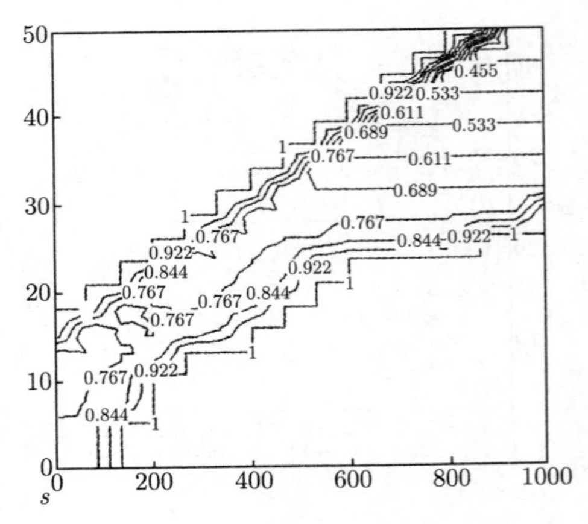

图 2.4.28　300 万年水饱和度等值线图

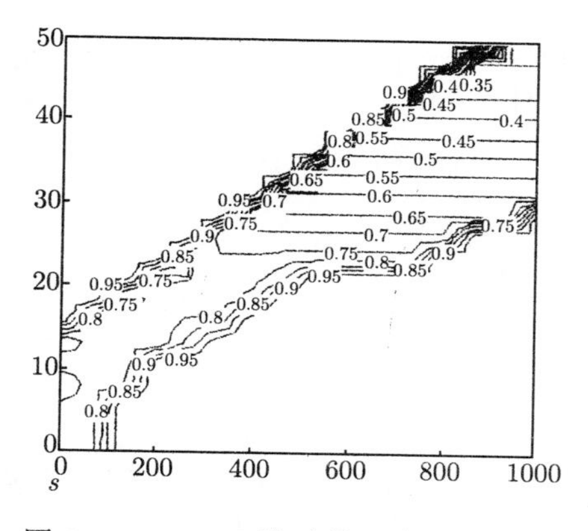

图 2.4.29 400 万年水饱和度等值线图

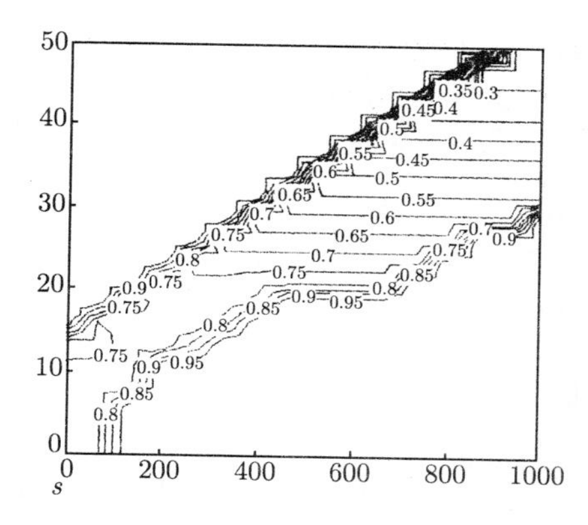

图 2.4.30 500 万年水饱和度等值线图

2.4.2 平面问题的数值模拟和分析

在实际问题中, 如果油层的厚度与模拟区域相比很小, 且变化不太陡, 油水二次运移聚集问题可用平面问题来解决. 数学模型为 (2.3.15)、(2.3.16), 数值解法同剖面问题的数值解法.

(1) 模型问题 5: 运移聚集层为一斜平面, 斜平面方程为 $z(x,y)=\dfrac{200L_y}{L_x}\dfrac{L_y-x}{L_x}$, $0\leqslant x\leqslant L_x,(x,y)$ 的变化区域为: $(0,\ L_x)\times(0,\ L_y)$, 层的厚度取为 5m, 时间步长为 1000 年. 本模型考虑线源的情况, 流入流出边界在 xOy 平面上的投影如图 2.4.31 与图 2.4.32 所示, 流入量为: 8.5616, 流出量大小与流入量相等, 对图 2.4.31, 20 万年、100 万年、200 万年、300 万年的水饱和度等值线图为图 2.4.33、图 2.4.35、图 2.4.37、图 2.4.39. 对图 2.4.32, 相同时刻的水饱和度等值线图为图 2.4.34、图 2.4.36、图 2.4.38、图 2.4.40.

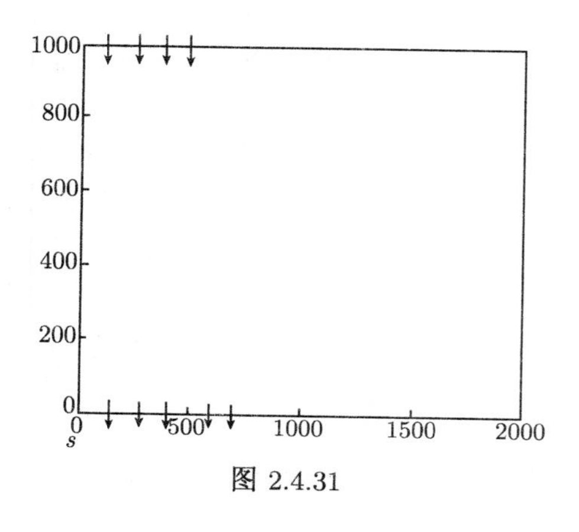

图 2.4.31

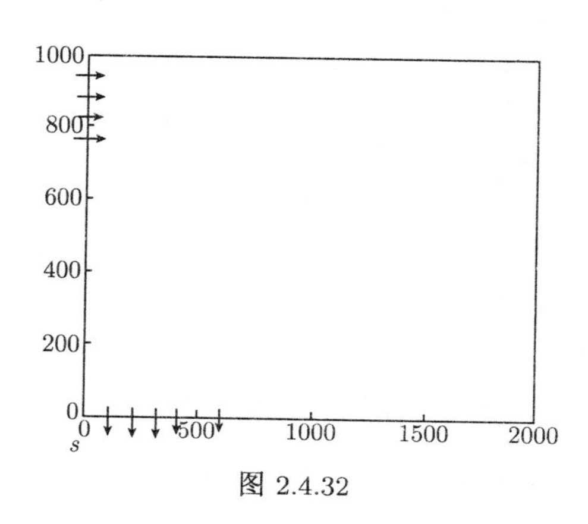

图 2.4.32

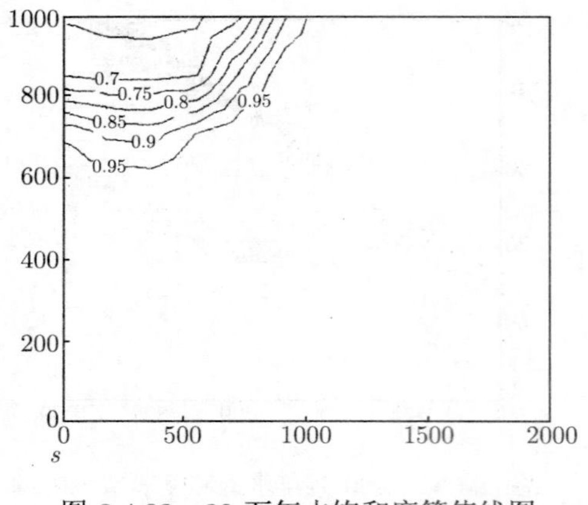

图 2.4.33　20 万年水饱和度等值线图

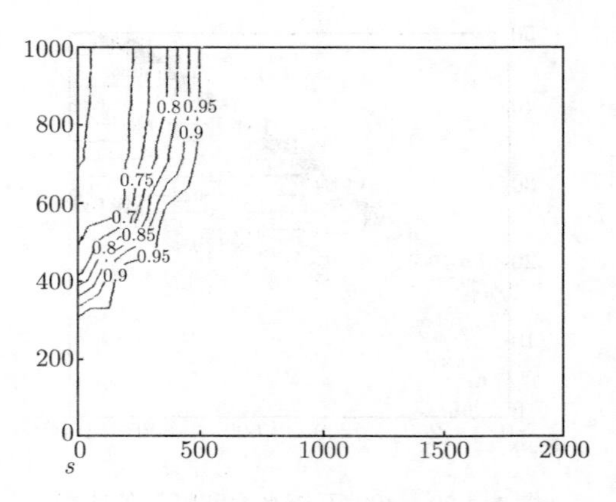

图 2.4.34　20 万年水饱和度等值线图

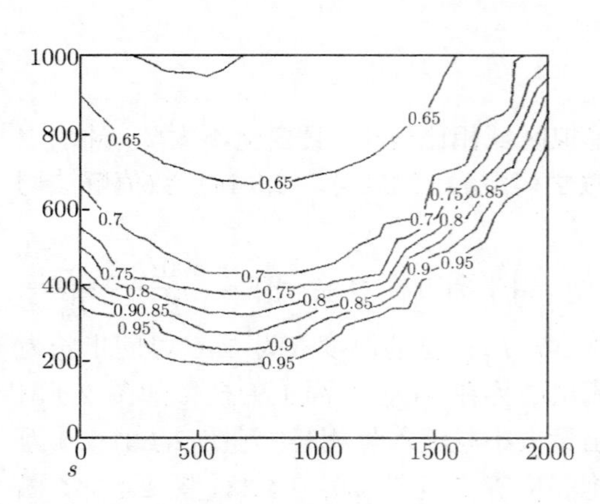

图 2.4.35　100 万年水饱和度等值线图

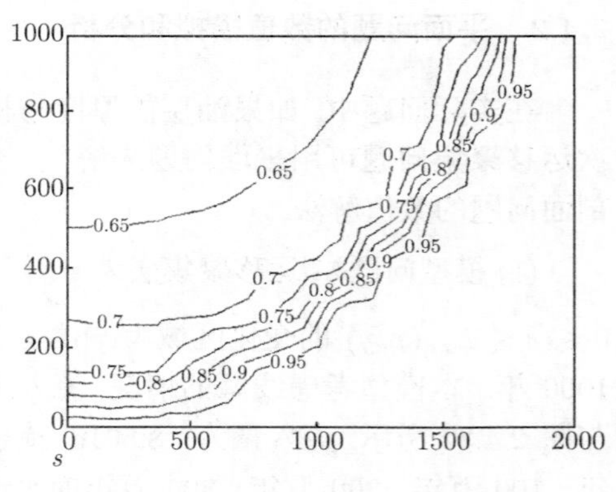

图 2.4.36　100 万年水饱和度等值线图

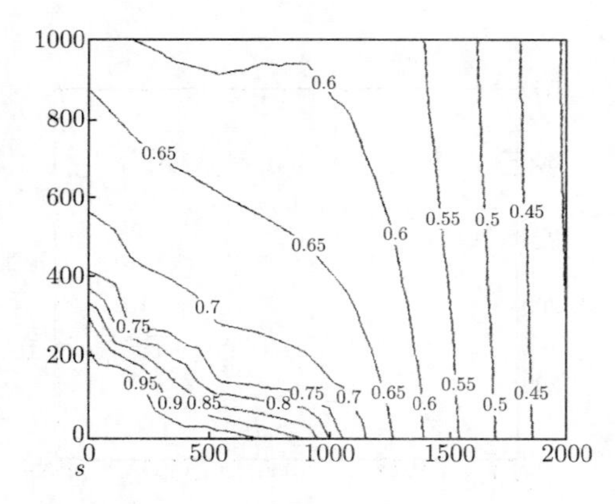

图 2.4.37　200 万年水饱和度等值线图

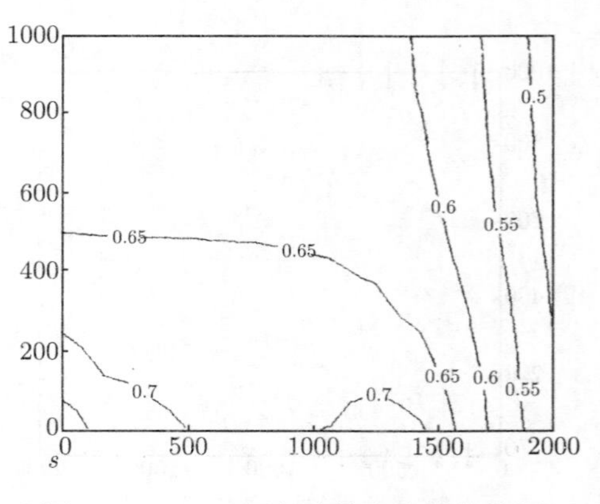

图 2.4.38　200 万年水饱和度等值线图

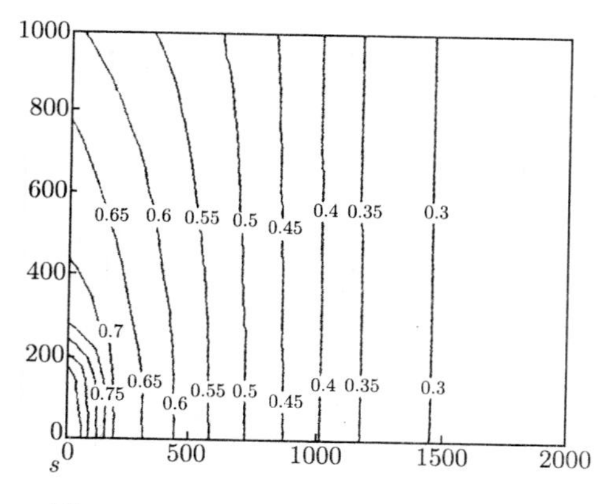

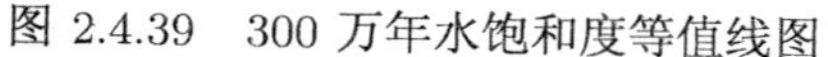

图 2.4.39 300 万年水饱和度等值线图

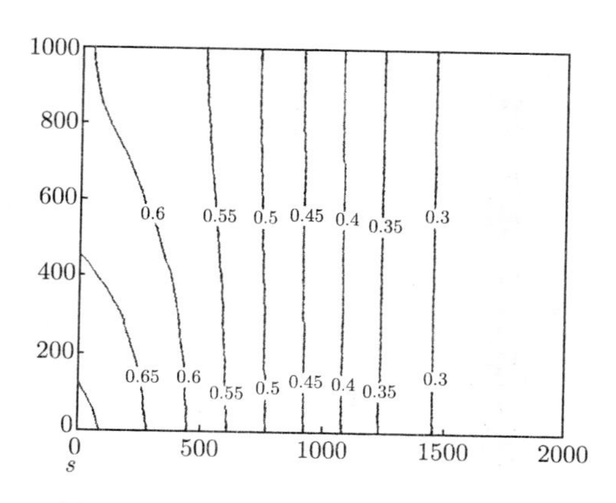

图 2.4.40 300 万年水饱和度等值线图

从模拟结果知, 对斜平面问题, 油能够运移聚集到封闭的斜平面上部, 运移的规律基本上同剖面问题, 不同的是, 斜平面运移聚集过程中, 油向上运移的速度不如剖面问题快, 且波及的区域大. 另外, 运移聚集的过程还与斜面的斜率有关, 斜率太小时, 油不能运移聚集到上面.

(2) 模型问题 6：考虑具有面源的斜平面问题, (x, y) 变化区域、斜平面方程、初始条件、时间步长等同模型问题 5, 面源满足 $q(x,y)=9.1324\times\dfrac{L_x+d_x-x}{L_x}$, d_x 是空间 x 方向上的步长, 流入流出边界在 xOy 平面上的投影为图 2.4.41 和图 2.4.42. 对图 2.4.41, 100 万年、200 万年、300 万年、400 万年的水饱和度等值线图分别为图 2.4.43、图 2.4.45、图 2.4.47、图 2.4.49, 对图 2.4.42, 相同时刻的水饱和度等值线图分别为图 2.4.44、图 2.4.46、图 2.4.48、图 2.4.50. 从模拟结果可以看出, 油可运移聚集到斜平面上部, 运移聚集的规律同模型问题 5 相似.

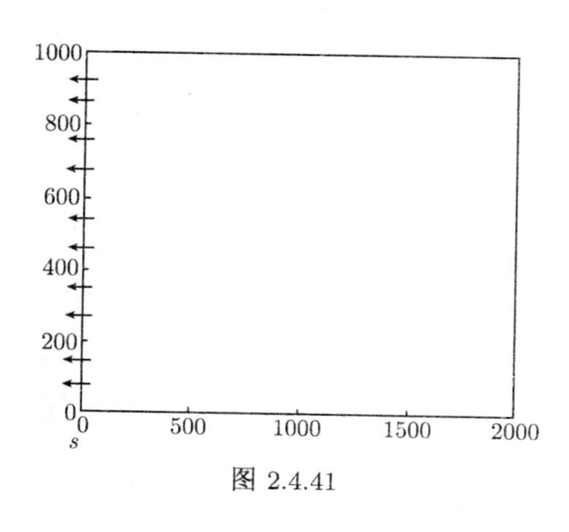

图 2.4.41

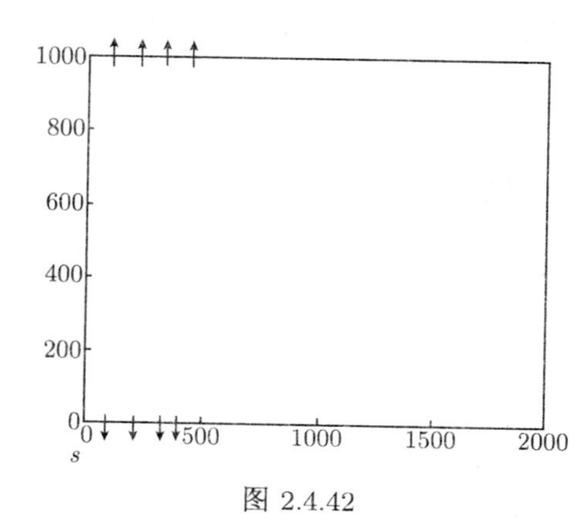

图 2.4.42

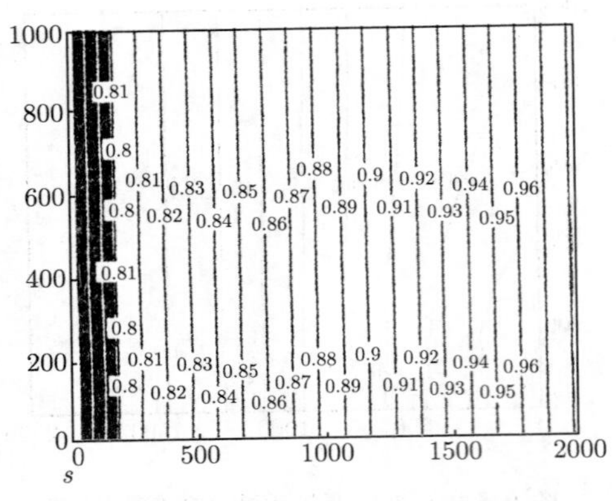

图 2.4.43　100 万年水饱和度等值线图

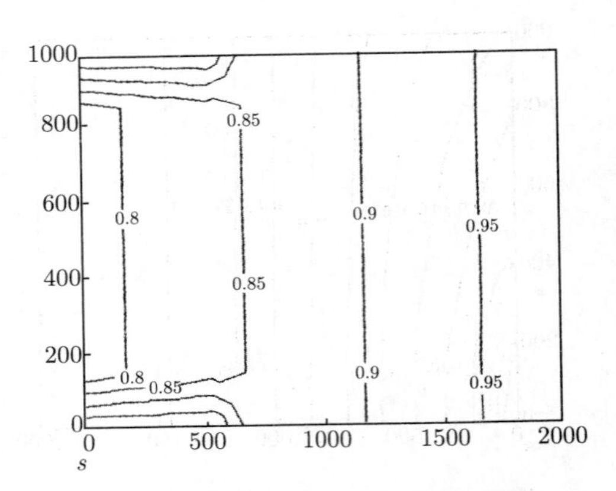

图 2.4.44　100 万年水饱和度等值线图

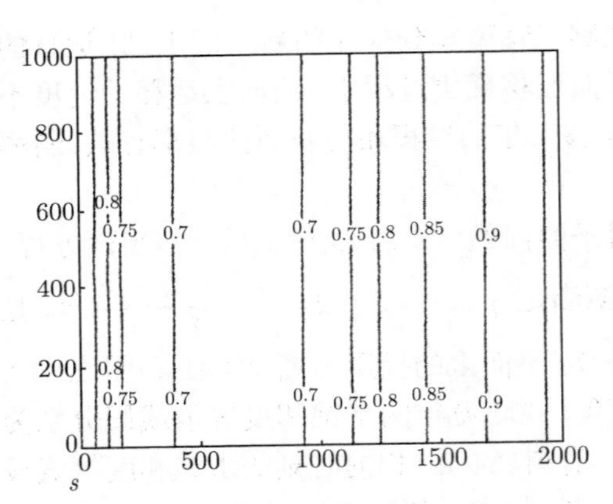

图 2.4.45　200 万年水饱和度等值线图

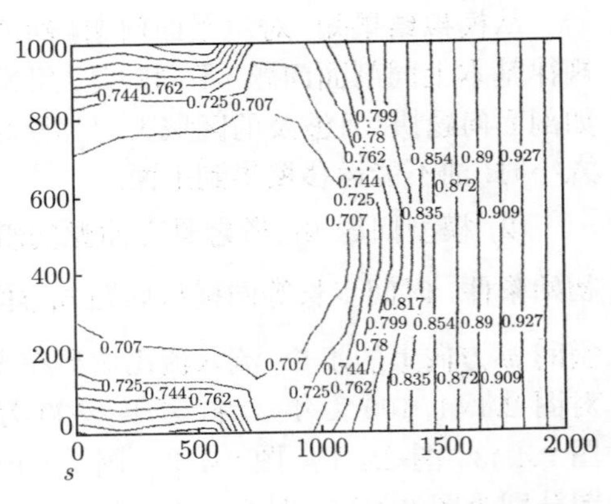

图 2.4.46　200 万年水饱和度等值线图

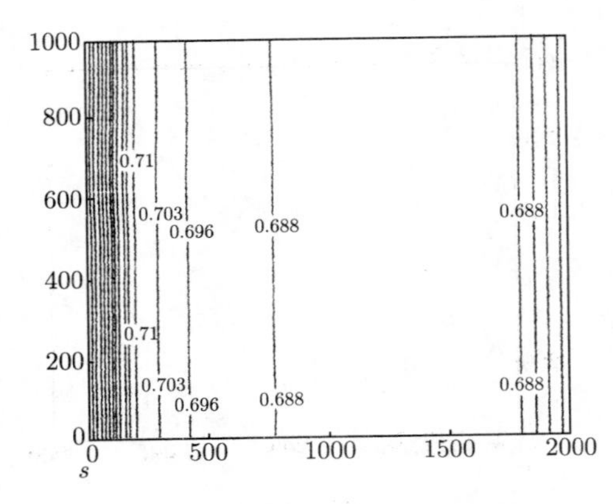

图 2.4.47　300 万年水饱和度等值线图

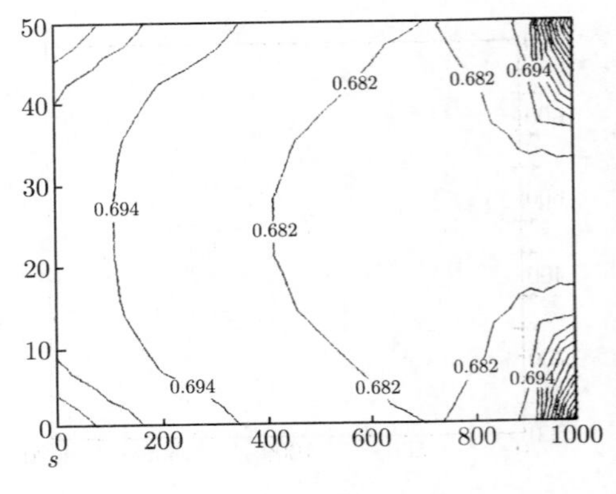

图 2.4.48　300 万年水饱和度等值线图

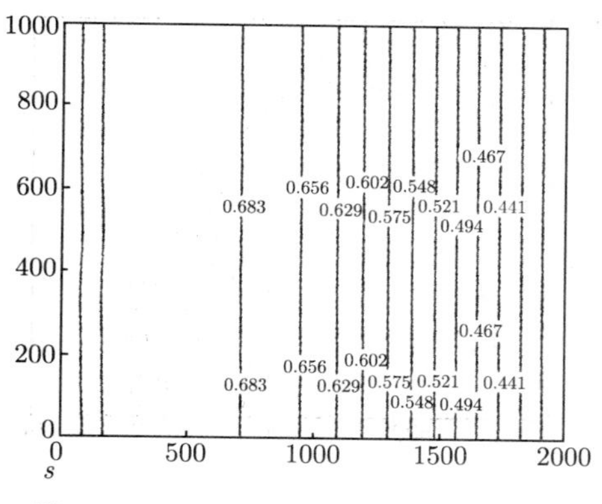

图 2.4.49 400 万年水饱和度等值线图

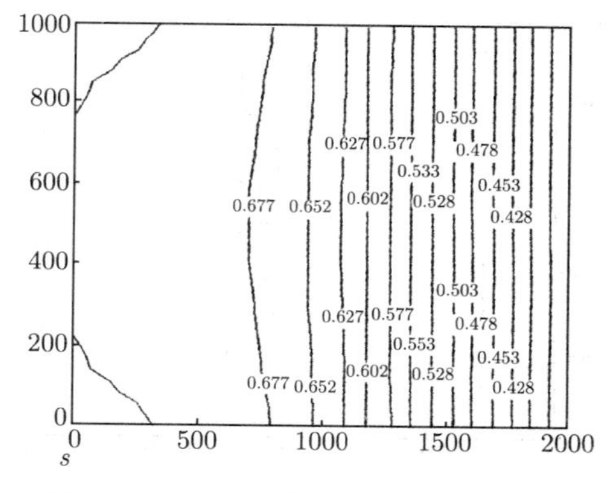

图 2.4.50 400 万年水饱和度等值线图

(3) 模型问题 7：考虑具有线源的曲面运载层问题, 初始条件、时间步长同模型问题 6, 曲面是抛物柱面, 方程为

$$z(x,y)=50h_z\frac{L_y}{L_x}\frac{L_x^2-4x(L_x-x)}{L_x^2},\quad (x,y)\in(0,L_x)\times(0,L_y).$$

流入流出边界到 xOy 平面上的投影如图 2.4.51 和图 2.4.52 所示. 流入量为 11.9863, 流出量是 −11.9863, h_z=5m, 对图 2.4.51, 60 万年、100 万年、200 万年、300 万年的水饱和度等值线图为图 2.4.53、图 2.4.55、图 2.4.57、图 2.4.59. 对图 2.4.52, 相同时刻的水饱和度等值线图为图 2.4.54、图 2.4.56、图 2.4.58、图 2.4.60.

从数值模拟结果可以看出, 对有弯曲的曲面, 在线源的情况下, 油是可以运移聚集到曲面上部的, 油聚集的主要部位不在曲面的顶部, 而是偏向于流出边界的那一边的上侧. 其余的模拟规律同前面的模型问题.

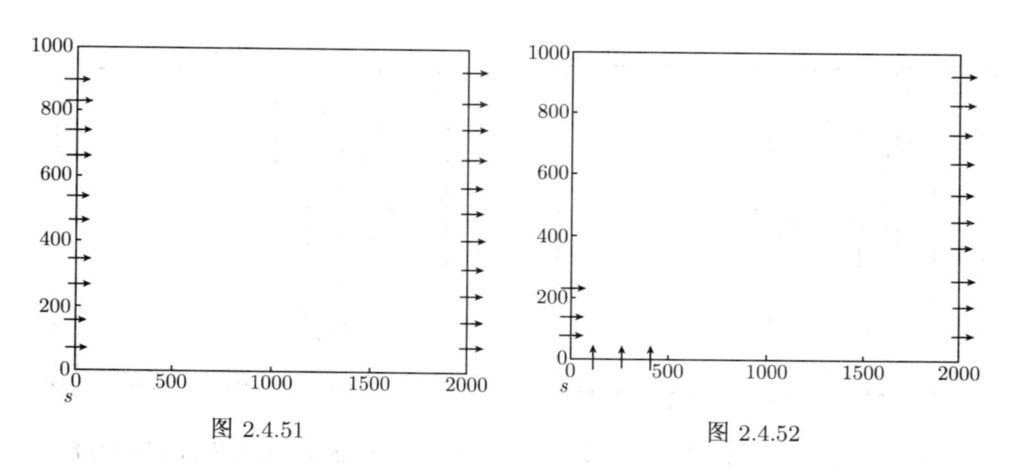

图 2.4.51

图 2.4.52

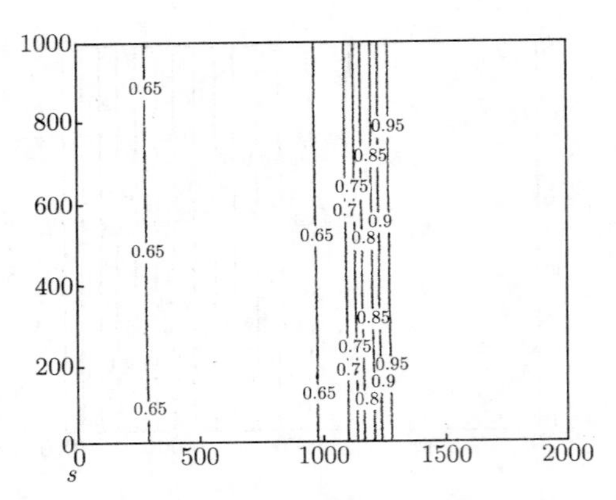

图 2.4.53　60 万年水饱和度等值线图

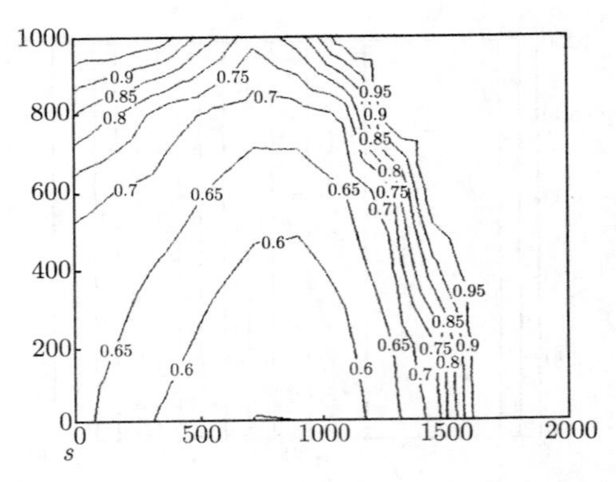

图 2.4.54　60 万年水饱和度等值线图

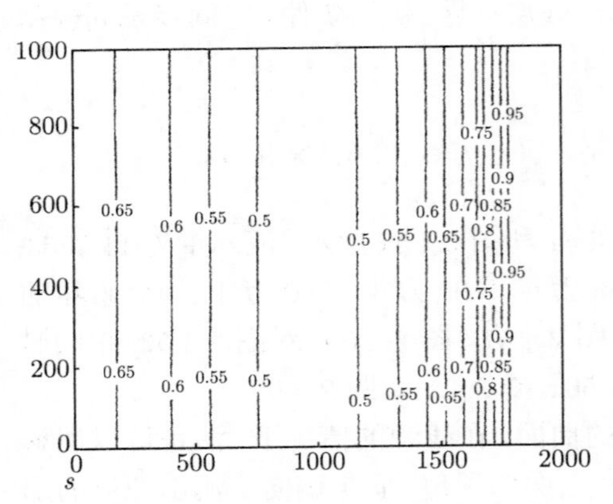

图 2.4.55　100 万年水饱和度等值线图

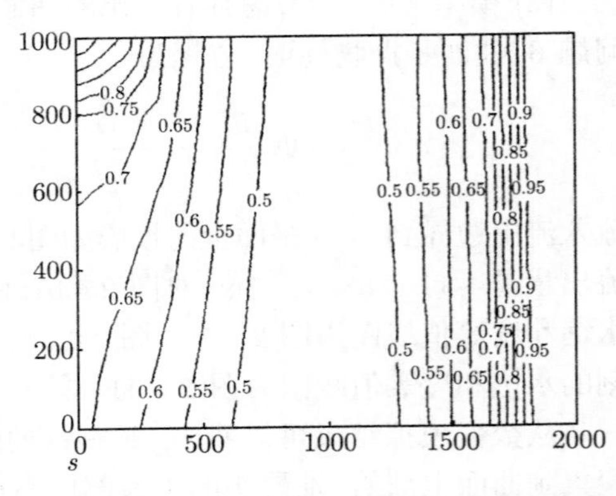

图 2.4.56　100 万年水饱和度等值线图

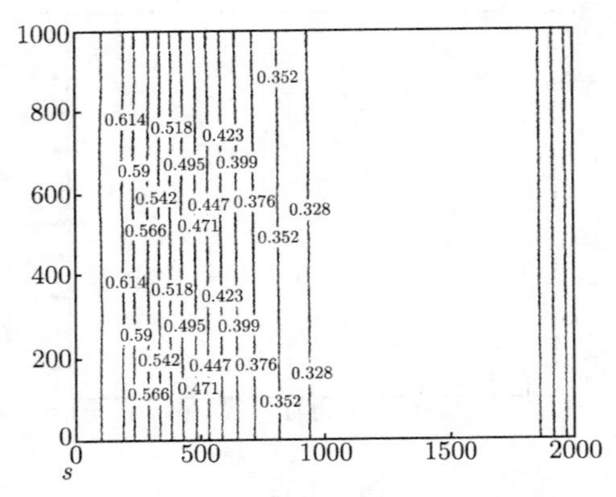

图 2.4.57　200 万年水饱和度等值线图

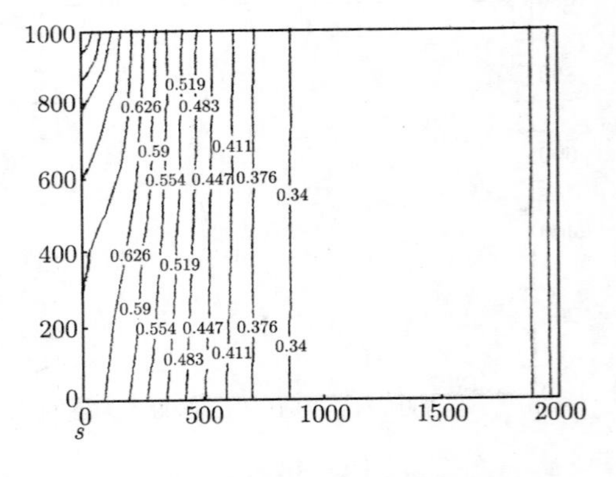

图 2.4.58　200 万年水饱和度等值线图

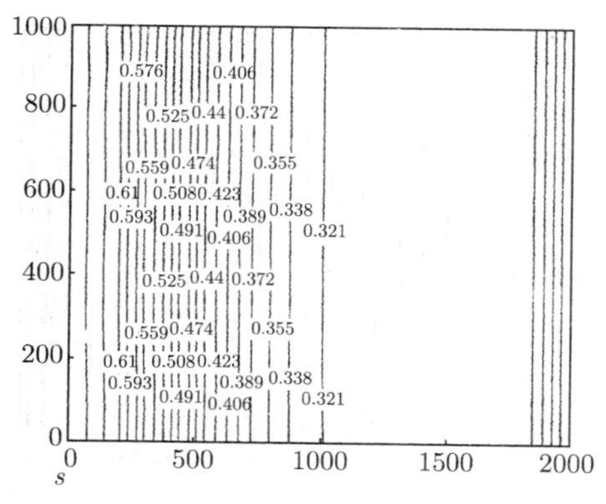

图 2.4.59 300 万年水饱和度等值线图

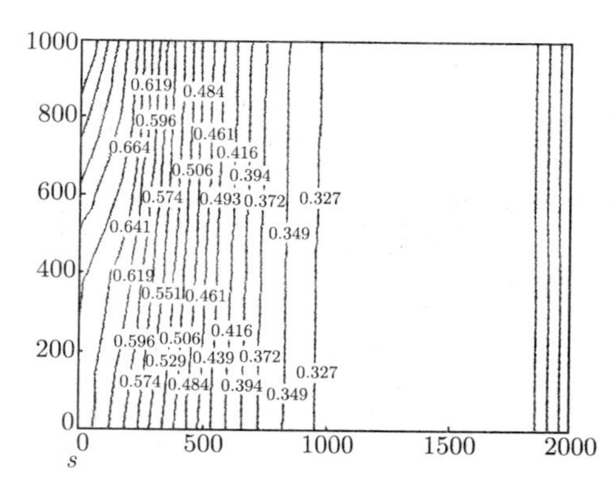

图 2.4.60 300 万年水饱和度等值线图

(4) 模型问题 8：考虑具有面源的曲面运载层运移聚集问题, 运载层曲面方程, 曲面厚度、时间步长等与模型问题 7 相同, 对应 (x, y) 点处, 流入运移聚集层的面源的量为

$$q(x,y)=\frac{13.6986}{n_{\mathrm{in}}}\cdot\frac{1}{L_x}\left(\frac{L_x+d_x}{2}-x\right),\quad (x,y)\in(0,L_x)\times(0,L_y),$$

其中 n_{in} 是具有面源的剖分单元的个数, d_x 同前, 流入流出边界如图 2.4.61 和图 2.4.62 所示 (到 xOy 平面的投影). 对图 2.4.61, 图 2.4.63、图 2.4.65、图 2.4.67、图 2.4.69 分别为 100 万年、260 万年、360 万年、500 万年的水饱和度等值线图, 对图 2.4.62, 相同时刻的水饱和度等值线图分别为图 2.4.64、图 2.4.66、图 2.4.68、图 2.4.70.

从数值模拟结果可看出：对具有面元的弯曲的运移聚集层, 油是可以聚集到曲面上部的, 油聚集的部位偏向流出量大的一侧, 如图 2.4.62、图 2.4.64、图 2.4.66、图 2.4.68、图 2.4.70 所示, 左边流出量只是右边流出量的 5%, 油聚集的主要部位就偏向右侧.

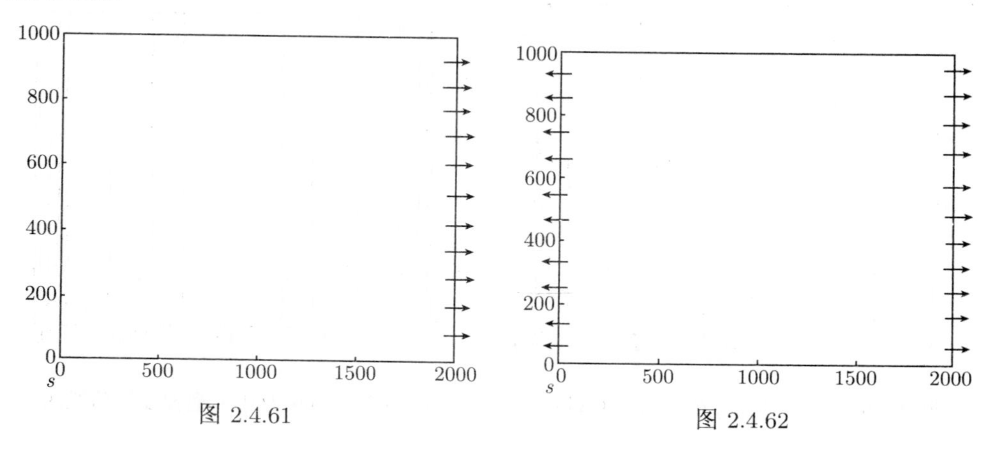

图 2.4.61

图 2.4.62

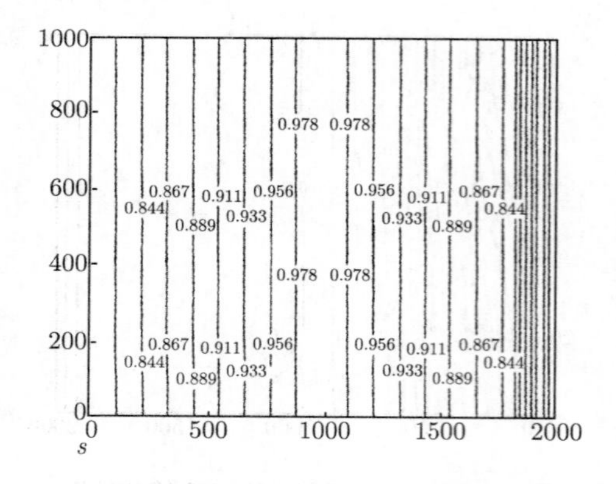

图 2.4.63　100 万年水饱和度等值线图

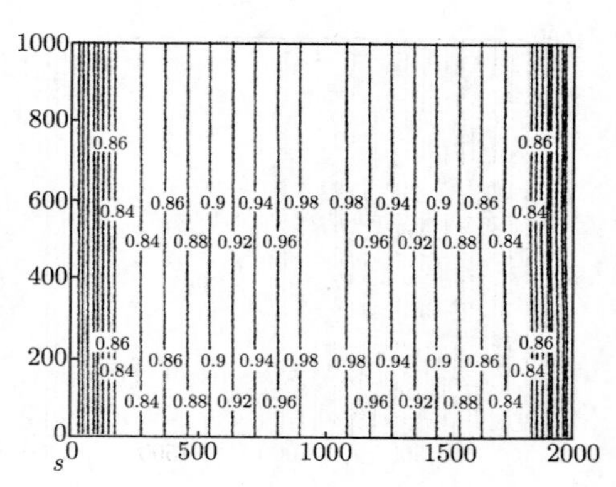

图 2.4.64　100 万年水饱和度等值线图

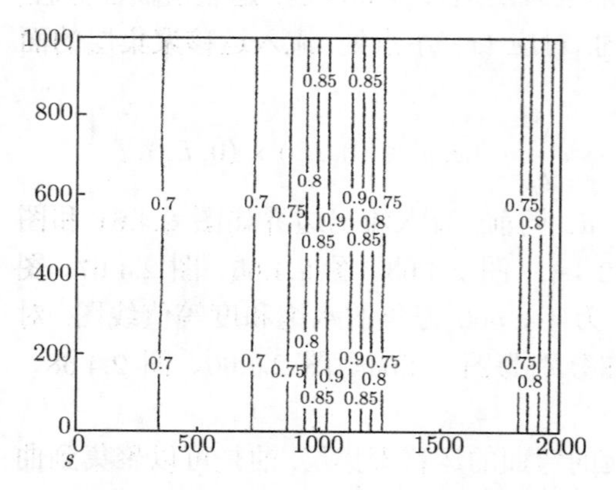

图 2.4.65　260 万年水饱和度等值线图

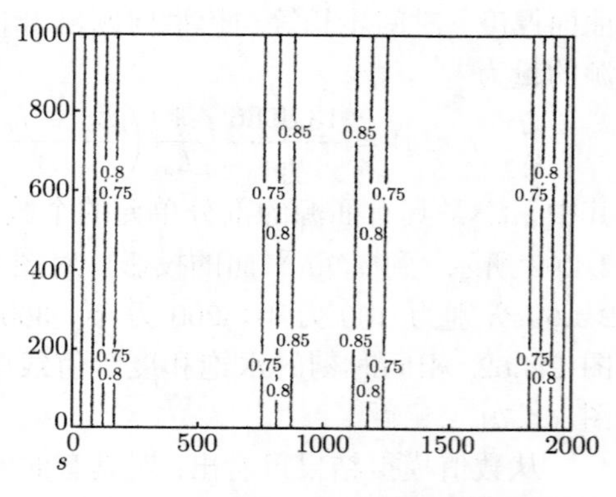

图 2.4.66　260 万年水饱和度等值线图

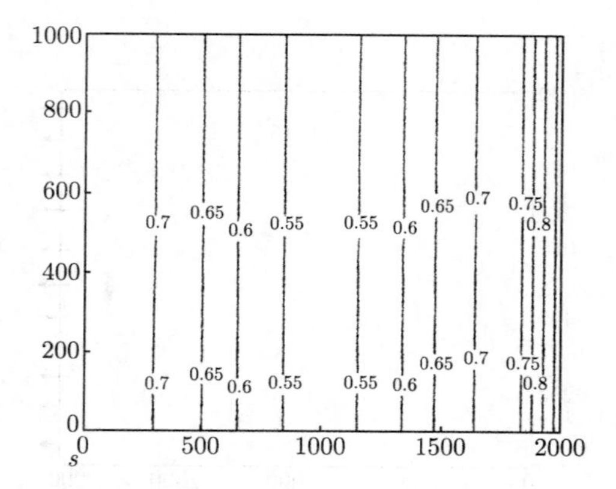

图 2.4.67　360 万年水饱和度等值线图

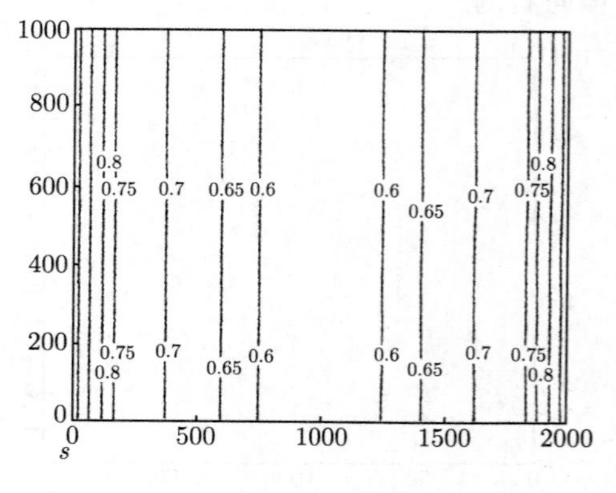

图 2.4.68　360 万年水饱和度等值线图

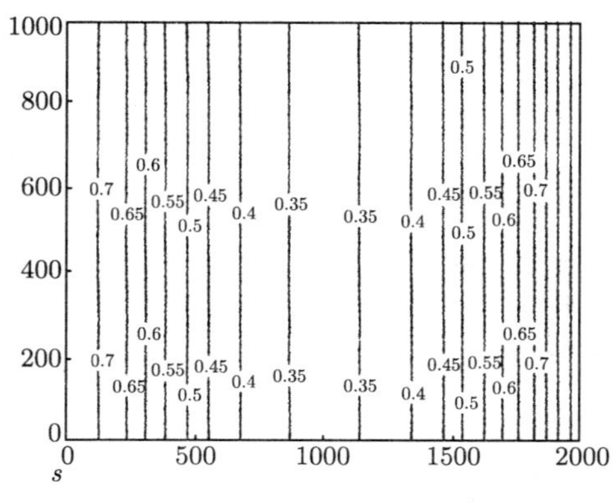

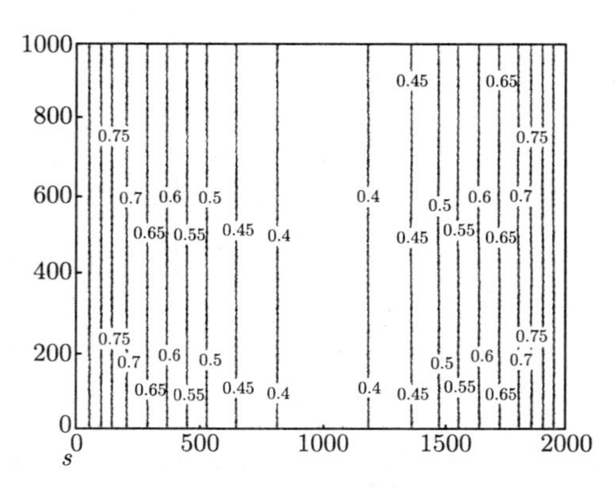

图 2.4.69 500 万年水饱和度等值线图　　图 2.4.70 500 万年水饱和度等值线图

2.4.3 三维问题的数值模拟和分析

基于前述数学模型和数值方法, 我们对三维空间油水运移聚集问题编制了软件并成功地进行了数值模拟, 数值试验包括不同形状的模拟区域以及源汇项 (流入流出量) 在边界上不同的分布情形.

以下数值试验模拟时间均为 300 万年, 时间步长为 100 年, 模拟区域的水平尺度为 400m×400m, 厚度 40m, 计算网络为 8×8×8, 我们给出了某些时间步上的含水饱和度等值线图, 从初始至 300 万年每隔 30 万年显示一次; 在所给的等值线图中, 左侧为纵剖面等值线图, 右侧为横切面等值线图, 关于纵剖面和横切面, 见示意图 (图 2.4.71、图 2.4.72).

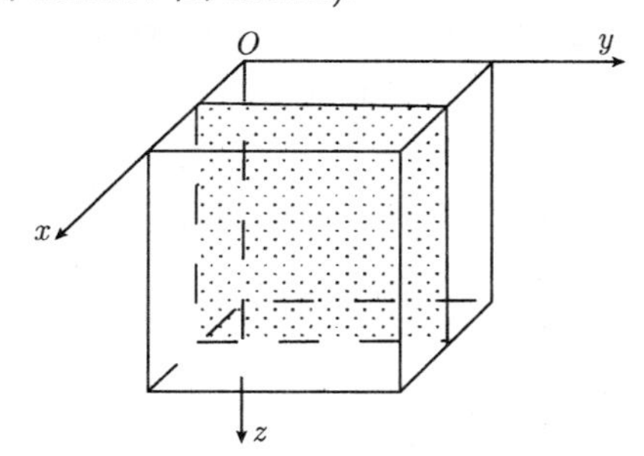

图 2.4.71 区域纵剖面示意图

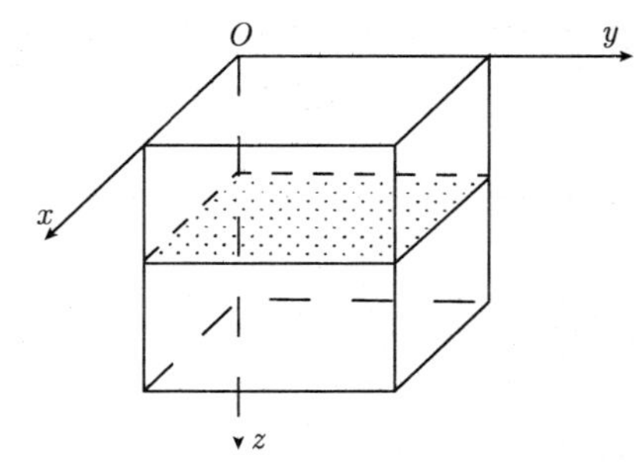

图 2.4.72 区域横切面示意图

(1) 三维模型问题 a. 模拟区域为规则的长方体区域 (图 2.4.73), 初始条件为静止的水, 流入量为 2.02943×10^{-2}, 流出量等于流入量, 油从底部界渗入. 计算结果表明油聚集到一定饱和度后在浮力作用下开始向上运移, 运移到区域顶部, 在顶部聚集, 并沿顶部封闭边界向水平方向运移, 时间越长, 流入量越大, 聚集的油越多, 而且聚集的范围逐渐向纵深及水平方向扩大,这一规律完全符合油水运移聚集的物理力学特性. 参看含水饱和度等值线纵剖面图 (左) 和横切面图 (右), 图 2.4.74~图 2.4.81.

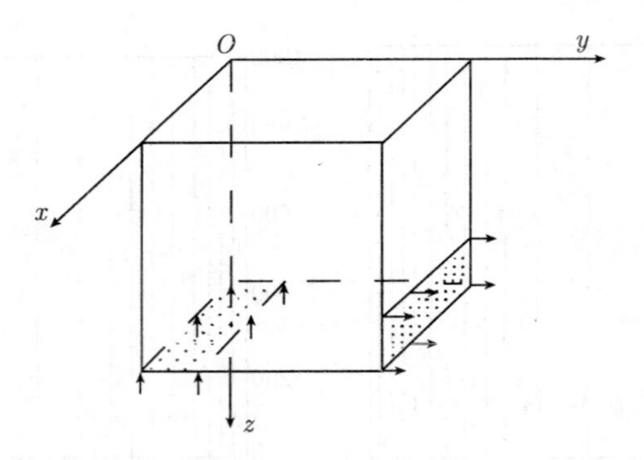

图 2.4.73　三维模型问题 a 示意图

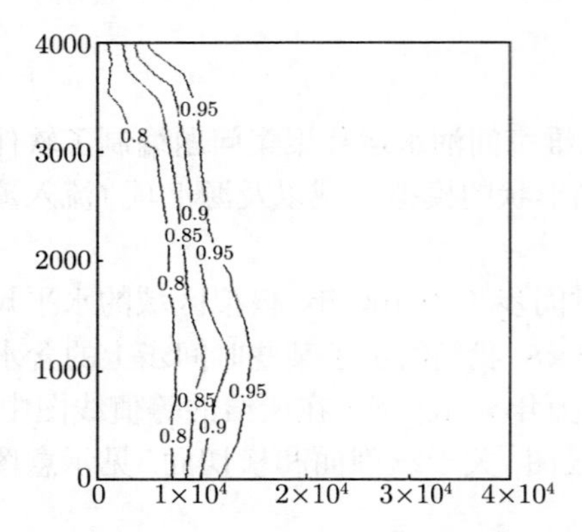

图 2.4.74　60 万年含水饱和度纵剖面等值线图

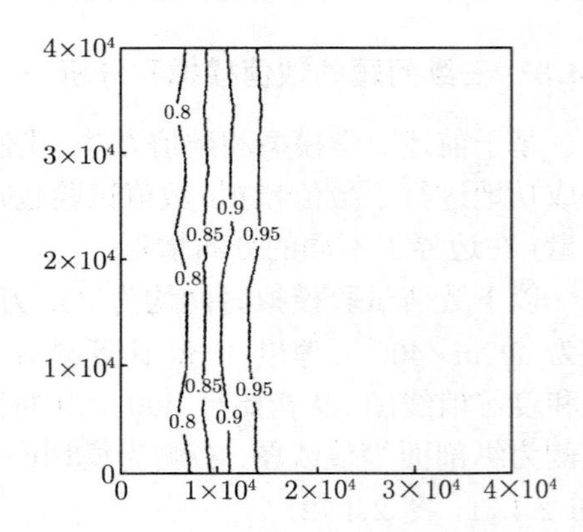

图 2.4.75　60 万年含水饱和度横切面等值线图

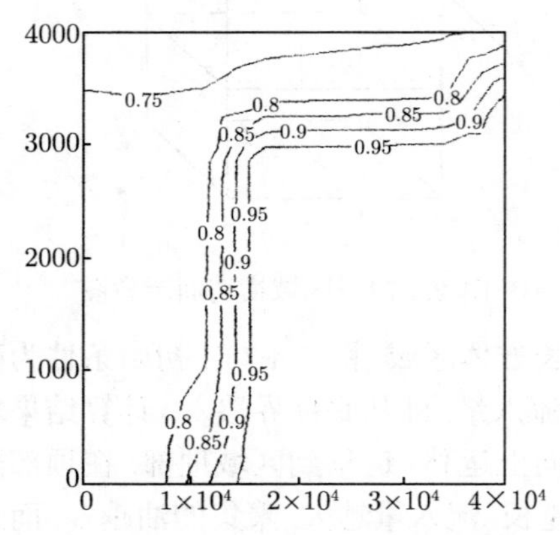

图 2.4.76　120 万年含水饱和度纵剖面等值线图

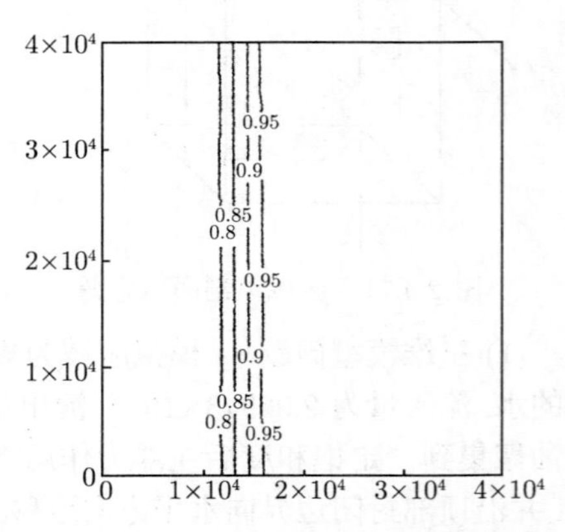

图 2.4.77　120 万年含水饱和度横切面等值线图

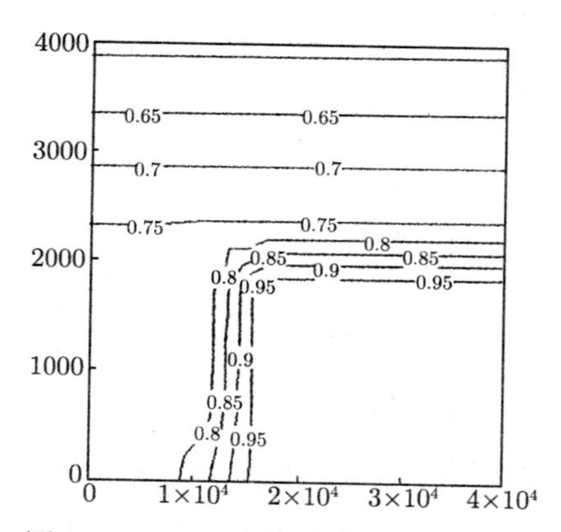

图 2.4.78 210 万年水饱和度纵剖面等值线图

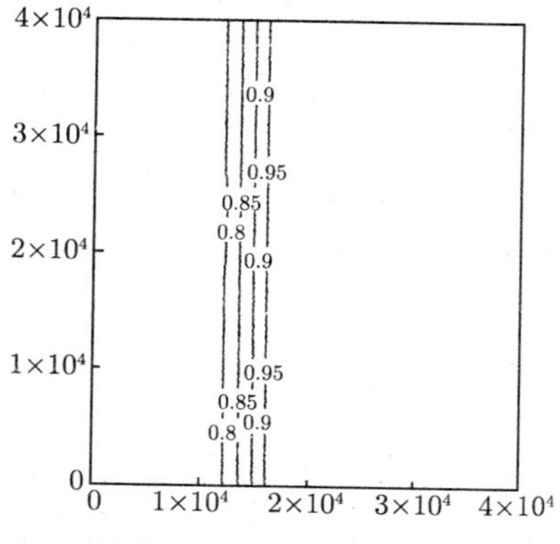

图 2.4.79 210 万年含水饱和度横切面等值线图

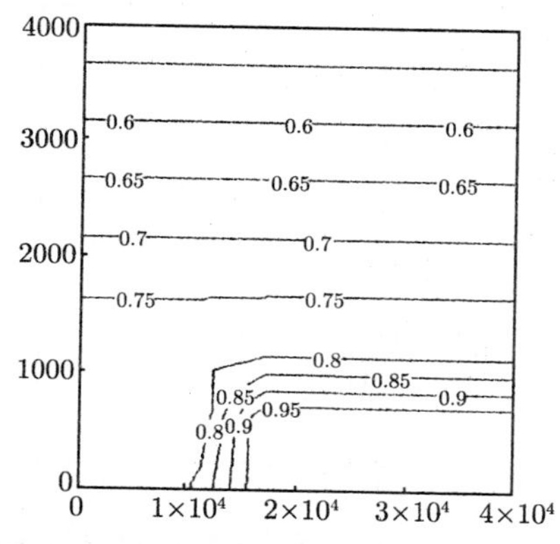

图 2.4.80 300 万年含水饱和度纵剖面等值线图

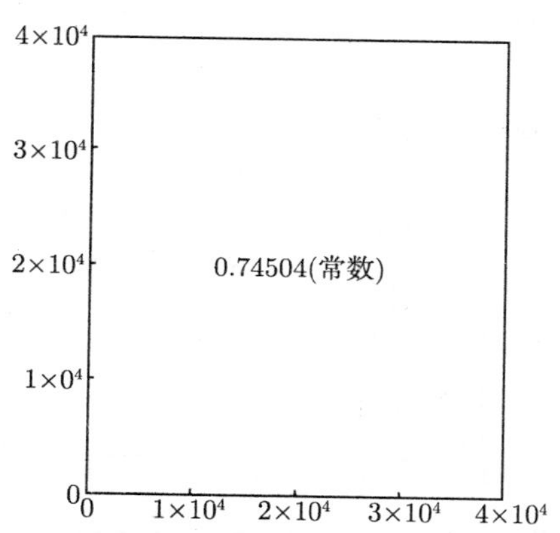

图 2.4.81 300 万年含水饱和度横切面等值线图

(2) 三维模型问题 b. 模拟区域为长方体区域 (图 2.4.82), 初始条件、流入流出量同问题 a, 不同的是油是从侧面边界流入, 计算结果符合油水运移聚集的规律. 参看含水饱和度纵剖面图 (左), 横切面图 (右), 图 2.4.83~ 图 2.4.90.

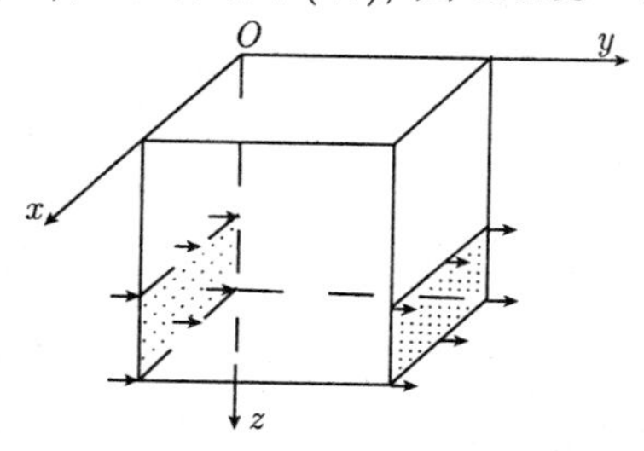

图 2.4.82 三维模型问题 b 示意图

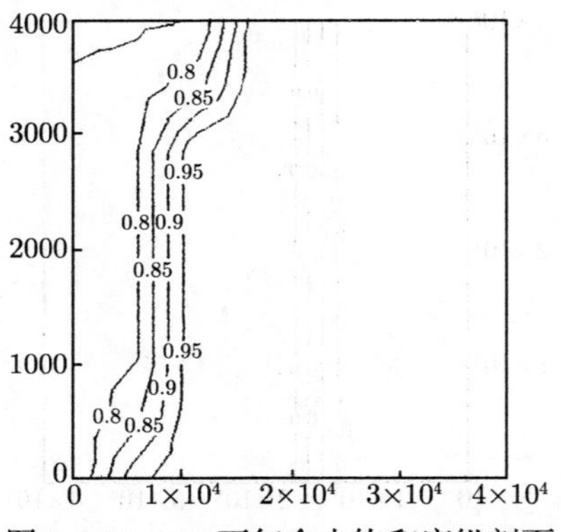

图 2.4.83　60 万年含水饱和度纵剖面等值线图

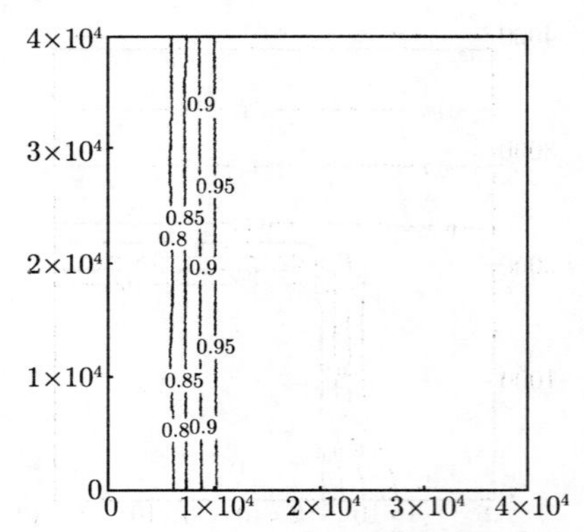

图 2.4.84　60 万年含水饱和度横切面等值线图

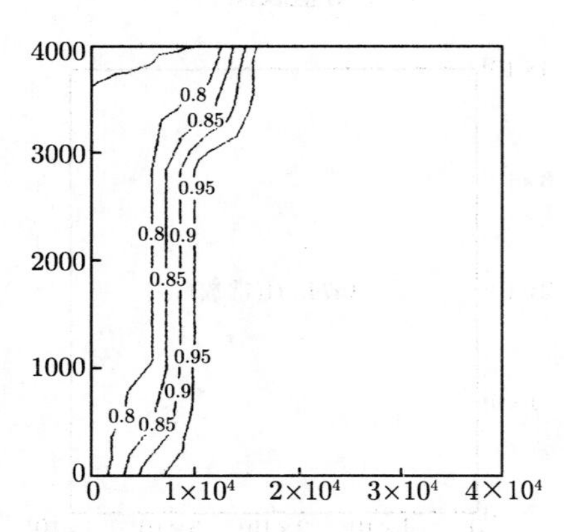

图 2.4.85　120 万年含水饱和度纵剖面等值线图

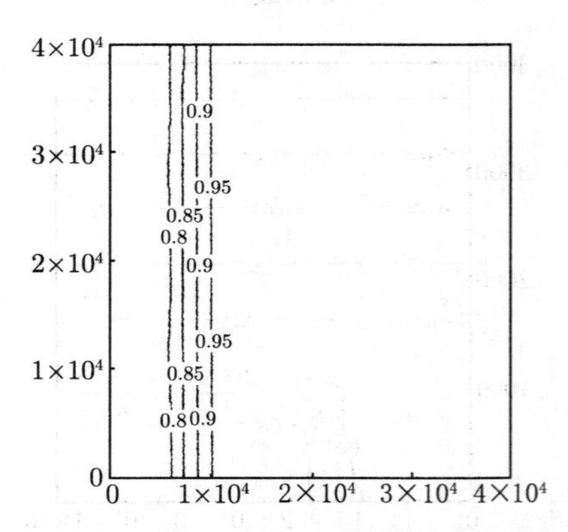

图 2.4.86　120 万年含水饱和度横切面等值线图

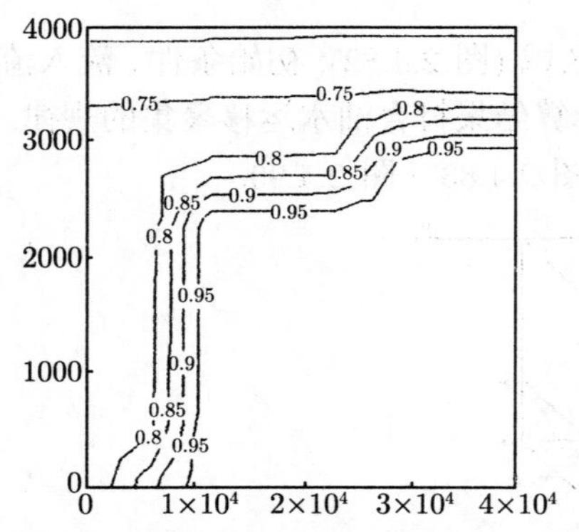

图 2.4.87　210 万年含水饱和度纵剖面等值线图

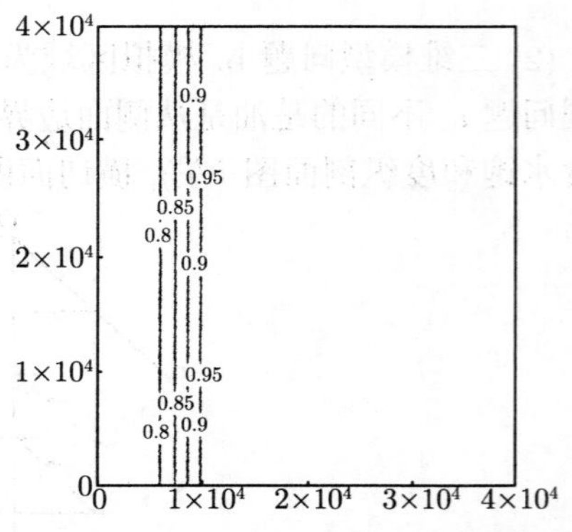

图 2.4.88　210 万年含水饱和度横切面等值线图

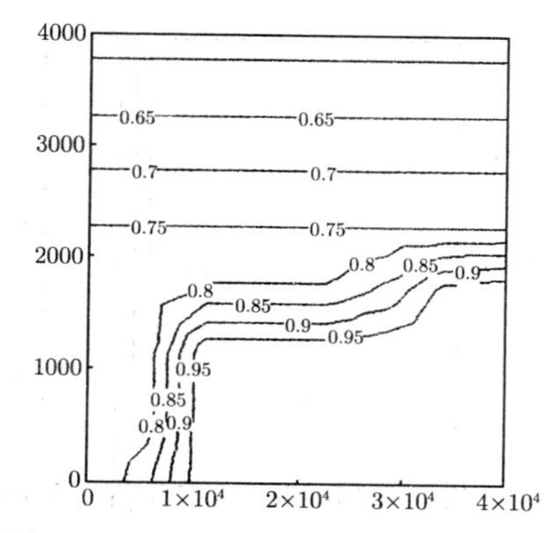

图 2.4.89 300 万年含水饱和度纵剖面等值线图

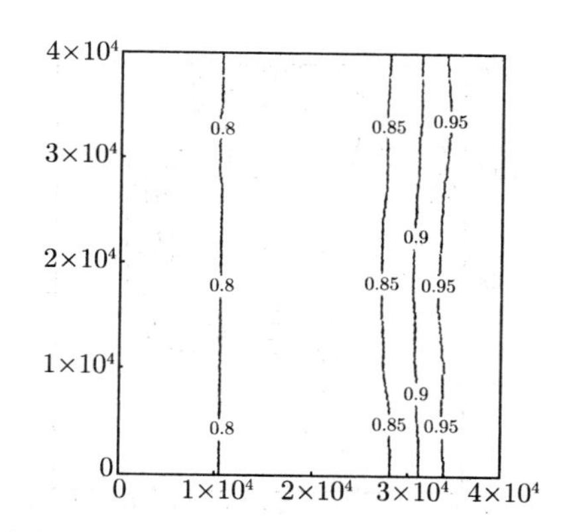

图 2.4.90 300 万年含水饱和度横切面等值线图

(3) 三维模型问题 c. 模拟区域顶部为拱状 (图 2.4.91), 初始条件静止的水, 油从底部界流入, 流入量为 2.02943×10^{-2}, 流出量等于流入量. 模拟结果显示油主要聚集在拱顶, 而且整个运移聚集过程亦符合问题 a 所显示的规律, 参看含水饱和度等值线图 2.4.92～图 2.4.99, 左图为区域纵剖面饱和度等值线图, 右图对应区域横切面.

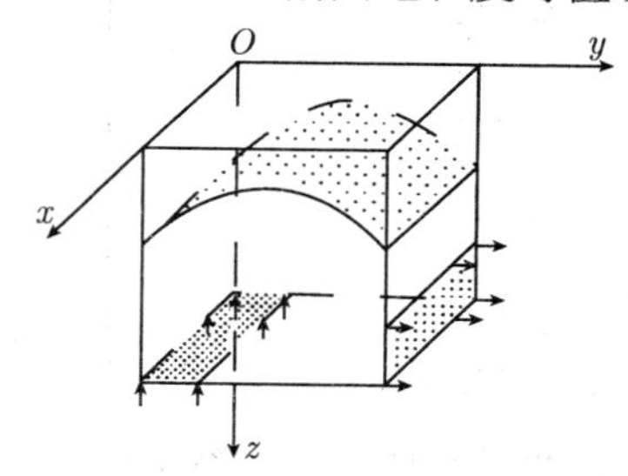

图 2.4.91 三维模型问题 c 示意图

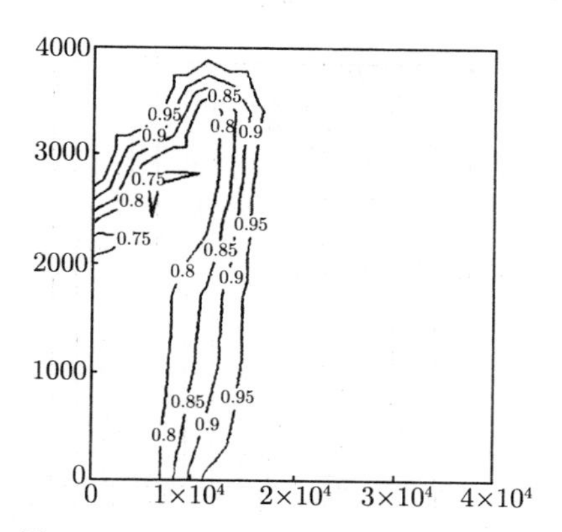

图 2.4.92 60 万年含水饱和度纵剖面等值线图

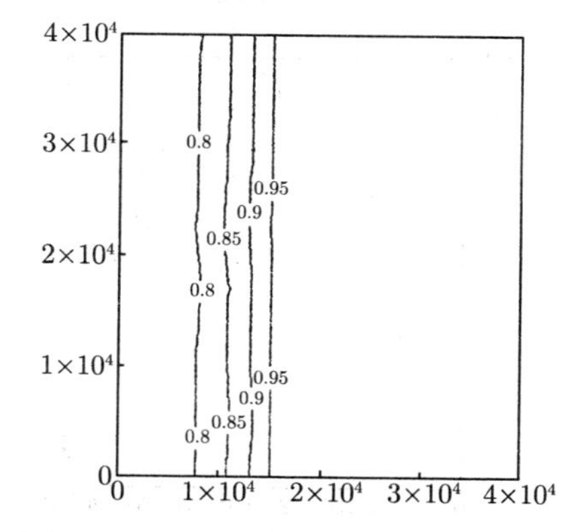

图 2.4.93 60 万年含水饱和度横切面等值线图

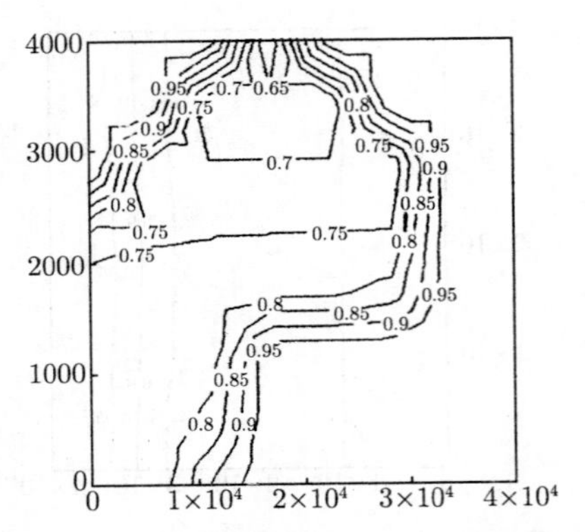

图 2.4.94　120 万年含水饱和度纵剖面等值线图

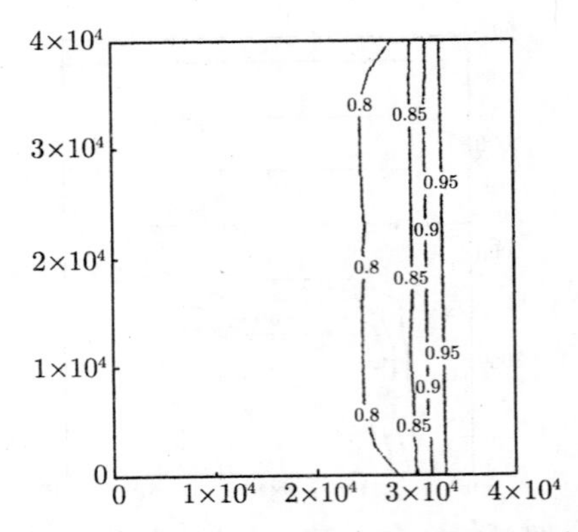

图 2.4.95　120 万年含水饱和度横切面等值线图

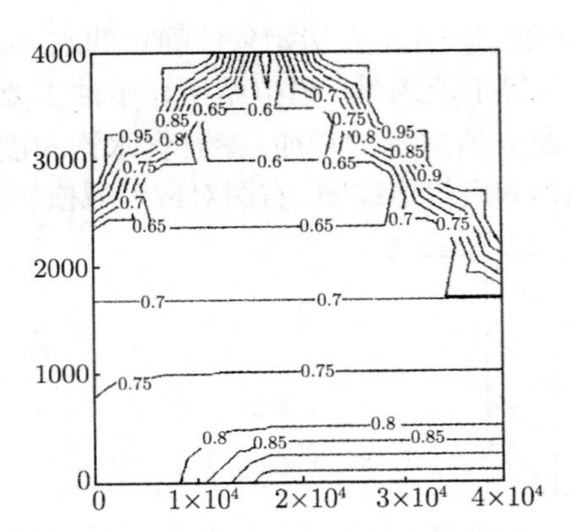

图 2.4.96　210 万年含水饱和度纵剖面等值线图

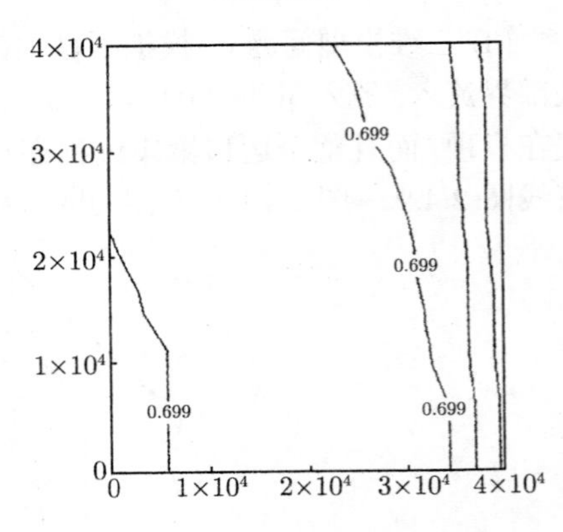

图 2.4.97　210 万年含水饱和度横切面等值线图

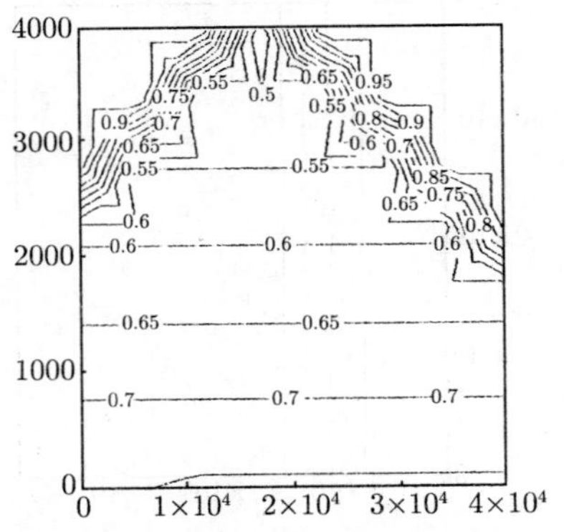

图 2.4.98　300 万年含水饱和度纵剖面等值线图

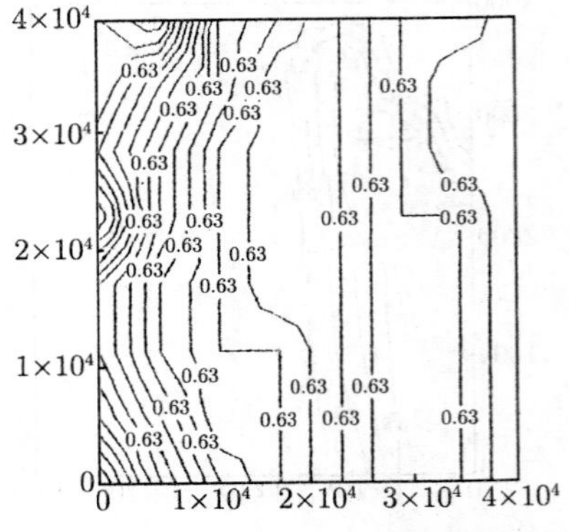

图 2.4.99　300 万年含水饱和度横切面等值线图

(4) 三维模型问题 d. 模拟区域顶部为拱状, 底部亦为拱状 (图 2.4.100), 其他条件同问题 c, 从模拟结果看出, 油先从流入边界处聚集到一定饱和度, 开始向上运移, 到达顶部边界, 开始聚集, 而且聚集范围逐渐扩大, 最后油运移到流出边界并流出, 但随着时间的推移, 顶部聚集的油仍在继续增加; 这一现象符合油水运移聚集规律; 参看含水饱和度纵剖面等值线图 (左) 及横切面等值线图 (右), 图 2.4.101～图 2.4.108.

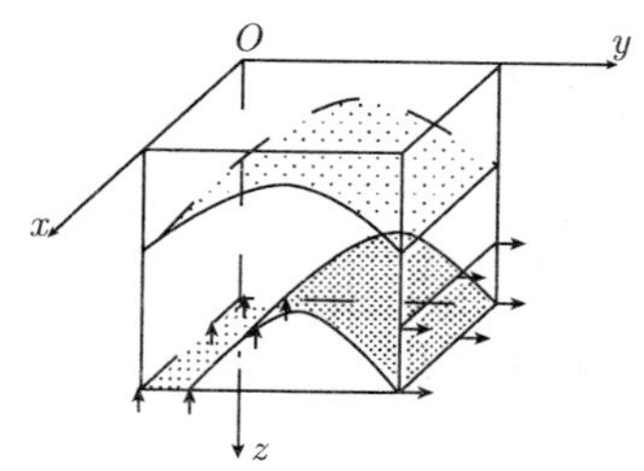

图 2.4.100 三维模型问题 d 示意图

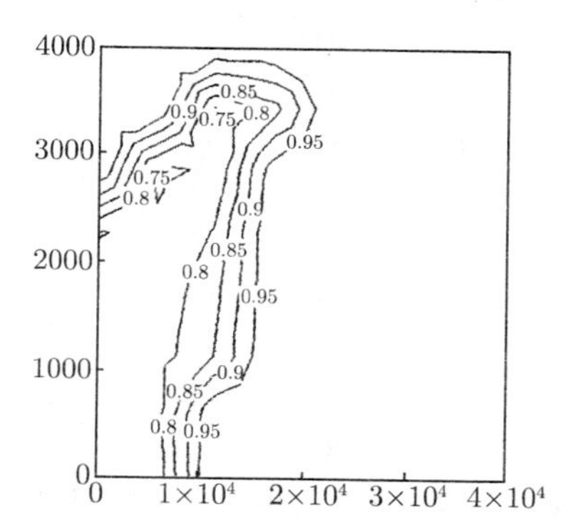

图 2.4.101 60 万年含水饱和度纵剖面等值线图

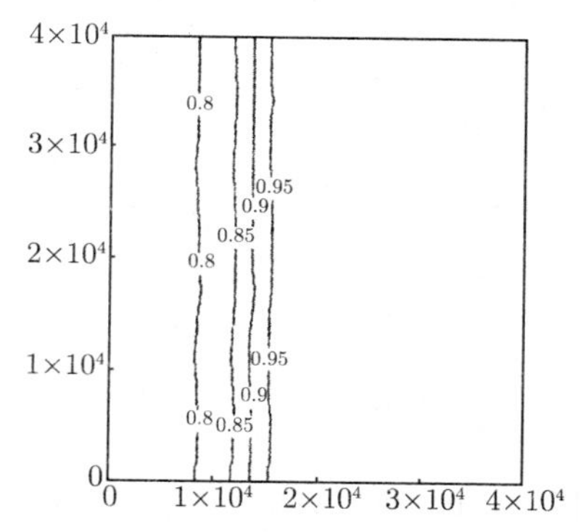

图 2.4.102 60 万年含水饱和度横切面等值线图

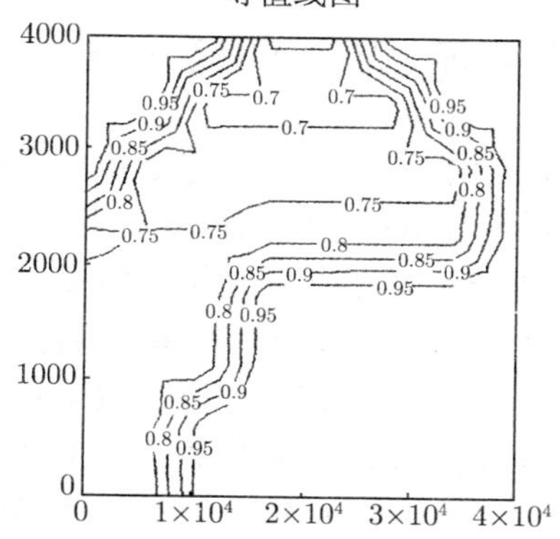

图 2.4.103 120 万年含水饱和度纵剖面等值线图

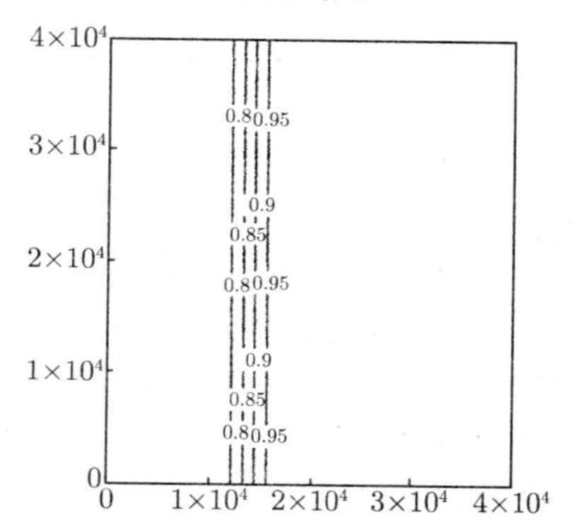

图 2.4.104 120 万年含水饱和度横切面等值线图

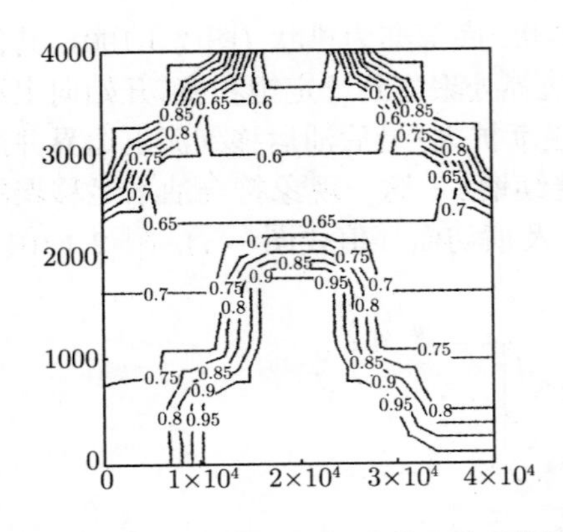

图 2.4.105　210 万年含水饱和度纵剖面等值线图

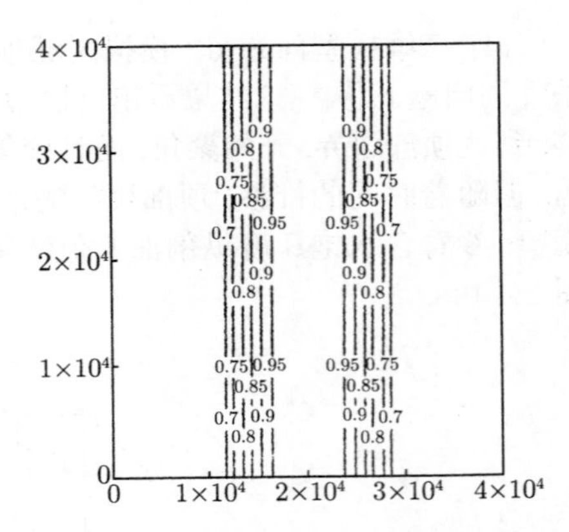

图 2.4.106　210 万年含水饱和度横切面等值线图

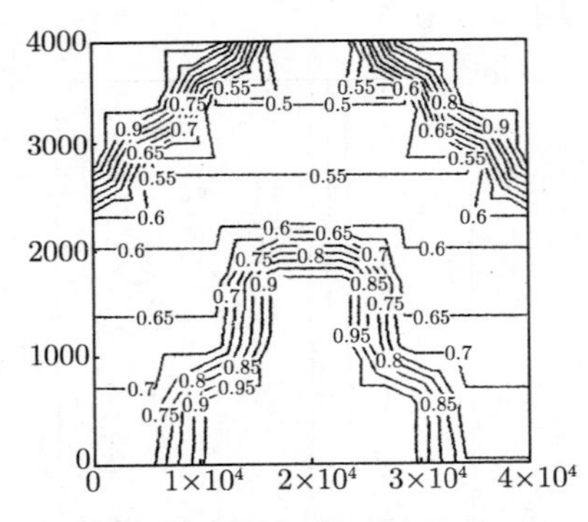

图 2.4.107　300 万年含水饱和度纵剖面等值线图

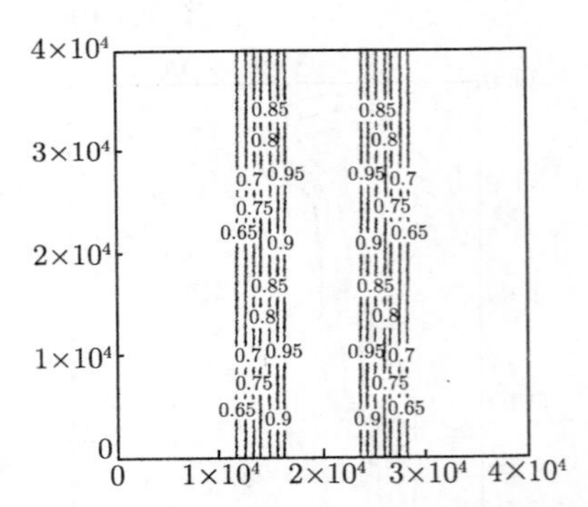

图 2.4.108　300 万年含水饱和度横切面等值线图

2.5　胜利油田东营凹陷准三维问题数值模拟和分析

东营凹陷占地 12000km^2 左右, 它是济阳坳陷的主要含油区, 也是东部陆相断陷含油气盆地的典型代表, 目前勘探程度已达到 50%~60%, 研究程度较高, 但对该凹陷内油气二次运移聚集的系统性研究、运聚的动力学条件及其他量模拟工作很少, 另外, 该凹陷是胜利油田最大的凹陷区域, 因此, 选择东营凹陷为研究目标具有特殊的实际意义, 由于各地质年代形成的地层厚度最厚也只有几百米, 故东营凹陷每层运移聚集的数学模型可用准三维数学模型描述. 本运移聚集数值模拟系统从准三维数学模型 (2.3.15), (2.3.16) 出发, 用准三维数值模拟格式, 对东营凹陷沙三中、沙三下、沙四上进行了长达 3000 多万年的数值模拟, 模拟结果表明准三维运移聚集模拟系统能够很好地解决大区域整体运移聚集问题.

2.5.1 沙三中的数值模拟和分析

1. 已知参数

已知参数有：沙三中的绝对渗透率、孔隙度、排液排烃量、顶底埋深、砂层中线埋深与砂层厚度.

2. 沙三中小区域的数值模拟

(1) 模拟区域：以大地坐标 (20592246m, 4118110m)、(20640246m, 4160110m) 为对角线构成的长方形区域, 图 2.5.1～ 图 2.5.8 分别是该区域沙三中的顶底埋深、砂层中线埋深、砂层厚度、孔隙度、渗透率、排液量和排烃量等值线图.

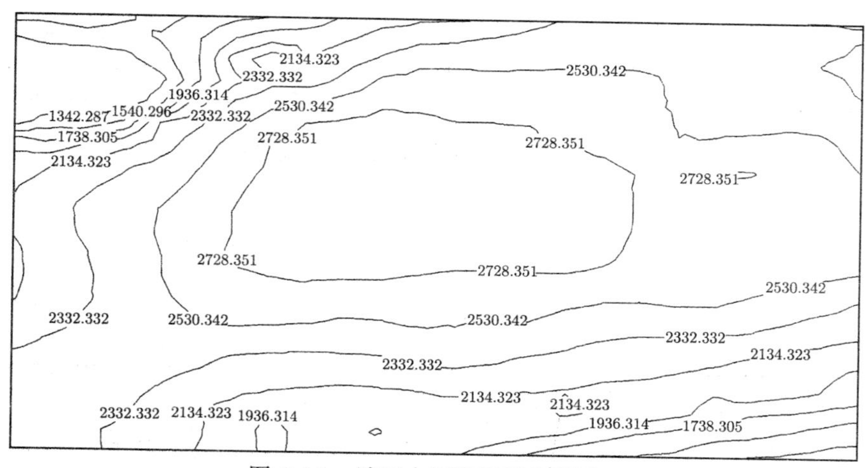

图 2.5.1 沙三中顶埋深等值线图

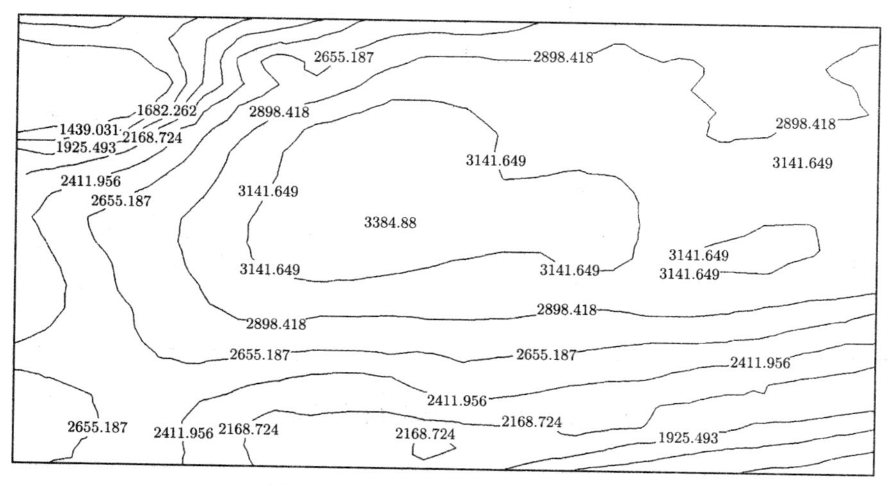

图 2.5.2 沙三中底埋深等值线图

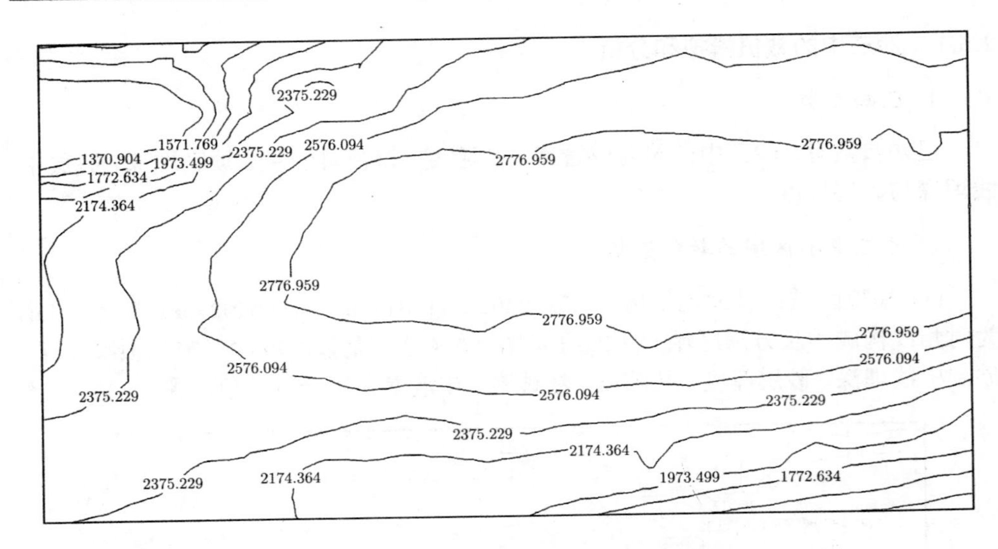

图 2.5.3　沙三中砂层中线埋深等值线图

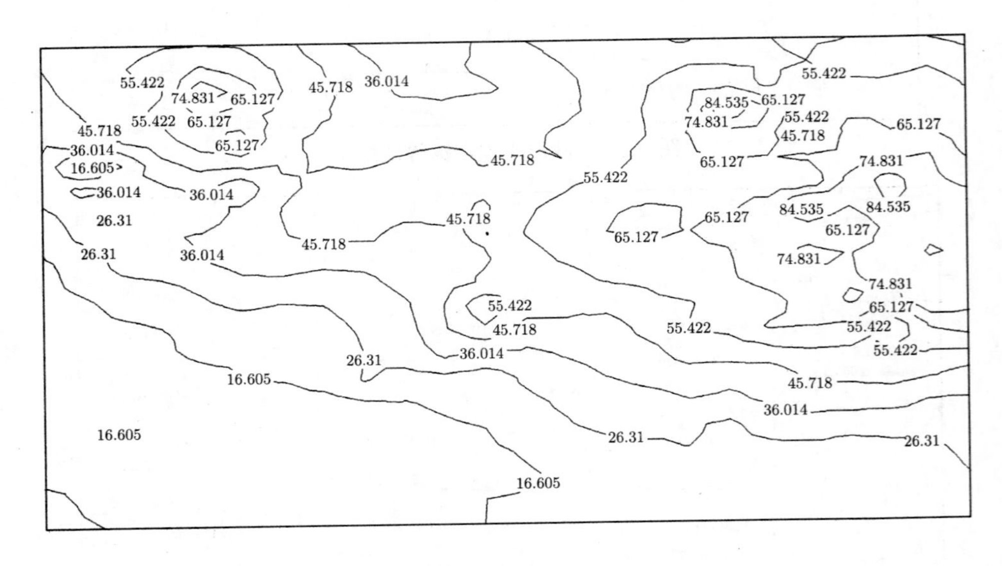

图 2.5.4　沙三中砂层厚度等值线图

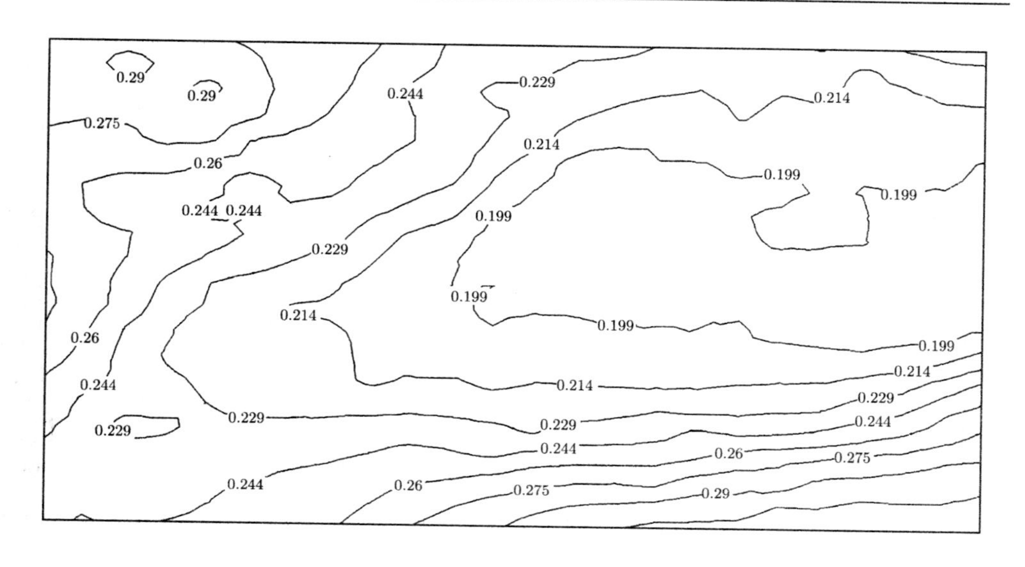

图 2.5.5 沙三中砂层孔隙度等值线图

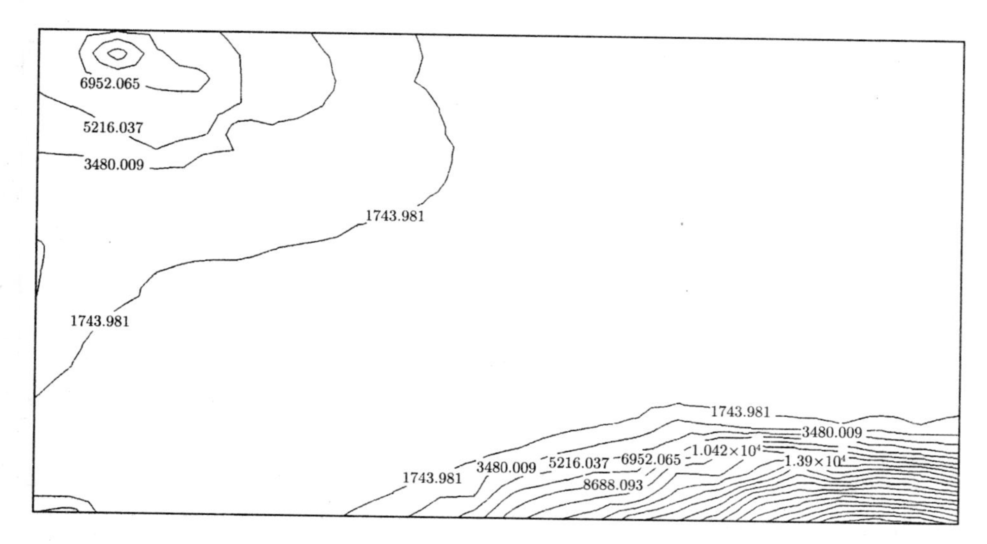

图 2.5.6 沙三中渗透率等值线图

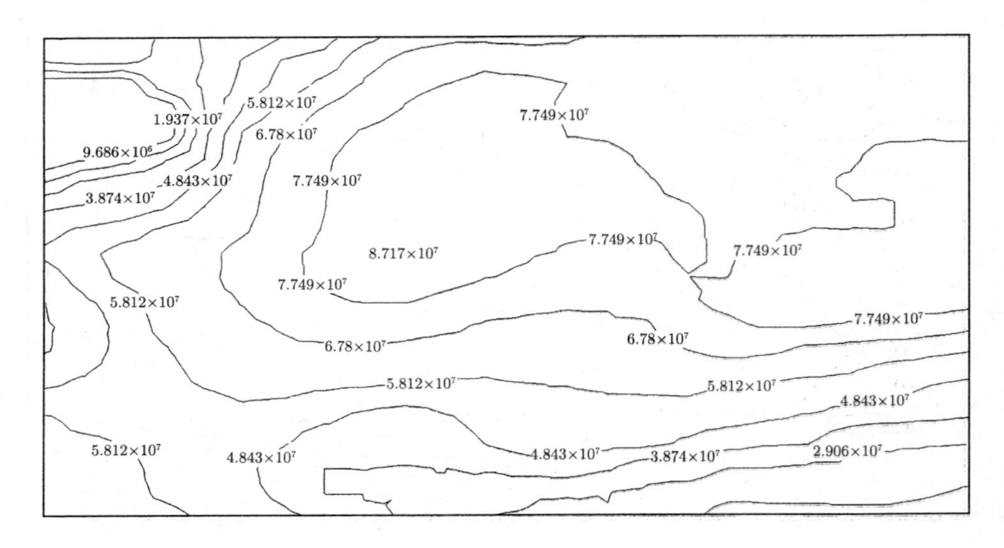

图 2.5.7　沙三中排液量等值线图

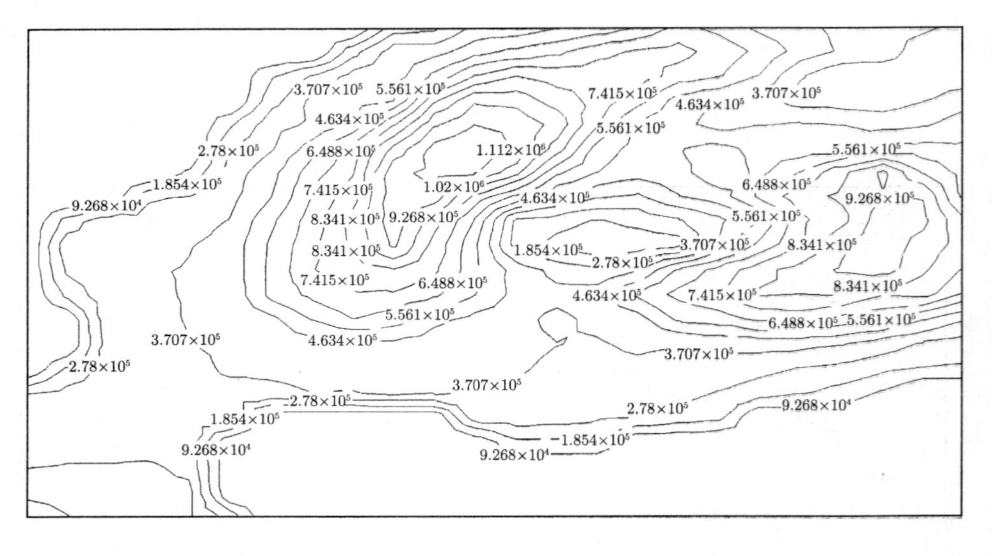

图 2.5.8　沙三中排烃量等值线图

(2) 网格步长为 2000m, 四周为流出边界, 模拟时间从 2500 万年前开始, 模拟时间为 2500 万年, 初始条件是静止的水, 时间步长为 1000 年.

(3) 模拟结果：模拟结果包括各年代的水位势、油位势和水饱和度. 图 2.5.9～图 2.5.12 分别为模拟了 900 万年、2000 万年、2300 万年、2500 万年时刻的水位势等值线图. 图 2.5.13～ 图 2.5.16 分别为相应时刻的油位势等值线图, 图 2.5.17～

图 2.5.20 分别为相应时刻的水饱和度等值线图. 模拟结果与东营凹陷的实际情况对比, 模拟结果成藏位置 (1)、(2)、(3)、(4) 处与现在实际油田 —— 单家寺油田、纯化油田、乔庄油田和八面河油田的位置基本吻合.

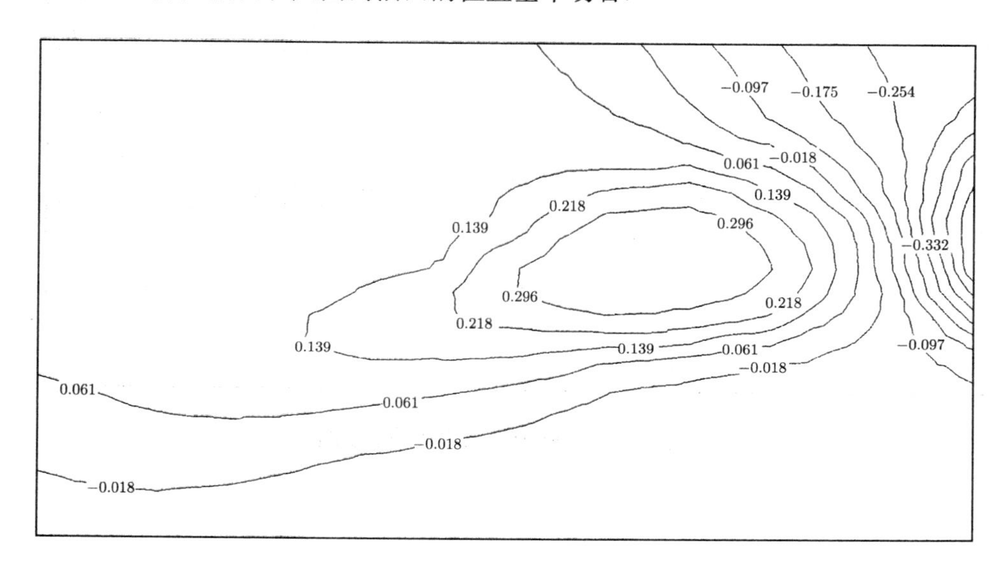

图 2.5.9 900 万年水位势等值线图

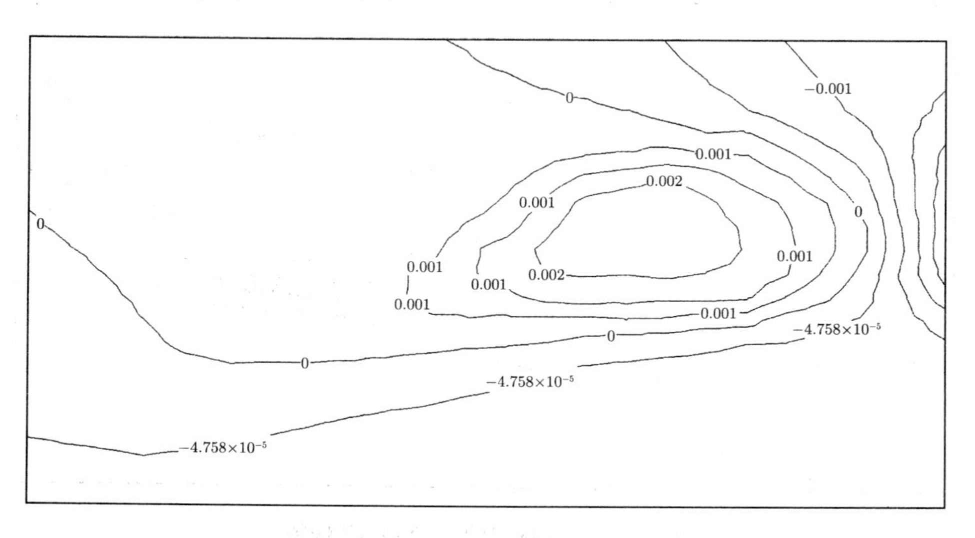

图 2.5.10 2000 万年水位势等值线图

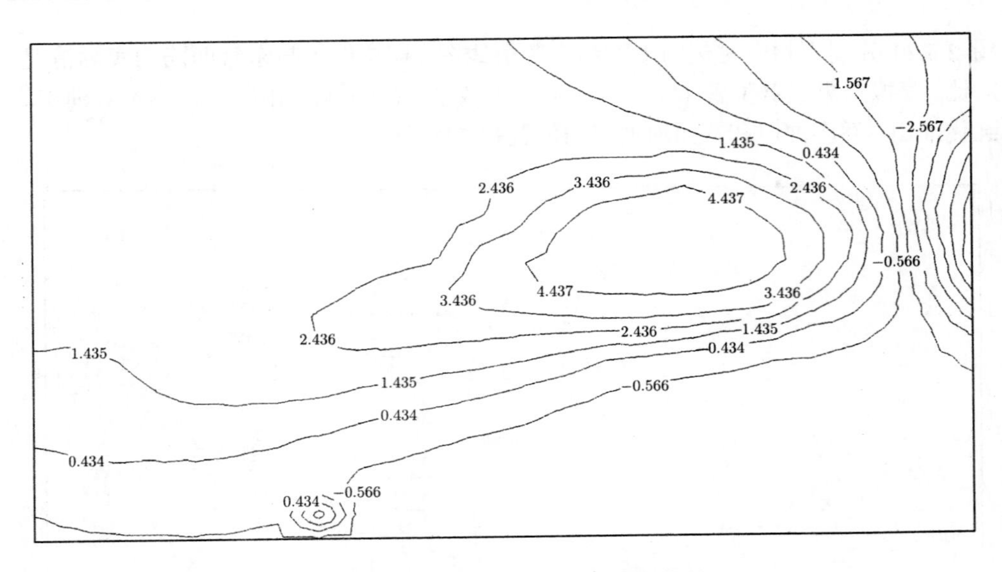

图 2.5.11　2300 万年水位势等值线图

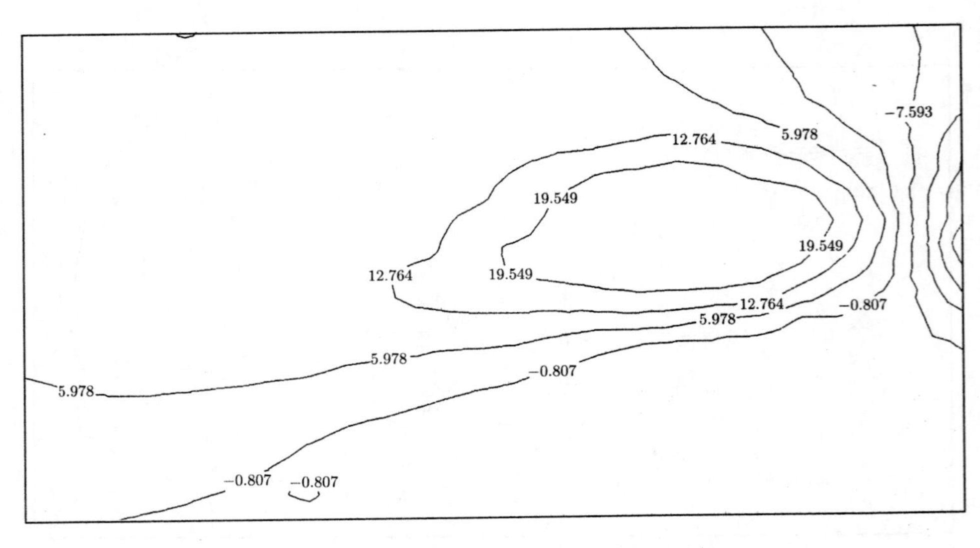

图 2.5.12　2500 万年水位势等值线图

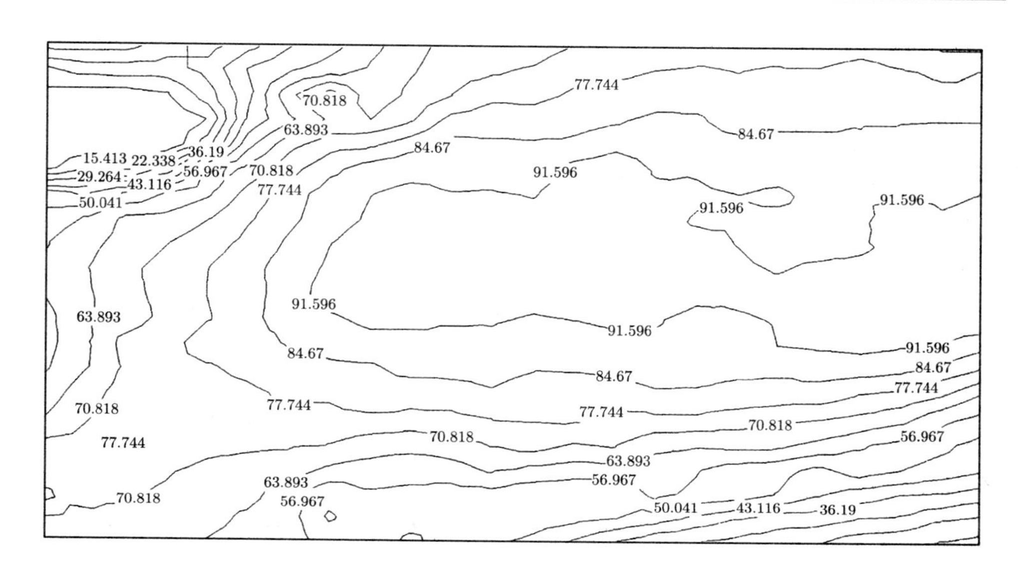

图 2.5.13 900 万年油位势等值线图

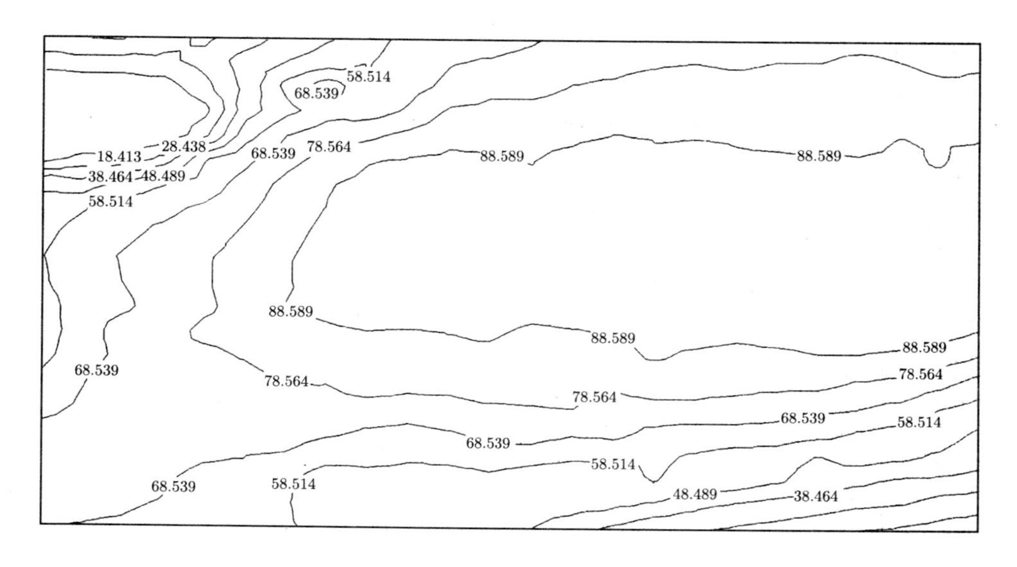

图 2.5.14 2000 万年油位势等值线图

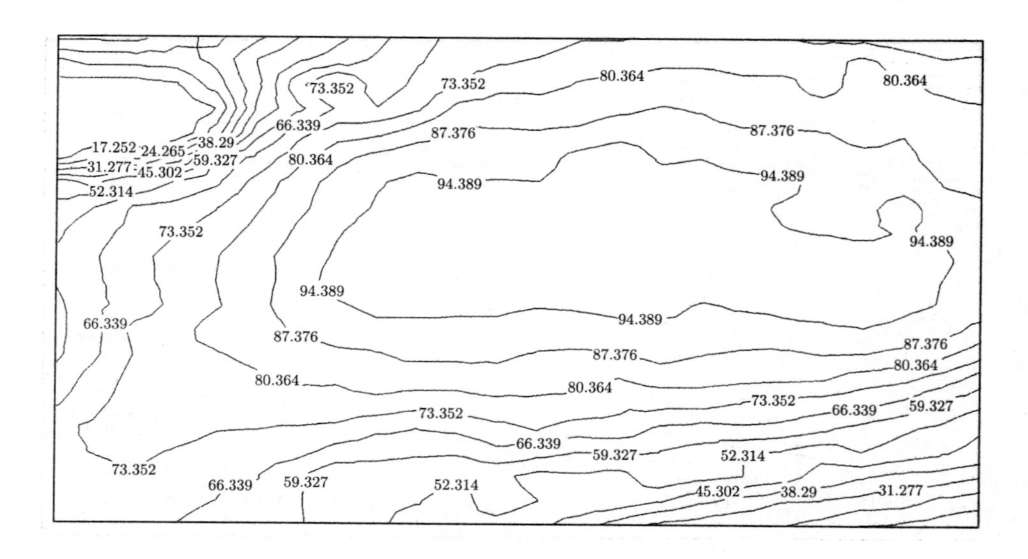

图 2.5.15　2300 万年油位势等值线图

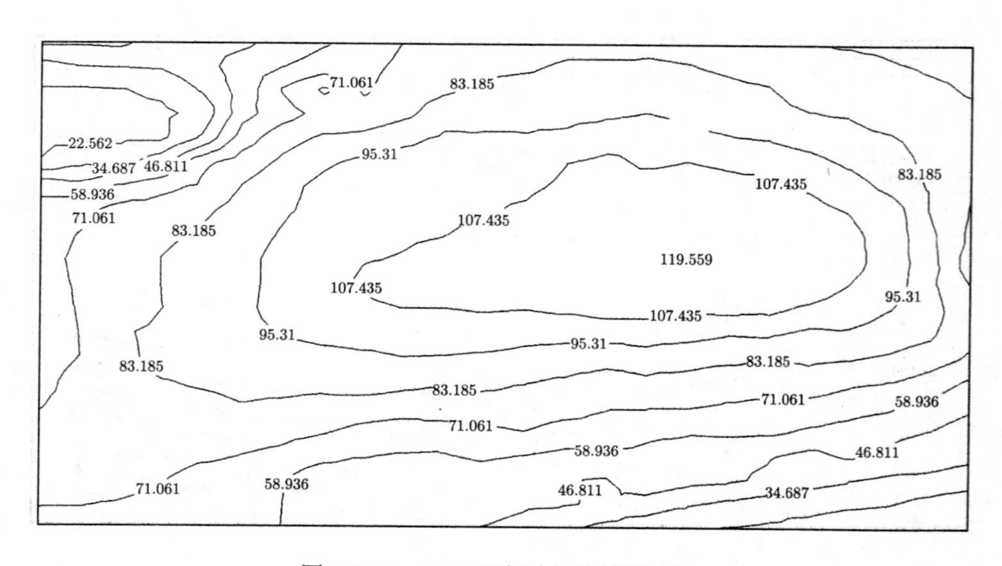

图 2.5.16　2500 万年油位势等值线图

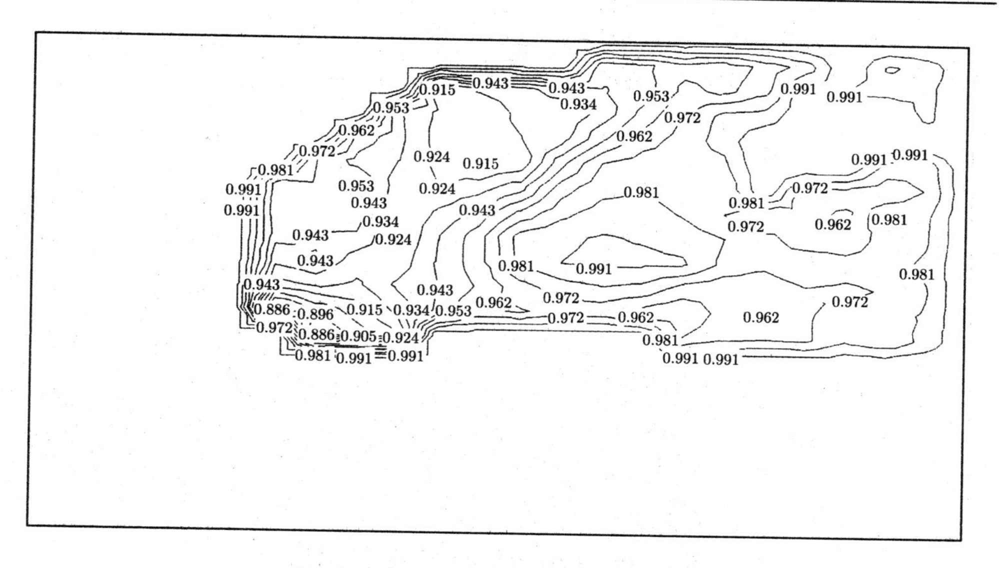

图 2.5.17 900 万年水饱和度等值线图

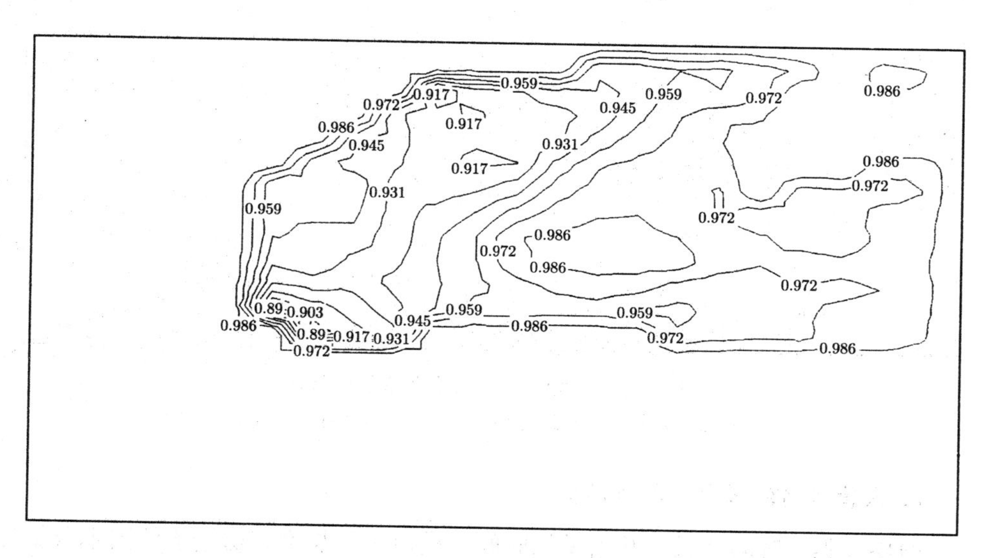

图 2.5.18 2000 万年水饱和度等值线图

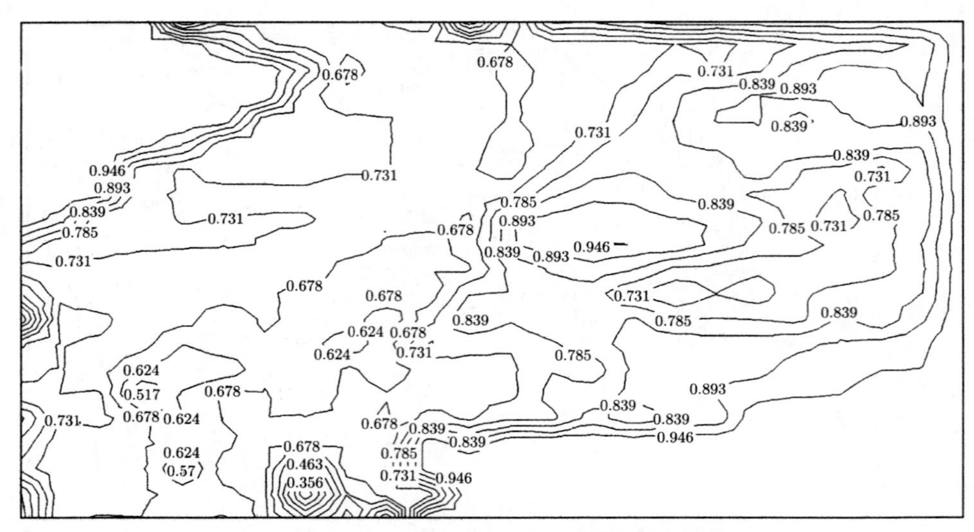

图 2.5.19 2300 万年水饱和度等值线图

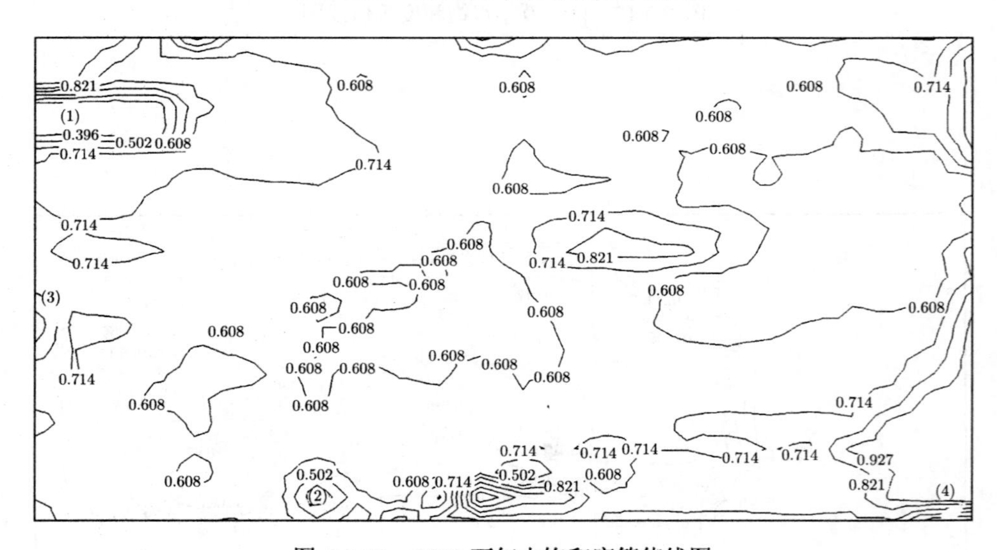

图 2.5.20 2500 万年水饱和度等值线图

(1) 单家寺油田; (2) 纯北油田; (3) 乔庄油田; (4) 八面河油田

3. 东营凹陷沙三中的数值模拟

网格步长、时间步长、开始模拟时间、模拟时间长度、初始条件同本节第 2 部分, 模拟结果有各年代的水位势、油位势、水饱和度. 模拟 900 万年、2000 万年、2300 万年和 2500 万年的水位势、油位势、水饱和度等值线图分别为图 2.5.21～图 2.5.32.

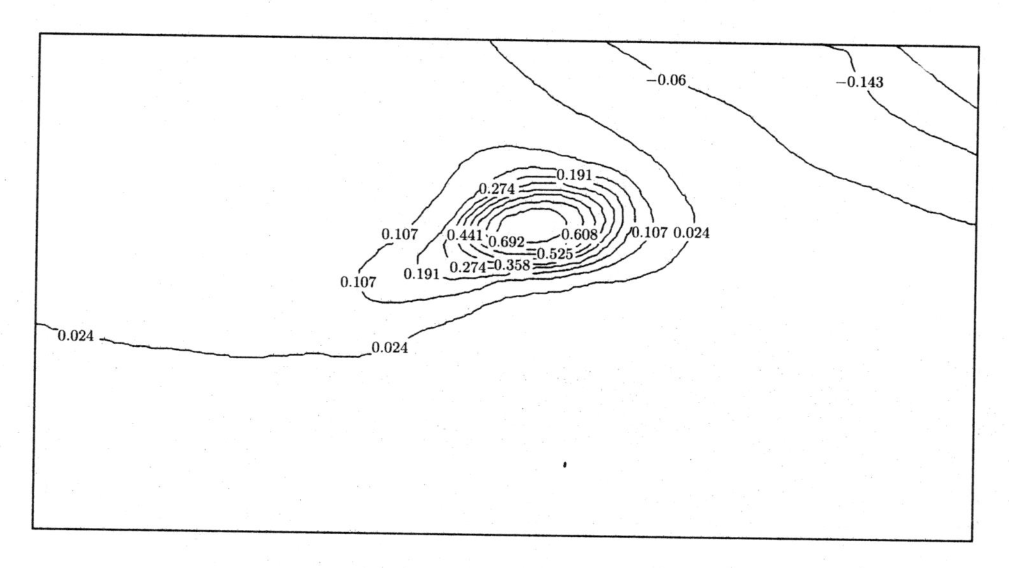

图 2.5.21 沙三中 900 万年水位势等值线图

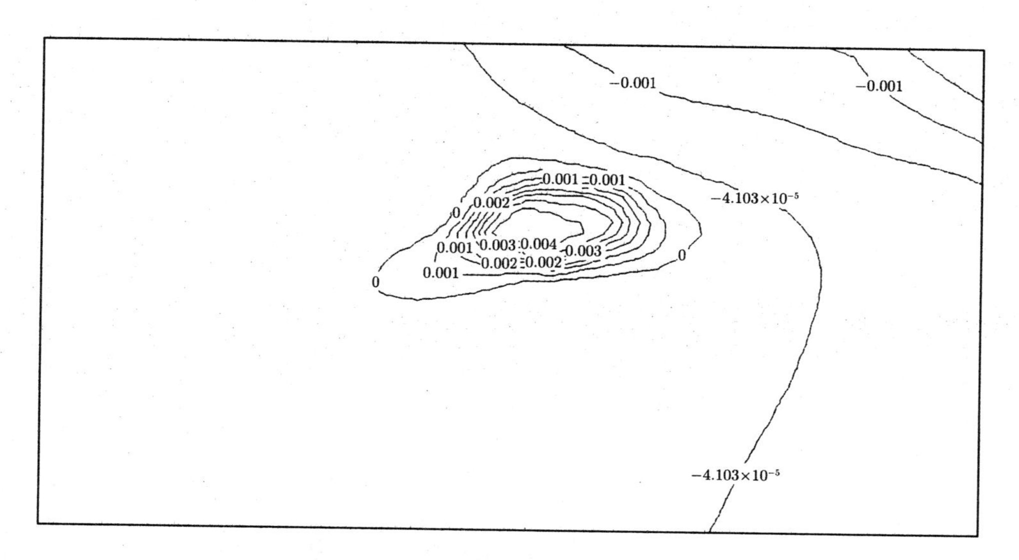

图 2.5.22 沙三中 2000 万年水位势等值线图

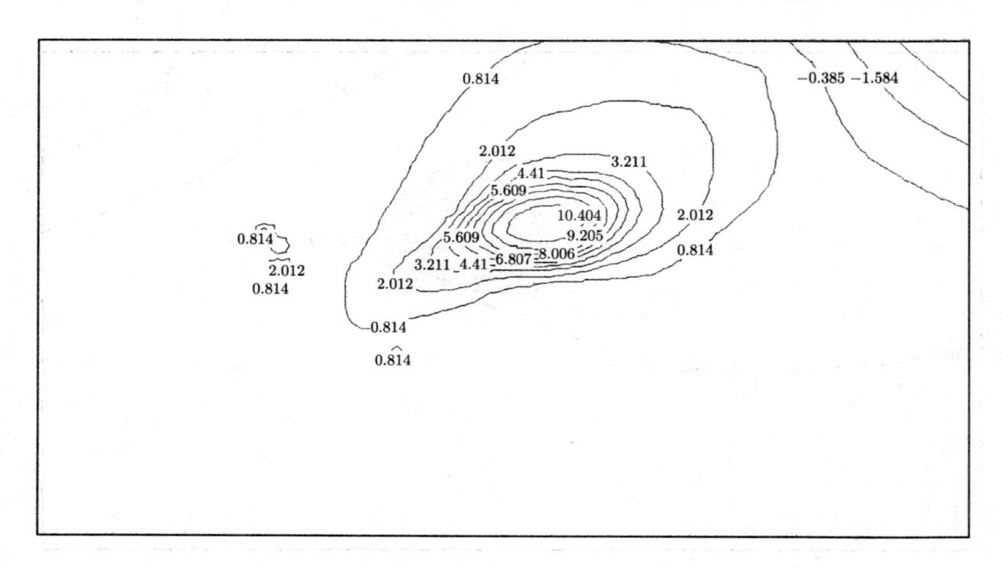

图 2.5.23 沙三中 2300 万年水位势等值线图

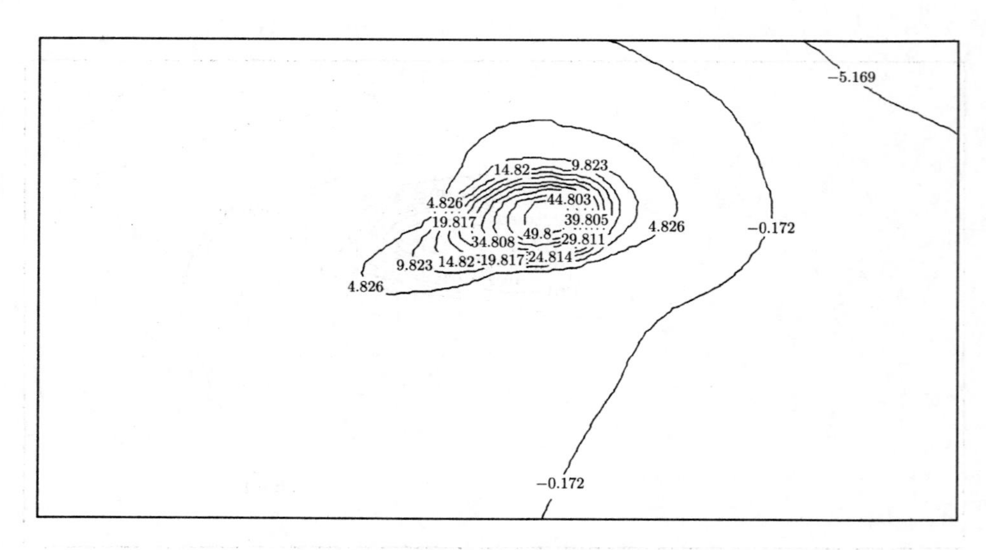

图 2.5.24 沙三中 2500 万年水位势等值线图

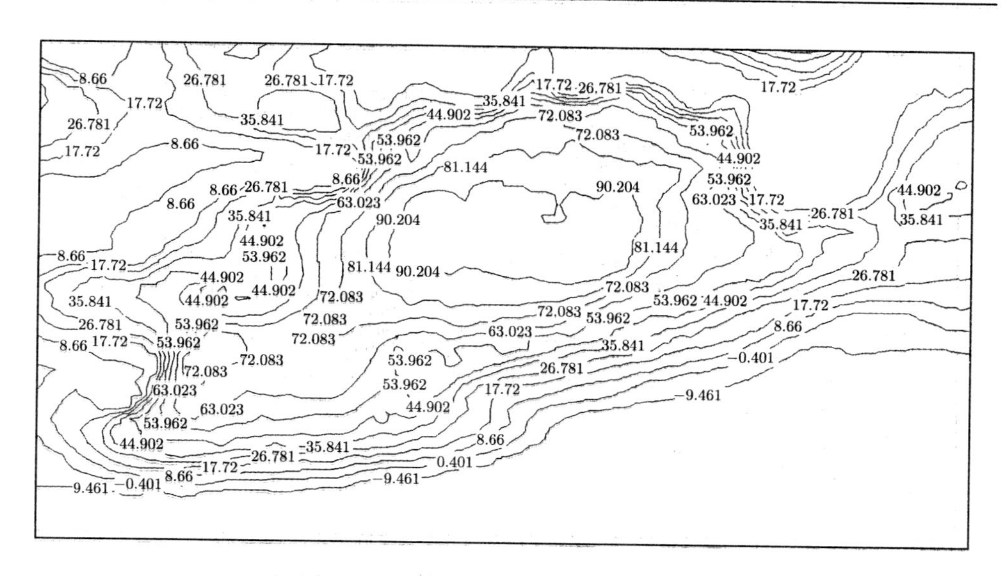

图 2.5.25 沙三中 900 万年油位势等值线图

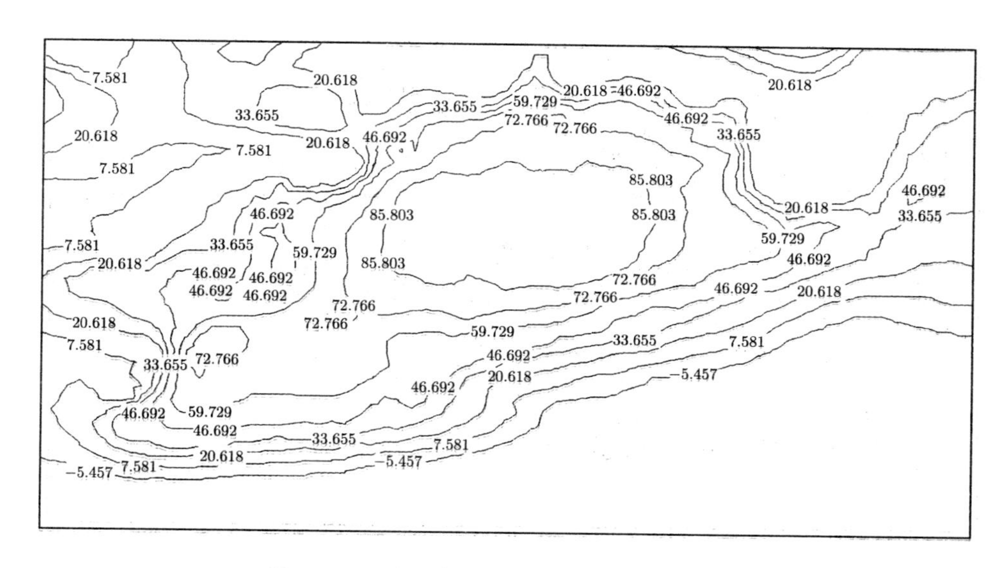

图 2.5.26 沙三中 2000 万年油位势等值线图

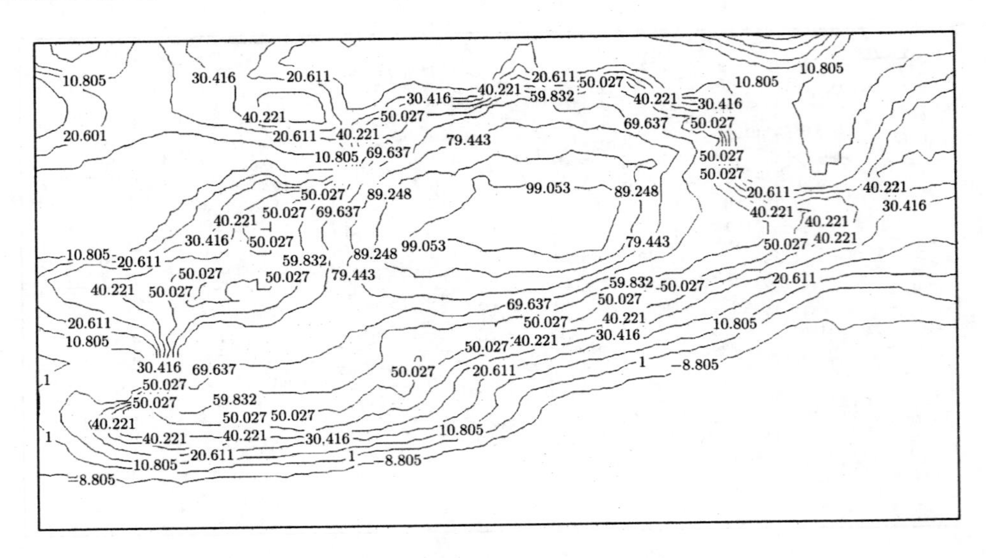

图 2.5.27　沙三中 2300 万年油位势等值线图

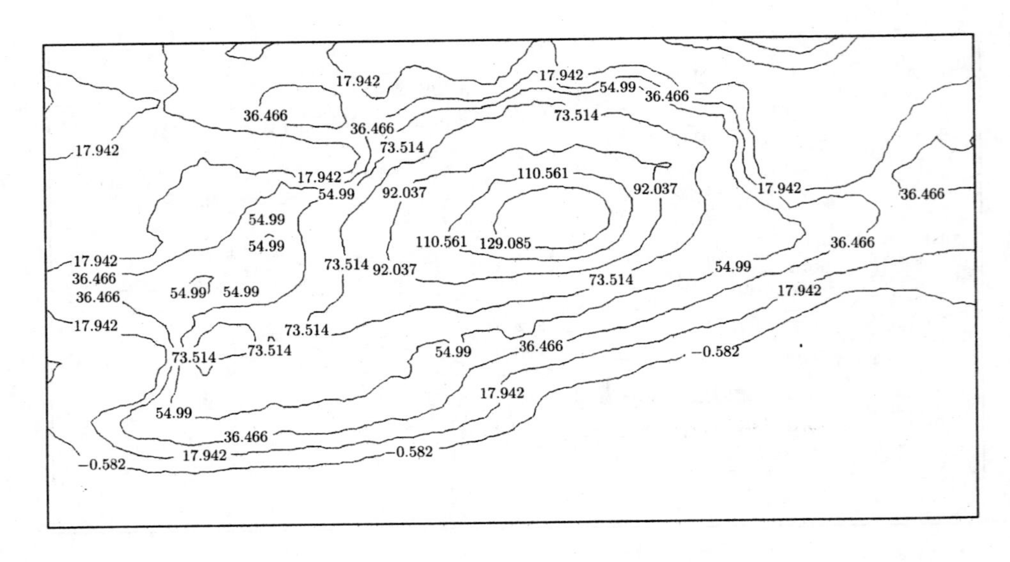

图 2.5.28　沙三中 2500 万年油位势等值线图

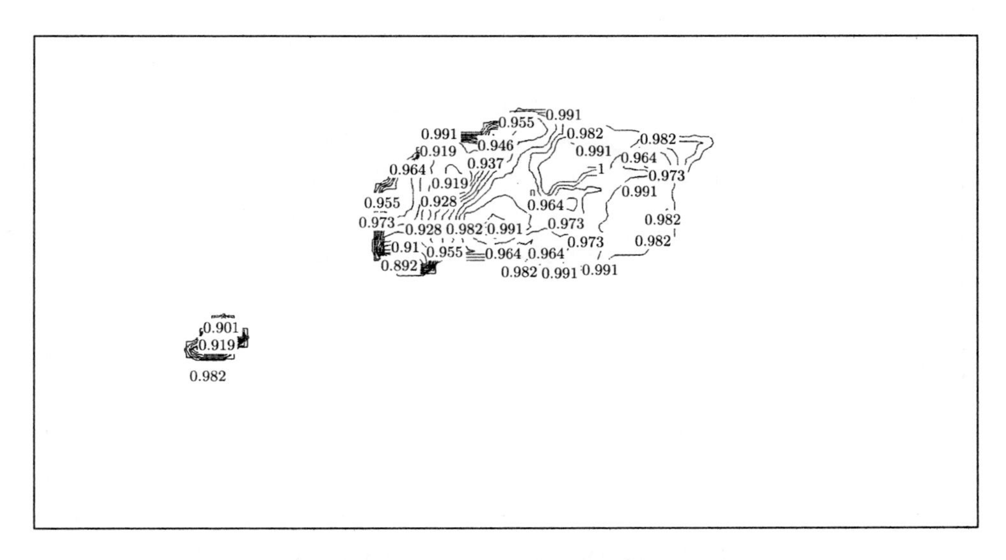

图 2.5.29 沙三中 900 万年水饱和度等值线图

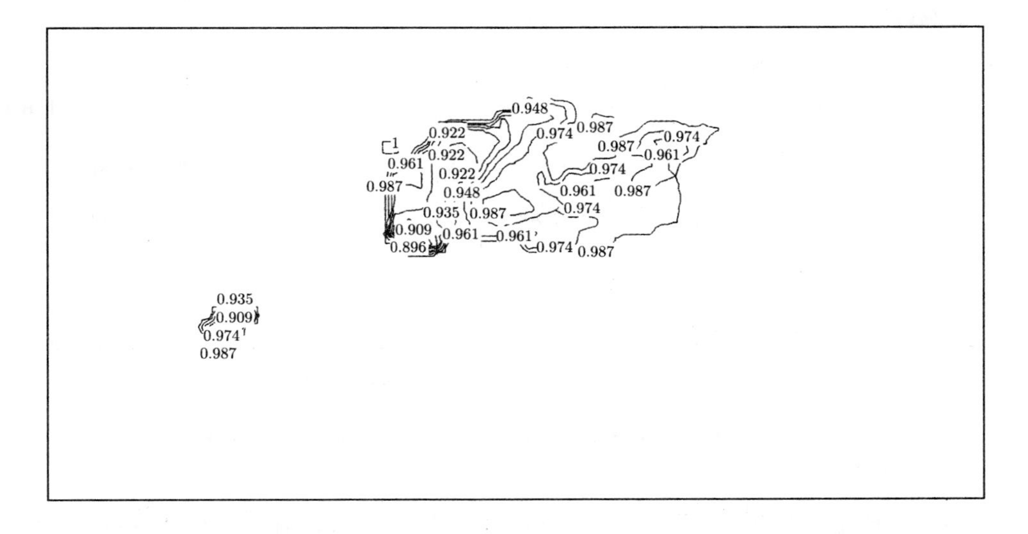

图 2.5.30 沙三中 2000 万年水饱和度等值线图

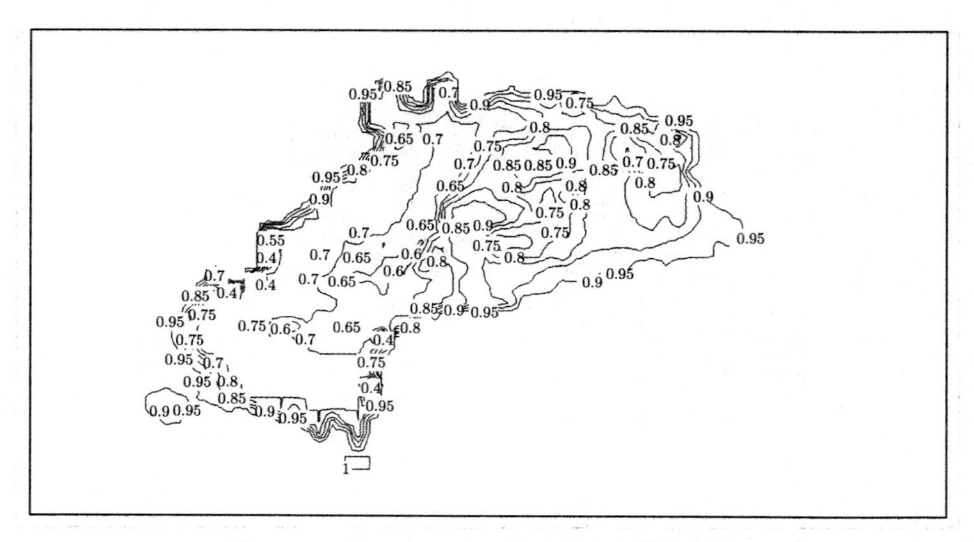

图 2.5.31　沙三中 2300 万年水饱和度等值线图

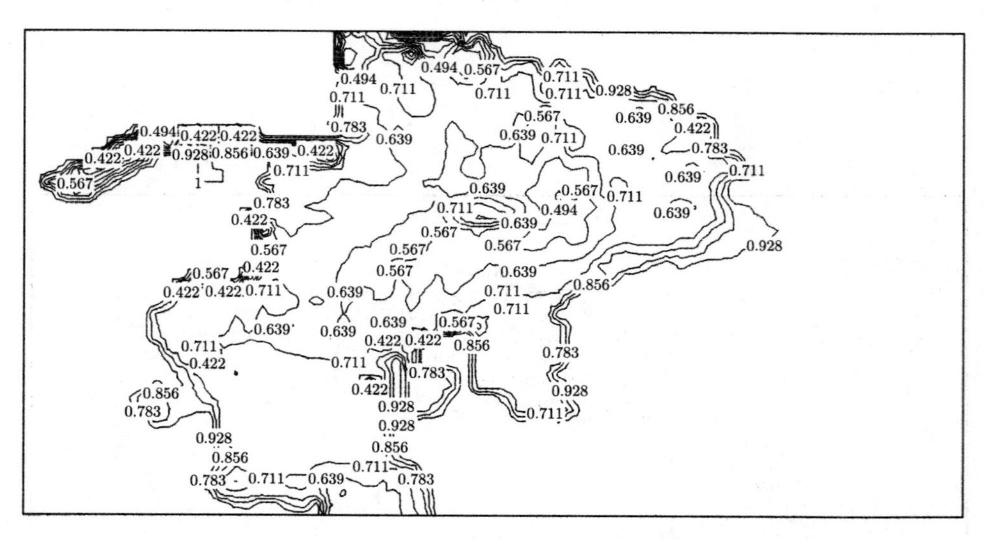

图 2.5.32　沙三中 2500 万年水饱和度等值线图

4. 模拟结果分析

(1) 模拟结果符合油水运移聚集的物理力学特性, 油从高位势向低位势方向运移, 最后聚集到油位势相对低的区域以至成藏.

(2) 模拟结果与东营凹陷的实际油田分部情况对比, 模拟结果成藏位置与现在实际油田的位置基本吻合.

(3) 沙三中水的运移基本上从中心向四周流动, 油运移聚集发生在近 500 万年, 500 万年以前无油的运移发生.

(4) 2500 万年的超长时间的成功数值模拟说明我们的数值模拟方法是强稳定的、高效率的、高精度的.

2.5.2 沙三下的数值模拟和分析

1. 已知参数

已知参数有: 沙三下的顶底埋深、砂层中线埋深、砂层厚度、孔隙度、绝对渗透率、排液量和排烃量. 图 2.5.33~ 图 2.5.40 分别为它们的等值线图.

2. 模拟结果

数值模拟从 3000 万年前开始, 模拟时间长度 3000 万年, 网格步长、初始条件、时间步长同 2.5.1 小节. 模拟结果包括各地质年代的水位势、油位势、水饱和度和储油强度. 图 2.5.41~ 图 2.5.44 是沙三下模拟至今的水位势、油位势、水饱和度和储油强度等值线图.

3. 模拟结果分析

(1) 沙三下 1600 万年前已有油的运移现象发生, 但运移聚集至成藏主要发生在最后 500 万年.

(2) 其他的结果分析基本同沙三中的结果分析.

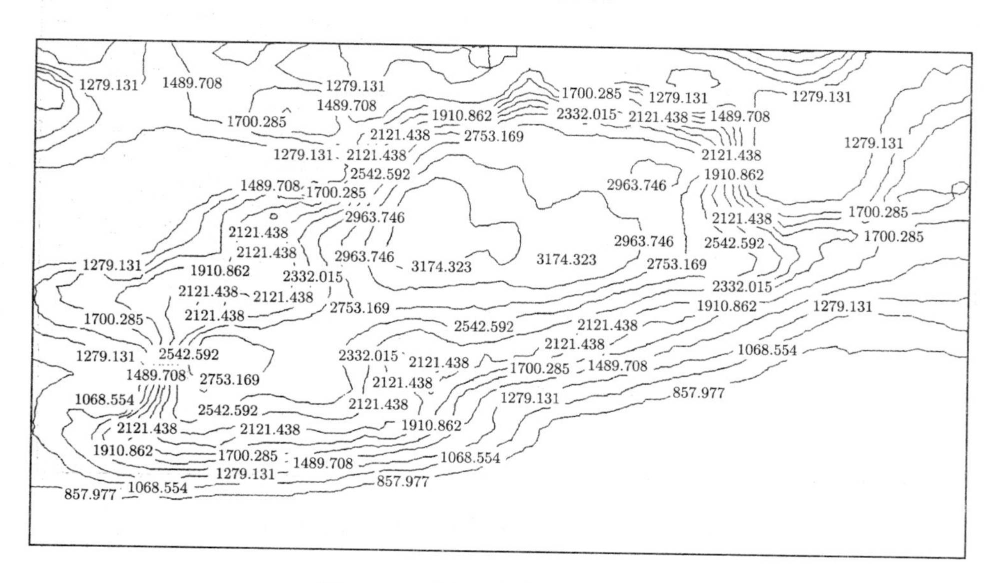

图 2.5.33 沙三下顶埋深等值线图

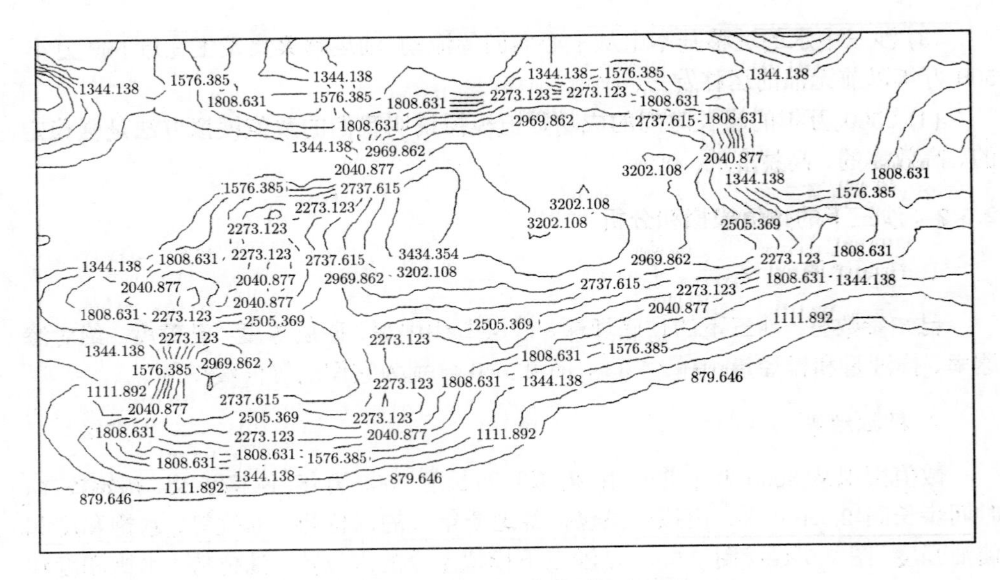

图 2.5.34　沙三下底埋深等值线图

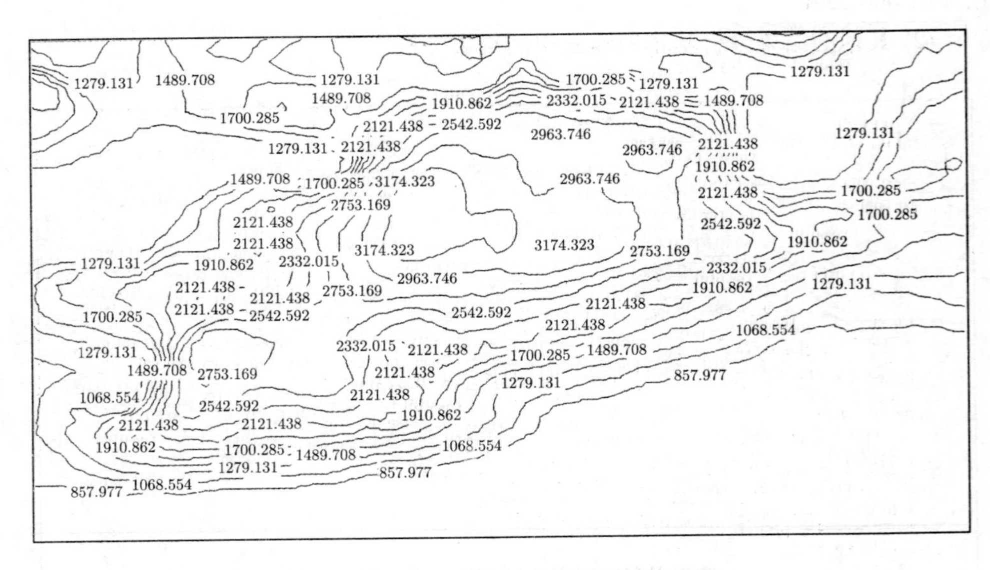

图 2.5.35　沙三下砂层中线埋深等值线图

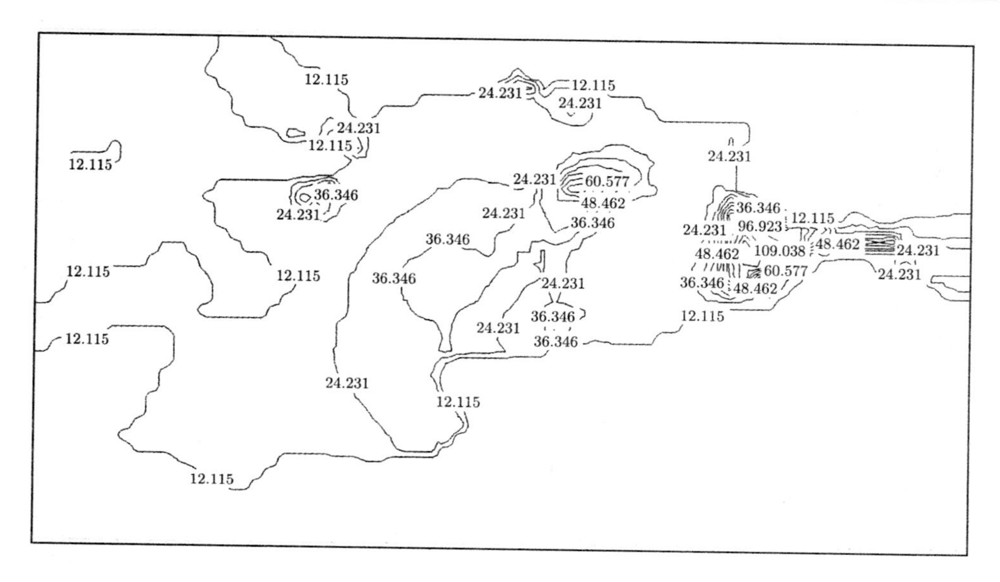

图 2.5.36 沙三下砂层厚度等值线图

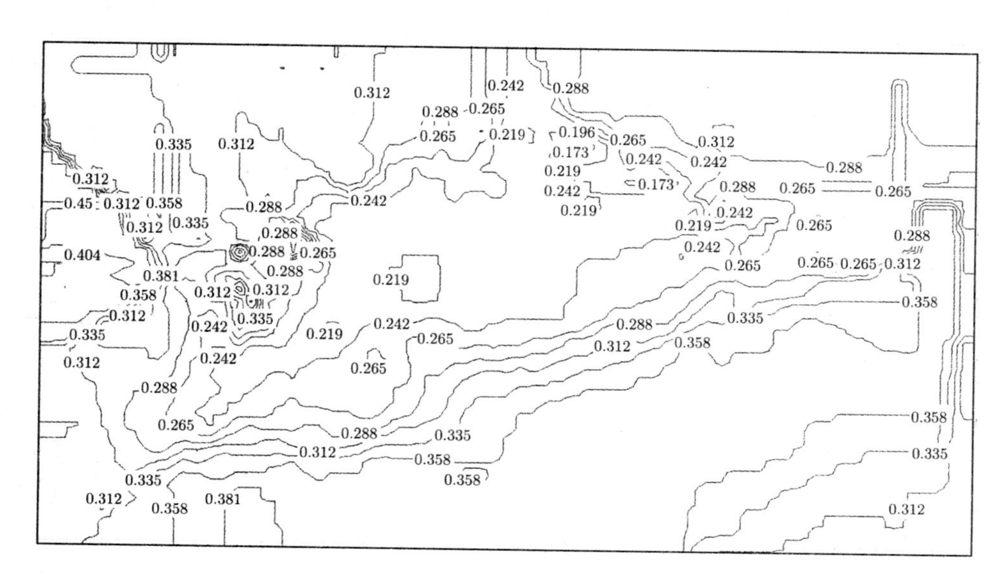

图 2.5.37 沙三下孔隙度等值线图

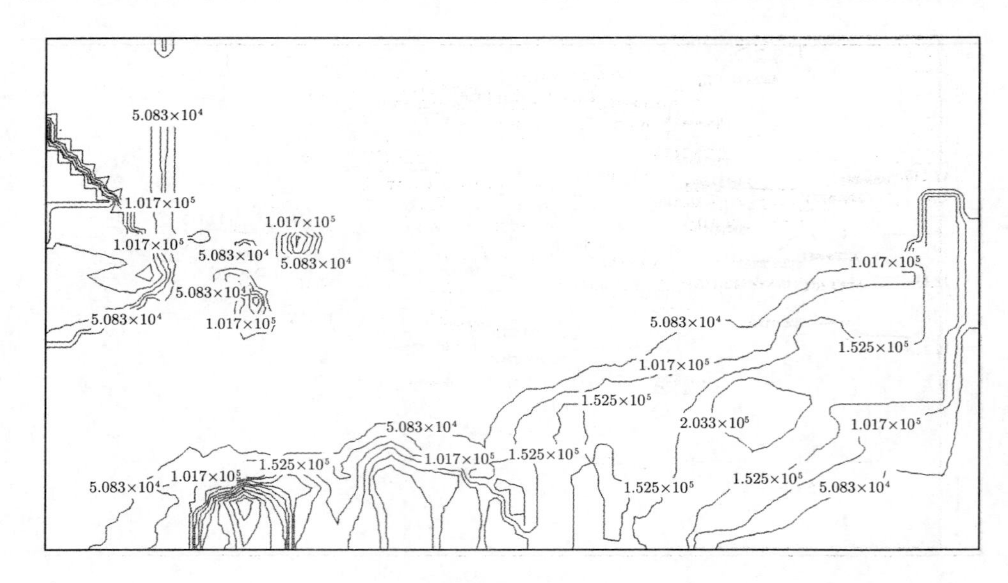

图 2.5.38　沙三下绝对渗透率等值线图

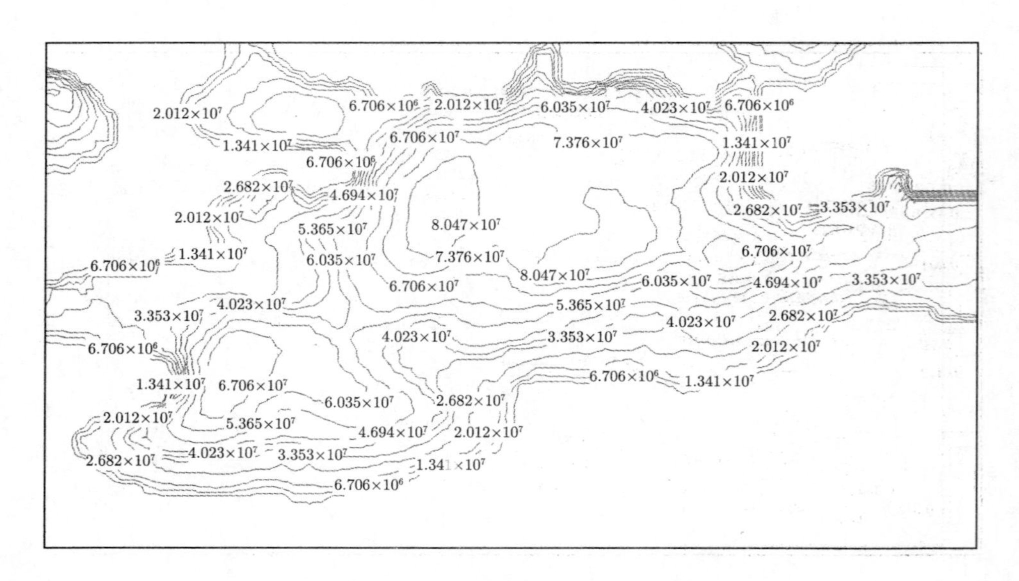

图 2.5.39　沙三下排液量等值线图

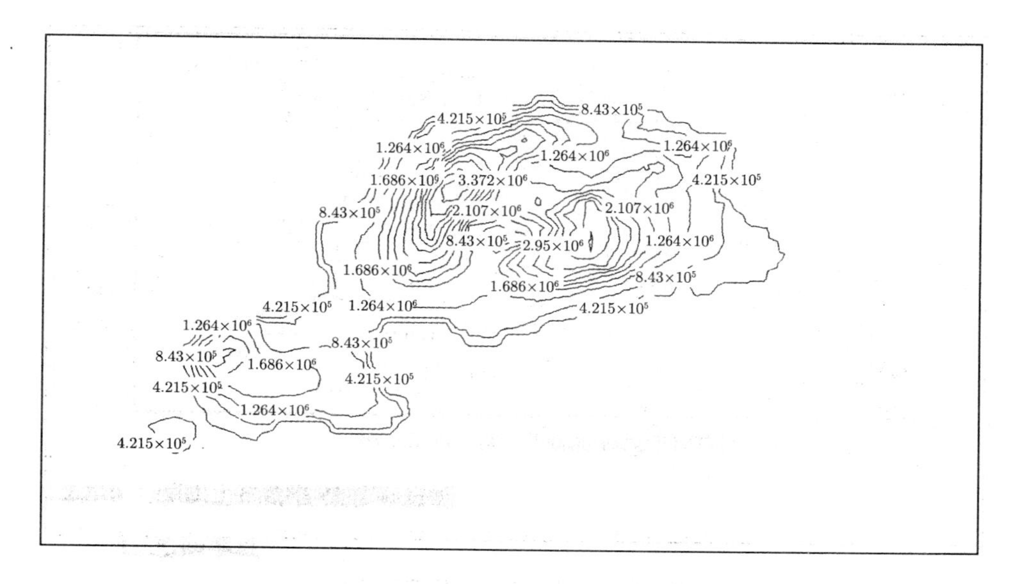

图 2.5.40 沙三下排烃量等值线图

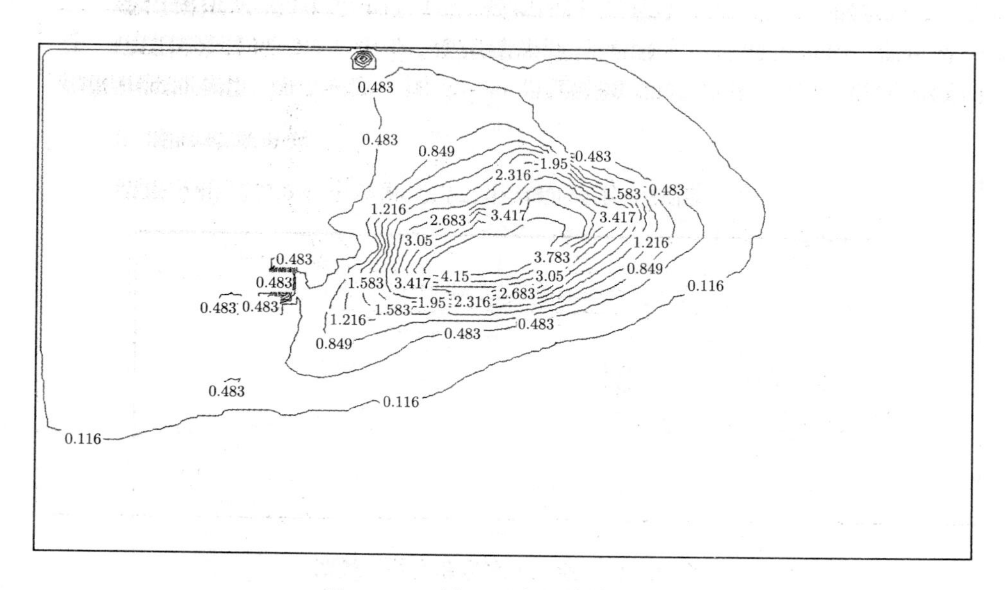

图 2.5.41 沙三下水位势等值线图

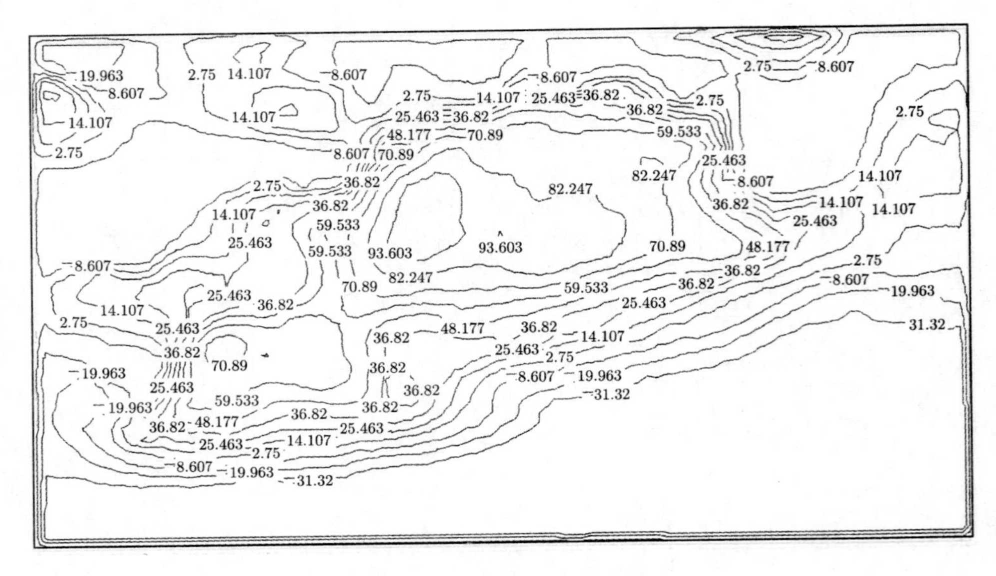

图 2.5.42　沙三下油位势等值线图

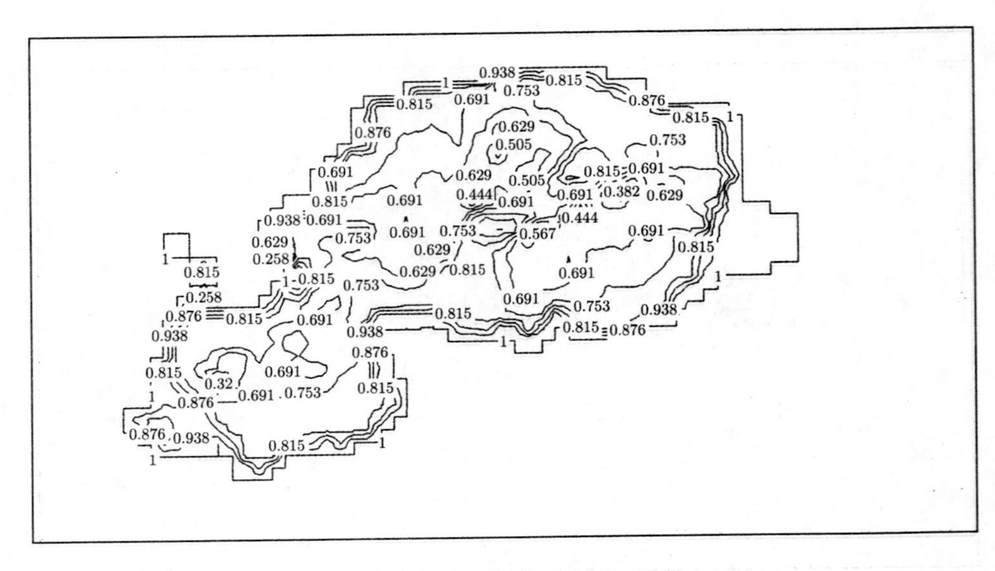

图 2.5.43　沙三下水饱和度等值线图

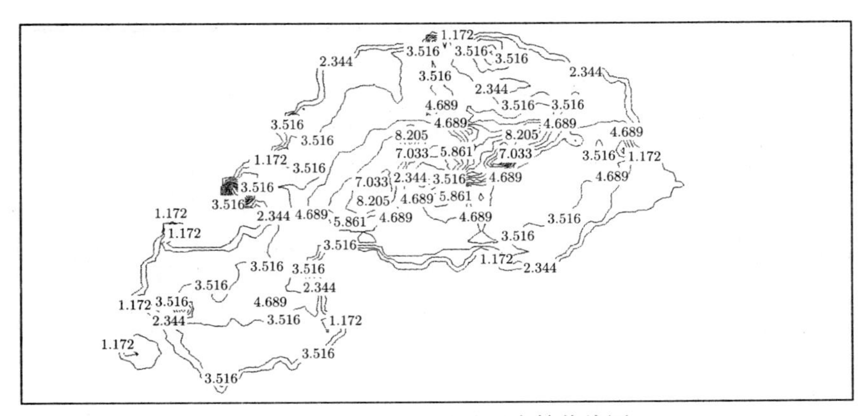

图 2.5.44 沙三下储油强度等值线图

2.5.3 沙四上的数值模拟和分析

1. 已知参数

已知参数有：沙四上的顶底埋深、砂层中线埋深、砂层厚度、孔隙度、绝对渗透率、排液量和排烃量. 图 2.5.45～ 图 2.5.52 分别为其等值线图.

2. 模拟结果

数值模拟从 3250 万年前开始, 模拟时间长度为 3250 万年, 网格步长、时间步长、初边值条件同 2.5.1 小节. 模拟结果包括各地质年代的水位势、油位势、水饱和度和储油强度. 图 2.5.53～ 图 2.5.56 为其模拟 3250 万年 (至今) 的等值线图.

3. 模拟结果分析

结果分析与 2.5.1 小节和 2.5.2 小节的基本上相同.

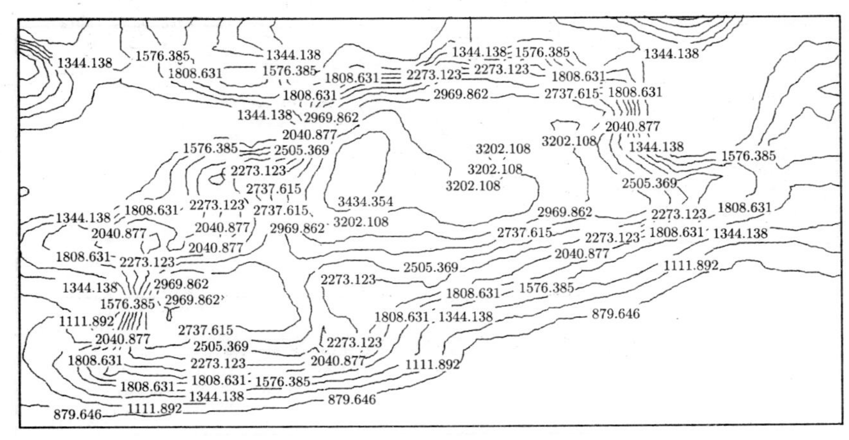

图 2.5.45 沙四上顶埋深等值线图

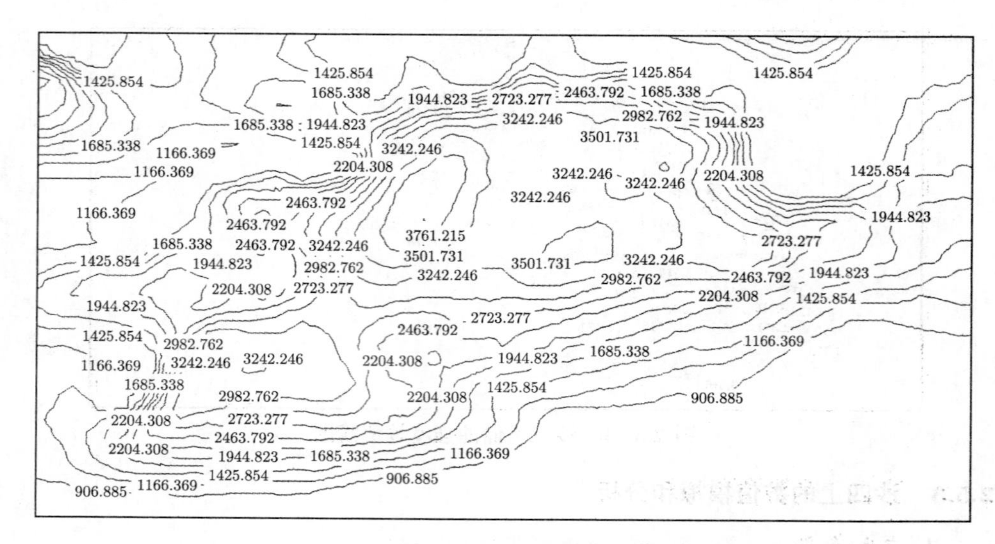

图 2.5.46　沙四上底埋深等值线图

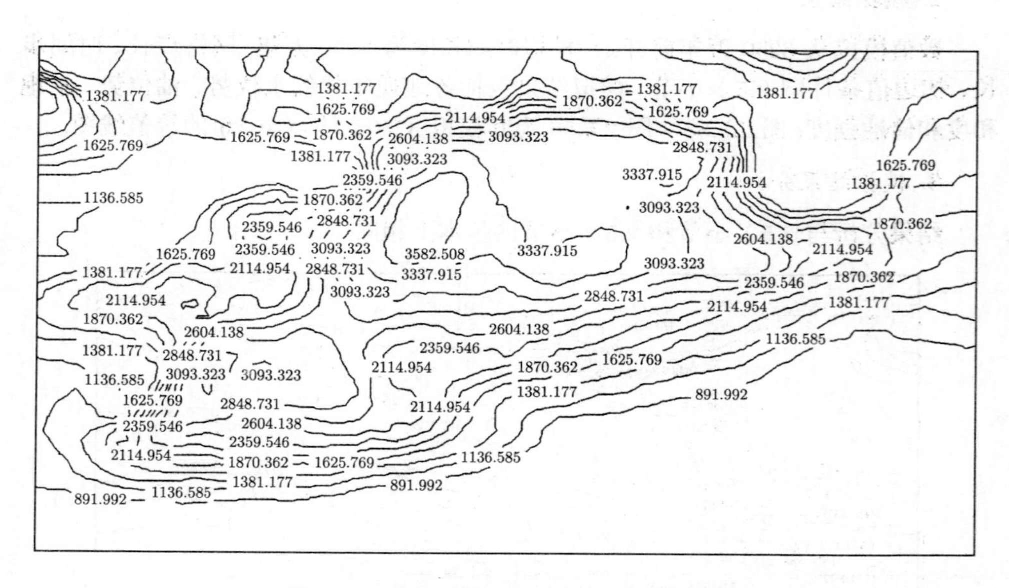

图 2.5.47　沙四上砂层中线埋深等值线图

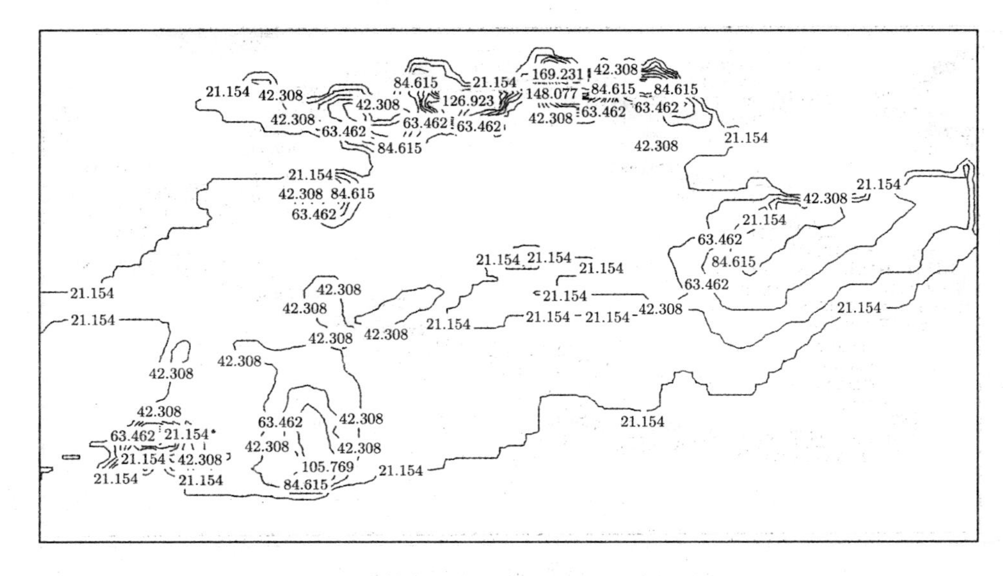

图 2.5.48 沙四上砂层厚度等值线图

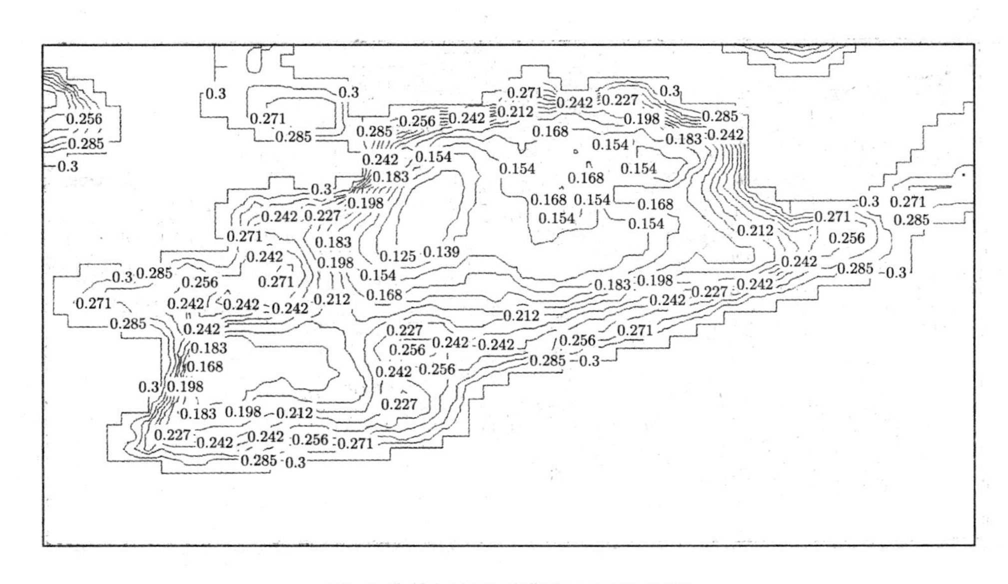

图 2.5.49 沙四上孔隙度等值线图

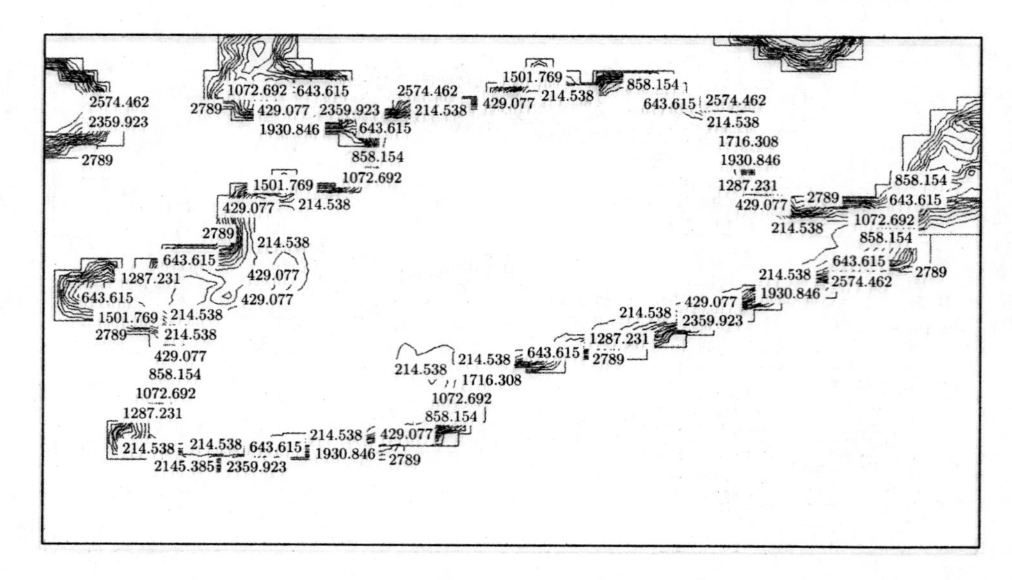

图 2.5.50 沙四上绝对渗透率等值线图

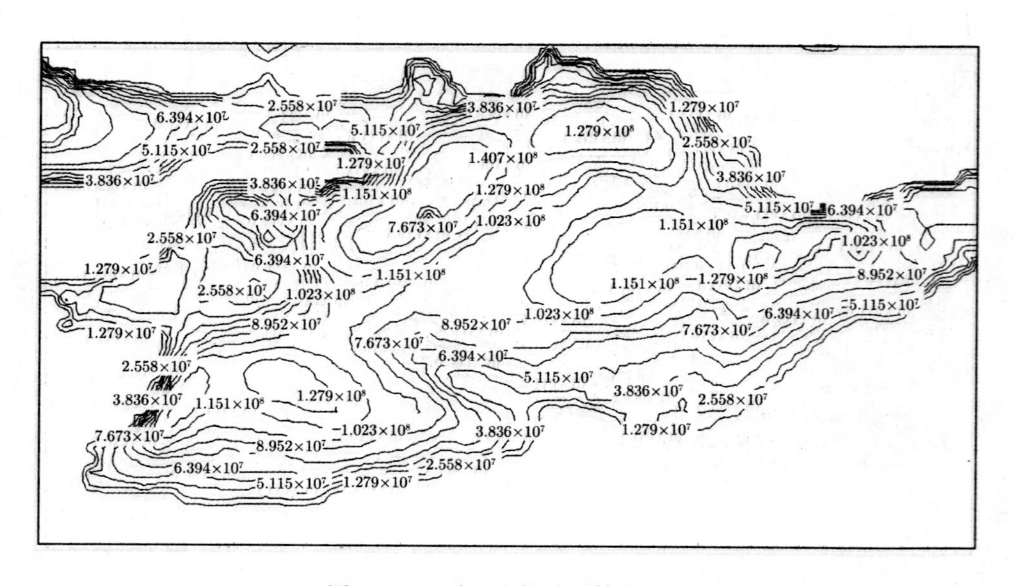

图 2.5.51 沙四上排液量等值线图

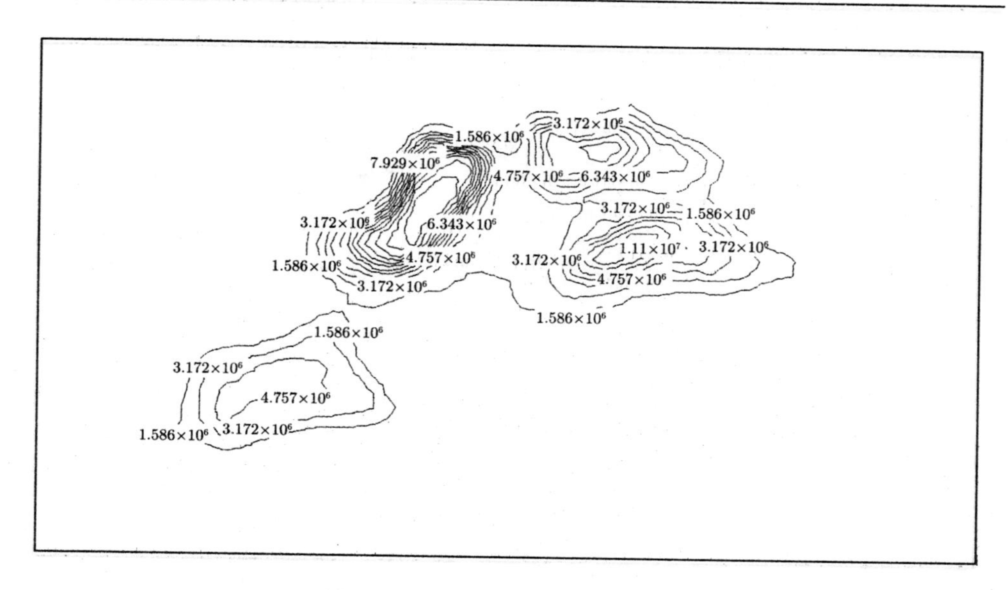

图 2.5.52 沙四上排烃量等值线图

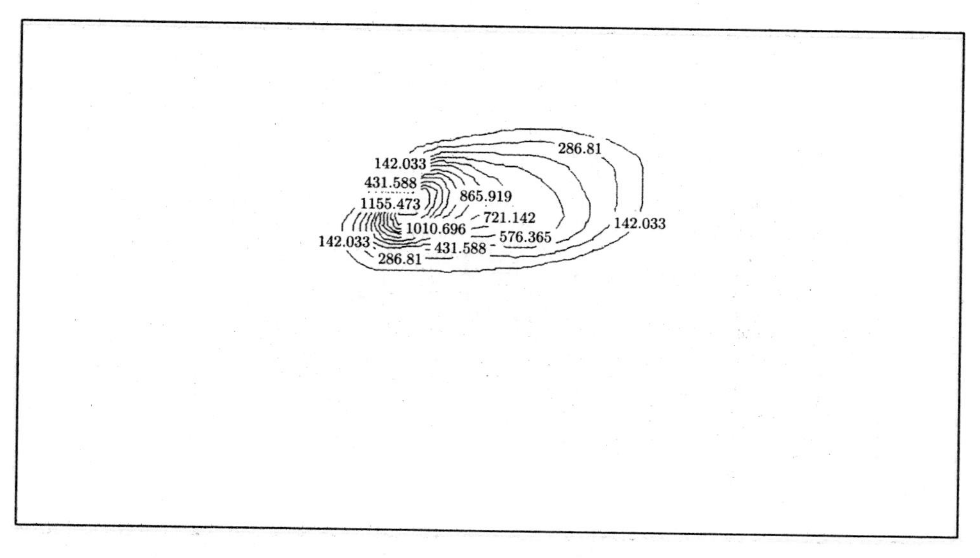

图 2.5.53 沙四上水位势等值线图

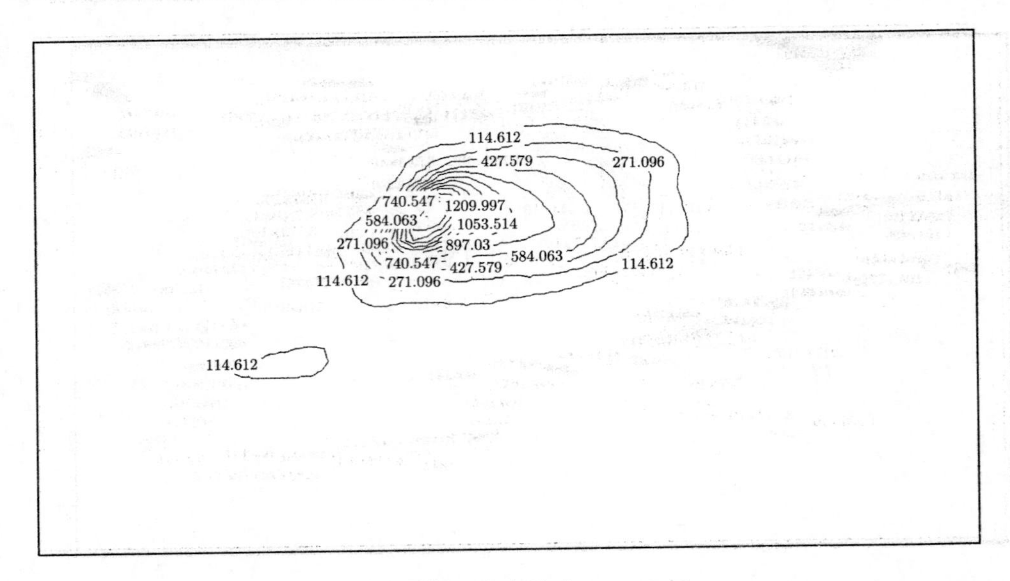

图 2.5.54　沙四上油位势等值线图

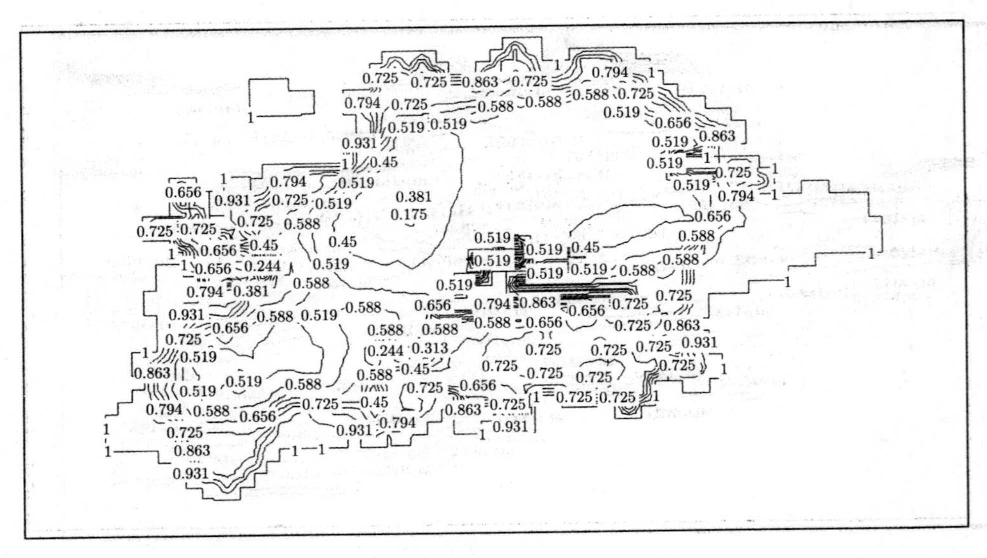

图 2.5.55　沙四上水饱和度等值线图

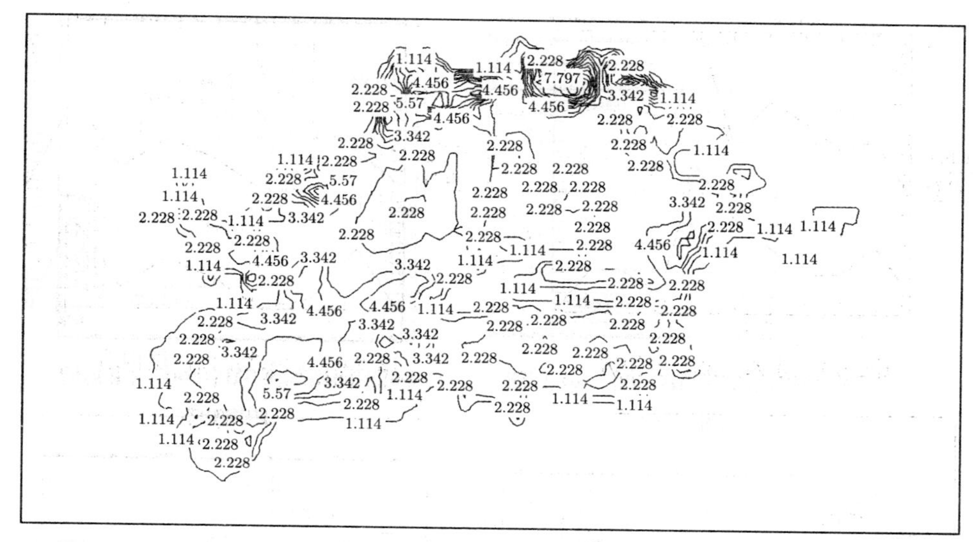

图 2.5.56 沙四上储油强度等值线图

2.6 胜利油田东营凹陷剖面问题的数值模拟和分析

油水运移聚集是发生在三维空间的事情，由于地质构造等原因，运移聚集有方向性，若选取剖面的方向合适，二次运移聚集问题可近似地用剖面问题来描述. 我们在沙三中对几个剖面进行了数值模拟，沙三中的地质参数见 2.5.1 小节.

2.6.1 模拟结果 1

1. 模拟区域

大地坐标从 (20621246m, 4151110m)、(20641246m, 4151110m) 的沙三中的东西剖面和大地坐标从 (20627246m, 4135110m)、(20627246m, 4153110m) 的南北剖面. 图 2.6.1～ 图 2.6.2 为它们的沙层构造图 (图中 tlh(i) 与 blh(i) 分别表示沙层的上下边界).

2. 模拟结果

水平方向网格步长为 2000m，纵向剖分网格点数为 30，模拟从 2500 万年前开始，时间步长是 1000 年，初始条件是静止的水，两边为流出边界，模拟结果包括各地质年代的水位势、油位势和水饱和度. 图 2.6.3～ 图 2.6.14 为东西剖面模拟 900 万年、2000 万年、2300 万年、2500 万年 (现在) 的水饱和度、水位势和油位势等值线图. 图 2.6.15～ 图 2.6.26 为南北剖面相应时刻的水饱和度、水位势和油位势等值线图.

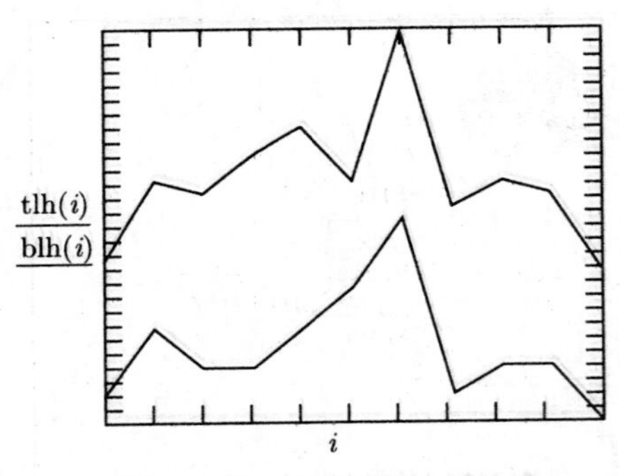

图 2.6.1　东西剖面沙层构造

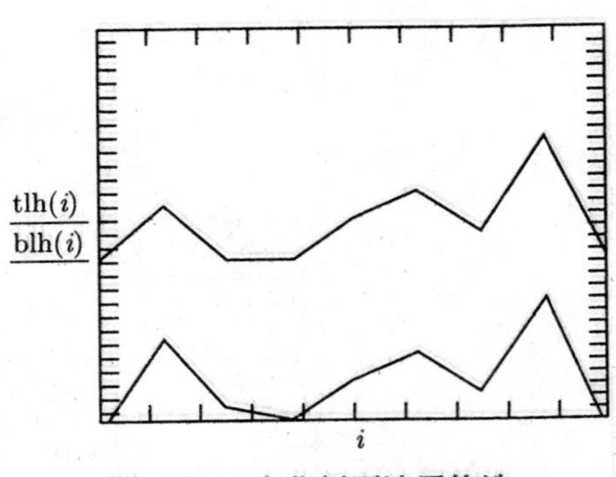

图 2.6.2　南北剖面沙层构造

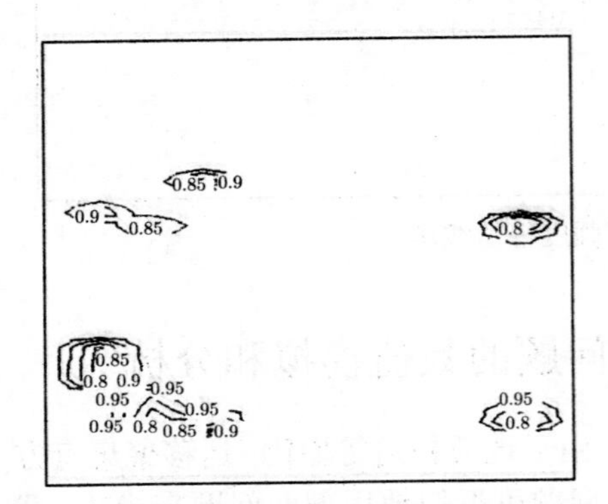

图 2.6.3　900 万年东西剖面水饱和度等值线图

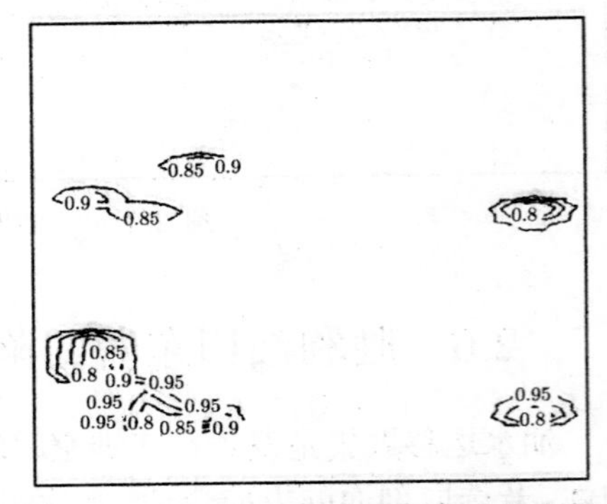

图 2.6.4　2000 万年东西剖面水饱和度等值线图

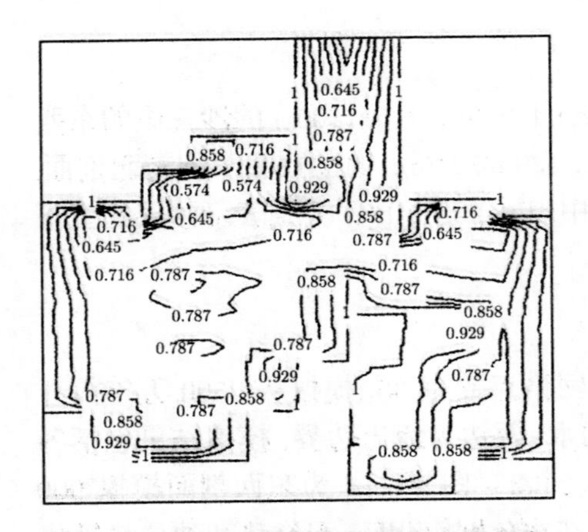

图 2.6.5　2300 万年东西剖面水饱和度等值线图

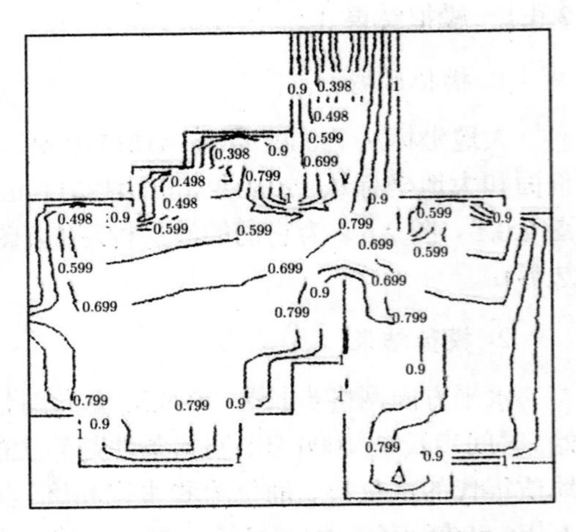

图 2.6.6　2500 万年东西剖面水饱和度等值线图

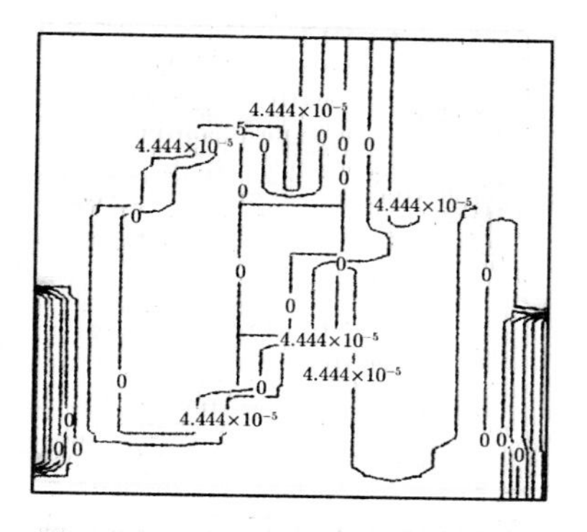

图 2.6.7 900 万年东西剖面水位势等值线图

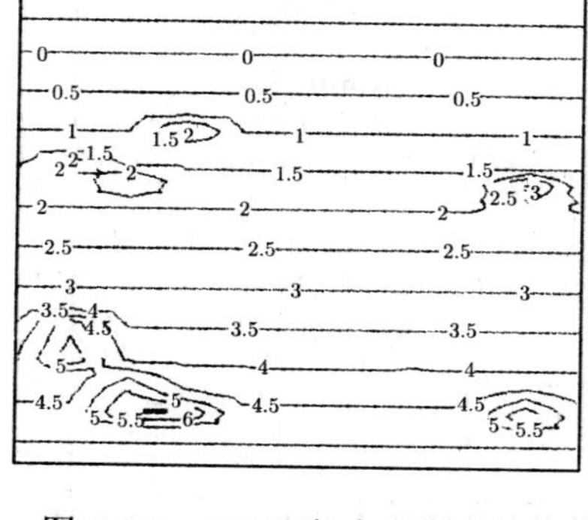

图 2.6.8 900 万年东西剖面油位势等值线图

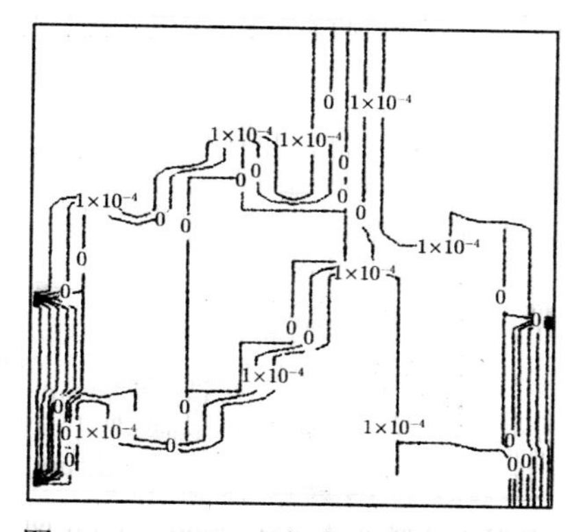

图 2.6.9 2000 万年东西剖面水位势等值线图

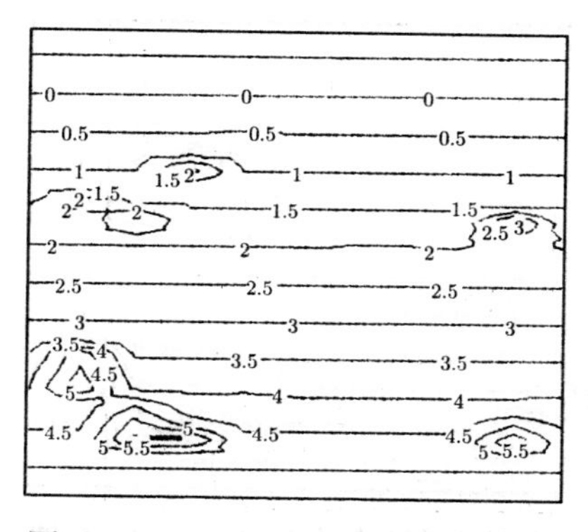

图 2.6.10 2000 万年东西剖面油位势等值线图

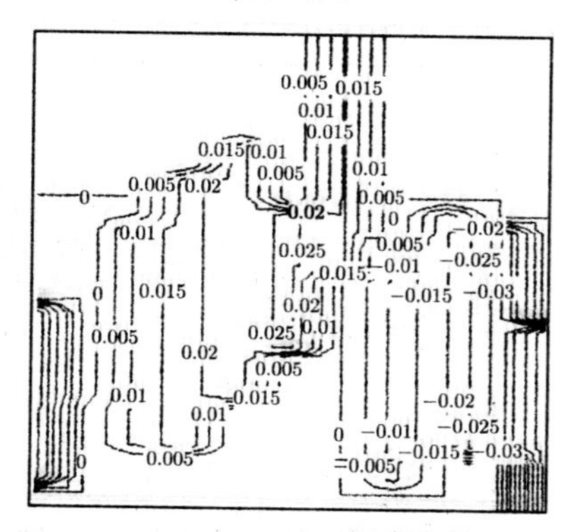

图 2.6.11 2300 万年东西剖面水位势等值线图

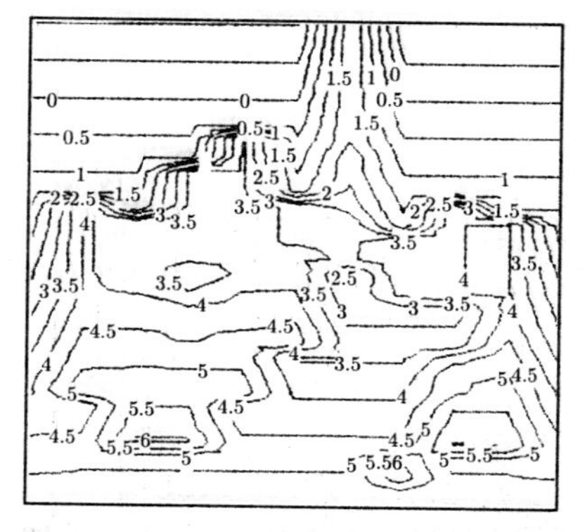

图 2.6.12 2300 万年东西剖面油位势等值线图

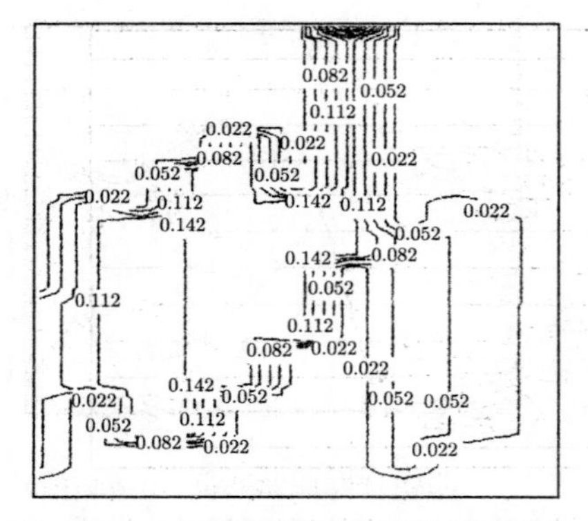

图 2.6.13　2500 万年东西剖面水位势等值线图

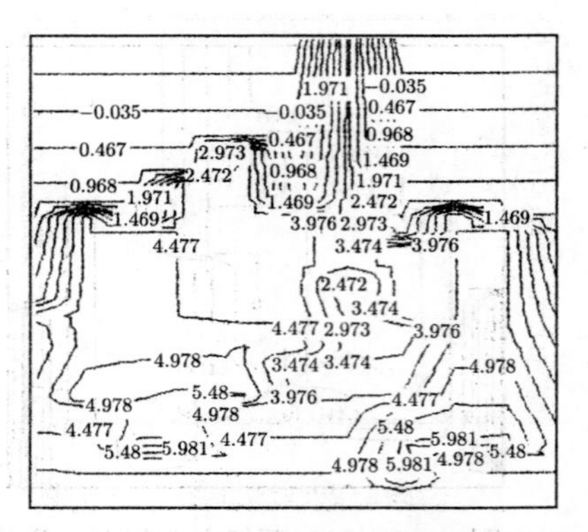

图 2.6.14　2500 万年东西剖面油位势等值线图

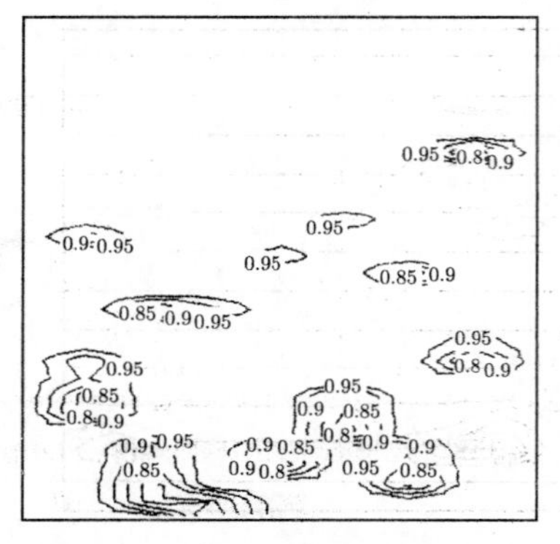

图 2.6.15　900 万年南北剖面水饱和度等值线图

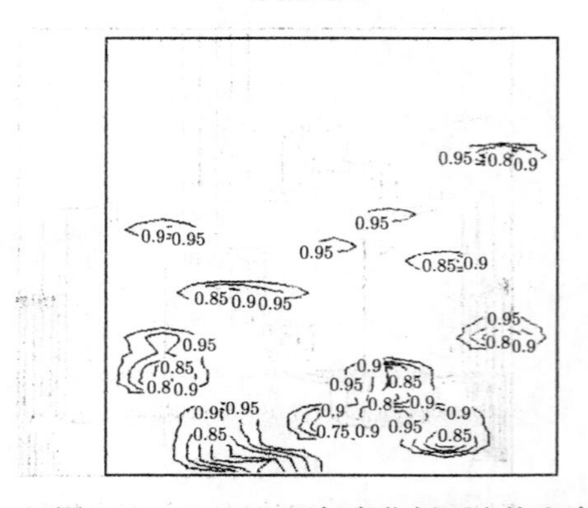

图 2.6.16　2000 万年南北剖面水饱和度等值线图

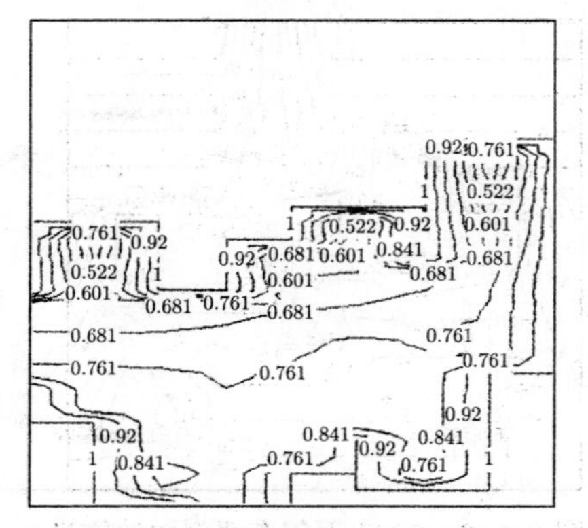

图 2.6.17　2300 万年南北剖面水饱和度等值线图

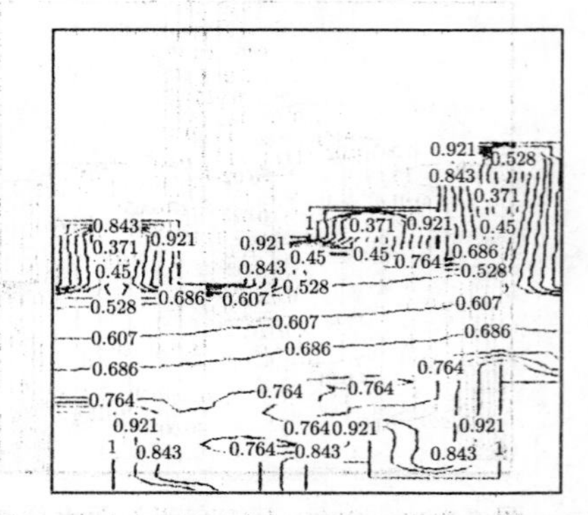

图 2.6.18　2500 万年南北剖面水饱和度等值线图

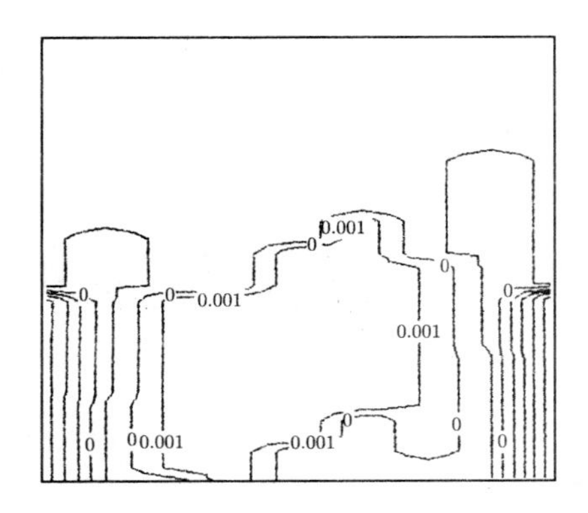

图 2.6.19 900 万年南北剖面水位势等值线图

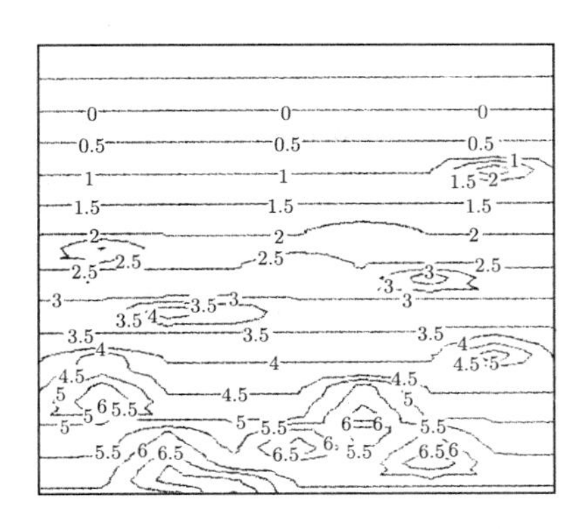

图 2.6.20 900 万年南北剖面油位势等值线图

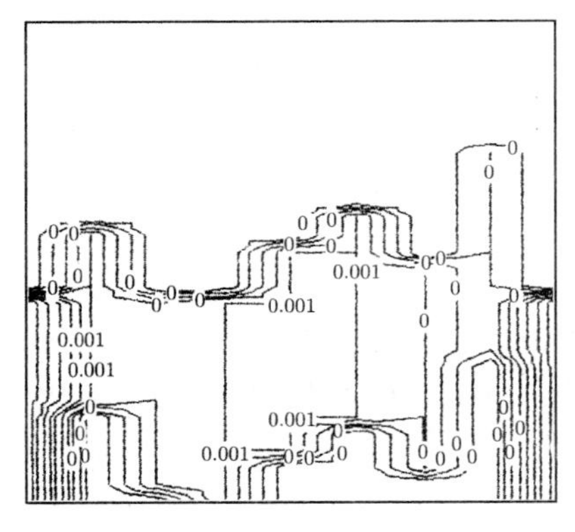

图 2.6.21 2000 万年南北剖面水位势等值线图

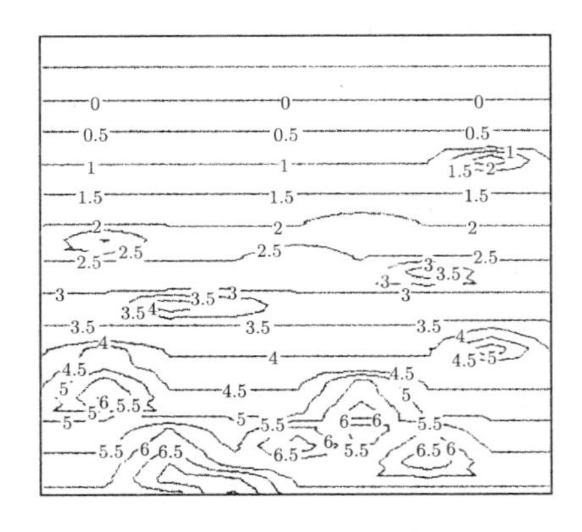

图 2.6.22 2000 万年南北剖面油位势等值线图

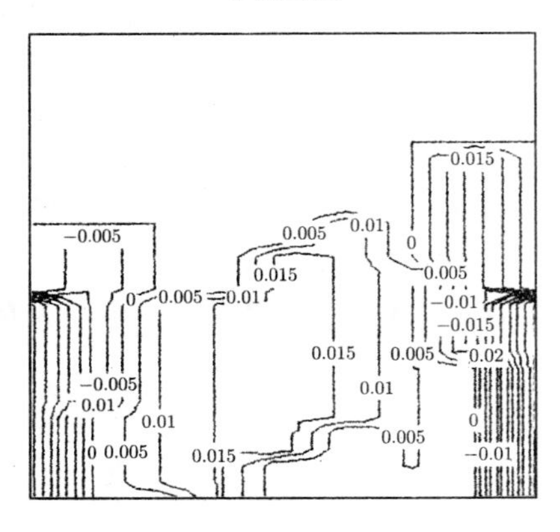

图 2.6.23 2300 万年南北剖面水位势等值线图

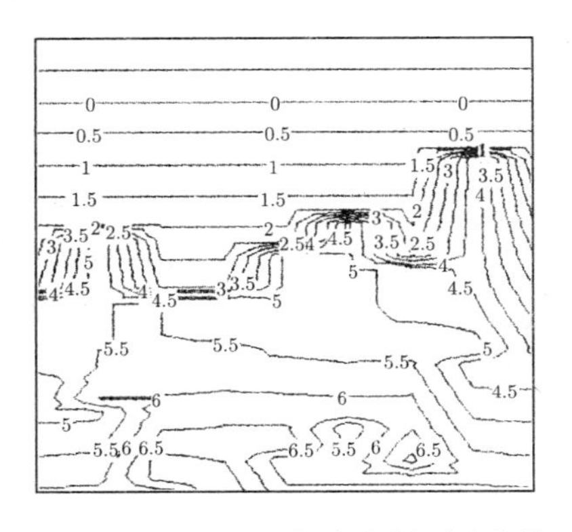

图 2.6.24 2300 万年南北剖面油位势等值线图

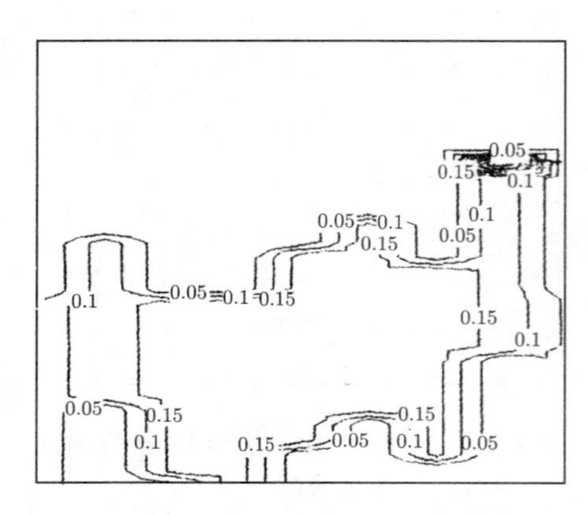

图 2.6.25　2500 万年南北剖面水位势等值线图

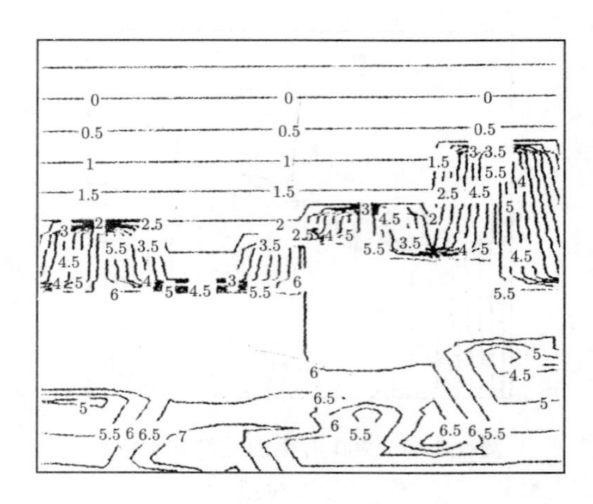

图 2.6.26　2500 万年南北剖面油位势等值线图

2.6.2　模拟结果 2

1. 模拟区域

东西大地坐标从 20592246m 至 20640246m, 南北大地坐标从 4118110m 至 4160110m 范围内取南北向 21 个剖面, 模拟从 2500 万年前开始, 时间步长为 100 年, 剖面两侧为流出边界, 初始条件是静止的水.

2. 模拟结果

模拟结果包括 21 个剖面的各年代的水位势、油位势和水饱和度. 图 2.6.27~图 2.6.35 是这 21 个剖面中的 9 个剖面模拟 2500 万年 (现在) 的水饱和度等值线图.

3. 模拟结果分析

(1) 模拟结果合理, 符合二次运移聚集的物理力学特性, 油从高油位势流向低油位势运移, 在上部隆起和局部隆起的低位势区, 油发生聚集以至成藏.

(2) 模拟结果依赖于剖面方向的选取. 剖面方向选取不当, 模拟结果可能失真.

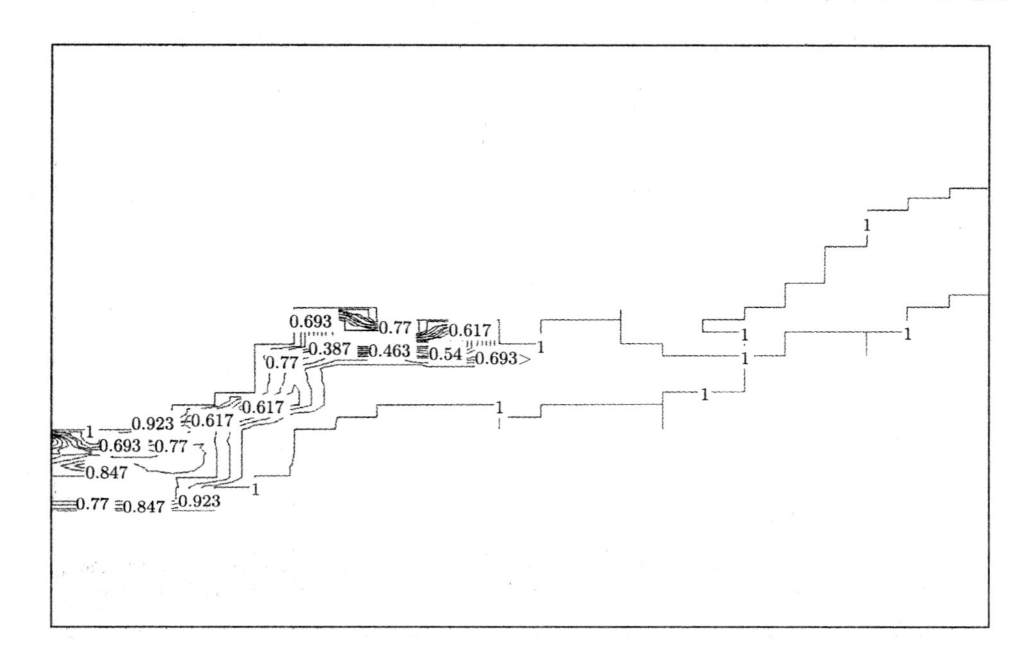

图 2.6.27 $y = 4123110$, 东西向剖面水饱和度等值线图

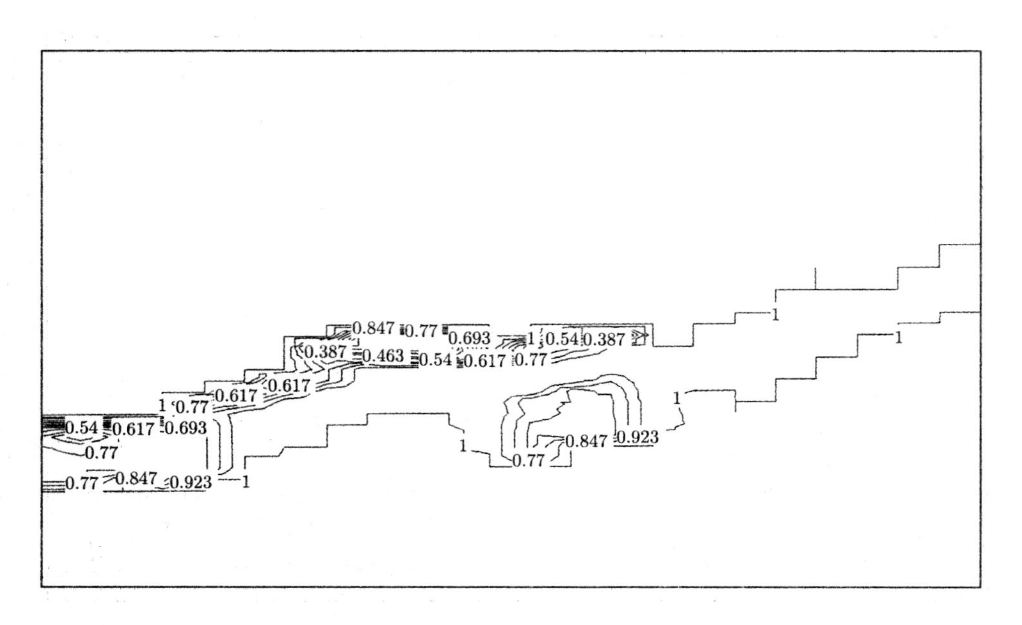

图 2.6.28 $y = 4125110$, 东西向剖面水饱和度等值线图

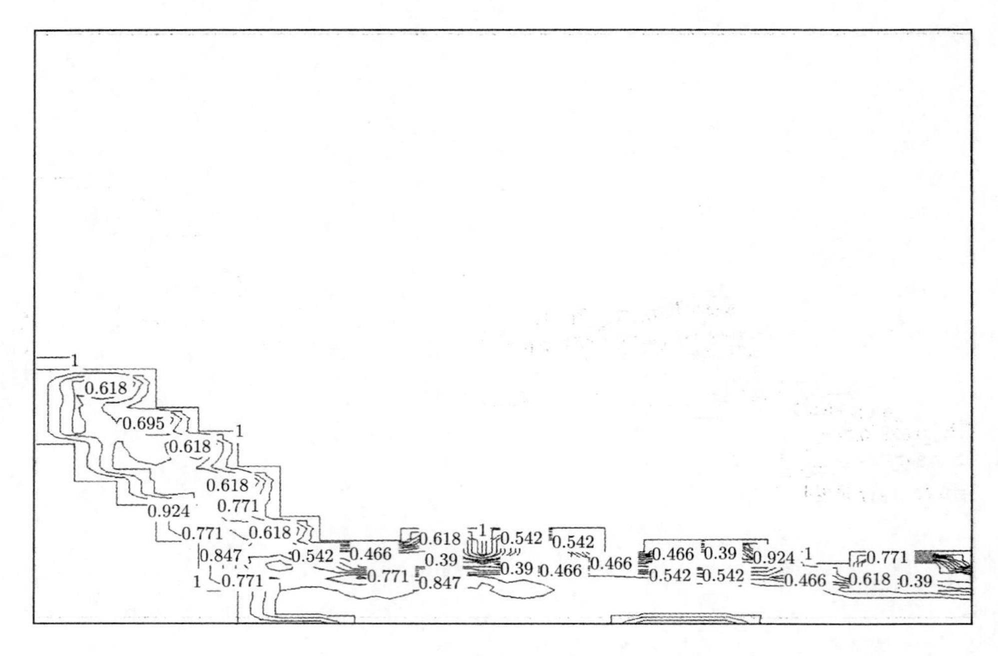

图 2.6.29　$y = 4137110$, 东西向剖面水饱和度等值线图

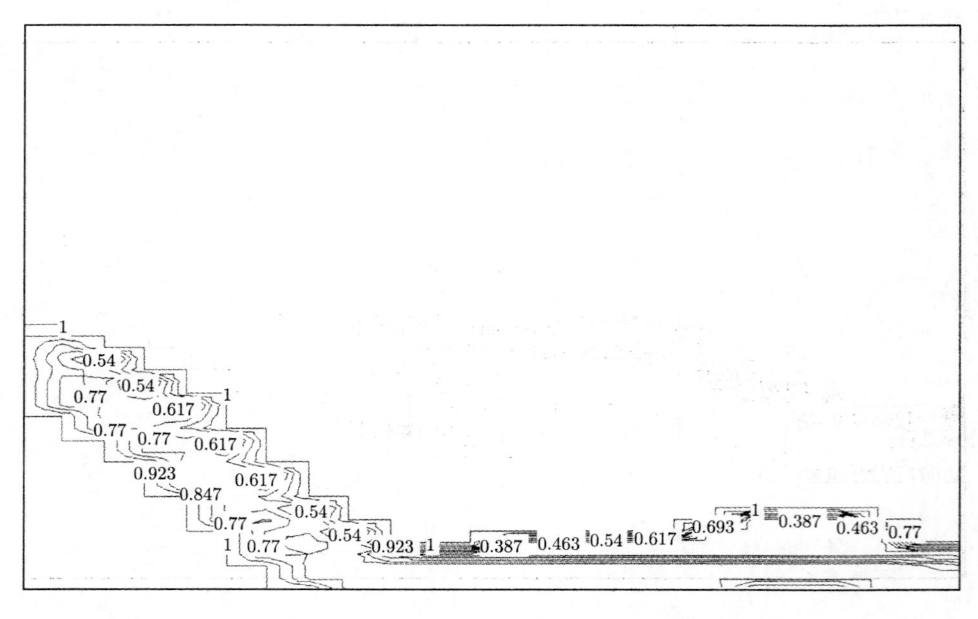

图 2.6.30　$y = 4143110$, 东西向剖面水饱和度等值线图

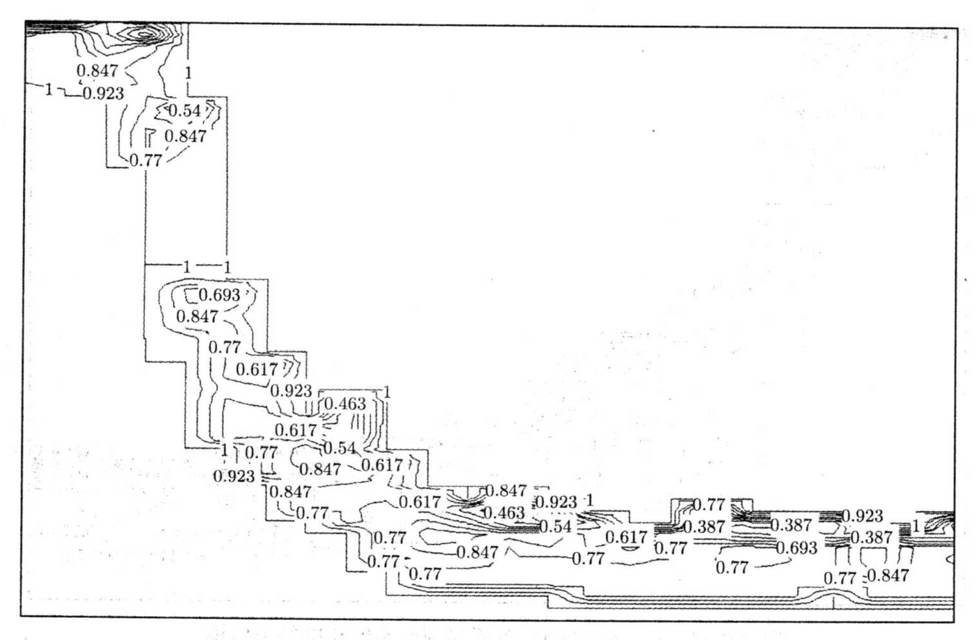

图 2.6.31 $y = 4151110$, 东西向剖面水饱和度等值线图

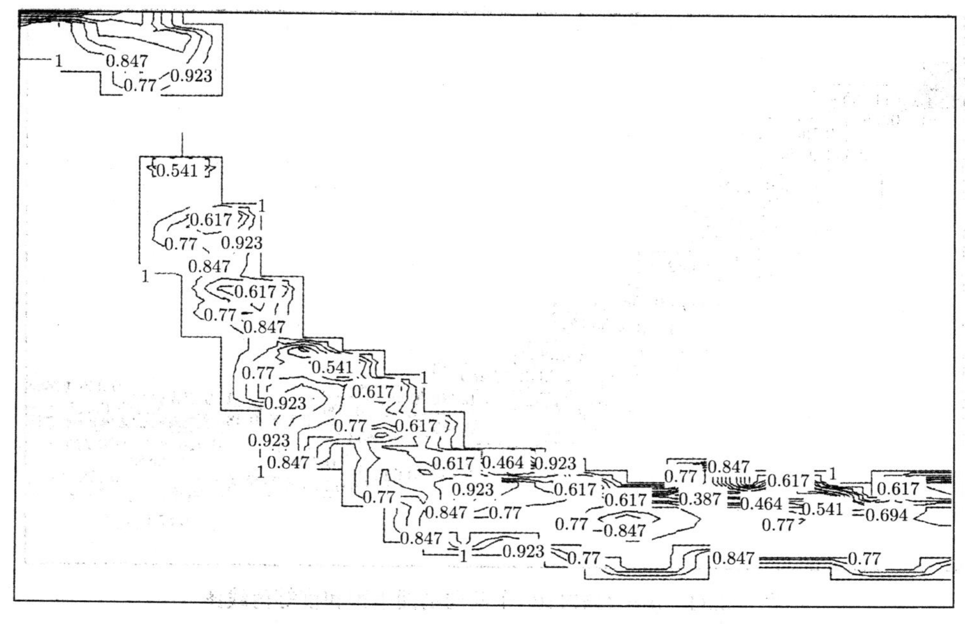

图 2.6.32 $y = 4153110$, 东西向剖面水饱和度等值线图

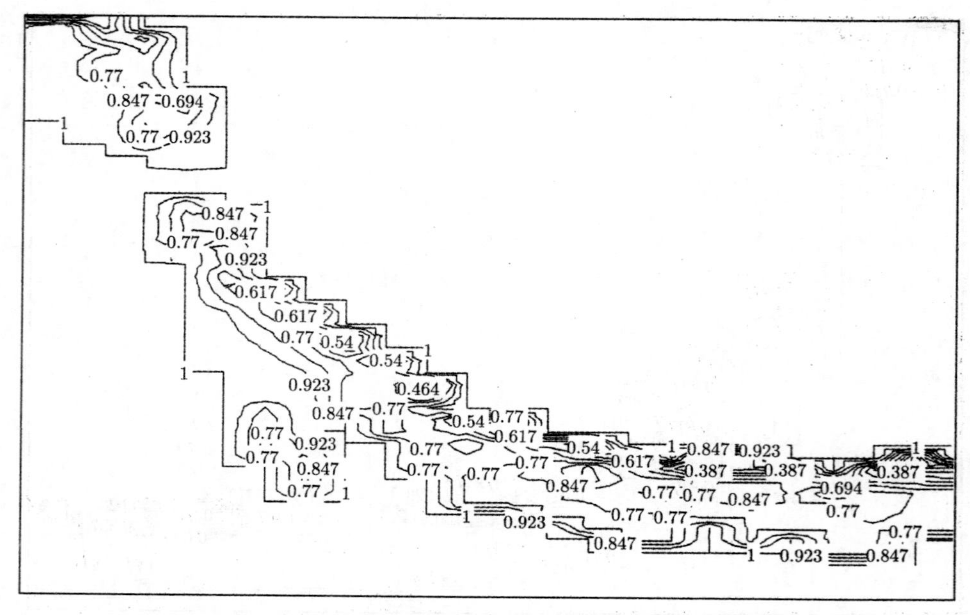

图 2.6.33　$y = 4155110$, 东西向剖面水饱和度等值线图

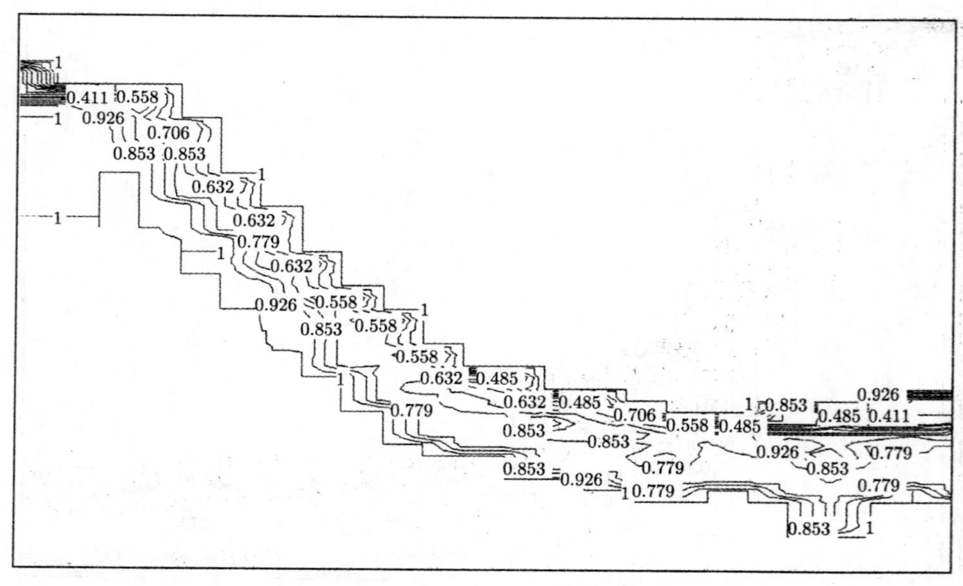

图 2.6.34　$y = 4157110$, 东西向剖面水饱和度等值线图

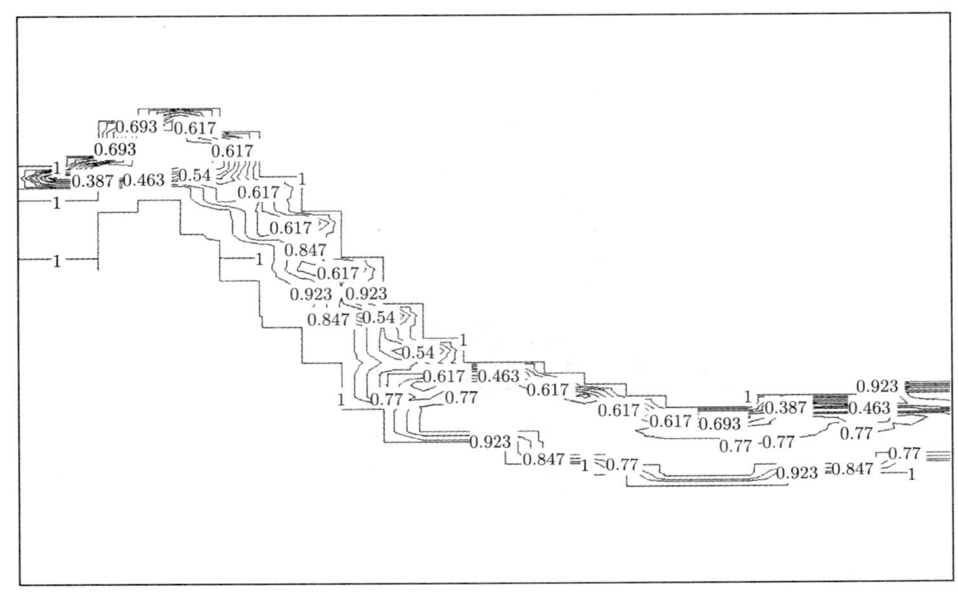

图 2.6.35 $y = 4159110$, 东西向剖面水饱和度等值线图

2.7 胜利油田东营凹陷三维问题的数值模拟和分析

本节将给出东营凹陷运移聚集三维数值模拟的实例. 其中 2.7.1 小节给出沙三中两个局部区域三维模拟结果; 2.7.2 小节给出沙四上一个局部区域三维模拟结果; 2.7.3 小节给出东营凹陷沙四上二次运移整体三维数值模拟.

2.7.1 沙三中运移聚集三维数值模拟

研究区域 (大地坐标)(m): $x: 20614246 \sim 20632246$; $y: 4134110 \sim 4152110$.

横向尺度: $18000\text{m}\times 18000\text{m}$; 垂向跨度: 306.59m.

模拟总时间: 2500 万年; 时间步长: 100 年; 空间网格: $9\times 9\times 30$.

我们将三维模拟结果以南北方向和东西方向的纵剖面以及水平横切面上水饱和度等值线形式给出.

图 2.7.1～ 图 2.7.34 给出了垂直于 x 方向的纵剖面 $x = 20634246, 20638246, 20640246$ 和垂直于 y 方向的纵剖面 $y = 4137110, 41417110, 4149110$ 以及垂直于 z 方向的横向切面 $k = 5, 9, 13, 19$ 等的水饱和度分布等值线图. 从此模拟结果可以清晰地看出油水运移聚集的全过程, 符合运移聚集的物理力学性质, 因此我们设计的三维软件系统对实际问题是合理的、可靠的.

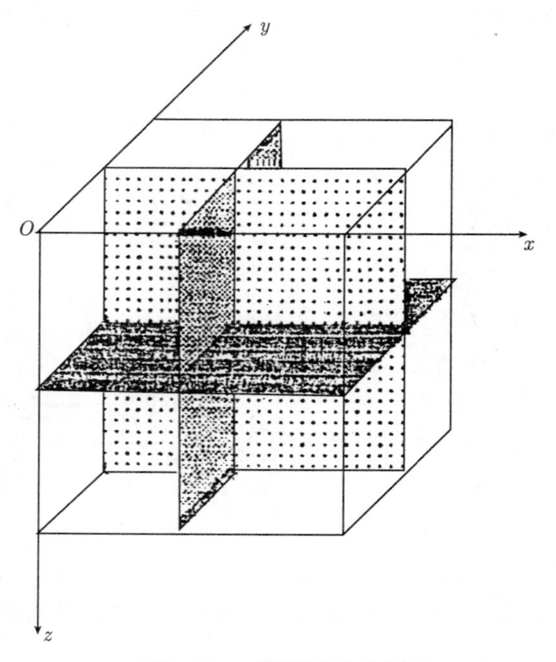

图 2.7.1 模拟区域示意图

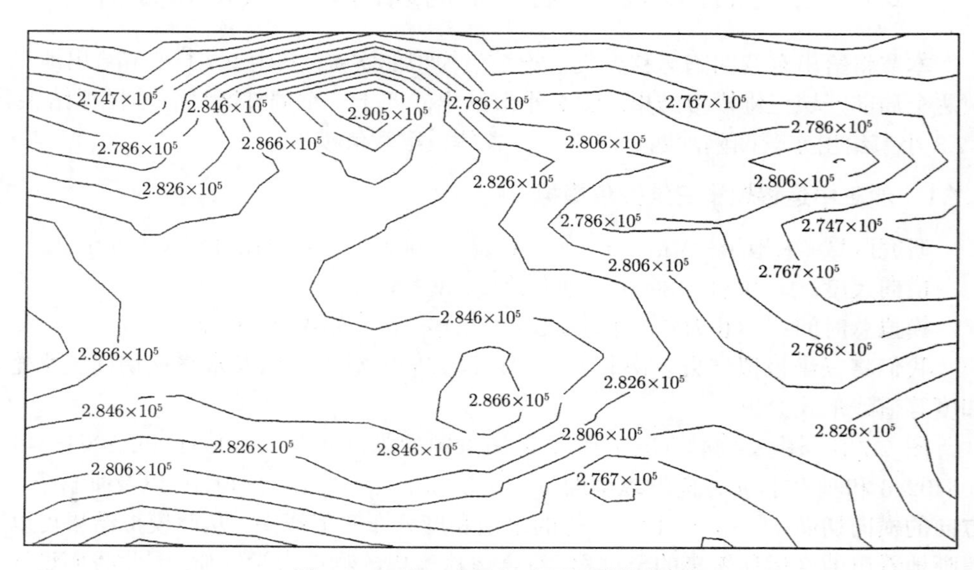

图 2.7.2 沙三中局部砂顶深等值线图

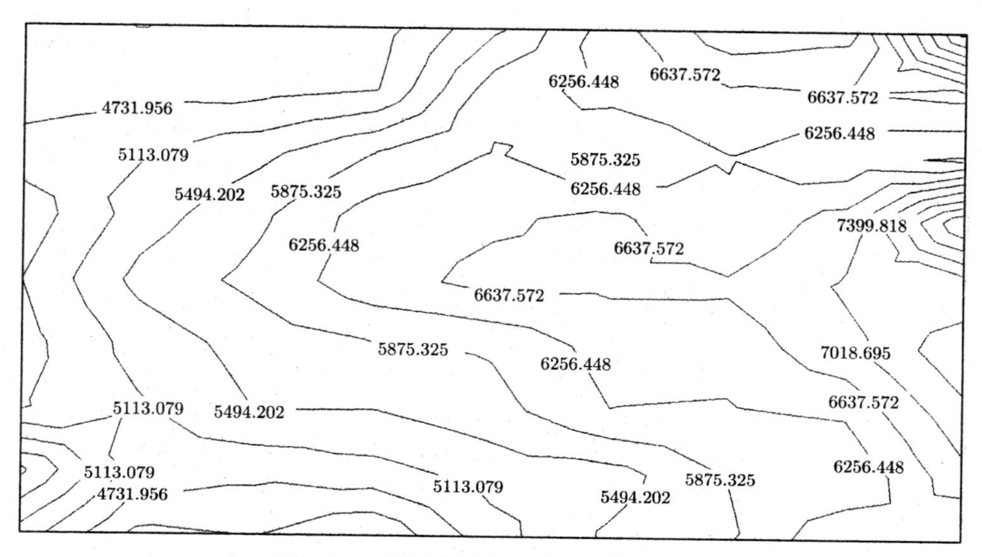

图 2.7.3 沙三中局部砂层厚度等值线图

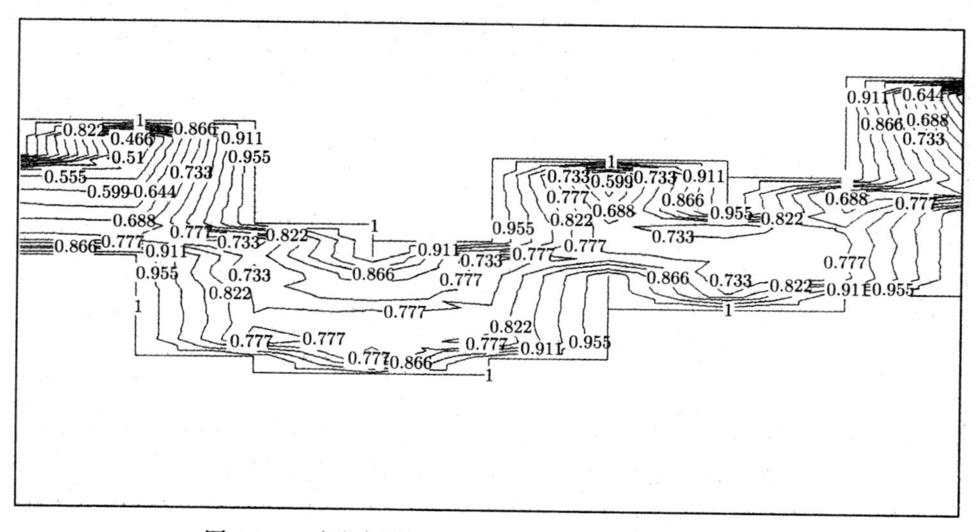

图 2.7.4 南北剖面 $x = 20632246$, 水饱和度等值线图

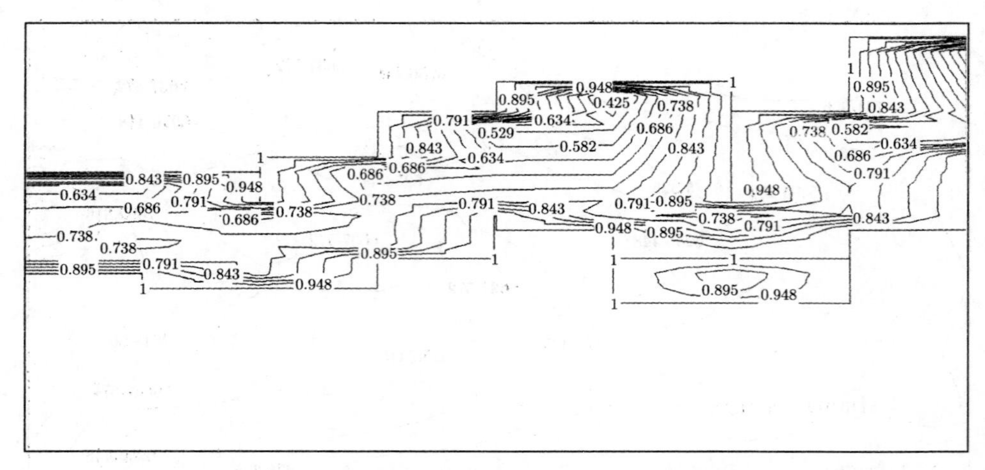

图 2.7.5 南北剖面 $x = 20638246$, 水饱和度等值线图

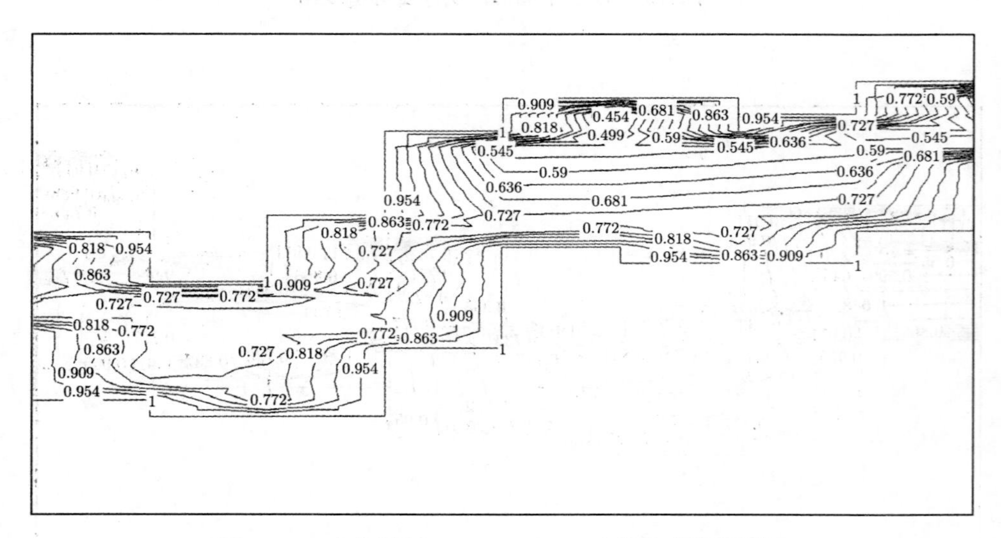

图 2.7.6 南北剖面 $x = 20640246$, 水饱和度等值线图

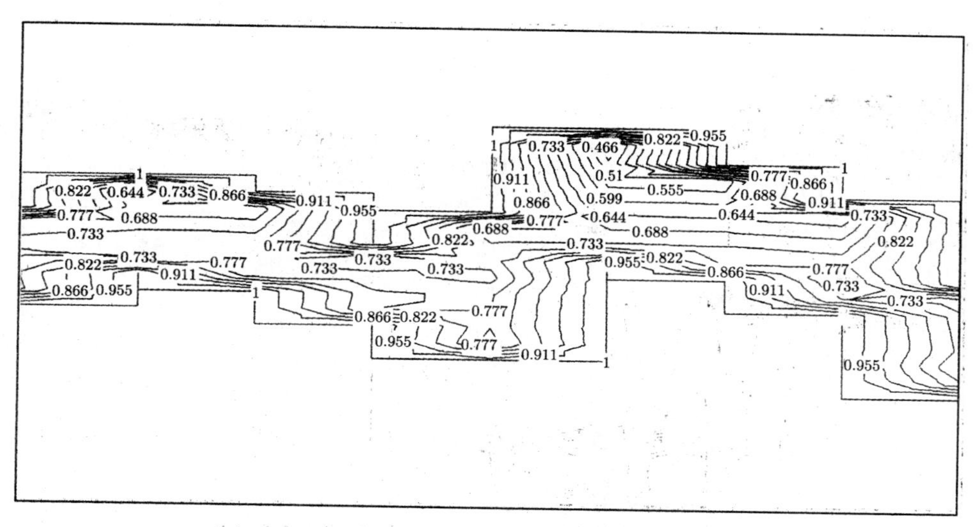

图 2.7.7 东西剖面 $y = 4137110$, 水饱和度等值线图

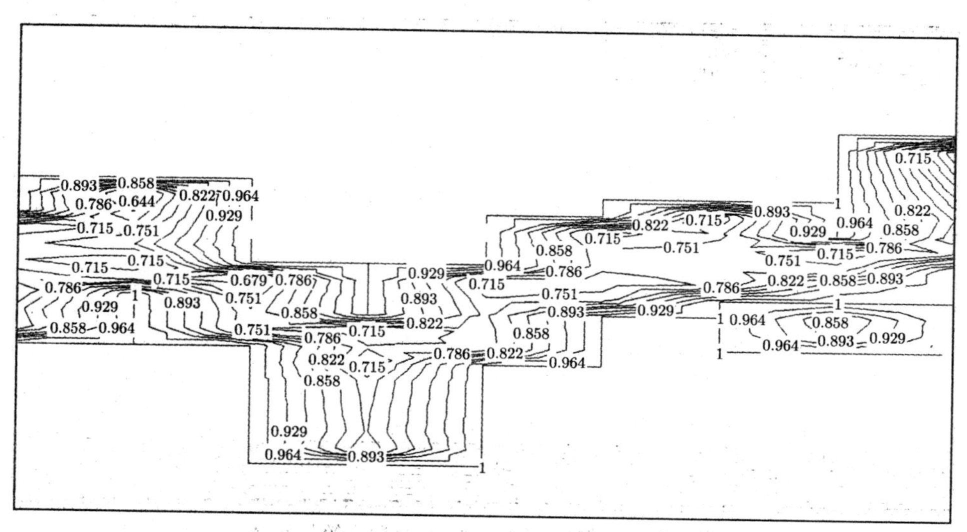

图 2.7.8 东西剖面 $y = 4147110$, 水饱和度等值线图

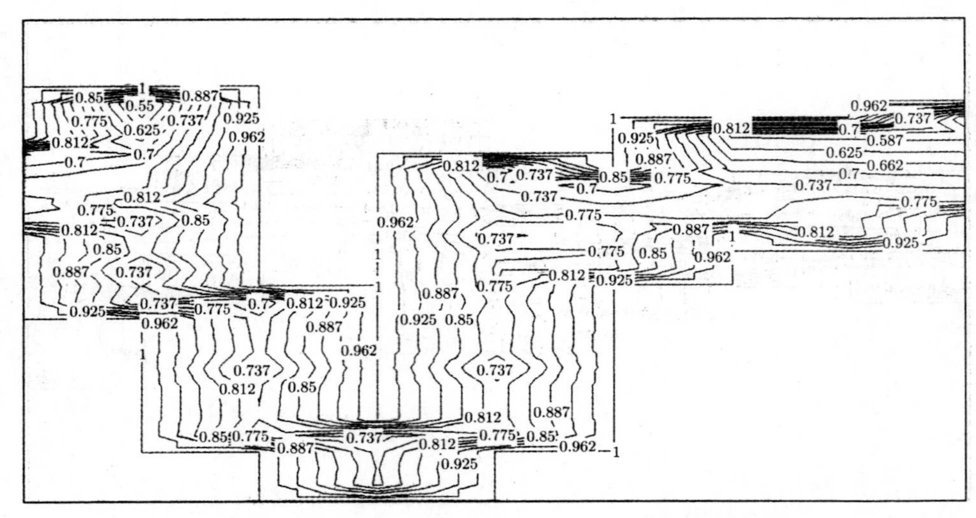

图 2.7.9　东西剖面 $y = 4149110$, 水饱和度等值线图

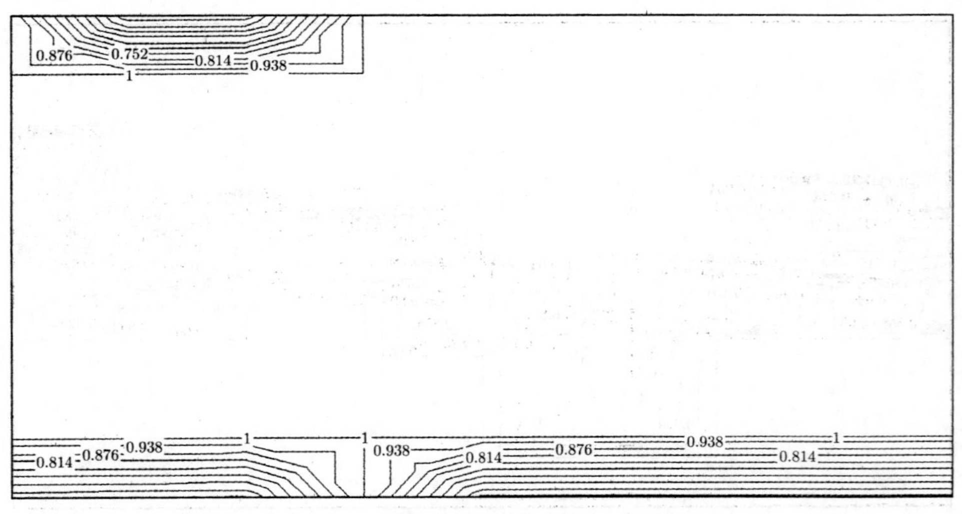

图 2.7.10　横切面 $k = 5$, 水饱和度等值线图

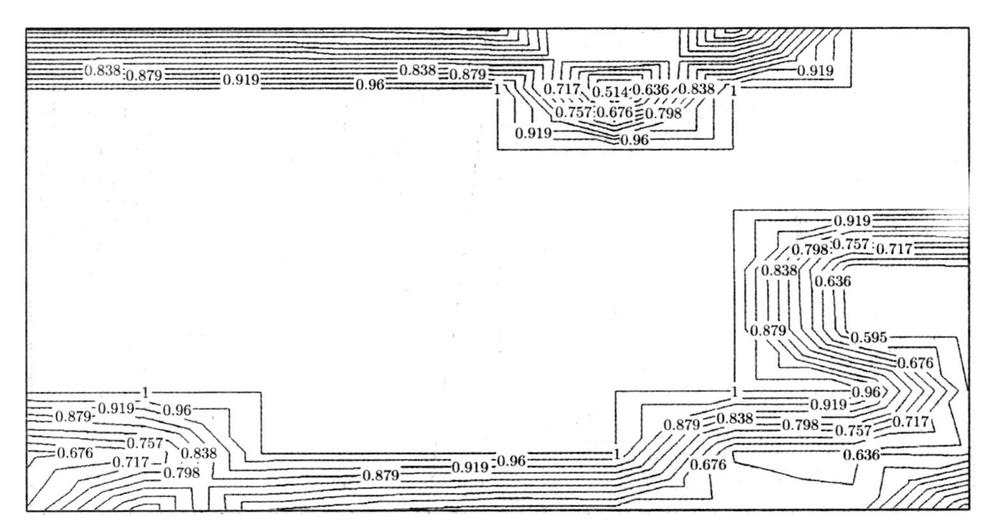

图 2.7.11 横切面 $k=9$, 水饱和度等值线图

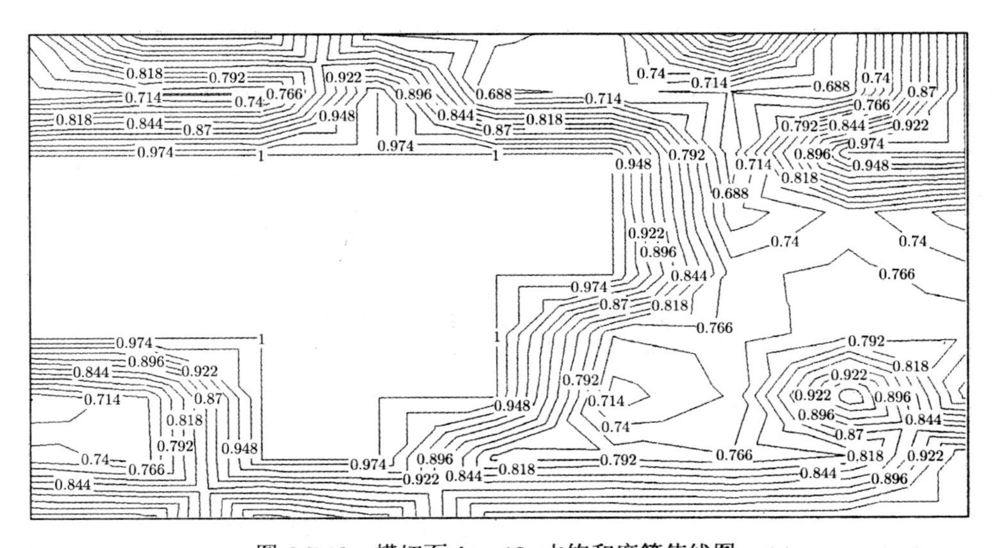

图 2.7.12 横切面 $k=13$, 水饱和度等值线图

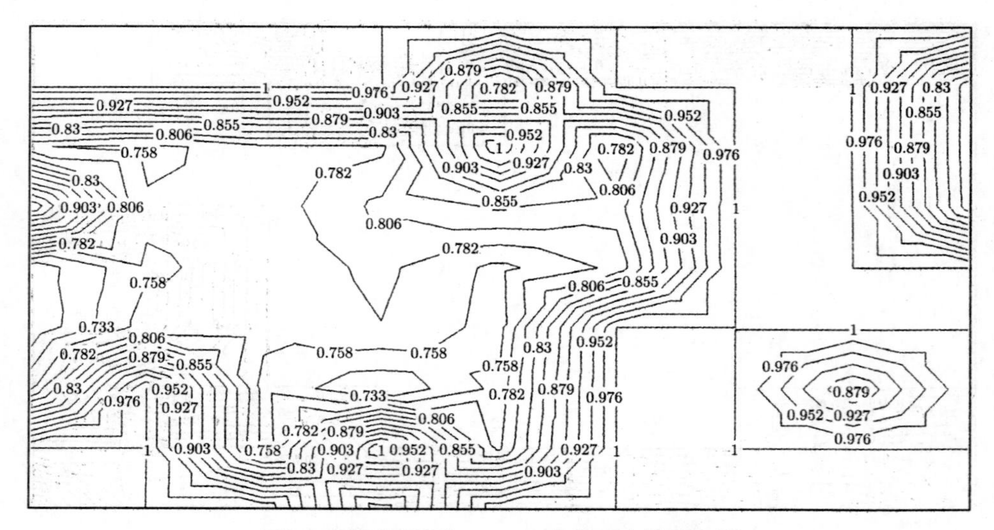

图 2.7.13　横切面 $k = 19$, 水饱和度等值线图

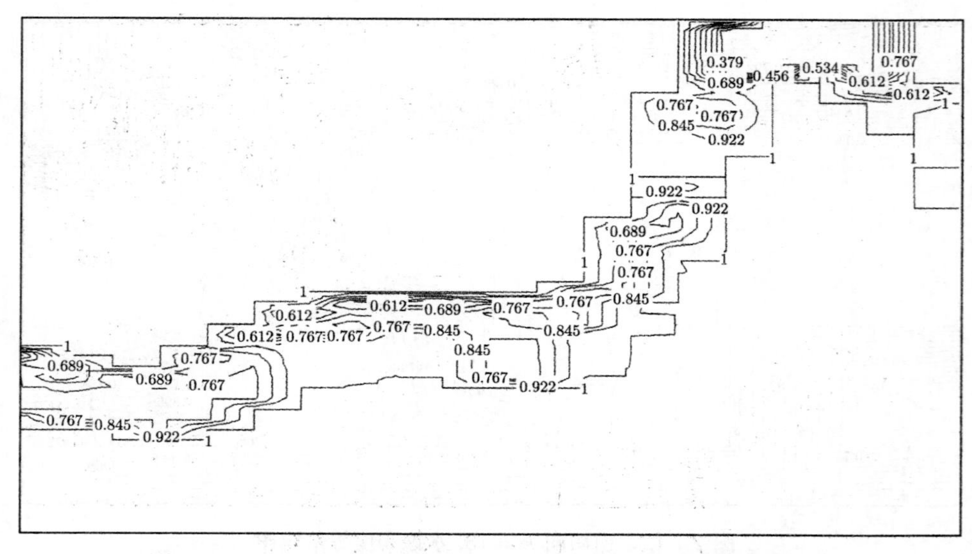

图 2.7.14　$x = 20595246$, $i = 2$, 3-d 南北剖面水饱和度等值线图

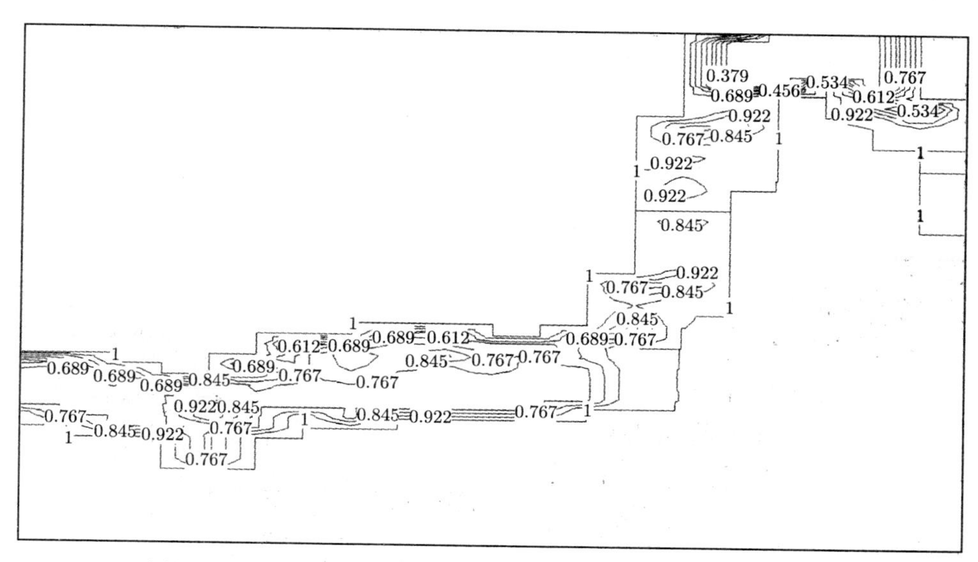

图 2.7.15 $x = 20597246$, $i = 3$, 3-d 南北剖面水饱和度等值线图

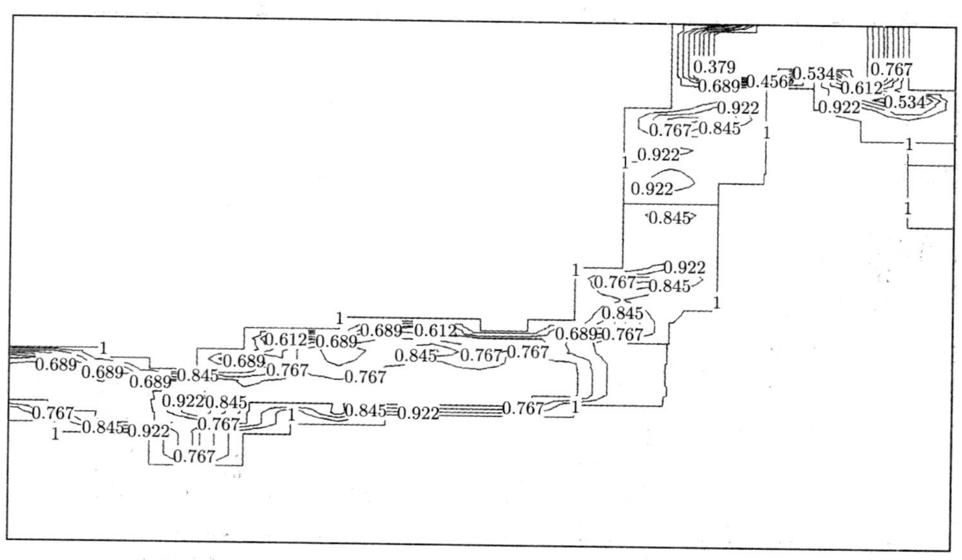

图 2.7.16 $x = 20599246$, $i = 4$, 3-d 南北剖面水饱和度等值线图

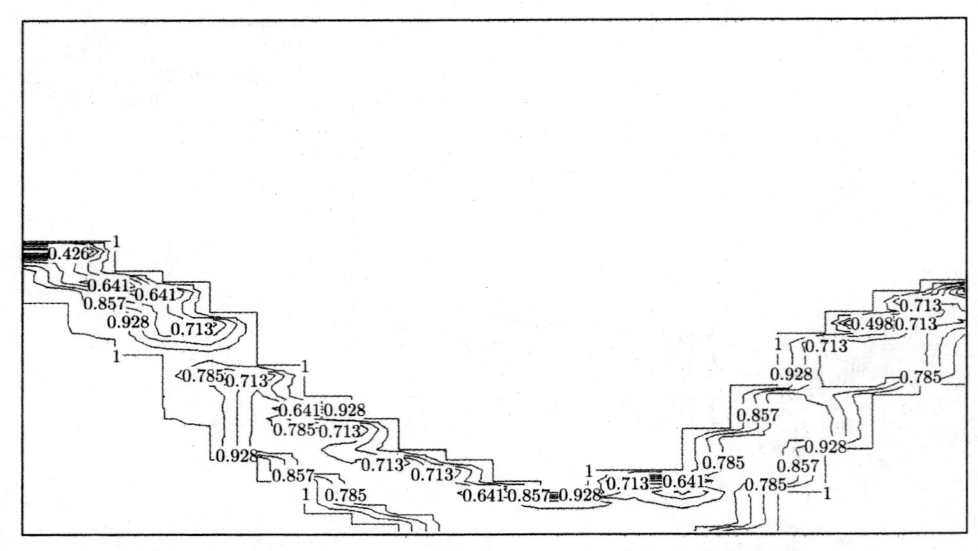

图 2.7.17　$x = 20611246$, $i = 10$, 3-d 南北剖面水饱和度等值线图

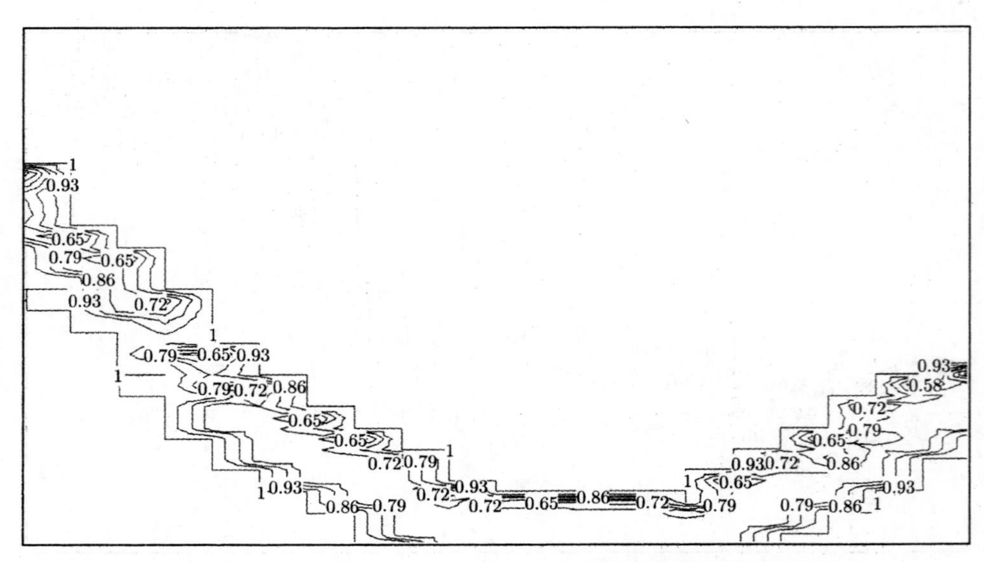

图 2.7.18　$x = 20621246$, $i = 15$, 3-d 南北剖面水饱和度等值线图

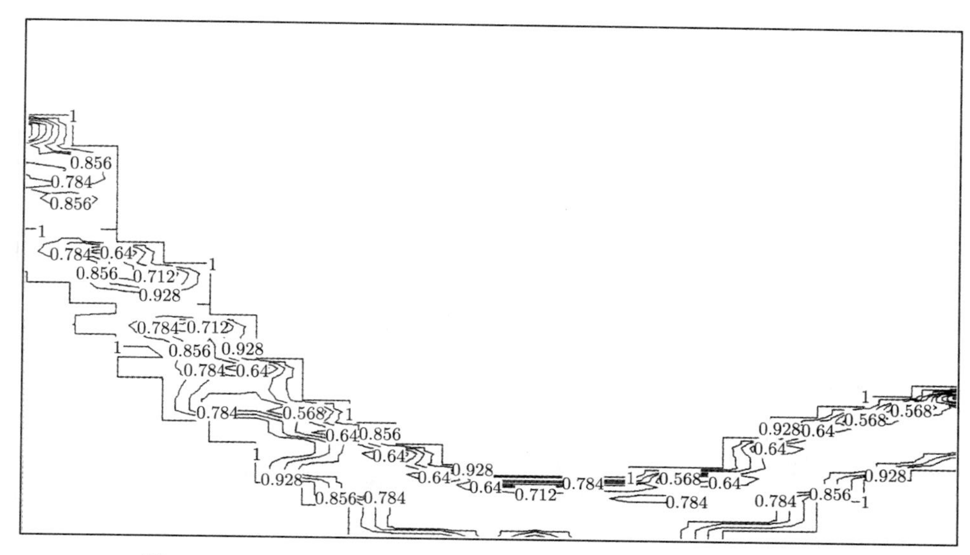

图 2.7.19 $x = 20627246,\ i = 18$, 3-d 南北剖面水饱和度等值线图

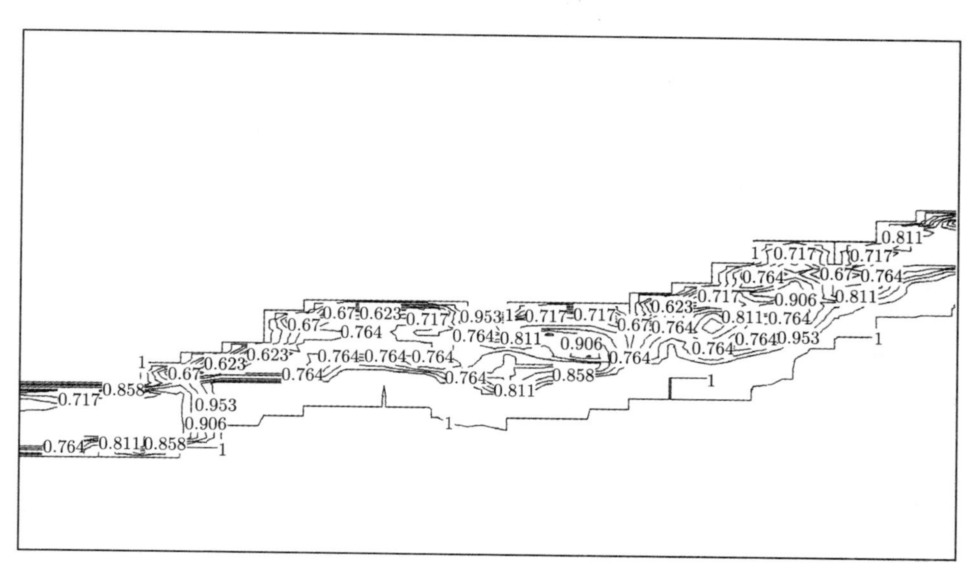

图 2.7.20 $y = 4125110,\ j = 4$, 3-d 东西剖面水饱和度等值线图

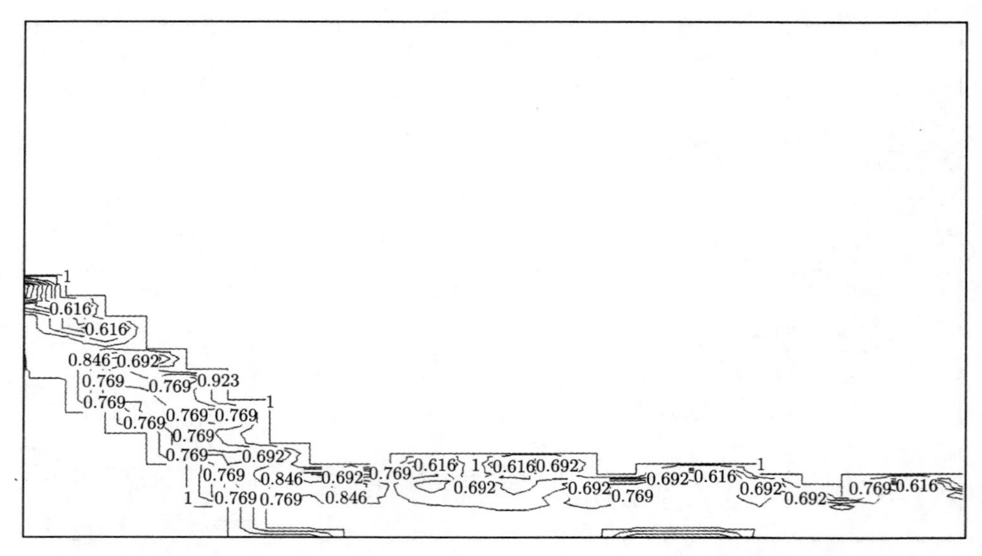

图 2.7.21　$y = 4137110$, $j = 10$, 3-d 东西剖面水饱和度等值线图

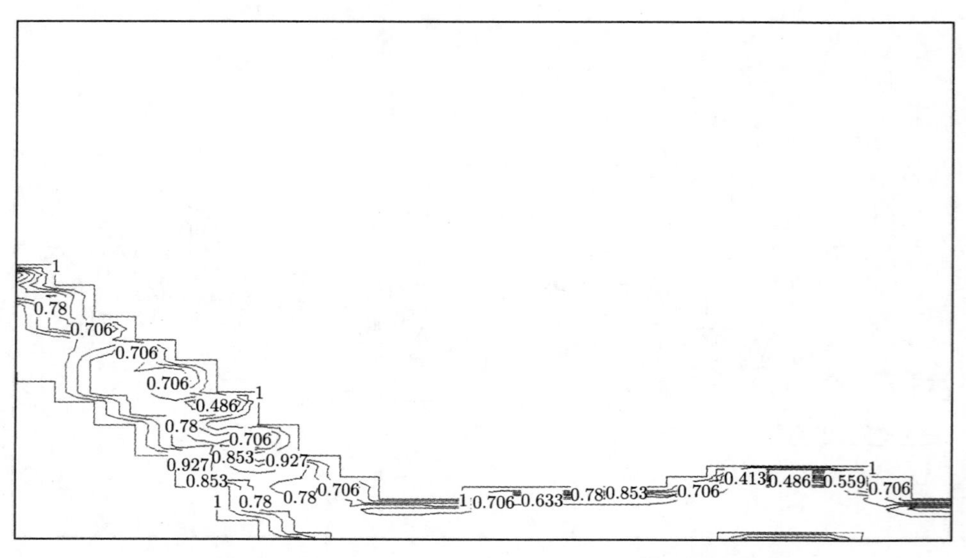

图 2.7.22　$y = 4143110$, $j = 13$, 3-d 东西剖面水饱和度等值线图

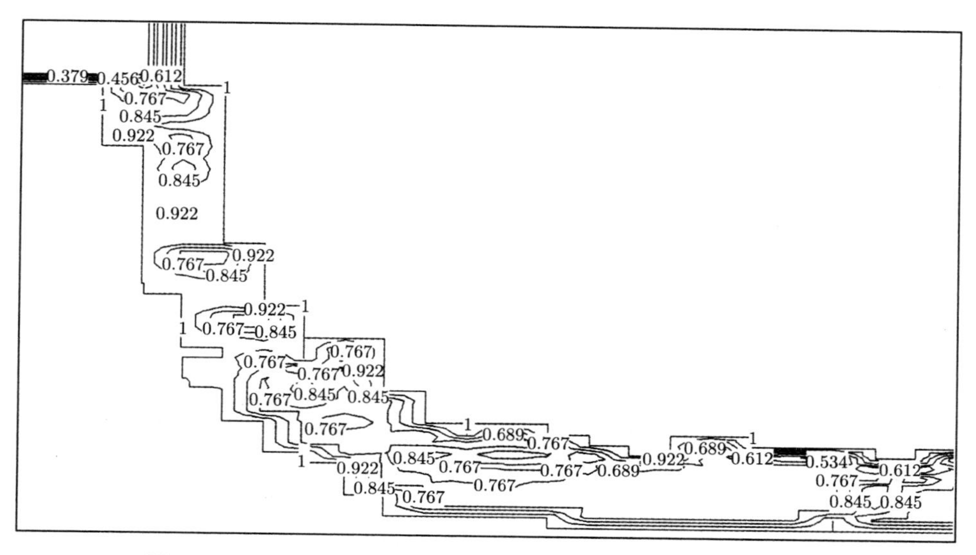

图 2.7.23 $y = 4151110$, $j = 17$, 3-d 东西剖面水饱和度等值线图

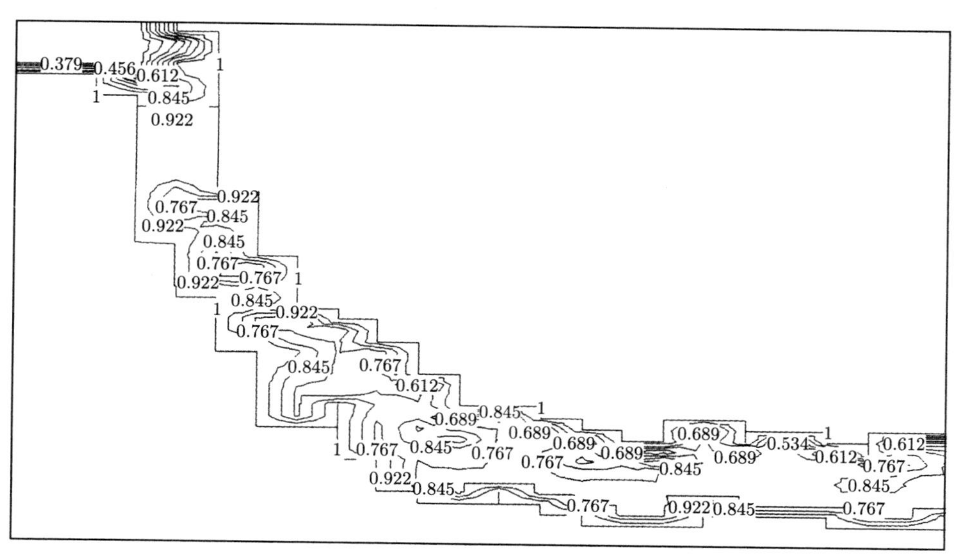

图 2.7.24 $y = 4153110$, $j = 18$, 3-d 东西剖面水饱和度等值线图

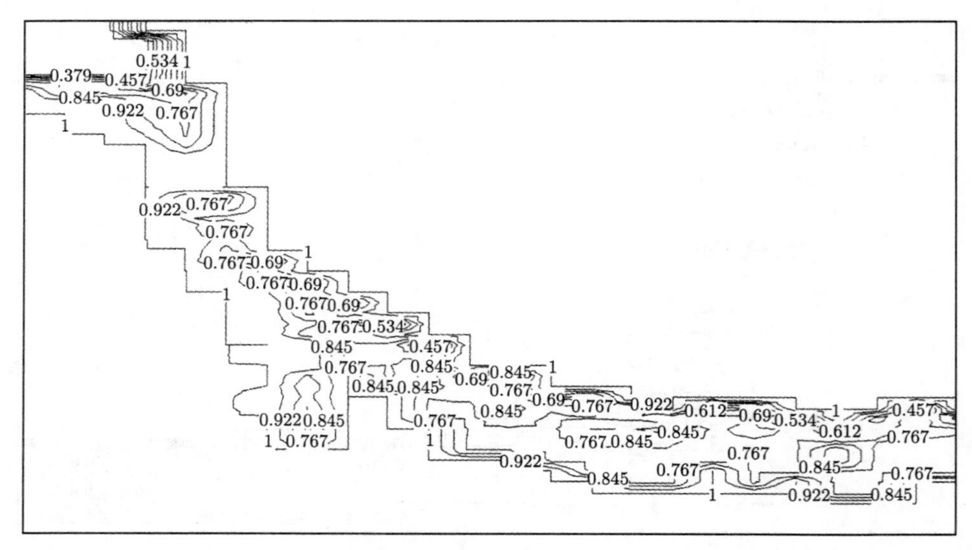

图 2.7.25　$y = 4155110$, $j = 19$, 3-d 东西剖面水饱和度等值线图

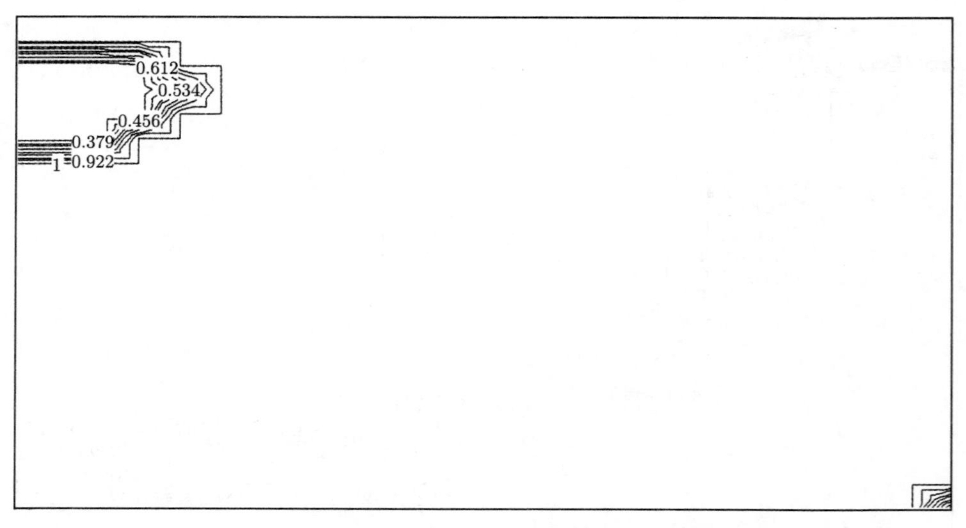

图 2.7.26　$k = 3$, 3-d 水平横切面水饱和度等值线图

图 2.7.27 $k = 6$, 3-d 水平横切水饱和度等值线图

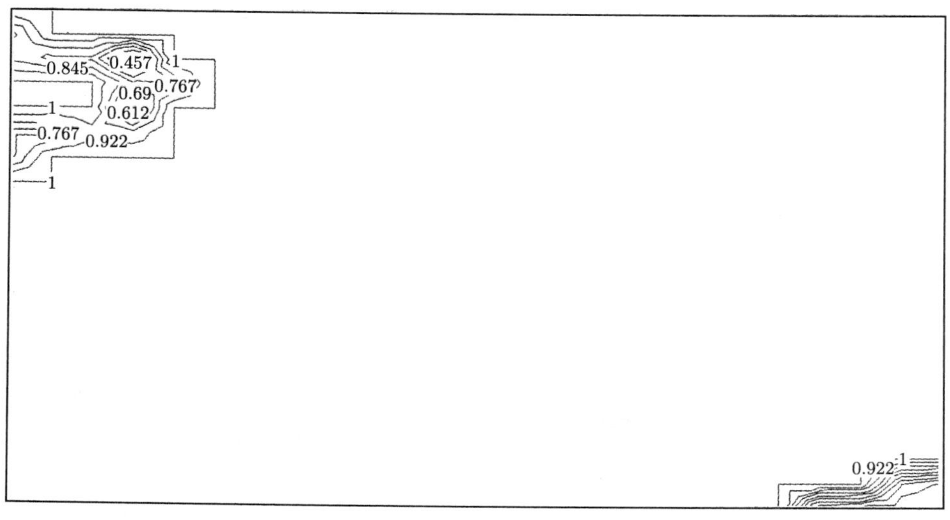

图 2.7.28 $k = 7$, 3-d 水平横切面水饱和度等值线图

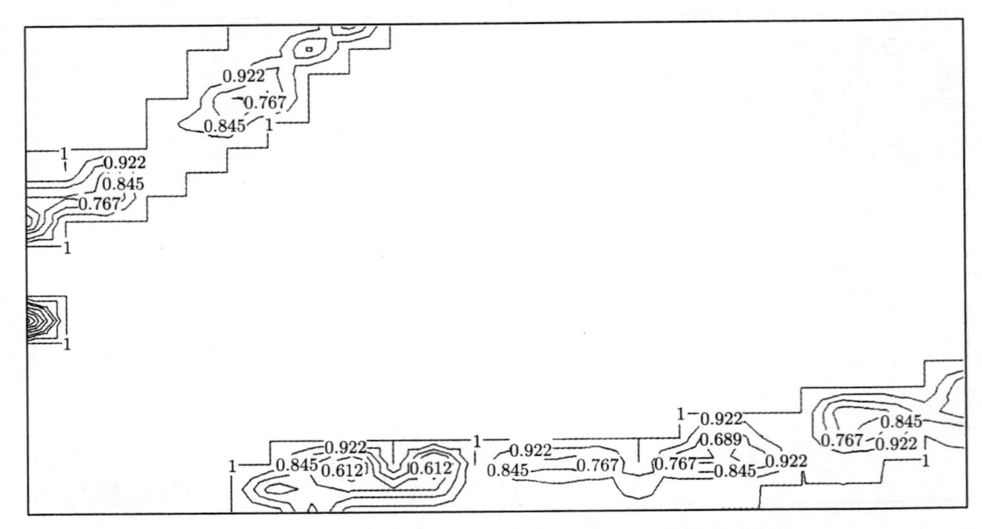

图 2.7.29　$k = 25$, 3-d 水平横切面水饱和度等值线图

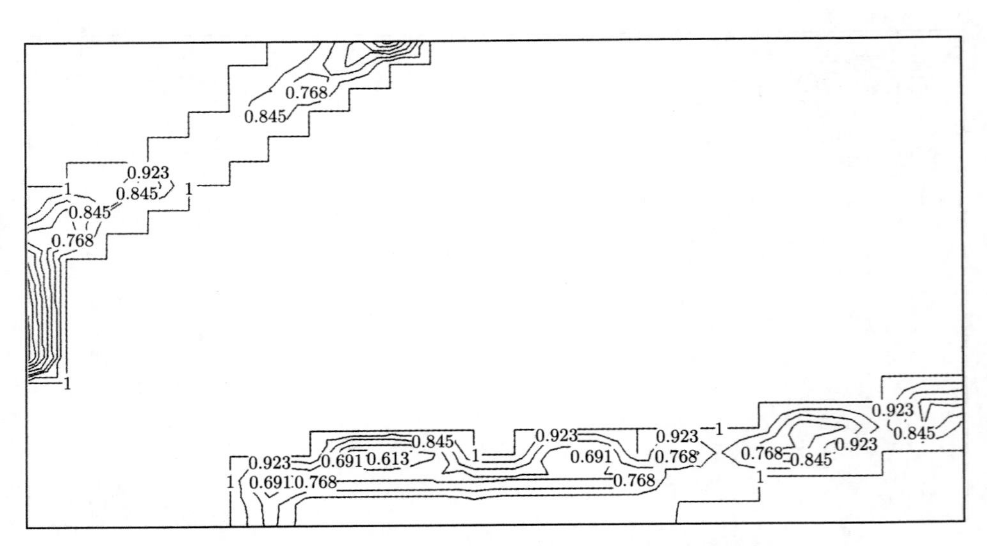

图 2.7.30　$k = 27$, 3-d 水平横切面水饱和度等值线图

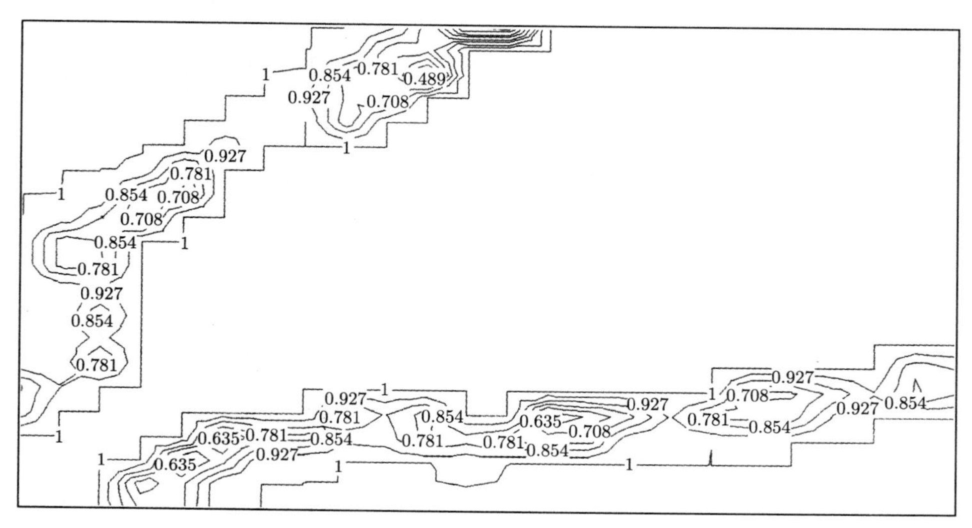

图 2.7.31 $k = 32$, 3-d 水平横切面水饱和度等值线图

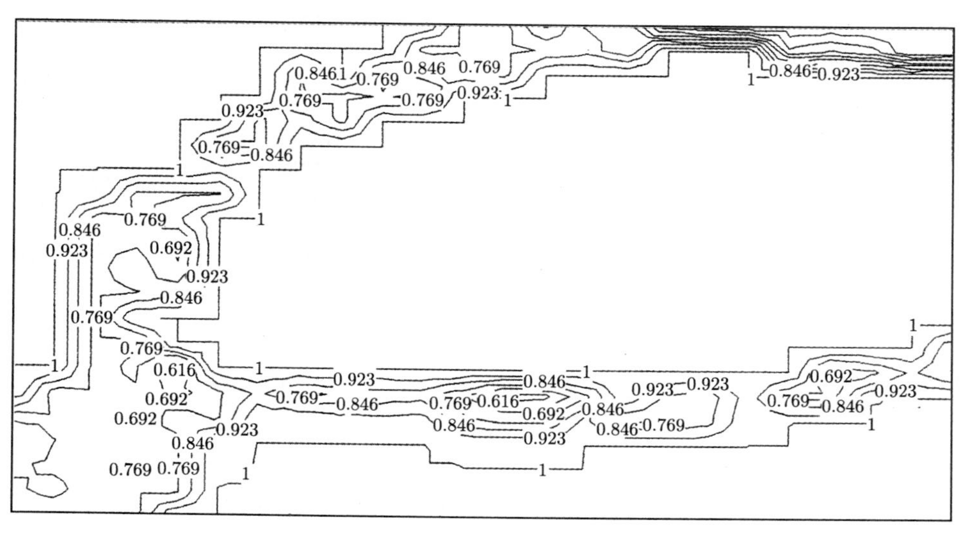

图 2.7.32 $k = 36$, 3-d 水平横切面水饱和度等值线图

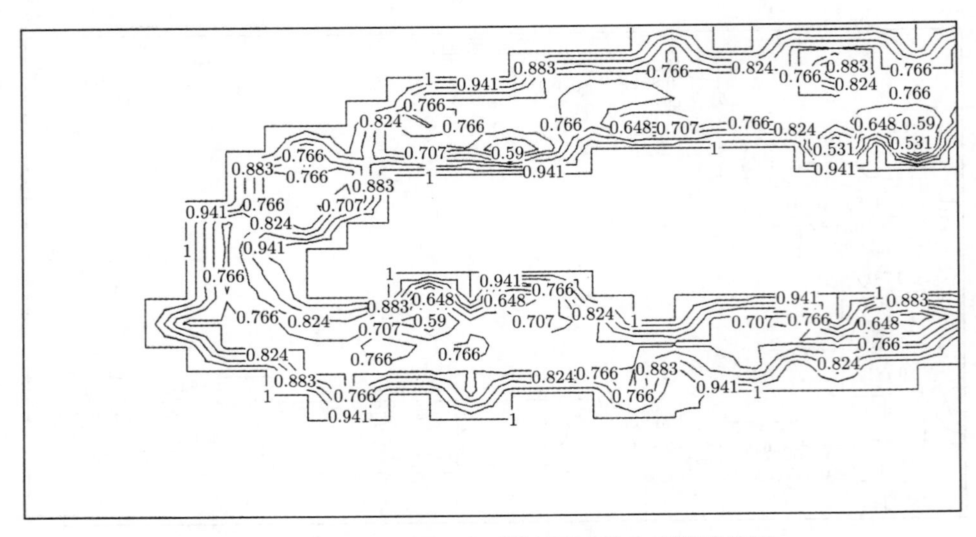

图 2.7.33　$k = 43$, 3-d 水平横切面水饱和度等值线图

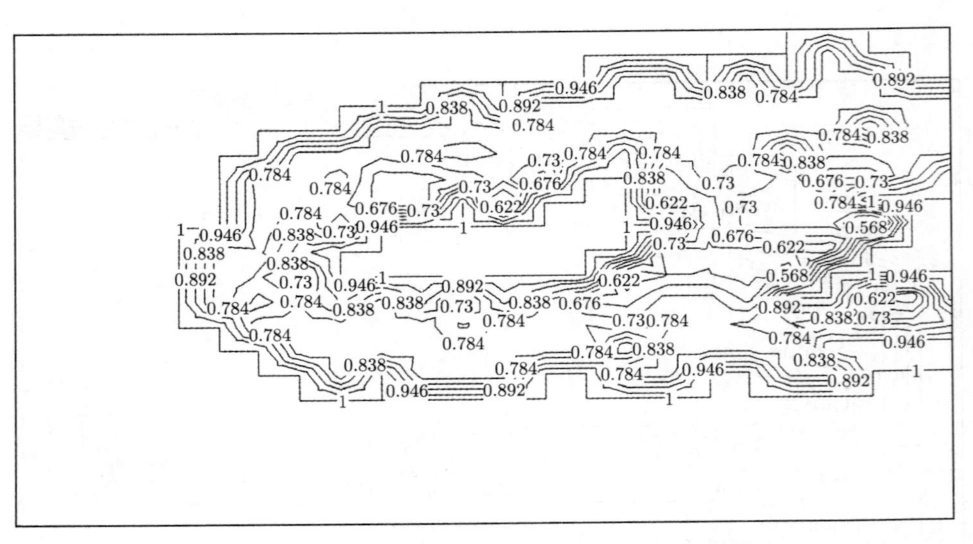

图 2.7.34　$k = 45$, 3-d 水平横切面水饱和度等值线图

2.7.2　沙四上局部区域运移聚集三维数值模拟

研究区域 (大地坐标)(m)：$x : 20622246 \sim 20646246$; $y : 4140110 \sim 4160110$.

横向尺度：24000m×20000m; 垂向跨度：556.20m.

模拟总时间：3250 万年; 时间步长：100 年; 空间网格：12×10×70.

图 2.7.35~ 图 2.7.49 给出了 3250 万年数值模拟的最终结果. 用南北方向、东

西方向的纵剖面和水平横切面上水饱和度分布等值线表示.

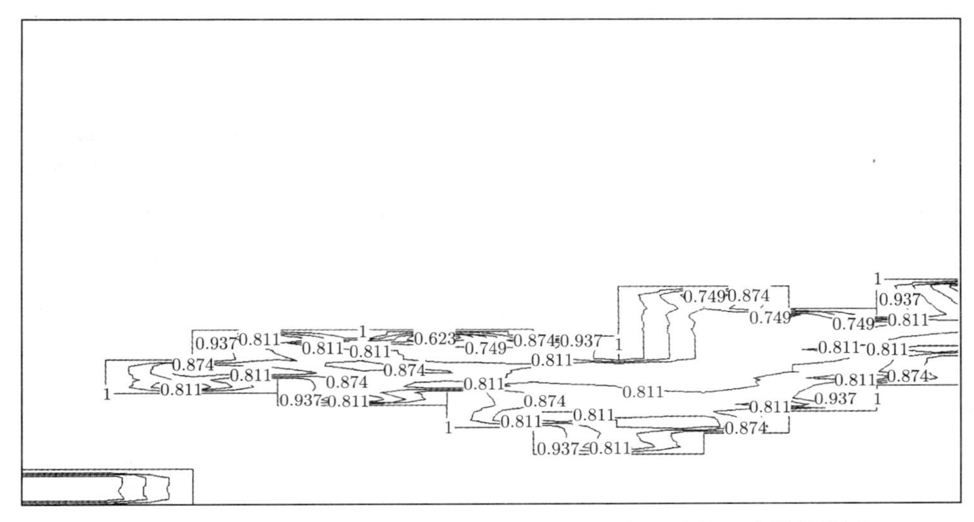

图 2.7.35 $y = 4143110$, $j = 2$, 沙四上 3-d 东西剖面水饱和度等值线图

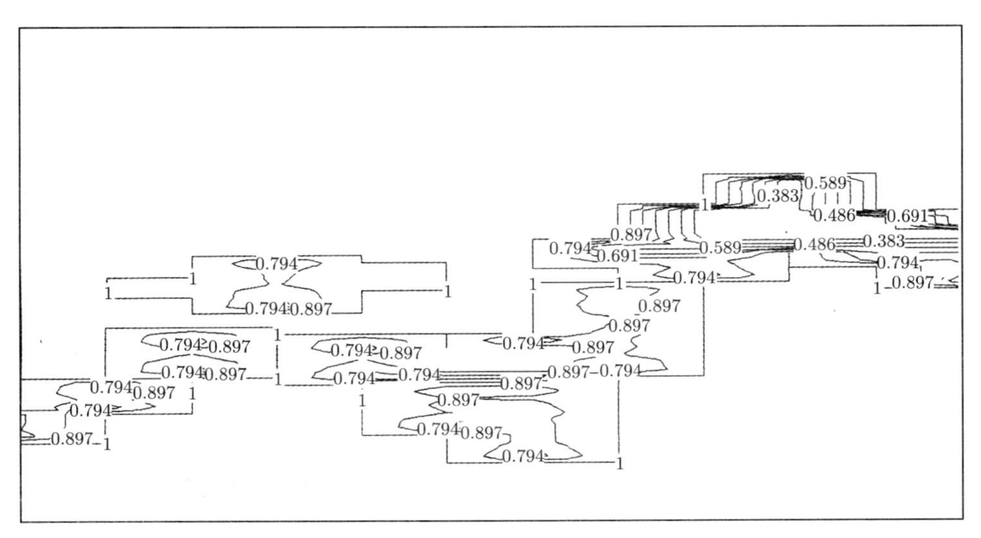

图 2.7.36 $y = 4147110$, $j = 4$, 沙四上 3-d 东西剖面水饱和度等值线图

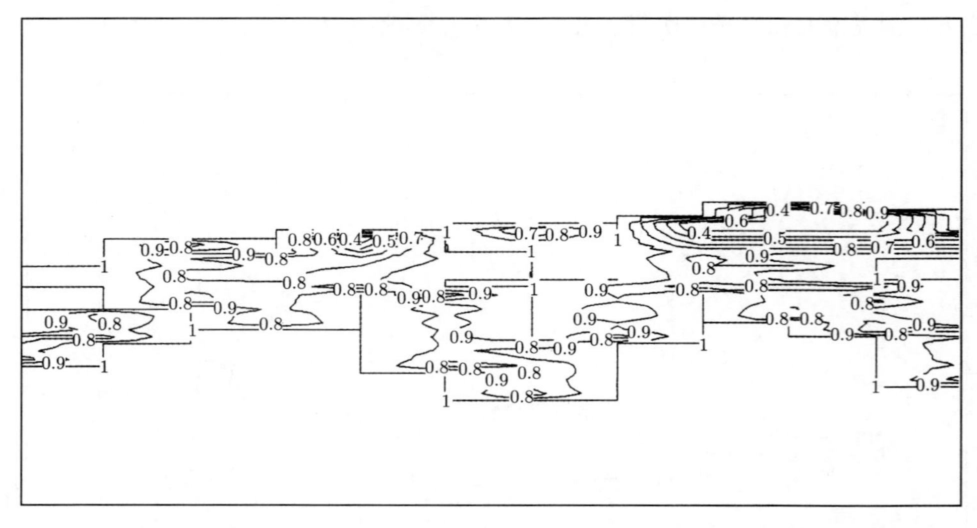

图 2.7.37 $y = 4149110$, $j = 5$, 沙四上 3-d 东西剖面水饱和度等值线图

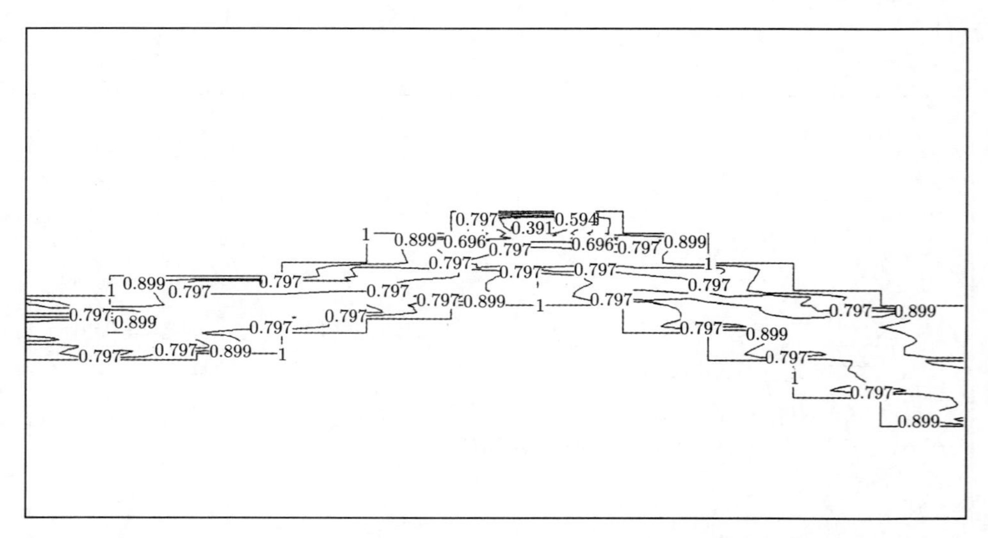

图 2.7.38 $y = 4151110$, $j = 6$, 沙四上 3-d 东西剖面水饱和度等值线图

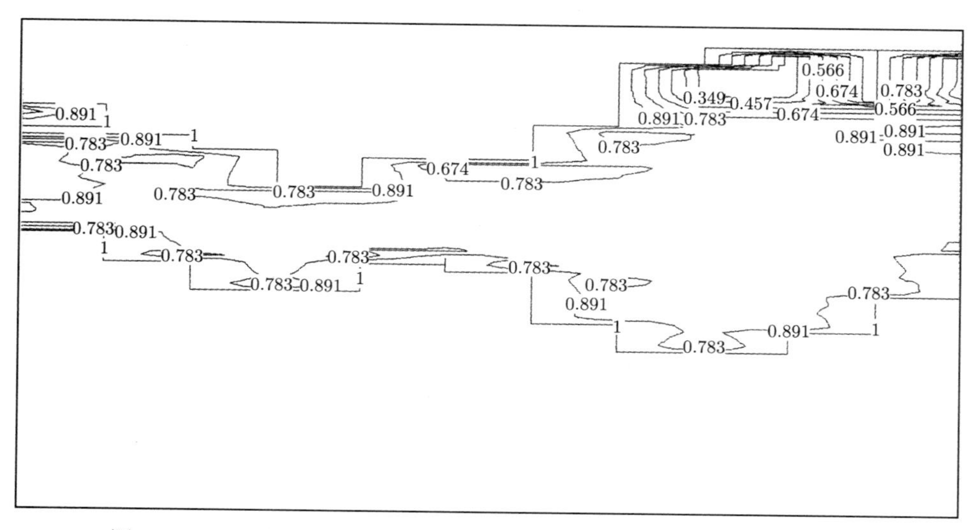

图 2.7.39 $y = 4157110$, $j = 9$, 沙四上 3-d 东西剖面水饱和度等值线图

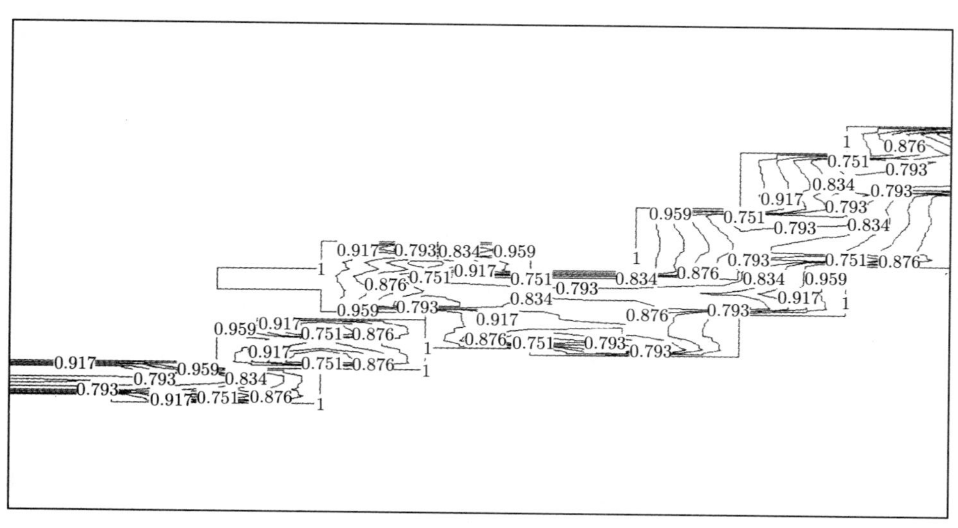

图 2.7.40 $x = 20627246$, $i = 3$, 沙四上 3-d 南北剖面水饱和度等值线图

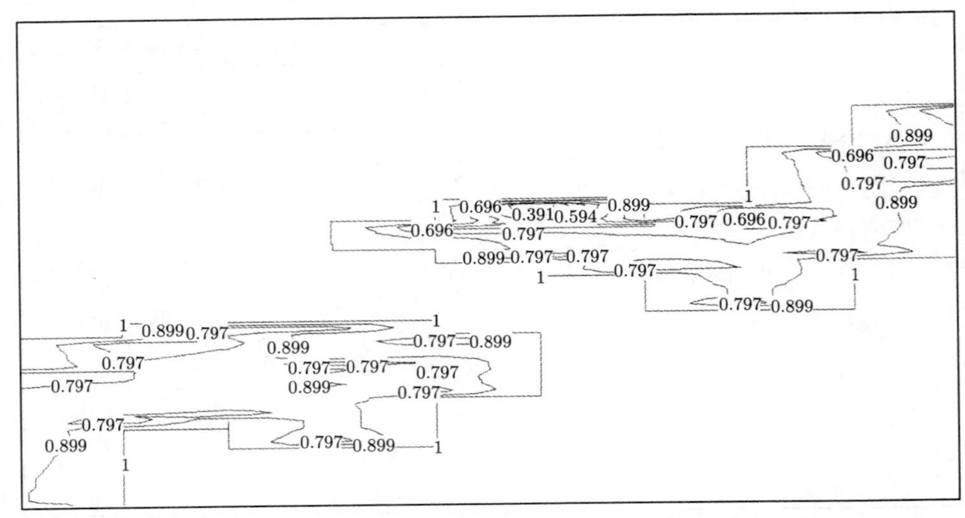

图 2.7.41 $x = 20635246$, $i = 7$, 沙四上 3-d 南北剖面水饱和度等值线图

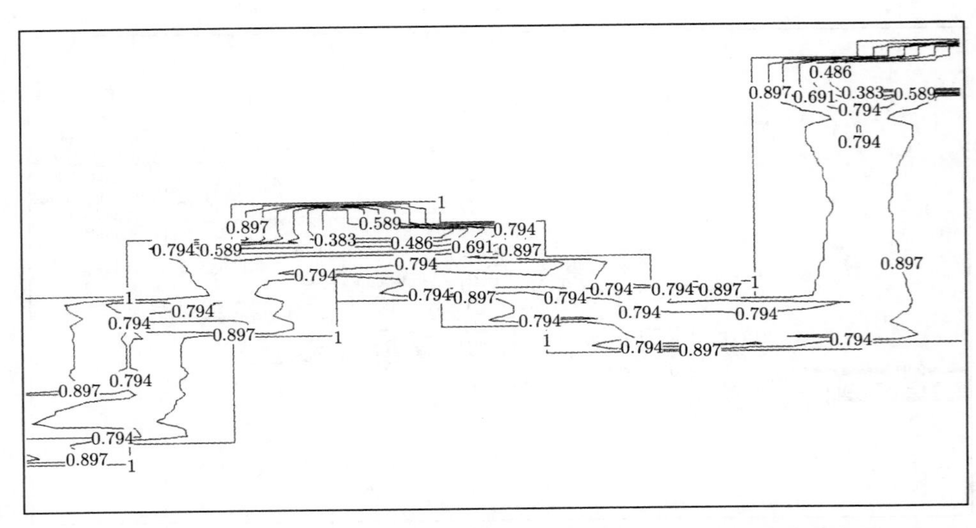

图 2.7.42 $x = 20639246$, $i = 9$, 沙四上 3-d 南北剖面水饱和度等值线图

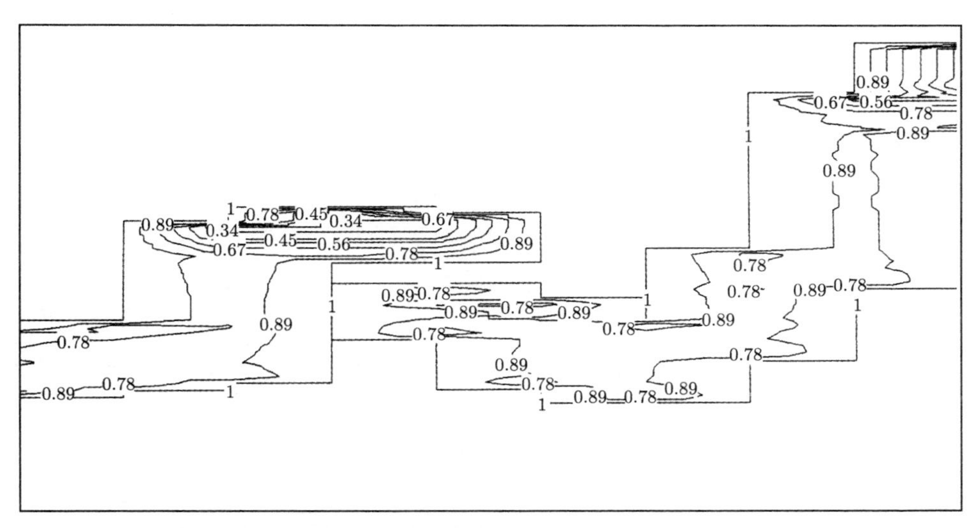

图 2.7.43　$x = 20643246$, $i = 11$, 沙四上 3-d 南北剖面水饱和度等值线图

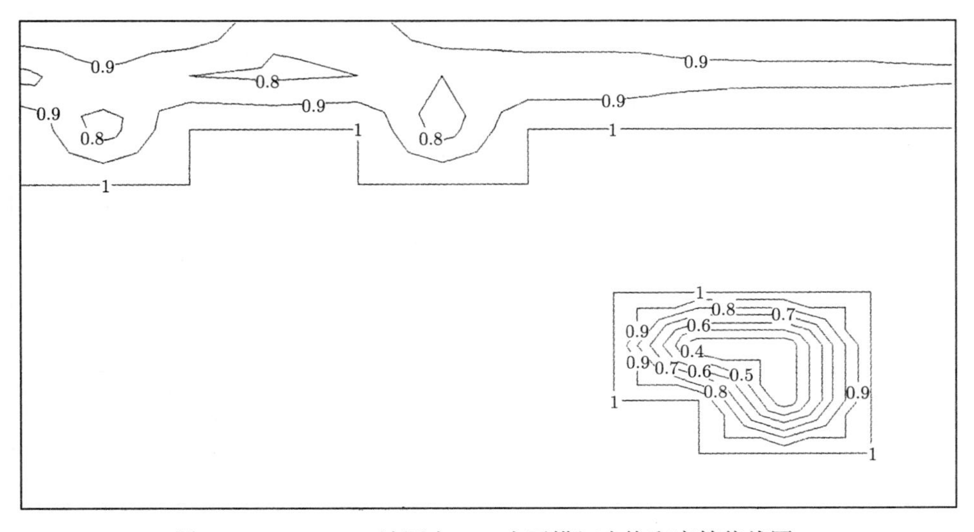

图 2.7.44　$k = 27$, 沙四上 3-d 水平横切水饱和度等值线图

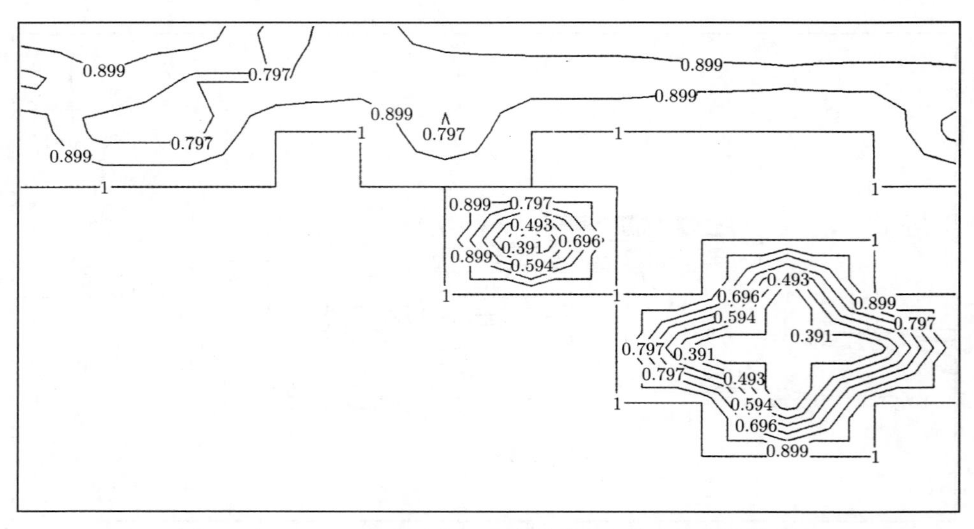

图 2.7.45　$k = 28$, 沙四上 3-d 水平横切水饱和度等值线图

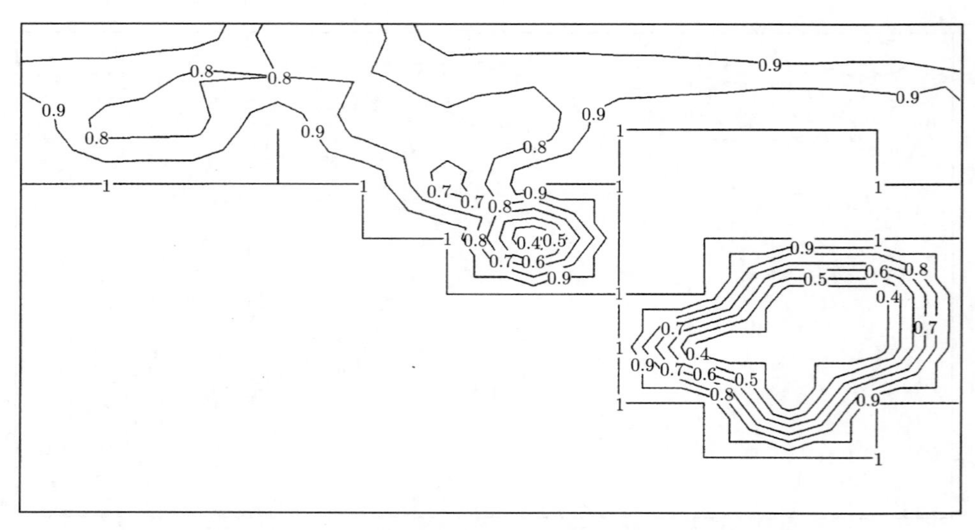

图 2.7.46　$k = 29$, 沙四上 3-d 水平横切水饱和度等值线图

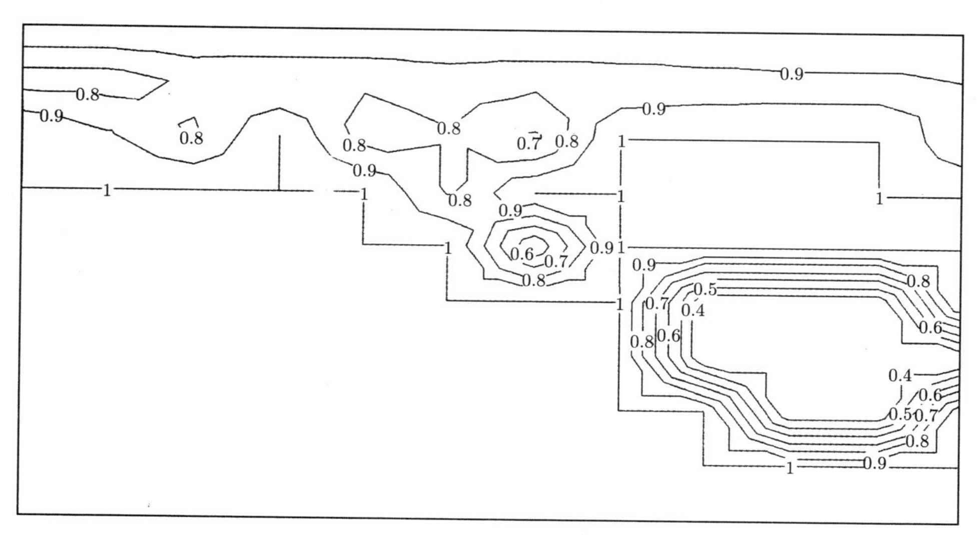

图 2.7.47　$k = 30$, 沙四上 3-d 水平横切水饱和度等值线图

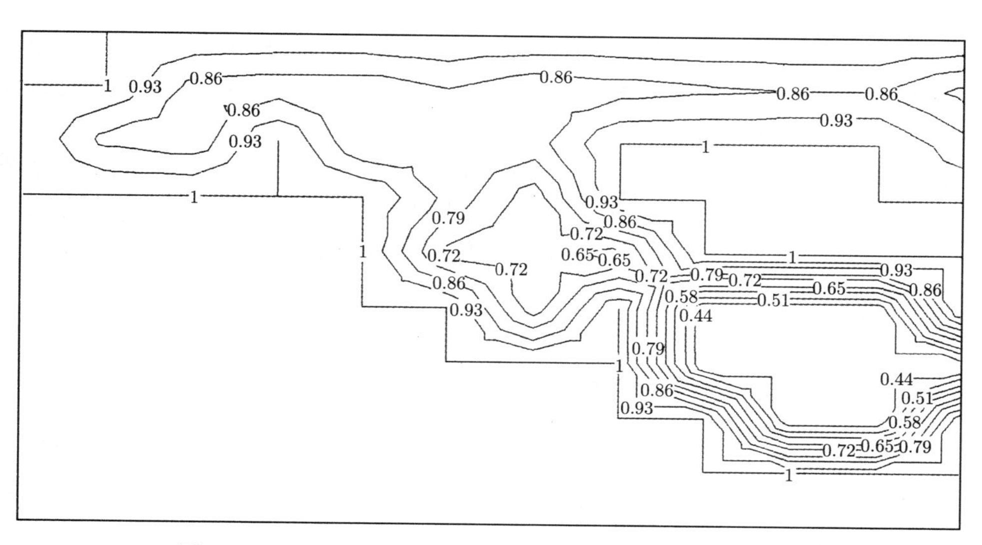

图 2.7.48　$k = 31$, 沙四上 3-d 水平横切水饱和度等值线图

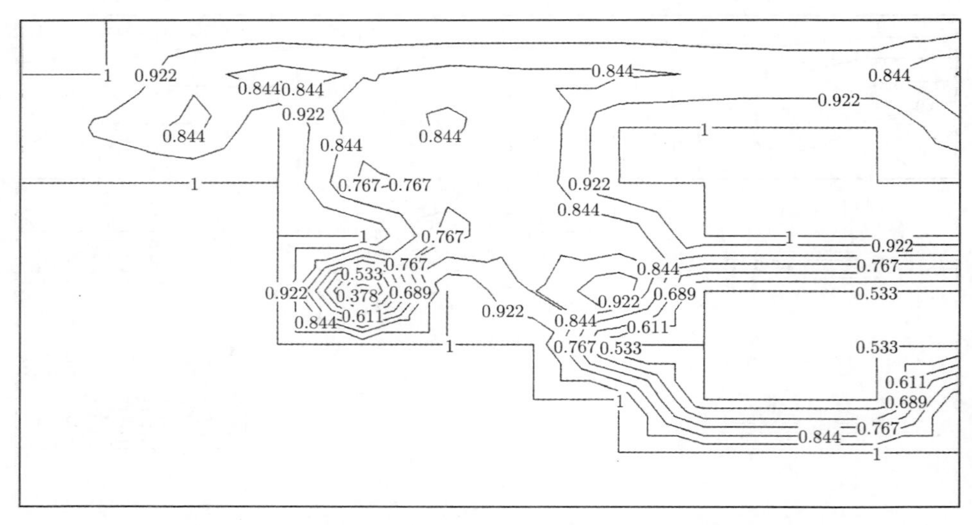

图 2.7.49　$k = 32$, 沙四上 3-d 水平横切水饱和度等值线图

2.7.3　沙四上运移聚集整体三维数值模拟

我们选择整个东营凹陷沙四上进行二次运移聚集三维数值模拟. 第一, 模拟区域面积大, 为 142km×84km; 第二, 从 “三维盆地模拟系统” 提供的成果文件可以发现, 沙四上的生排烃强度较大; 第三, 运移聚集时间长达三千多万年. 因此, 选择东营凹陷沙四上进行二次运移聚集三维数值模拟是合适的, 另一方面可以考察该系统在长达数千万年的模拟过程中的稳定性, 数值模拟的最终结果将为石油地质专家对这一区段含油潜力及分布情况进行合理评价提供重要依据.

东西向大地坐标从 20552246m 至 20694246m.

南北向大地坐标从 4090110m 至 4174110m.

水平网格数 71×42, 将沙四上砂层沿地层走向分成五层, 自上而下排序.

网格步长 $\Delta x = 2000\text{m}, \Delta y = 2000\text{m}, \Delta z = 100\text{m}$.

为使计算适应各地质年代排烃排液量的差异并保持稳定, 我们采取了变时间步长技术, 即在模拟过程中, 允许随时改变或调整时间步长. 本模拟实例中, 我们选取的时间步长在 200 年到 1000 年之间.

有关沙四上砂顶深、顶埋深、砂层厚度、孔隙度、渗透率、排烃量、排液量等参数具体见图 2.5.45～ 图 2.5.52, 这里我们将给出模拟了 3050 万年和 3250 万年沙四上砂层各层面上水饱和度等值线图 (图 2.7.50～ 图 2.7.59) 和 3250 万年储油强度等值线图 (图 2.7.60).

模拟结果表明:

(1) 系统的三维数值模拟过程可再现油水在真实的三维空间中的二次运移聚集

的演化过程, 模拟结果符合油水运移聚集的渗流物理力学特征, 油聚集到一定饱和度后, 在油位势水位势综合作用下, 油在三维空间中从高位势向低位势方向运移, 在油的局部低位势区, 油发生聚集, 并可能成藏, 时间越长, 排烃量越大, 聚集的油越多, 最后聚集的油位势相对低的区域以至成藏.

(2) 模拟结果与东营凹陷的实际油田分布情况对比, 模拟结果成藏位置与在实际油田的位置基本吻合, 在储油强度方面, 与准三维问题数值模拟的相应的结果基本一致.

(3) 数千万年的超长时间的成功数值模拟说明我们的数值模拟方法是强稳定的、高效率的、高精度的.

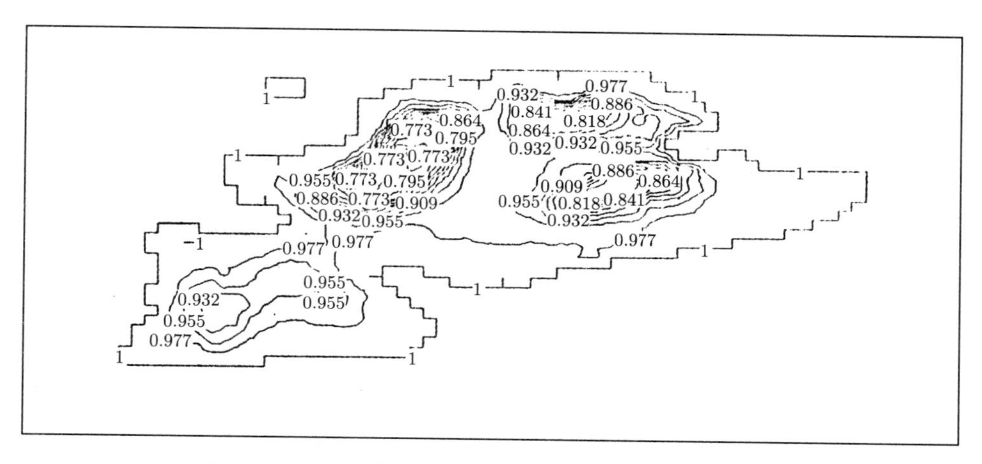

图 2.7.50　沙四上 3050 万年第一层水饱和度等值线图

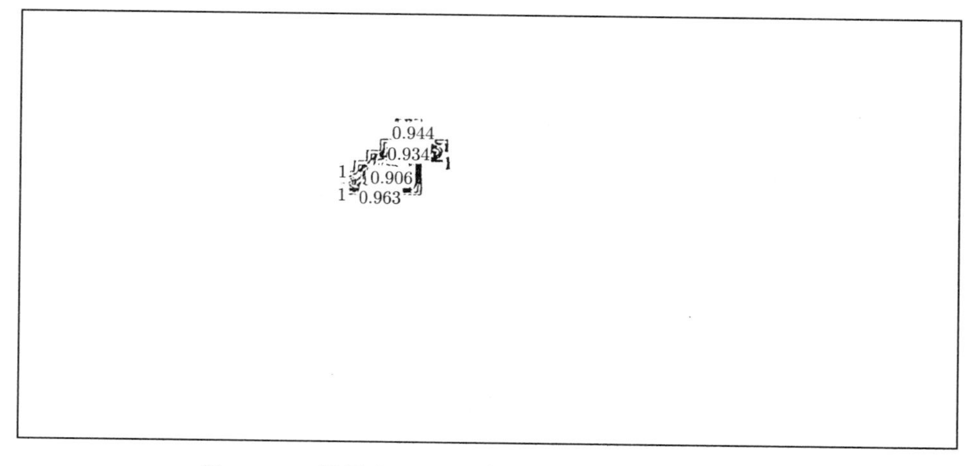

图 2.7.51　沙四上 3050 万年第二层水饱和度等值线图

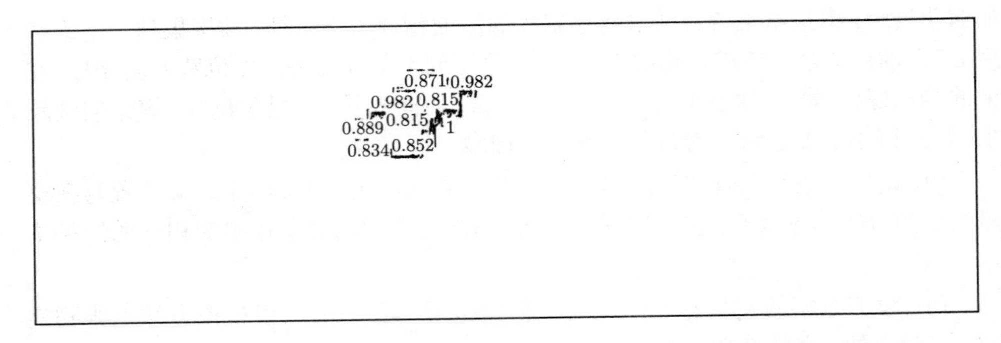

图 2.7.52　沙四上 3050 万年第三层水饱和度等值线图

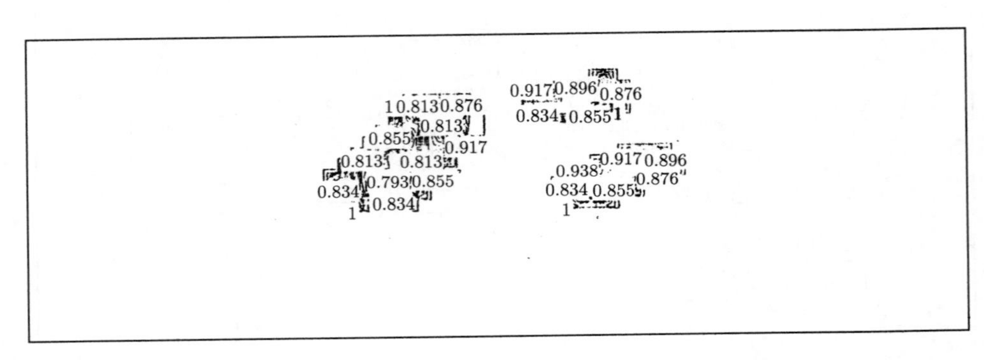

图 2.7.53　沙四上 3050 万年第四层水饱和度等值线图

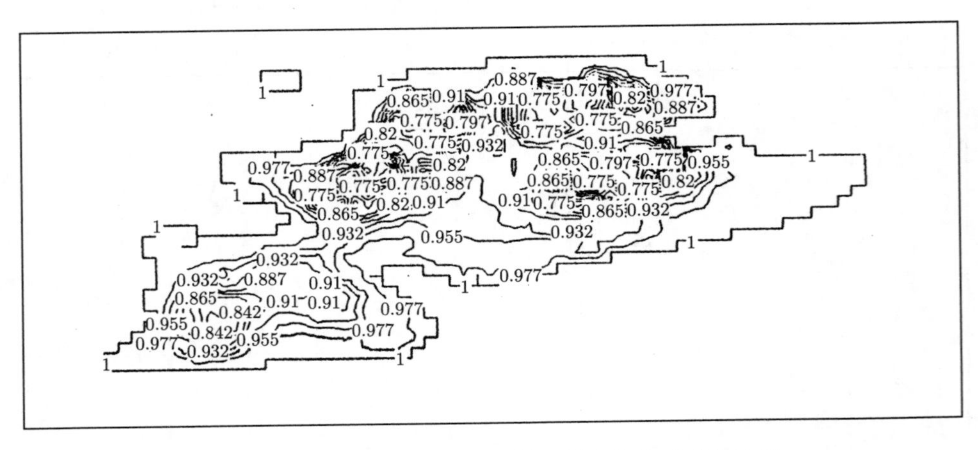

图 2.7.54　沙四上 3050 万年第五层水饱和度等值线图

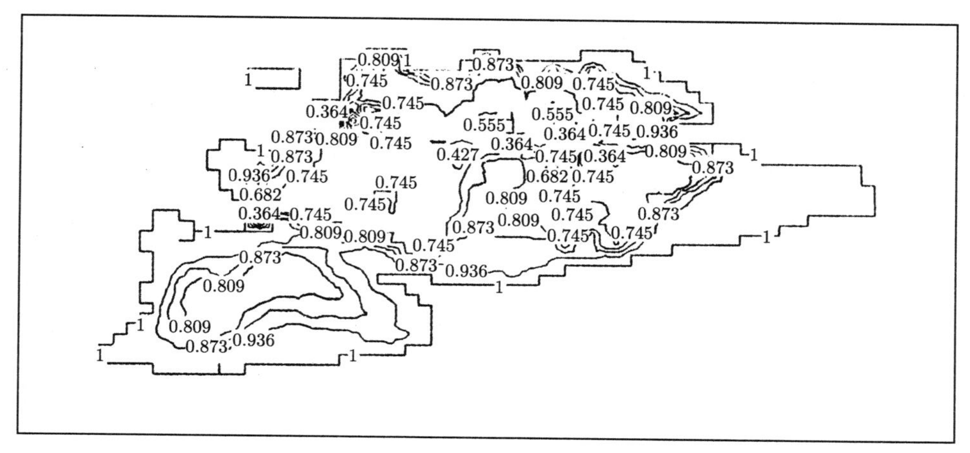

图 2.7.55 沙四上 3250 万年第一层水饱和度等值线图

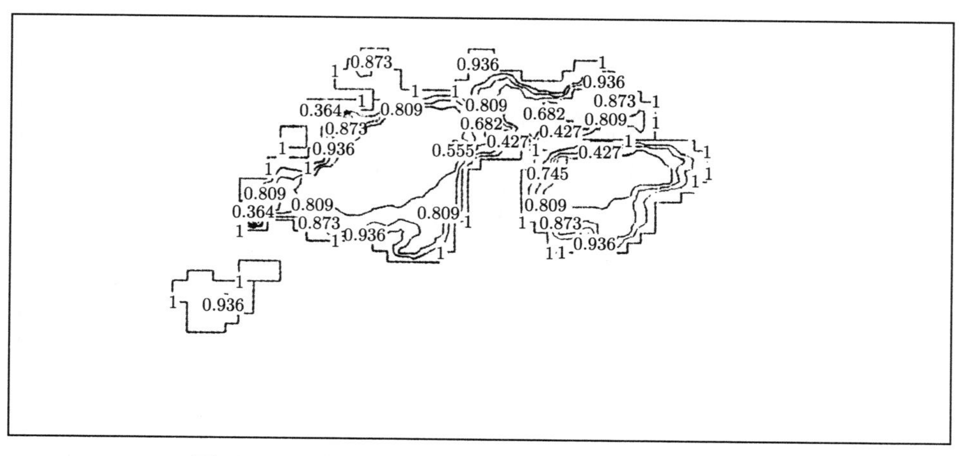

图 2.7.56 沙四上 3250 万年第二层水饱和度等值线图

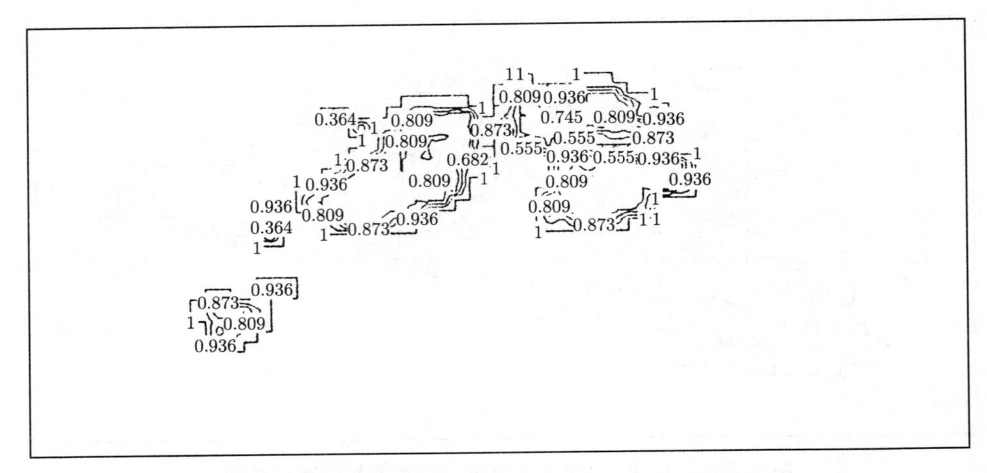

图 2.7.57　沙四上 3250 万年第三层水饱和度等值线图

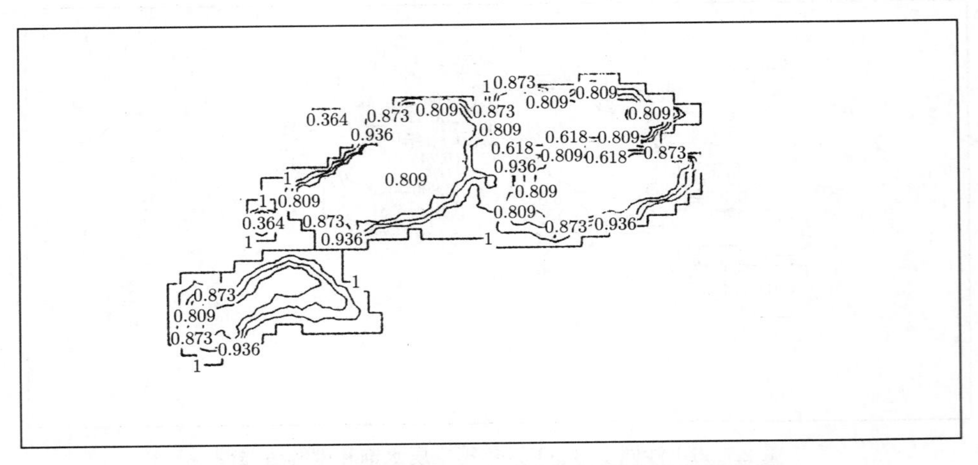

图 2.7.58　沙四上 3250 万年第四层水饱和度等值线图

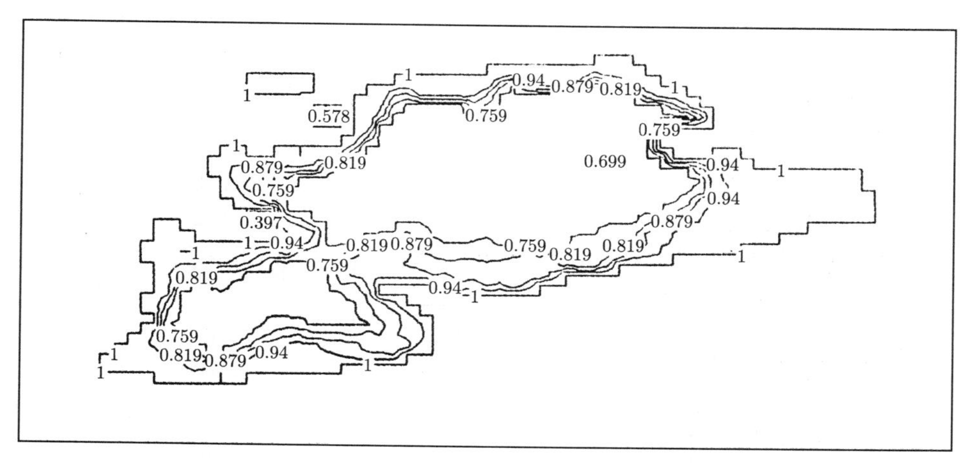

图 2.7.59 沙四上 3250 万年第五层水饱和度等值线图

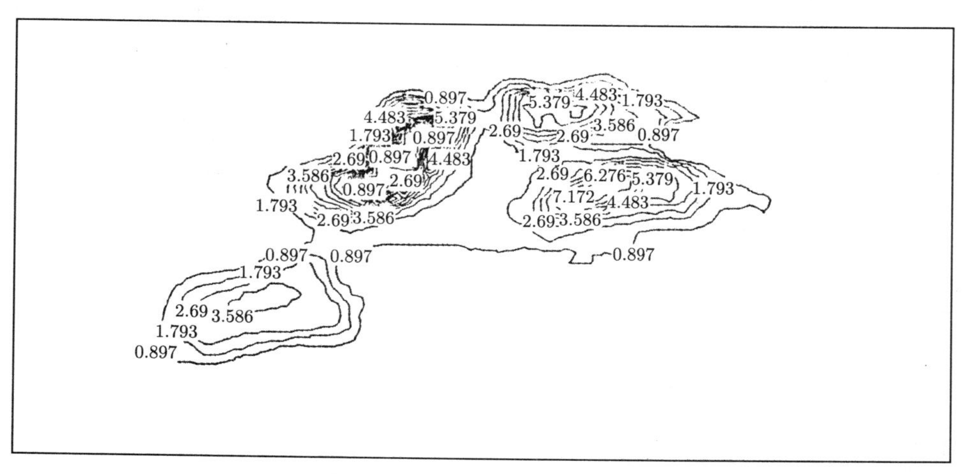

图 2.7.60 沙四上 3250 万年储油强度等值线图

2.8 二次运移定量数值模拟系统的模块结构

2.8.1 程序总框图

图 2.8.1 列出运移聚集数值模拟系统程序总框图.

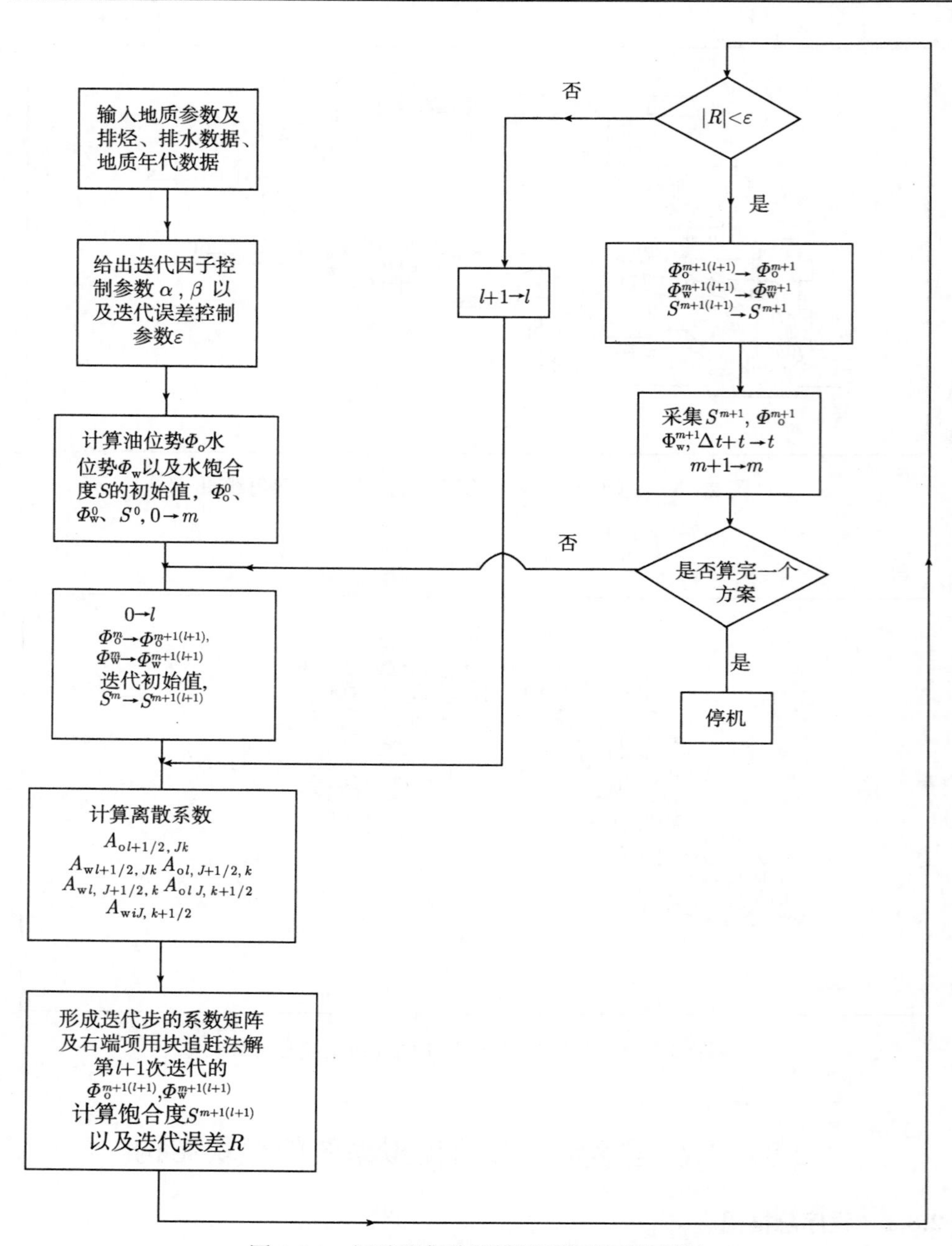

图 2.8.1　运移聚集数值模拟系统程序总框图

2.8.2 模块结构

图 2.8.2 列出二次运移定量模拟模块结构图.

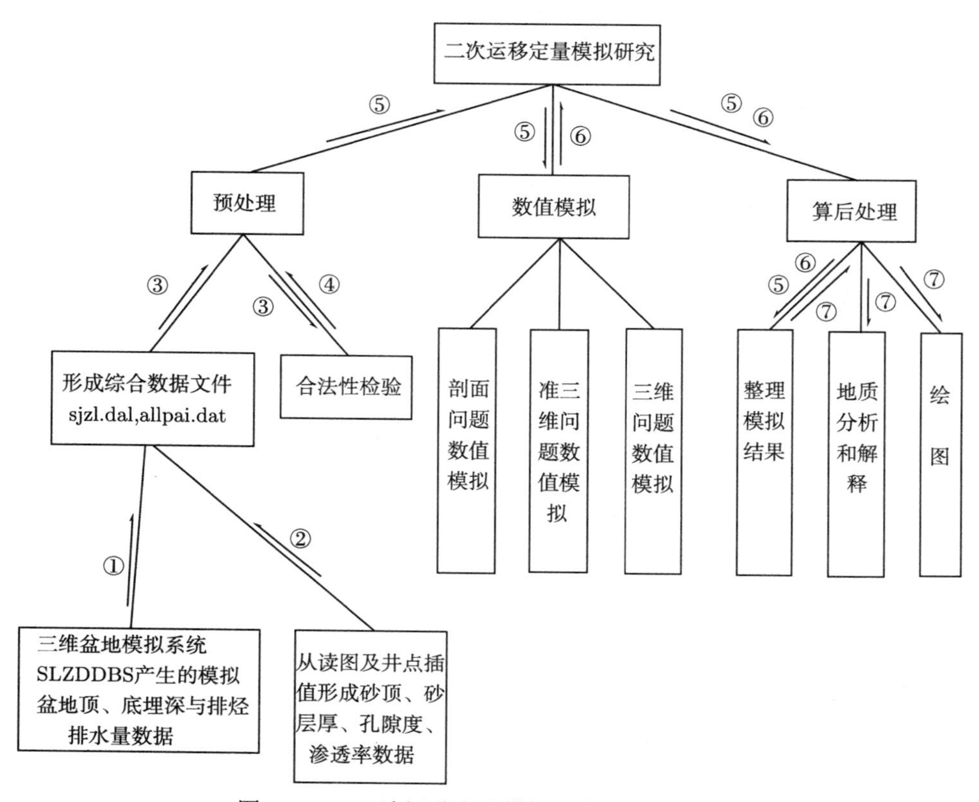

图 2.8.2 “二次运移定量模拟研究” 模块结构图

① 从 “三维盆地模拟系数” 采集地层的顶、底埋深及该地层在各地质年代的排液排烃量; ② 以读图或井点插值的形式采集模拟层的砂顶埋深、砂层厚度、孔隙度、渗透率; ③ 形成模拟用的综合数据文件: zlsj.dat, allpai.dat; ④ 检验综合数据的合理性; ⑤ 合理的综合性数据文件; ⑥ 模拟结果; ⑦ 整理后的综合性数据文件和模拟结果文件

图 2.8.3 和图 2.8.4

分别列出剖面数值模拟模块 N-S 流程图和核心模块 N-S 流程图.

读数据文件：综合数据文件 —zlsj.dat; 综合数据文件 —allpai.dat; 地质年代文件 —year.dat

选模拟区域：给出起始位置 (x, y), 确定区域大小

形成剖面模拟区域的剖分网格:

- y 方向 (水平) 剖分网格数 jl, 网格步长 dy
- z 方向 (垂直) 剖分网格数 kl, 网格步长 dz
- 计算: $jk = \max(jl, kl)$

给出各地质年代的时间剖分步长 $\Delta t_i : i = 1, 2, \cdots, 16$

给出模拟开始的地质年代: $n1$

给出模拟终止的地质年代: $n2$

写参数文件: pm.par, 写时间步长文件: pmdt.dat

形成数据文件: 区域标识文件 pmlhz.dat

模拟区域排水排烃文件: pmqow.dat

剖面数值模拟计算核心模块

整理模拟结果

图 2.8.3 剖面数值模拟模块 N-S 流程图

读区域标识文件: pmth2.dat, 读排烃排水文件:pmqow.dat

读时间步长文件:pmdt.dat, 读地质年代文件: year.dat

给出: 迭代误差控制参数 ε, 迭代因子控制参数: α, β,

计算水位势、油位势、水饱和度初始值: $\Phi^0_{on}, \Phi^0_{on}, S^0_n \quad n1 \to n$

$n \leqslant n2$

- 计算第 n 个地质年代的计算步数: $n1, 0 \to n$
- $n < n1$
  - $\Phi^m_{on} \to \Phi^{m+l(0)}_{on}, \Phi^m_{on} \to \Phi^{m+l(0)}_{on}, S^m_n \to S^{m+l(0)}_n, 0 \to l, 0 \to R$
  - 对 $j = 1, 2, \cdots, jl; k = 0, l, \cdots, kl$, 计算 $A_{ojk+1/2}, A_{wjk+1/2}$
  - 对 $j = 1, \cdots, jl$, 形成 z 方向的系数矩阵和右端项, 调用块追赶法子程序求解 $\Phi^{n+1(l+1/2)}_{on}, \Phi^{m+1(l+1/2)}_{on}$
  - 对 $j = 0, \cdots, jl; k = 1, \cdots, kl$, 计算 $A_{oJ+1/2,k}, A_{wj+1/2,k}$
  - 对 $k = 1, \cdots, kl$, 形成 y 方向的系数矩阵和右端顶, 调用块追赶法子程序求解 $\Phi^{m+1(l+1)}_{on}, \Phi^{m+1(l+1)}_{on}$,
  - 计算 $S^{m+1(l+1)}_n$
  - 计算迭代误差 $R, l+1 \to l$
  - $R < \varepsilon$
  - $\Phi^{m+1(l)}_{on} \to \Phi^{m+1}_{on}, \Phi^{m+1(l)}_{wn} \to \Phi^{m+1}_{wn}, S^{m+1(l)}_n \to S^{m+1}_n, m+1 \to n$
- $\Phi^m_{on} \to \Phi^0_{on+1}, \Phi^m_{wn} \to \Phi^0_{wn+1}, S^m_n \to S^0_{n+1}$
- 采集数据 $\Phi^0_{on+1}, \Phi^0_{wn+1}, S^0_{n+1}$ 到 pm_n.dat , $n+1 \to n$

图 2.8.4 剖面数值模拟计算核心模块 N-S 流程图

图 2.8.5 和图 2.8.6 分别列出准三维数值模拟模块 N-S 流程图和核心模块 N-S 流程图.

准三维数值模拟模块 N-S 流程
读数据文件: 综合数据文件 —zlsj.dat; 综合数据文件 —allpai.dat; 地质年代文件 —year.dat
选模拟区域: 给出起始位置 (x, y) , 确定区域大小
形成准三维模拟区域的剖分网格: x 方向 (东西) 剖分网格数 il , 网格步长 dx y 方向 (南北) 剖分网格数 jl , 网格步长 dy 计算: $ij = \max(il, jl)$
给出各地质年代的时间剖分步长 $\Delta t_i : i = 1, 2, \cdots, 16$
给出模拟开始的地质年代: $n1$ 给出模拟终止的地质年代: $n2$
写参数文件: zsw.par, 写时间步长文件: zswdt.dat
形成数据文件: 区域标识文件 zswlh2.dat 模拟区域排水排烃文件: zswqow.dat
准三维数值模拟计算核心模块
整理模拟结果

图 2.8.5 准三维数值模拟模块 N-S 流程图

读区域标识文件: zswlh2.dat, 读排烃排水文件: zswqow.dat
读时间步长文件: zswdt.dat, 读地质年代文件: year.dat

给出: 迭代误差控制参数 ε, 迭代因子控制参数: α, β

计算水位势、油位势、水饱和度初始值: Φ^0_{on}, Φ^0_{wn}, S^0_n $n'1 \to n$

$n \leqslant n2$

- 计算第 n 个地质年代的计算步数: $n1$, $0 \to m$
- $m < n1$
  - $\Phi^m_{on} \to \Phi^{m+1(0)}_{on}$, $\Phi^m_{wn} \to \Phi^{m+1(\theta)}_{wn}$, $S^m_n \to S^{m+1(\theta)}_n$, $0 \to l$, $0 \to R$
    - 对 $j = 1, \cdots, jl; i = 0, \cdots, il$, 计算 $A_{ol+1/2,j}$ 和 $A_{wl+1/2,j}$
    - 对 $j = 1, \cdots, jl$, 形成 x 方向的系数矩阵和右端项, 调用块追赶法子程序求解 $\Phi^{m+1(l+1/2)}_{on}$, $\Phi^{m+1(l+1/2)}_{wn}$
    - 对 $i = 1, \cdots, il; j = 0, \cdots, jl$, 计算 $A_{ol,j+1/2}$ 和 $A_{wl,j+1/2}$
    - 对 $i = 1, \cdots, il$, 形成 y 方向的系数矩阵和右端项, 调用块追赶法子程序求解 $\Phi^{m+1(l+1)}_{on}$, $\Phi^{m+1(l+1)}_{wn}$
    - 计算 $S^{m+1(l+1)}_n$
    - 计算迭代误差 R, $l + 1 \to l$
  - $R < \varepsilon$
  - $\Phi^{m+1(l)}_{on} \to \Phi^{m+1}_{on}$, $\Phi^{m+1(l)}_{wn} \to \Phi^{m+1}_{wn}$, $S^{m+1(l)}_n \to S^{m+1}_n$, $m + 1 \to m$
- $\Phi^m_{on} \to \Phi^\theta_{on+1}$, $\Phi^m_{wn} \to \Phi^0_{wn+1}$, $S^m_n \to S^0_{n+1}$
- 采集数据 Φ^0_{on+1}, Φ^0_{wn+1}, S^0_{n+1} 到 zsw_n.dat, $n + 1 \to n$

图 2.8.6 准三维数值模拟计算核心模块 N-S 流程图

图 2.8.7 和图 2.8.8 分别列出三维数值模拟模块 N-S 流程图和核心模块 N-S 流程图.

读数据文件: 综合数据文件 —zlsj.dat 综合数据文件 —allpai.dat 地质年代文件 —year.dat
选模拟区域: 给出起始位置 (x, y) , 确定区域大小
形成三维模拟区域的剖分网格: x 方向 (东西) 剖分网格数 il, 网格步长 dx y 方向 (南北) 剖分网格数 jl, 网格步长 dy z 方向 (垂直) 剖分网格数 kl, 网格步长 dz 计算: $ijk = \max(il, jl, kl)$
给出各地质年代的时间剖分步长 $\Delta t_i : i = 1, 2, \cdots, 16$
给出模拟开始的地质年代: $n1$ 给出模拟终止的地质年代: $n2$
写参数文件: sw.par, 写时间步长文件: swdt.dat
形成数据文件: 区域标识文件 swlh2.dat 模拟区域排水排烃文件: swqow.dat
三维数值模拟计算核心模块
整理模拟结果

图 2.8.7　三维数值模拟模块 N-S 流程图

2.8.3　数据文件

1. 综合数据文件 zlsj.dat

综合数据文件 zlsj.dat; 标准 Fortran 语言有格式顺序存取二进制文件.

来源: 三维盆地模拟系统、读图和井点数据插值

记录格式: x y zh1 zh2 zh3 zd1 zphi zak z

解释: (x, y)—— 模拟层的剖分网格点大地坐标,

zh1—— 模拟地层的顶埋深,

zh2—— 模拟地层的底埋深,

zh3—— 模拟地层的砂层顶埋深,

zd1—— 模拟地层的砂层厚度,

zphi—— 模拟地层的砂层孔隙度,

zak—— 模拟地层的砂层渗透率,

z—— 模拟地层的砂层中线埋深.

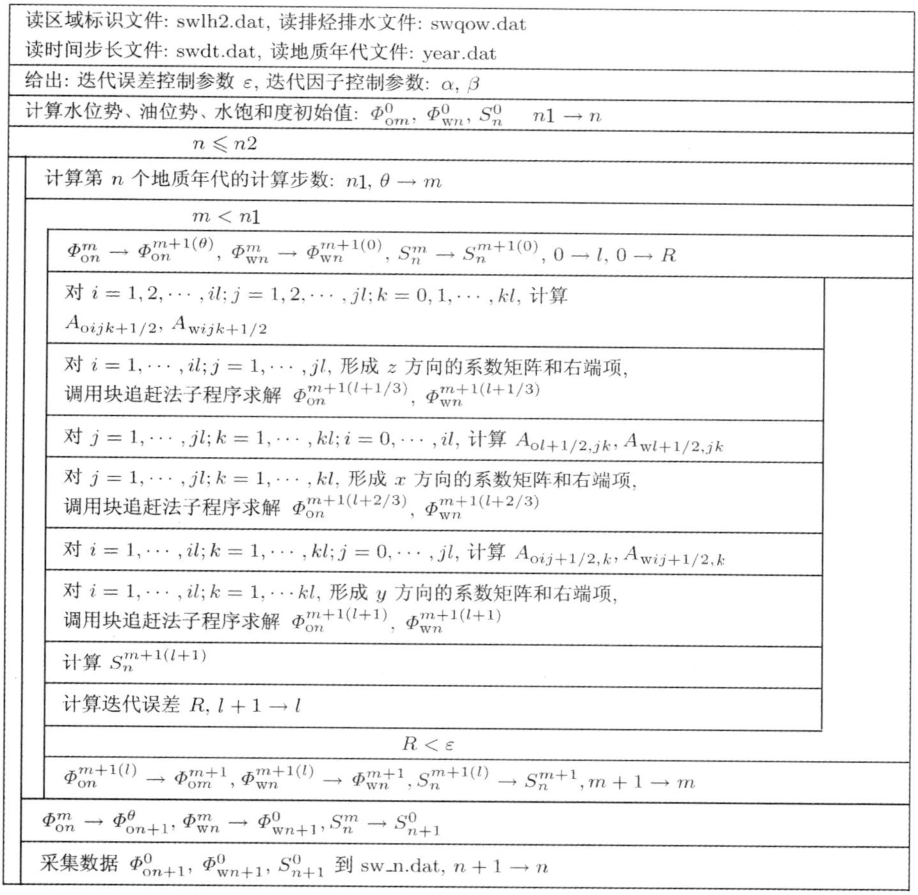

读区域标识文件: swlh2.dat, 读排烃排水文件: swqow.dat
读时间步长文件: swdt.dat, 读地质年代文件: year.dat

给出: 迭代误差控制参数 ε, 迭代因子控制参数: α, β

计算水位势、油位势、水饱和度初始值: Φ_{om}^{0}, Φ_{wn}^{0}, S_{n}^{0} $n1 \to n$

$n \leqslant n2$

计算第 n 个地质年代的计算步数: $n1, \theta \to m$

$m < n1$

$\Phi_{on}^{m} \to \Phi_{on}^{m+1(\theta)}$, $\Phi_{wn}^{m} \to \Phi_{wn}^{m+1(0)}$, $S_{n}^{m} \to S_{n}^{m+1(0)}$, $0 \to l$, $0 \to R$

对 $i = 1, 2, \cdots, il; j = 1, 2, \cdots, jl; k = 0, 1, \cdots, kl$, 计算
$A_{oijk+1/2}$, $A_{wijk+1/2}$

对 $i = 1, \cdots, il; j = 1, \cdots, jl$, 形成 z 方向的系数矩阵和右端项,
调用块追赶法子程序求解 $\Phi_{on}^{m+1(l+1/3)}$, $\Phi_{wn}^{m+1(l+1/3)}$

对 $j = 1, \cdots, jl; k = 1, \cdots, kl; i = 0, \cdots, il$, 计算 $A_{ol+1/2,jk}$, $A_{wl+1/2,jk}$

对 $j = 1, \cdots, jl; k = 1, \cdots, kl$, 形成 x 方向的系数矩阵和右端项,
调用块追赶法子程序求解 $\Phi_{on}^{m+1(l+2/3)}$, $\Phi_{wn}^{m+1(l+2/3)}$

对 $i = 1, \cdots, il; k = 1, \cdots, kl; j = 0, \cdots, jl$, 计算 $A_{oij+1/2,k}$, $A_{wij+1/2,k}$

对 $i = 1, \cdots, il; k = 1, \cdots kl$, 形成 y 方向的系数矩阵和右端项,
调用块追赶法子程序求解 $\Phi_{on}^{m+1(l+1)}$, $\Phi_{wn}^{m+1(l+1)}$

计算 $S_{n}^{m+1(l+1)}$

计算迭代误差 R, $l + 1 \to l$

$R < \varepsilon$

$\Phi_{on}^{m+1(l)} \to \Phi_{om}^{m+1}$, $\Phi_{wn}^{m+1(l)} \to \Phi_{wn}^{m+1}$, $S_{n}^{m+1(l)} \to S_{n}^{m+1}$, $m + 1 \to m$

$\Phi_{on}^{m} \to \Phi_{on+1}^{\theta}$, $\Phi_{wn}^{m} \to \Phi_{wn+1}^{0}$, $S_{n}^{m} \to S_{n+1}^{0}$

采集数据 Φ_{on+1}^{0}, Φ_{wn+1}^{0}, S_{n+1}^{0} 到 sw_n.dat, $n + 1 \to n$

图 2.8.8 三维数值模拟计算核心模块 N-S 流程图

记录个数: $i1 \times j1, i1$ 为模拟层的东西 (x) 向网格数, $j1$ 为南北 (y) 向的网格数, (i, j) 点处的记录为第 $i1 \times (j - 1) + i$ 个记录.

2. **综合数据文件** allpai.dat

综合数据文件 allpai.dat:Fortran 语言有格式顺序存取二进制文件.

来源: 三维盆地模拟系统

记录格式: x y ps pt, 记录个数: $i1 \times j1 \times nn$

解释: $(x, y), i1, j1$ 同 zisj.dat 中的解释, nn 是模拟凹陷区发育的地质年代划分数 (东营为 nn=16), 第 $i1 \times j1 \times (n - 1) + i1 \times (j - 1) + i$ 个记录内容为第 n 个地质年代模拟层剖分网格为 (i, j) 处单位时间、单位面积上的排水 (ps)、排烃 (pt) 量.

3. 地质年代数据文件 year.dat

地质年代数据文件 year.dat:Fortran 自由格式存取二进制文件, 一个记录, nn 个数, 存放模拟凹陷区域各地质年代的时间长度.

4. 时间步长文件

时间步长文件 pmdt.dat、zswdt.dat 和 swdt.dat:Fortran 自由格式存取的二进制文件, 每个文件一个记录, nn 个数, 分别存放各地质年代剖面、准三维和三维问题数值模拟的时间离散步长.

5. 存放模拟区域的有关信息参考文件

存放模拟区域的有关信息参数文件, 它们是有格式顺序二进制文件.

pm.par: 剖面问题数值模拟参数文件

记录结构：x y j1 k1 jk dy dz n1 n2

解释：(x,y)—— 模拟层所选模拟剖面的起始网格点大地坐标,

j1—— 模拟剖面横向网格点数,

k1—— 纵向网格点数,

jk——max(j1, k1),

dy—— 横向网格步长,

dz—— 纵向网格步长,

n1—— 模拟从第 n1 个地质年代开始,

n2—— 模拟到第 n2 个地质年代结束.

zsw.par: 准三维问题数值模拟参数文件.

记录结构：x i1 y j1 ij dx dy n1 n2

解释：x,y,n1 与 n2 的意义同 pm.par,

i1——x 方向 (东西) 网格数,

j1——y 方向 (南北) 网格数,

ij——max(i1, j1),

dy——y 方向网格步长,

dx——x 方向网格步长.

sw.par: 三维问题数值模拟参数文件.

记录结构：x i1 y j1 k1 ijk dx dy dz n1 n2

解释：x,y,i1,j1,dx,dy,n1 与 n2 的意义同 zpm.par 和 zaw.par,

k1——z 方向 (垂直) 剖分网格数,

ijk——max(i1,j1,k1),

dz——z 向剖分步长.

6. 模拟区域网格点标识文件

模拟区域网格点标识文件, 自由格式存取.

pmlh2.dat: 剖面问题模拟区域网格标识文件.

数据意义：0—— 非计算点,

1—— 计算内点或非渗透边界计算点,

9—— 流出边界计算点,

5—— 剖面上边界计算点 (流入),

6—— 剖面下边界计算点 (流入).

zswh2.dat: 准三维问题网格点标识文件.

数据意义：0、1 和 9 同 pmlh2.dat 中数据.

swlh2.dat: 三维问题模拟区域网格点标识文件.

数据意义同 pmlh2.dat.

7. 模拟区域的排水排烃文件

模拟地层所模拟区域上的排水排烃文件, 自由格式存取.

pmqow.dat: 剖面问题模拟区域上的排烃排水文件.

记录格式：ps pt

解释：ps—— 排水量,

pt—— 排烃量,

要 n 个地质年代 (j,k) 网格点处的排水排烃为第 $j1\times k1\times(n-1)+j1\times(k-1)+k$ 条记录.

zswqow.dat: 准三维问题排水排烃文件,

记录格式同 pmqow.dat, 第 n 个地质年代计算点 (i,j) 处排水排烃量为第 $i1\times j1\times(n-1)+i1\times(j-1)+i$ 条记录.

swqow.dat: 三维问题排水排烃文件,

记录格式同 pwqow.dat, 第 n 个地质年代计算点 (i,j,k) 处排水烃量为第 $i1\times j1\times(n-1)+i1\times j1\times(k-1)+i1\times(j-1)+i$ 条记录.

8. 模拟结果数据文件

模拟结果数据文件：标准 Fortran 语言有格式顺序二进制文件.

pm_n.dat—— 第 n 个地质年代模拟结束时的剖面数值模拟结果.

记录结构：fw fo sm

解释：fw—— 计算网络点上的水位势,

fo—— 计算网格点上的油位势,

sm—— 计算网格点上的水饱和度.

zaw_n.dat 与 sw_n.dat 分别为准三维与三维问题的第 n 个地质年代的数值模拟结果, 其余同 pm_n.dat.

9. 数值模拟中间结果文件

数值模拟中间结果文件: 剖面问题 pm.dat, 准三维问题 zsw.dat, 三维问题 sw.dat, 结构及解释同 pm_n.dat.

2.9　东营盆地的实际应用

东营凹陷位于华北平原东部渤海之滨的山东省东营市境内, 其构造单元属于中国东部中、新生代裂谷系渤海湾裂谷盆地中的一个次级构造盆地 (图 2.9.1). 东西长 90km, 南北宽 65km, 面积约 5700km^2. 该区自 1956 年开始石油地质普查, 1961 年华 8 井首获工业油流, 揭示了本区油气富集的潜力. 1962 年 9 月 23 日, 营 2 井喷出 555 吨/日的高产油流, 标志着胜利油田的诞生. 东营凹陷是一个含油气丰富的中、新生代陆相含油气断块盆地 (图 2.9.2).

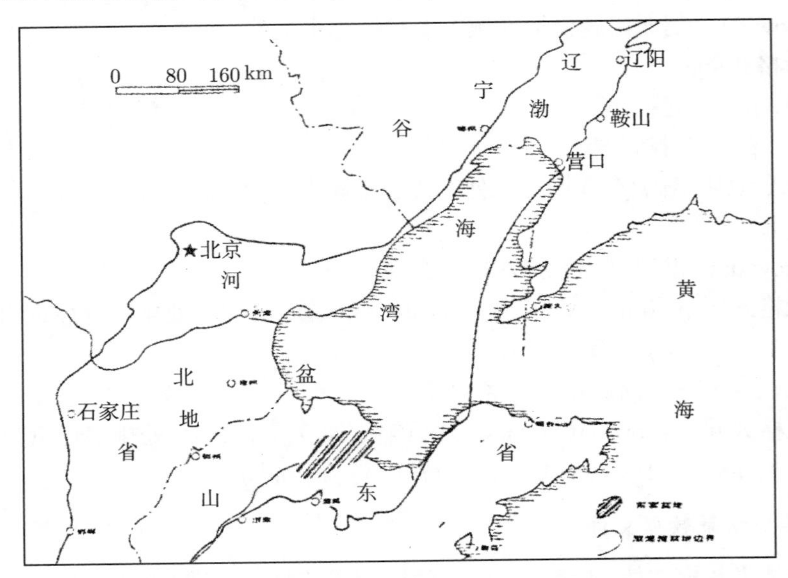

图 2.9.1　东营盆地地理及地质构造位置图

应用研制的运移聚集软件, 按油水两相特征, 通过对东营盆地沙河街组沙三中段、沙三下段及沙四上段三个层系内的油资源进行运移聚集过程模拟计算, 获得了各层系石油运移聚集的主要结果, 包括各层系自开始排烃发生石油运移聚集直至目前所经历的各地质时期内, 水位势、油位势、储集层油饱和度、油聚集量等. 这些

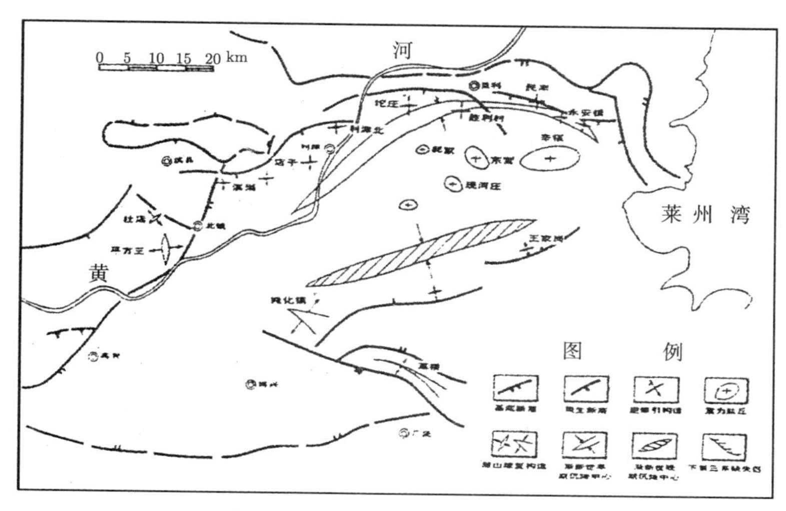

图 2.9.2 东营盆地构造纲要图

结果为进一步分析、研究东营盆地油运移聚集的石油地质历史过程, 提供可靠的科学依据 [26].

三个层系的运移聚集模拟计算结果, 比较直观地定量表述了石油从生成、排驱到运移聚集的基本地质过程. 对该结果的分析、研究, 并进行合理的地质解释, 将有助于从理论和方法上认识石油的运移聚集规律, 更准确地定量预测石油在地下的空间分布, 在油气勘探实践中进一步指导石油勘探.

2.9.1 运移聚集区

从本次运移聚集模拟计算结果可以看出, 三个层系的主要运移聚集区分布与各层系的石油地质特征有一定的相关性, 石油聚集有利区带与储集层发育区带及空间分布状态基本吻合. 在储集层发育且距油源相对近的部位, 聚集强度大; 而储集层发育, 但距油源相对较远的部位, 聚集强度相对要低一些. 这与石油地质家经过长期实践总结出的规律基本一致.

本区三个层系的运移聚集模拟计算结果表明, 沙三中段主要运移聚集区分布在中央隆起带 — 郝家 — 纯化镇及牛庄地区, 在高青东也有一定的分布; 沙三下段运移聚集区分布在中央隆起带 — 牛庄 — 王家岗一带、纯化镇 — 樊家等区带, 滨县及胜北一带也有一定的分布; 沙四上段运移聚集区主要分布在盆地周边, 如胜北、民丰、永安镇、滨县凸起、单家寺、金家、高青及广利 — 王家岗附近, 盆地内部主要分布于纯化镇附近, 此外, 在利津与郑家一带, 也有较好的分布. 东营盆地这三个层系石油运移聚集区的分布态势, 从一个方面反映了地下油气藏的空间展布及可能的有利勘探区域, 整体上与目前的勘探认识基本相符合.

2.9.2　与实际勘探结果对比分析

1. 资源评价结果与模拟运移聚集量对比分析

“六五” 期间的第一轮全国油气资源评价时, 使用了多种方法估算资源量, 包括蒙特卡罗法、蒂索法、沉积岩体积法及盆地数值模拟法等, 综合测算的胜利油区资源量为 50 亿吨. “八五” 期间在第二轮资评时, 应用方法除盆地数值模拟法外, 还使用了数论布点法、PETRIMES 圈闭评价法、翁氏旋回法及特尔菲法等, 估算的资源量为 65 亿吨. 第二次评价结果比第一次增加 15 亿吨资源量, 产生这种差异的主要原因, 一是由于盆地勘探和研究程度提高了, 二是由于勘探成果及地质资料不断丰富等因素的影响, 包括油区范围及生烃参数变化等.

从本区运移聚集模拟计算结果看, 该计算数据与资评结果相差甚远, 聚集量仅占排烃量的 10%~33%, 也就是说, 这三个层系的排烃量有近 70%~90%未被聚集. 这一部分量的去向有三种可能：

一是由于用于模拟计算的地质参数的简化, 如运载层或储集层空间上的集中分布, 模拟层系孔渗性参数的获取方式, 以及排烃模型的选择等;

二是目前的单层模拟方式, 在烃类发生垂向运移, 特别是沿断层运移模型尚考虑不足, 可能引起流入流出量的分配不够;

三是运移聚集过程中可能存在不能被聚集或散失的量.

2. 运移聚集量与勘探结果对比分析

胜利油区的油气勘探目前已达较高程度, 探明石油地质储量 30 多亿吨, 控制 + 预测储量约 12 亿吨. 东营盆地已探明油 15.66 亿吨, 天然气 114 亿立方米, 控制 + 预测油储量约 3.76 亿吨, 天然气 1.2 亿立方米, 其中, 探明的沙三段油储量为 2.986 亿吨, 占 18.3%, 控制储量为 0.78 亿吨, 占 75%, 预测储量 1.83 亿吨, 占 57.1%; 沙四段为 2.42 亿吨, 占 14.9%, 控制储量 0.0484 亿吨, 占 4.6%, 预测储量为 0.96%亿吨, 占 30.2%(表 2.9.1). 从这一组数据结果可以看出, 随着勘探程度的提高, 沙三段及以下层系的石油储量所占比重越来越大, 沙三段的控制储量占到 75%, 控制储量占到 57%, 沙四段的预测储量占到 30%以上, 表明到目前的勘探结果, 在浅部找油的可能已很小, 而主要目的层系转向深层或较深层系.

到目前, 在这些层系中找到的油气储量, 深度上主要分布在盆地周边上的中、浅部位, 而中、下部的勘探程度还比较低. 从模拟试算结果看, 沙三中段至沙四上段尚有较大的潜力, 尤其在盆地内部的中、深部. 模拟计算结果表明, 运移聚集量与实际勘探结果的探明、控制及预测储量相比, 还有较大的差别, 其中, 沙三段的实际勘探结果仅占模拟运移聚集量的 68.66%, 沙四上段模拟运移聚集量占实际勘探结果的 83.38%. 分析这一结果, 除了上述三个方面的因素影响外, 东营盆地中、深部勘

表 2.9.1　探明、控制和预测储量运移聚集量对比数据表　　(单位：亿吨)

层位 \ 项目	“六五”探明地质储量	“六五”控制+预测储量	“八五”控制地质储量	“八五”控制+预测储量	运移聚集量 S_3^{z+x}、S_4^S
沙三段		3.27	2.986	0.78+1.83	8.68
沙四段		0.72	2.420	0.05+0.96	2.86
合计		4.99	5.406	0.83+2.79	11.54

探程度不高, 建立的地质模型是否完全符合实际地质条件有关. 此外, 沙三段的探明、控制及预测储量中包含了沙三上段的结果, 沙四段包含了沙四下段的结果, 按这一结果看, 模拟计算结果与实际勘探结果的比例关系还可提高. 因此, 如果模拟计算使用的基础资料可靠, 建立的地质模型准确, 则应用该油资源运移聚集模拟系统模拟盆地的石油运移聚集量, 可以获得比较理想的效果.

3. 运移聚集区与实际勘探结果对比

到目前的勘探结果表明, 在东营盆地的沙三中、沙三下、沙四上段中, 已找到多个含油气区块. 如金家、郝家油田、牛庄油田的王 70 区块、永安镇 — 广利地区、博兴油田的通 16 井区等的沙三中、下段含油气区带; 利古 6 井潜山带、郑 10 井区块、坨 120-125 井区块、永 922 井区浊积砂岩体、乐安油田潜山油气藏、正理庄油田高 5 井区、王家岗油田王 1、28 井区等的沙四上段含油气区块. 这表明东营盆地在这三个层系有很好的含油气条件.

本次模拟计算给出的沙三中至沙四中段含油饱和度、储油强度明显地展示出上述地区油分布的良好态势. 沙三中段的模拟结果, 在牛庄 — 史南 — 梁家楼、滨南 — 平方王、利津洼陷西 — 单家寺、胜北 — 郑家、永安镇、纯化镇及金家等地区都表现出较高的含油饱和度及储油强度; 沙三下段的模拟结果的含油分布除几乎包含上述地区外, 在广利、王家岗 — 草桥一带也有明显的分布区带; 在沙四上段的模拟结果可以看出, 较高的含油饱和度区带除分布在盆地的周边外, 在洼陷的中部也有较大范围的分布, 包括利津、牛庄和博兴三个主要洼陷, 储油强度在盆地周边则表现出较高的幅值, 三个洼陷中博兴洼陷有较高的强度, 利津洼陷在其西北部有较高的强度、牛庄洼陷则显示较低值, 这种分布态势可能与洼陷内部储集层在空间分布上的差异有关. 这一结果总体上与勘探结果基本吻合.

2.9.3　运移聚集量

本次模拟计算获得了三个层系在不同地质时期的石油运移聚集量, 其结果见表 2.9.2. 从表中的数据可以看出三个特征:

一是各层系的聚集量相差较大, 沙三中段最多, 沙四上段最少;

表 2.9.2　东营盆地资源评价结果与运移聚集结果量对比表　　(单位：亿吨)

层位 \ 项目	"六五"排烃量	"八五"排烃量	探明 + 控制地质储量 (S_3^{s-z-x})、S_4^{s-x}	模拟聚集量
沙三中	11.6	14.5		4.83
沙三下	3.7	23.1	5.596	3.85
沙四下	8.0	28.2	3.430	2.86
合计	23.3	65.8	9.026	11.54

二是聚集量与储集层的空间分布有对应关系，储集层的分布控制着聚集量的分布；

三是聚集量与源岩排烃量及水动力场的活跃程度有一定关系，排烃量大聚集量也大，水动力场活跃则促使石油的广泛运移.

模拟计算结果的这种空间分布，直接反映出砂岩储集层在空间上的分布. 东营盆地沙三中段、沙三下段及沙四上段三个层位储集层砂岩体及其孔隙体积统计结果表明 (表 2.9.3)，沙三中段储集层砂体体积最大，甚至大于沙三下段和沙四上段两个层系储集层砂岩体积的总和，并且其孔隙体积也如此. 这一数据在一定程度上可以说明储集层的发育程度及其孔隙空间分布，对运移聚集模拟结果的影响.

表 2.9.3　东营盆地储集层体积及孔隙体积统计表

项目 \ 层位	沙三中段/km^3	沙三下段/km^3	沙四上段/km^3	合计/km^3
储集层体积	463.3	169.8	264.3	897.4
储集层孔隙体积	116.8	47.5	65.3	229.6

以上结果也说明，尽管沙三下段、沙四上段两个层系的排烃量很大，沙四上段的排烃量几乎等于沙三中段排烃量的两倍，但其发育的储集层砂岩体积及孔隙体积确只相当于沙三中段的一半. 与此同时，沉积压实作用、成岩作用的加强及储集层埋藏深度的变化，会直接影响地下水动力场的变化，沙四上段排烃量很大，而石油聚集量不大，聚集系数只有 10%，这一结果除了其储集层与沙三中段有差异外，其水位势及油位势很高，推测这也可能是影响这层系聚集系数低、聚集量相对较少的一个因素. 沙三下段在储集层砂岩体积及孔隙体积上与沙四上段有相同之处，但沙三下段的水位势及油位势模拟结果与沙四上段确有很大差别，沙三下段的油位势及水位势比沙四上段的模拟结果要小很多. 这可能是沙三下段排烃量比沙四上段少，储集层砂岩体积及孔隙体积也少，但其聚集量要比沙四上段多的一个主要原因. 也说明了地下水动力场的活跃程度对盆地石油聚集的影响.

参 考 文 献

[1] Walte D H, Yukler M A. Petroleum origin and accumulation in basin evolution-A quantitative model. AAPG. Bull., 1981, 8: 137～1396.

[2] Yukler M A, Cornford C, Walte D H. One-dimensional model to simulate geologic, hydrodynamic and thermodymamic development of a sedimentary basin. Geol.Rundschan, 1978, 3: 966～979.

[3] 韩玉笈, 王捷, 毛景标. 盆地模拟方法及其应用. 油气资源评价方法研究与应用, 北京：石油工业出版社, 1988.

[4] 艾伦 P A, 艾伦 J R. 盆地分析 —— 原理及应用. 陈全茂译. 北京：石油工业出版社, 1995.

[5] 李泰明. 石油地质过程定量研究概论. 东营：石油大学出版社, 1989.

[6] 朱筱敏. 含油气断陷湖盆盆地分析. 北京：石油工业出版社, 1995.

[7] 袁益让, 王文洽, 羊丹平等. 含油气盆地发育剖面问题的数值模拟. 石油学报, 1991, 4: 11～20.

[8] 袁益让, 王文洽, 羊丹平等. 三维盆地发育史数值模拟. 应用数学与力学, 1994, 5: 409～420. Yuan Y R, Wang W Q, Yang D P, et al.. Numerical simulation for evolutionary history of three-dimensional basin. Applied Mathematics & Mechanics (English Edition), 1994, 5: 435～446.

[9] 袁益让, 王文洽, 羊丹平. 油藏盆地发育数值模拟中的偏微分方程的有限元方法及理论分析. 系统科学与数学, 1994, 1: 9～20.

[10] Ungerer P, et al.. Migration of hydrocarbon in sedimentary basins. Doliges (eds), Editions Techmiq, Paris, 1987, 414～455.

[11] Ungerer P. Fluid flow, hydrocarbon generation and migration. AAPG. Bull., 1990, 3: 309～335.

[12] 石广仁. 油气盆地数值模拟方法. 北京：石油工业出版社, 1994.

[13] Ewing R E. The Mathematies of Reservoir Simulation, Philadeltpia: SIAM Press, 1983.

[14] 雅宁柯 N N. 分数步长法 —— 数学物理中多变量问题的解法. 北京：科学出版社, 1992.

[15] Marchuk G I. Methods of Nunerical Mathematics. New York, Heidelberg Berlin: Springer-Verlag, 1981.

[16] Hubbert M K. Entrapment of petroleum under hydrodynamic conditions. AAPG. Bull., 1953, 8: 1954～2026.

[17] Dembicki H Jr, et al.. Secondary migration of oil experments supporting efficent movement of separate, buyant oil phase along linited conduits. AAPG. Bull., 1989, 8: 1018～1021.

[18] Catalan L, et al. An experimental study of secondary oil migration. AAPG. Bull., 1992, 5: 638～650.

[19] 查明. 东营凹陷石油二次运移特征及数值模拟. 北京：中国地质大学博士学位论文, 1995.

[20] 袁益让, 王文洽, 赵卫东等. 油气资源数值模拟系统和软件//CSIAM'1996 论文集, 上海: 复旦大学出版社, 1996, 576~580.

[21] 吴声昌, 袁益让, 白东华. 计算石油地质中的一些数学问题. 计算物理, 1997, 4, 5: 407~409.

[22] 袁益让, 赵卫东, 程爱杰等. 油水运移聚集数值模拟和分析. 应用数学和力学, 1999, 4: 386~392.

Yuan Y R, Zhao W D, Cheng A J, et al.. Numerical simulation analysis for migration-accumulation of oil and water. Applied Mathematics & Mechanics (English Edition), 1999, 4: 405~412.

[23] 袁益让, 赵卫东, 程爱杰等. 三维油资源运移聚集的模拟和应用. 应用数学和力学, 1999, 9: 933~942.

Yuan Y R, Zhao W D, Cheng A J, et al.. Simulation and application of three-dimensional migration accumulation of oil resources. Applied Mathematics & Mechanics (English Edition), 1999, 9: 999~1009.

[24] 袁益让. 油藏数值模拟中动边值问题的特征差分方法. 中国科学 A 辑, 1994, 10: 1029~1036.

Yuan Y R. Characteristic finite difference methods for moving boundary value problem of numerical simulation of oil deposit. Science in China (Series A), 1994, 12: 1442~1453.

[25] 袁益让. 可压缩两相驱动问题的分数步长特征差分格式. 中国科学 A 辑, 1998, 10: 893~902.

Yuan Y R. The characteristic finite difference fractional steps methods for compressible two-phase displacement problem. Science in China (Series A), 1999, 1: 48~57.

[26] 胜利石油管理局计算中心. 东营盆地油资源运移聚集数值模拟研究地质报告. 1998.1.

[27] Yuan Y R, Han Y J. Numerical simulation of migration-accumulation of oil resources Comput. Geosi., 2008, 12: 152~162.

[28] Yuan Y R, Wang W Q, Han Y J. Theory, method and application of a numerical simulation in an oil resources bason methods of numerical solutions of aerodynamic problems. Special Topics & Reviews in Porous Media-An international Journal, 2010, 1: 49~66.

第 3 章　多层油资源运移聚集数值模拟

3.1　引　　言

“多层油资源运移聚集定量数值模拟技术研究” 是胜利石油管理局重点科技攻关项目. 由胜利石油管理局计算中心和山东大学数学研究所联合承担. 从 1998 年起至 2000 年年底止, 联合攻关, 克服了重重困难, 取得了重要成果.

盆地发育史模拟是从石油地质的物理化学机理出发, 首先建立地质模型, 然后建立数学模型, 最后研制成相应的计算机软件, 从而在时空概念下由计算机定量地模拟盆地的形成、演化, 烃类的生成、运移和聚集的演化过程. 所以通常称为盆地数值模拟, 其应用软件产品称盆地模拟系统, 这是当今世界石油地质科学领域内一个新兴的重要领域[1~9].

三维盆地发育史数值模拟, 就是利用现代计算数学、计算机技术, 再现盆地发育过程, 特别是盆地发育过程中与生成油气有主要关系的地层古温度、地层压力在时空概念下的动态过程, 并以此为基础进一步研究油气生成、运移、聚集及油气分布规律、分布范围, 定量地预测一个盆地、一个地区油气蕴藏量及油藏位置. 这对于油气资源的评估和油田的勘探和开发有着重要的理论和实用价值.

油气资源盆地模拟软件系统由五个模块组成. 这五个模块为: ①地史模块; ②热史模块; ③生烃史模块; ④排烃史模块; ⑤运移聚集史模块. 地史模块的功能是重建盆地沉积史和构造史; 热史模块的功能是重建油气盆地的古热流史和古温度史; 生烃史模块的功能是重建油气盆地的烃类成熟史和生烃量史; 排烃史模块的功能是重建油气盆地的排烃史, 又称油气初次运移史, 它为运移聚集史模块提供预备条件; 运移聚集史模块的功能是重建油气盆地的运移聚集史, 又称油气二次运移史, 该模块是盆地模拟的最困难、最关键的部分, 油气运移聚集史为油气资源评估、确定油藏位置和储量提供重要的依据.

1989~1993 年山东大学数学研究所和胜利油田计算中心联合承担了胜利石油管理局攻关课题 “三维盆地模拟系统研究”, 该系统在三维空间框架下对盆地史、热史、生烃和排烃史在国内外首次实现了三维定量化的数值模拟[10~12], 该软件系统已应用于全国第二次油气资源评价. 它为运移聚集数值模拟的研究奠定了基础, 构造了平台.

油气运移的过程是油气从低孔、低渗的生油层运移到相对高孔、高渗的运载层, 最终在储集层中可能形成一个集中的烃类聚集. 初次运移是指从低孔、低渗生油层运移到相对高孔、高渗地层, 其最大距离可达数千米. 油气二次运移是指继初次运移之后, 油气通过高孔、高渗运载层内的运移和沿断层、裂缝、通道和不整合面的运移, 若遇到合适的油藏构造, 油气聚集就形成油藏, 其最大运移距离可达数十千米[13~17].

盆地发育史的运移聚集史数值模拟系统, 其功能是重建油气盆地的运移聚集演化史, 它是盆地模拟最重要最困难的部分, 对油气资源评价, 确定油藏位置和寻找新的油田具有极其重要的价值. 是国际石油地质领域的著名问题, 也是世界主要工业国家正在重点研究的热门攻关课题.

1993~1997 年山东大学数学研究所和胜利油田计算中心继续合作, 联合承担石油天然气总公司"八五"科技攻关项目和胜利石油管理局重点科技攻关项目"二次运移定量模拟研究". 在前一个软件系统的基础上, 我们开展了油资源二次运移聚集数值模拟系统的研究, 经过近五年的攻关, 提出全新的、合理的数学模型, 构造了新的数值模拟方法, 在国内外第一个成功地研制出单层准三维和三维运移聚集数值模拟软件系统, 并已应用于胜利油田东营凹陷和滩海地区[18~23].

"多层油资源运移聚集定量数值模拟技术研究"是胜利石油管理局的重点科技攻关课题. 其示意图如图 3.1.1 所示. 在前二个软件系统的基础上, 我们开展了多层 (带断层、通道) 油资源运移聚集定量数值模拟技术研究, 提出了全新的数学模型. 构造了新的数值模拟方法, 成功地在国内外第一个研制成多层油资源运移聚集软个系统, 并将程序并行化, 使软件系统达到一个新的水平和上了一个新的台阶. 并已成功地应用到惠民凹陷、东营凹陷和滩海地区[24~35].

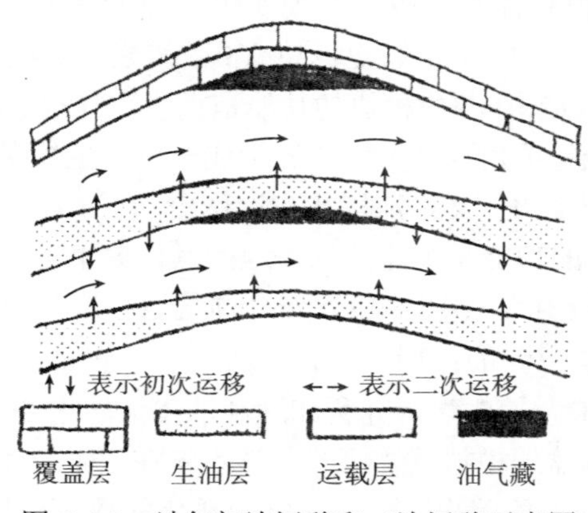

图 3.1.1 油气初次运移和二次运移示意图

法国 P.Ungerer 曾建立二维剖面盆地模型[14,15](1987), 北京勘探院 BMWS 系统具有一维生烃二维 (剖面) 运移的特点[16], 海洋石油总公司研究中心把专家系统引入盆地模拟和圈闭评价中也有特色.

3.1.1 主要内容

"含油气盆地运移聚集史数值模拟系统" 的功能是对油气盆地的油资源运移聚集演化史进行定量化的计算机数值模拟, 特别对于多层问题, 它是盆地模拟最重要最困难的部分. 它必须在盆地模拟系统完成生烃量、排烃量的基础上进行. 沉积盆地中油的生成、排烃、运移、聚集和最后形成油藏是油气勘探研究中的核心问题. 油是盆地如何运移并聚集到现今的圈闭中, 油在盆地中是如何分布的, 这些都是油二次运移和聚集过程数值模拟所研究的重要内容. 它对油气资源评价, 确定油藏位置和寻找新的油田具有重要的价值.

(1) 本项成果深入研究了油水二次运移聚集的机理, 主要是: ①二次运移的主要驱动力是由运载层的油和孔隙水之间密度差产生的浮力, 和企图把全部孔隙流体 (水及油) 运移至低位势区的位势梯度. ②二次运移的主要制约力和毛细管力有关, 当孔径变小时增加, 在毛细管力超过驱动力时, 就可能出现滞留现象. 原油和地下水在层中运动主要是一种渗流过程, 油势场和水势场控制着原油和地下水渗流动力的方向和大小. 在此基础上, 考虑到多层 (带断层、通道) 的特性, 提出全新的数学模型.

(2) 油资源运移聚集史的渗流力学模型, 需考虑带断层、通道等特征, 具有很强的双曲特性, 且需长达数百万年至数千万年稳定、可靠、高精度的数值模拟, 其数值方法在数学和力学上都是十分困难的, 是当前国际渗流力学的著名问题. 本项成果在我们前两项工作的基础上, 从实际出发深入研究和分析了多层二次运移聚集问题的地质和渗流力学的特征和困难, 开创性提出新的耦合修正交替方向隐式迭代格式, 并得到稳定性和最佳阶收敛性结果, 成功地解决了这一著名问题.

(3) 本系统对国际著名学者 M.K. Hubbert, H.Dembicki, L, Catalan等做过的油水二次运移聚集的著名水动力学实验[30~32] 进行了数值模拟, 结果与实验完全吻合, 并具有很强的物理力学特性, 十分清晰地看到油水运移、分离、聚集的全过程, 同时计算格式具有很强的稳定性、高阶收敛性和很高的精确度, 完全适合于大规模科学和工程计算.

(4) 本系统已完成将串行程序改造成并行计算程序, 为进行多层问题大规模科学与工程计算创造了条件, 使软件系统上了一个新的台阶.

在此基础上我们成功地对胜利油田惠民凹陷、东营凹陷和滩海地区的实际问题进行数值模拟计算. 计算结果在油田位置等方面, 和实际情况基本吻合.

3.1.2 研制过程

"多层油资源运移聚集定量数量模拟技术研究" 是胜利石油管理局重点科技攻

关项目. 由胜利石油管理局计算中心和山东大学数学研究所联合承担. 从1998 年起至 2000 年年底止, 联合攻关, 克服重重困难, 取得了重要成果. 在课题组所在单位的各级领导支持帮助下, 在吸取了多门学科的最新成果的基础上, 提出数学模型和新的数值方法, 并进行严谨的理论分析, 经过精心设计, 反复试验和修改, 不断创新和攀登, 最后研制成功. 并应用于胜利油田惠民凹陷、东营凹陷和滩海地区.

3.2 数 学 模 型

三维盆地模拟是对油气盆地发育过程进行定量化研究的最新技术, 是国内外争相攻关的著名问题. 运移聚集史数值模拟系统的功能是重建油气盆地的油资源运移聚集演化史, 它是盆地模拟最重要、最困难的部分. 沉积盆地中油的生成、排烃、运移、聚集和最后形成油藏是油资源勘探研究中的核心问题. 油是如何运移聚集到现今的圈闭中, 油在盆地中是如何分布的, 都是油运移聚集模拟所研究的重要内容.

油水二次运移的机理如下:

(1) 二次运移的主要驱动力是由运载层的油和孔隙水之间密度差引起的浮力和企图把全部孔隙流体 (水及油) 运移至低位势区的位势梯度.

(2) 二次运移的主要制约力和毛细管压力有关, 当孔径变小时增加, 在毛细管压力超过驱动力时, 就可能出现滞留现象. 原油和地下水在地层中运移主要是一种渗流过程, 油位势场和水位势场控制着原油和地下水渗流的方向和大小, 经过严谨的模型分析和科学的数值试验, 创造性提出了全新、合理的数学模型. 对于多层 (带断层、通道) 运移聚集数学模型:

$$\begin{aligned}&\nabla\cdot\left(K_1\frac{k_{\mathrm{ro}}}{\mu_{\mathrm{o}}}\nabla\varphi_{\mathrm{o}}\right)+B_{\mathrm{o}}q-\left(K_3\frac{k_{\mathrm{ro}}}{\mu_{\mathrm{o}}}\frac{\partial\varphi_{\mathrm{o}}}{\partial z}\right)_{z=H_1}\\&=-\varPhi s'\left(\frac{\partial\varphi_{\mathrm{o}}}{\partial t}-\frac{\partial\varphi_{\mathrm{w}}}{\partial t}\right),\quad X=(x,y)^{\mathrm{T}}\in\Omega_1,t\in J,\end{aligned}\tag{3.2.1a}$$

$$\begin{aligned}&\nabla\cdot\left(K_1\frac{k_{\mathrm{rw}}}{\mu_{\mathrm{w}}}\nabla\varphi_{\mathrm{w}}\right)+B_{\mathrm{w}}q-\left(K_3\frac{k_{\mathrm{rw}}}{\mu_{\mathrm{w}}}\frac{\partial\varphi_{\mathrm{w}}}{\partial z}\right)_{z=H_1}\\&=\varPhi s'\left(\frac{\partial\varphi_{\mathrm{o}}}{\partial t}-\frac{\partial\varphi_{\mathrm{w}}}{\partial t}\right),\quad X=(x,y)^{\mathrm{T}}\in\Omega_1,t\in J,\end{aligned}\tag{3.2.1b}$$

$$\frac{\partial}{\partial z}\left(K_3\frac{k_{\mathrm{ro}}}{\mu_{\mathrm{o}}}\nabla\varphi_{\mathrm{o}}\right)=-\varPhi s'\left(\frac{\partial\varphi_{\mathrm{o}}}{\partial t}-\frac{\partial\varphi_{\mathrm{w}}}{\partial t}\right),\quad X=(x,y,z)^{\mathrm{T}}\in\Omega_3,t\in J,\tag{3.2.2a}$$

$$\frac{\partial}{\partial z}\left(K_3\frac{k_{\mathrm{rw}}}{\mu_{\mathrm{w}}}\frac{\partial\varphi_{\mathrm{w}}}{\partial z}\right)=\varPhi s'\left(\frac{\partial\varphi_{\mathrm{o}}}{\partial t}-\frac{\partial\varphi_{\mathrm{w}}}{\partial t}\right),\quad X\in\Omega_3,t\in J,\tag{3.2.2b}$$

$$\nabla\cdot\left(K_2\frac{k_{\mathrm{ro}}}{\mu_{\mathrm{o}}}\nabla\varphi_{\mathrm{o}}\right)+B_{\mathrm{o}}q+\left(K_3\frac{k_{\mathrm{ro}}}{\mu_{\mathrm{o}}}\frac{\partial\varphi_{\mathrm{o}}}{\partial z}\right)_{z=H_2}$$

$$= -\Phi s'\left(\frac{\partial\varphi_{\mathrm{o}}}{\partial t}-\frac{\partial\varphi_{\mathrm{w}}}{\partial t}\right),\quad X=(x,y)^{\mathrm{T}}\in\Omega_1, t\in J, \tag{3.2.3a}$$

$$\nabla\cdot\left(K_2\frac{k_{\mathrm{rw}}}{\mu_{\mathrm{w}}}\nabla\varphi_{\mathrm{w}}\right)+B_{\mathrm{w}}q+\left(K_3\frac{k_{\mathrm{rw}}}{\mu_{\mathrm{w}}}\frac{\partial\varphi_{\mathrm{w}}}{\partial z}\right)_{z=H_2}$$
$$=\Phi s'\left(\frac{\partial\varphi_{\mathrm{o}}}{\partial t}-\frac{\partial\varphi_{\mathrm{w}}}{\partial t}\right),\quad X\in\Omega_3, t\in J. \tag{3.2.3b}$$

此处 φ_{o}、φ_{w} 分别为油、水位势, 是需要寻求的基本未知函数. K_1、K_2、K_3 为相应层的地层渗速率, μ_{o}、μ_{w} 分别为油相、水相黏度, K_{o}、K_{w} 分别为油相、水相的相对渗透率. 按渗流力学的达西定律,

$$-K_3\frac{k_{\mathrm{ro}}}{\mu_{\mathrm{o}}}\frac{\partial\varphi_{\mathrm{o}}}{\partial z}=q_{h,\mathrm{o}},\quad -K_3\frac{k_{\mathrm{rw}}}{\mu_{\mathrm{w}}}\frac{\partial\varphi_{\mathrm{w}}}{\partial z}=q_{h,\mathrm{w}}.$$

3.3 数值模拟方法

3.3.1 三维问题的修正算子分裂隐式迭代格式

在 z 方向,

$$\frac{1}{2}\Delta_{\bar z}(A_{z\mathrm{w}}\Delta_z\varphi_{\mathrm{w}}^*)+\frac{1}{2}\Delta_{\bar z}(A_{z\mathrm{w}}\Delta_z\varphi_{\mathrm{w}}^{(l)})+\Delta_{\bar y}(A_{y\mathrm{w}}\Delta_y\varphi_{\mathrm{w}}^{(l)})$$
$$+\Delta_{\bar x}(A_{x\mathrm{w}}\Delta_x\varphi_{\mathrm{w}}^{(l)})-G\varphi_{\mathrm{w}}^*+G\varphi_{\mathrm{o}}^*$$
$$=H_{l+1}\left(\sum A_{\mathrm{w}}\right)(\varphi_{\mathrm{w}}^*-\varphi_{\mathrm{w}}^{(l)})-B_{\mathrm{w}}^m q^{m+1}-G\varphi_{\mathrm{w}}^m+G\varphi_{\mathrm{o}}^m, \tag{3.3.1a}$$

$$\frac{1}{2}\Delta_{\bar z}(A_{z\mathrm{o}}\Delta_z\varphi_{\mathrm{o}}^*)+\frac{1}{2}\Delta_{\bar z}(A_{z\mathrm{o}}\Delta_z\varphi_{\mathrm{o}}^{(l)})+\Delta_{\bar y}(A_{y\mathrm{o}}\Delta_y\varphi_{\mathrm{o}}^{(l)})$$
$$+\Delta_{\bar x}(A_{x\mathrm{o}}\Delta_x\varphi_{\mathrm{o}}^{(l)})+G\varphi_{\mathrm{w}}^*-G\varphi_{\mathrm{o}}^*$$
$$=H_{l+1}\left(\sum A_{\mathrm{o}}\right)(\varphi_{\mathrm{o}}^*-\varphi_{\mathrm{o}}^{(l)})-B_{\mathrm{o}}^m q^{m+1}+G\varphi_{\mathrm{w}}^m-G\varphi_{\mathrm{o}}^m. \tag{3.3.1b}$$

在 y 方向,

$$\frac{1}{2}\Delta_{\bar y}(A_{y\mathrm{w}}\Delta_y\varphi_{\mathrm{w}}^{**})-\frac{1}{2}\Delta_{\bar y}(A_{y\mathrm{w}}\Delta_y\varphi_{\mathrm{w}}^{(l)})-G\varphi_{\mathrm{w}}^{**}+G\varphi_{\mathrm{o}}^{**}$$
$$=H_{l+1}\left(\sum A_{\mathrm{w}}\right)(\varphi_{\mathrm{w}}^{**}-\varphi_{\mathrm{w}}^*)-G\varphi_{\mathrm{w}}^*+G\varphi_{\mathrm{o}}^*, \tag{3.3.1c}$$

$$\frac{1}{2}\Delta_{\bar y}(A_{y\mathrm{o}}\Delta_y\varphi_{\mathrm{o}}^{**})-\frac{1}{2}\Delta_{\bar y}(A_{y\mathrm{o}}\Delta_y\varphi_{\mathrm{o}}^{(l)})+G\varphi_{\mathrm{w}}^{**}-G\varphi_{\mathrm{o}}^{**}$$
$$=H_{l+1}\left(\sum A_{\mathrm{o}}\right)(\varphi_{\mathrm{o}}^{**}-\varphi_{\mathrm{o}}^*)+G\varphi_{\mathrm{w}}^*-G\varphi_{\mathrm{o}}^*. \tag{3.3.1d}$$

在 x 方向,

$$\frac{1}{2}\Delta_{\bar x}(A_{x\mathrm{w}}\Delta_x\varphi_{\mathrm{w}}^{(l+1)})-\frac{1}{2}\Delta_{\bar x}(A_{x\mathrm{w}}\Delta_z\varphi_{\mathrm{w}}^{(l)})-G\varphi_{\mathrm{w}}^{(l+1)}+G\varphi_{\mathrm{o}}^{(l+1)}$$
$$=H_{l+1}\left(\sum A_{\mathrm{w}}\right)(\varphi_{\mathrm{w}}^{(l+1)}-\varphi_{\mathrm{w}}^{**})-G\varphi_{\mathrm{w}}^{**}+G\varphi_{\mathrm{o}}^{**}, \tag{3.3.1e}$$

$$\begin{aligned}&\frac{1}{2}\Delta_{\bar{x}}(A_{x\mathrm{o}}\Delta_x\varphi_{\mathrm{o}}^{(l+1)})-\frac{1}{2}\Delta_{\bar{x}}(A_{x\mathrm{o}}\Delta_x\varphi_{\mathrm{o}}^{(l)})+G\varphi_{\mathrm{w}}^{(l+1)}-G\varphi_{\mathrm{o}}^{(l+1)}\\=&H_{l+1}\left(\sum A_{\mathrm{o}}\right)(\varphi_{\mathrm{o}}^{(l+1)}-\varphi_{\mathrm{o}}^{**})+G\varphi_{\mathrm{w}}^{**}-G\varphi_{\mathrm{o}}^{**}.\end{aligned}\tag{3.3.1f}$$

对三维问题为达到数值解高精度的目的, 必须引入残量的计算:

$$P_z=\varphi_{\mathrm{w}}^{*}-\varphi_{\mathrm{w}}^{(l)},\quad P_y=\varphi_{\mathrm{w}}^{**}-\varphi_{\mathrm{w}}^{*},\quad p_x=\varphi_{\mathrm{w}}^{(l+1)}-\varphi_{\mathrm{w}}^{**},\tag{3.3.2a}$$

$$R_z=\varphi_{\mathrm{o}}^{*}-\varphi_{\mathrm{o}}^{(l)},\quad R_y=\varphi_{\mathrm{o}}^{**}-\varphi_{\mathrm{o}}^{*},\quad R_x=\varphi_{\mathrm{w}}^{(l+1)}-\varphi_{\mathrm{o}}^{**}.\tag{3.3.2b}$$

最后提出新的关于残量的二阶算子分裂隐式迭代格式:

在 z 方向,

$$\begin{aligned}&\frac{1}{2}\Delta_{\bar{z}}(A_{z\mathrm{w}}\Delta_z P_z)-\left(G+H_{l+1}\sum A_{\mathrm{w}}\right)P_z+GR_z\\=&-[\Delta(A_{\mathrm{w}}\Delta\varphi_{\mathrm{w}}^{(l)})+B_{\mathrm{w}}^{m}q^{m+1}-G(\varphi_{\mathrm{w}}^{(l)}-\varphi_{\mathrm{w}}^{m})+G(\varphi_{\mathrm{o}}^{(l)}-\varphi_{\mathrm{o}}^{m})],\end{aligned}\tag{3.3.3a}$$

$$\begin{aligned}&\frac{1}{2}\Delta_{\bar{z}}(A_{z\mathrm{o}}\Delta_z R_z)-\left(G+H_{l+1}\sum A_{\mathrm{o}}\right)R_z+GP_z\\=&-[\Delta(A_{\mathrm{o}}\Delta\varphi_{\mathrm{o}}^{(l)})+B_{\mathrm{o}}^{m}q^{m+1}+G(\varphi_{\mathrm{w}}^{(l)}-\varphi_{\mathrm{w}}^{m})-G(\varphi_{\mathrm{o}}^{(l)}-\varphi_{\mathrm{o}}^{m})].\end{aligned}\tag{3.3.3b}$$

在 y 方向,

$$\frac{1}{2}\Delta_{\bar{y}}(A_{y\mathrm{w}}\Delta_y P_y)-\left(G+H_{l+1}\sum A_{\mathrm{w}}\right)P_y+GR_y=-\frac{1}{2}\Delta_{\bar{y}}(A_{y\mathrm{w}}\Delta_y P_z),\tag{3.3.3c}$$

$$\frac{1}{2}\Delta_{\bar{y}}(A_{y\mathrm{o}}\Delta_y R_y)-\left(G+H_{l+1}\sum A_{\mathrm{o}}\right)R_y+GP_y=-\frac{1}{2}\Delta_{\bar{y}}(A_{y\mathrm{o}}\Delta_y R_z).\tag{3.3.3d}$$

在 x 方向,

$$\frac{1}{2}\Delta_{\bar{x}}(A_{x\mathrm{w}}\Delta_x P_x)-\left(G+H_{l+1}\sum A_{\mathrm{w}}\right)P_x+GR_x=-\frac{1}{2}\Delta_{\bar{x}}(A_{x\mathrm{w}}\Delta_x(P_y+P_z)),\tag{3.3.3e}$$

$$\frac{1}{2}\Delta_{\bar{x}}(A_{x\mathrm{o}}\Delta_x R_x)-\left(G+H_{l+1}\sum A_{\mathrm{o}}\right)R_x+GP_x=-\frac{1}{2}\Delta_{\bar{x}}(A_{x\mathrm{o}}\Delta_x(R_y+R_z)).\tag{3.3.3f}$$

当迭代误差达到精度要求时, 取此时的迭代值 $\varphi_{\mathrm{o}}^{(l+1)}$、$\varphi_{\mathrm{w}}^{(l+1)}$ 为 $\varphi_{\mathrm{o}}^{m+1}$、$\varphi_{\mathrm{w}}^{m+1}$, 则可求出 S^{m+1} 来.

在实际数值计算时, 必须对地质参数 k_{rw}、k_{ro}、$p_{\mathrm{c}}(s)$ 进行数据处理和滤波, 去伪存真, 才能得到正确的结果.

3.3.2 准三维问题的数学模型和算法

当运载层的实际厚度比水平方向模拟区域尺寸小得多时, 可以按下述方法将其化为二维问题求解, 故此问题亦称准三维问题.

$$\nabla\cdot\left(\bar{K}\frac{\Delta z k_{\mathrm{ro}}}{\mu_{\mathrm{o}}}\nabla\varphi_{\mathrm{o}}\right)+B_{\mathrm{o}}\bar{q}\Delta z=-\bar{\Phi}s'\Delta z\left(\frac{\partial\varphi_{\mathrm{o}}}{\partial t}-\frac{\partial\varphi_{\mathrm{w}}}{\partial t}\right),\tag{3.3.4a}$$

$$\nabla\cdot\left(\bar{K}\frac{\Delta z k_{\mathrm{rw}}}{\mu_{\mathrm{w}}}\nabla\varphi_{\mathrm{w}}\right)+B_{\mathrm{w}}\bar{q}\Delta z=\bar{\varPhi}s'\Delta z\left(\frac{\partial\varphi_{\mathrm{o}}}{\partial t}-\frac{\partial\varphi_{\mathrm{w}}}{\partial t}\right),\tag{3.3.4b}$$

其中 Δz 是运载层的厚度, 它是 (x, y) 的函数.

$$\bar{K}=\frac{1}{\Delta z}\int_{h_1(x,y)}^{h_2(x,y)}K(x,y,z)\mathrm{d}z,\quad \bar{\varPhi}=\frac{1}{\Delta z}\int_{h_1(x,y)}^{h_2(x,y)}\varPhi(x,y,z)\mathrm{d}z,$$

$$\bar{q}=\frac{1}{\Delta z}\int_{h_1(x,y)}^{h_2(x,y)}q(x,y,z)\mathrm{d}z,$$

此处 $h_1(x,y)$、$h_2(x,y)$ 分别为运载层在 (x, y) 处上边界与下边界的深度.

关于准三维问题 (3.3.4a), (3.3.4b) 提出一种新的修正算子分裂隐式迭代格式:

在 x 方向,

$$\begin{aligned}&\Delta_{\bar{x}}(A_{z\mathrm{w}}\Delta_x\varphi_{\mathrm{w}}^*)+\Delta_{\bar{y}}(A_{y\mathrm{w}}\Delta_y\varphi_{\mathrm{w}}^{(l)})-G\varphi_{\mathrm{w}}^*+G\varphi_{\mathrm{o}}^*\\=&H_{l+1}\left(\sum A_{\mathrm{w}}\right)(\varphi_{\mathrm{w}}^*-\varphi_{\mathrm{w}}^{(l)})-B_{\mathrm{w}}^mq^{m+1}-G\varphi_{\mathrm{w}}^m+G\varphi_{\mathrm{o}}^m,\end{aligned}\tag{3.3.5a}$$

$$\begin{aligned}&\Delta_{\bar{x}}(A_{z\mathrm{o}}\Delta_x\varphi_{\mathrm{o}}^*)+\Delta_{\bar{y}}(A_{y\mathrm{o}}\Delta_y\varphi_{\mathrm{o}}^{(l)})+G\varphi_{\mathrm{w}}^*-G\varphi_{\mathrm{o}}^*\\=&H_{l+1}\left(\sum A_{\mathrm{o}}\right)(\varphi_{\mathrm{o}}^*-\varphi_{\mathrm{o}}^{(l)})-B_{\mathrm{o}}^mq^{m+1}+G\varphi_{\mathrm{w}}^m-G\varphi_{\mathrm{o}}^m.\end{aligned}\tag{3.3.5b}$$

在 y 方向,

$$\begin{aligned}&\Delta_{\bar{x}}(A_{x\mathrm{w}}\Delta_x\varphi_{\mathrm{w}}^*)+\Delta_{\bar{y}}(A_{y\mathrm{w}}\Delta_y\varphi_{\mathrm{w}}^{(l+1)})-G\varphi_{\mathrm{w}}^{(l+1)}+G\varphi_{\mathrm{o}}^{(l+1)}\\=&H_{l+1}\left(\sum A_{\mathrm{w}}\right)(\varphi_{\mathrm{w}}^{(l+1)}-\varphi_{\mathrm{w}}^*)-B_{\mathrm{w}}^mq^{m+1}-G\varphi_{\mathrm{w}}^m+G\varphi_{\mathrm{o}}^m,\end{aligned}\tag{3.3.5c}$$

$$\begin{aligned}&\Delta_{\bar{x}}(A_{x\mathrm{o}}\Delta_x\varphi_{\mathrm{w}}^*)+\Delta_{\bar{y}}(A_{y\mathrm{w}}\Delta_y\varphi_{\mathrm{w}}^{(l+1)})+G\varphi_{\mathrm{w}}^{(l+1)}-G\varphi_{\mathrm{o}}^{(l+1)}\\=&H_{l+1}\left(\sum A_{\mathrm{o}}\right)(\varphi_{\mathrm{o}}^{(l+1)}-\varphi_{\mathrm{o}}^*)-B_{\mathrm{o}}^mq^{m+1}+G\varphi_{\mathrm{w}}^m-G\varphi_{\mathrm{o}}^m,\end{aligned}\tag{3.3.5d}$$

此处 $G=-V_p\varPhi s'/\Delta t, V_p=\Delta_x\Delta_y, H_{l+1}$ 为迭代因子,

$$\sum A_{\mathrm{w}}=A_{\mathrm{w},i+1/2,j}+A_{\mathrm{w},i-1/2,j}+\cdots+A_{\mathrm{w},i,j-1/2},$$

$$\sum A_{\mathrm{o}}=A_{\mathrm{o},i+1/2,j}+A_{\mathrm{o},i-1/2,j}+\cdots+A_{\mathrm{o},i,j-1/2}.$$

3.3.3 多层问题 (带断层、通道) 的计算格式

对于多层 (带断层、通道) 运移聚集的耦合修正算子分裂隐迭代格式.

对第一层的格式:

$$\nabla\cdot\left(\bar{K}_1\Delta z_1\frac{k_{\mathrm{ro}}}{\mu_{\mathrm{o}}}\nabla\varphi_{\mathrm{o}}\right)+B_{\mathrm{o}}\bar{q}\Delta z_1+q_{h,\mathrm{o}}^1=-\bar{\varPhi}s'\left(\frac{\partial\varphi_{\mathrm{o}}}{\partial t}-\frac{\partial\varphi_{\mathrm{w}}}{\partial t}\right),\quad X\in\varOmega_1,t\in J,\tag{3.3.6a}$$

$$\nabla\cdot\left(\bar{K}_1\Delta z_1\frac{k_{\mathrm{rw}}}{\mu_{\mathrm{w}}}\nabla\varphi_{\mathrm{w}}\right)+B_{\mathrm{w}}\bar{q}\Delta z_1+q_{h,\mathrm{w}}^1=\bar{\varPhi}s'\left(\frac{\partial\varphi_{\mathrm{o}}}{\partial t}-\frac{\partial\varphi_{\mathrm{w}}}{\partial t}\right),\quad X\in\varOmega_1,t\in J,\tag{3.3.6b}$$

此处 $\bar{K}_1 = \dfrac{1}{\Delta z_1}\displaystyle\int_{h_1^1(x,y)}^{h_2^1(x,y)} K_1(x,y,z)\mathrm{d}z, \bar{\Phi} = \dfrac{1}{\Delta z_1}\displaystyle\int_{h_1^1(x,y)}^{h_2^1(x,y)} \Phi(x,y,z)\mathrm{d}z, \bar{q} = \dfrac{1}{\Delta z_1}\displaystyle\int_{h_1^1(x,y)}^{h_2^1(x,y)} q(x,y,z)\mathrm{d}z.$

对第二层的格式:

$$\nabla\cdot\left(\bar{K}_2\Delta z_2\frac{k_{\mathrm{ro}}}{\mu_{\mathrm{o}}}\nabla\varphi_{\mathrm{o}}\right)+B_{\mathrm{o}}\bar{q}\Delta z_2-q_{h,\mathrm{o}}^2=-\bar{\Phi}s'\left(\frac{\partial\varphi_{\mathrm{o}}}{\partial t}-\frac{\partial\varphi_{\mathrm{w}}}{\partial t}\right),\quad X\in\Omega_1, t\in J, \tag{3.3.7a}$$

$$\nabla\cdot\left(\bar{K}_2\Delta z_2\frac{k_{\mathrm{rw}}}{\mu_{\mathrm{w}}}\nabla\varphi_{\mathrm{w}}\right)+B_{\mathrm{w}}\bar{q}\Delta z_2-q_{h,\mathrm{w}}^2=\bar{\Phi}s'\left(\frac{\partial\varphi_{\mathrm{o}}}{\partial t}-\frac{\partial\varphi_{\mathrm{w}}}{\partial t}\right),\quad X\in\Omega_1, t\in J, \tag{3.3.7b}$$

此处 $\bar{K}_2, \Delta z_2$ 等均有相应的积分平均表达式. 在方程组 (3.3.6a)-(3.3.6b)、(3.3.7a)-(3.3.7b) 中可以认为 $q_{h,\mathrm{o}}^1 \approx q_{h,\mathrm{o}}^2, q_{h,\mathrm{w}}^1 \approx q_{h,\mathrm{w}}^2$ 用达西定理将此二数值格式耦合起来. 成功地解决了这一著名问题.

3.3.4　水动力学数值模拟计算

应用我们提出的计算格式, 对国际著名学者 M. K. Hubbert, H. Hembicki, L. Catalan 等做过的二次运移聚集著名的水动力学实验进行了数值模拟, 其计算结果与实验完全吻合, 并具有很强的物理性, 十分清晰地看到油水运移、分离、聚集的全过程, 同时也指明计算格式具有很强的收敛性、稳定性和很高的精确度. 在此基础上, 我们又成功地对胜利油田惠民凹陷、东营凹陷和滩海地区的实际问题进行了数值模拟计算, 模拟结果在油田位置等方面和实际情况基本相吻合. 本系统在国际上率先实现了多层 (带断层、通道) 二次运移聚集数值模拟, 是盆地模拟技术的最新成果.

3.4　并行计算研究

多层二次运移数值模拟的核心是求解大型耦合偏微分方程组. 它包括求解每个单层的油位势和水位势所满足的微分方程组和沿着断层或不整合面等通道垂向窜流的微分方程. 从软件系统体系结构来看, 其核心部分是一个四重循环的结构. 第一层循环是描述各个盆地发育地质时期的信息, 例如按时间顺序划分, 下第三系的沙河街组、东营组、沉积间断、上第三系的馆陶组、明化镇组以及第四系的平原组. 第二层循环是在一个地质时期内时间步长的循环, 由于我们计算格式的强稳定性, 一般时间步长取一个世纪或半个世纪. 第三层循环是层循环, 跑完一层再跑下一层. 第四层循环是对差分方程组使用迭代法求解, 当计算满足误差要求时, 就转入下一个时间步长计算. 当计算规模大, 如层内网格划分得比较细, 节点数目较多, 计算的层数也较多时, 在计算机上用的机时就很多了. 在我们计算的胜利油田滩海地区, 网格总数接近一万个, 数值模拟用了 12 个小时.

研究目标之一是选择合适并行计算的软硬件环境, 设计并行算法, 在现有条件下, 提高计算效率, 以期达到工业化生产应用目的.

目前世界上大型并行机系统分为五类:

(1) 并行向量处理机 (parallel vector processor, PVP), 系统含有少量的高性能专门设计定制的向量处理器 (VP), 使用高带宽交叉开关网络将各 VP 连向共享存储模块. 我国的银河 1 号就是这样的 PVP.

(2) 对称多处理机 (symmetic multiprocessor, SMP), 它们使用商品处理器, 经由高速总线共享存储器, 但系统中处理器不能太多, 其总线一旦作成也难于扩展, SGI Power Challenge、曙光一号都是这种类型机器.

(3) 大规模并行处理机 (massively parallel processor, MPP), 处理节点采用商品微处理器, 系统中有物理上的分布式存储器, 采用定制的通信带宽, 能扩放至成百上千个处理器. 进程间通信采用消息传递相互作用, IBMSP2、曙光 1000 和神威计算机属于这种类型.

(4) 分布共享储存 (distributed shared memory, DSM), 共享存储器物理上不是分布在各个节点上, 但是为了使用高速缓存目录用于支持分布高速缓存的一致性, 从而提高一个单地址的编程空间, 较容易编制程序, SGI Origin2000 属于此类结构.

(5) 工作站机群 (cluster of workstation, COW), 它的每个节点都是一个完整的工作站 (不包括监视器、键盘、鼠标等, 这样节点有时叫无头工作站), 一个节点也可以是一台 PC 或者 SMP. 节点通过一种低成本的商品网络 (如以太网, FDDI 等) 互连. 各节点有本地磁盘, 驻留有完整的操作系统, 外附加软件层支持单一系统映象, 并行度、通信和负载平衡.

现在, MPP 与 COW 之间的界线越来越模糊, 但是 COW 相对 MPP 有性能/价格比高的优势, 我们选择 COW.

本软件系统在其上运行的机群有六个节点, 每个节点由当时的高档微机构成, 主机节点名为 Cluster01, 子机节点为 Cluster02, $\cdots$, Cluster06. 各节点的配置基本相同, CPU 为 AMDk7, 主频 650M, 内存 256M, 20G 的硬盘, 100M/10M 自适应网卡, 由 100M 独占的交换机连接在一起, 操作系统为 Linnux Redhat 6.2.

在上述硬件基础上, 我们采用并行虚拟机 (parallel virtual machine, PVM) 编程环境. 它是一种支持网络并行计算的支撑软件, 是美国国家基金会资助的公开软件系统, 具有通用性强及系统规模小的特点. 1995 年发布 3.3 版本, 可在同构/异构型网络环境模拟实现一个基于消息传递的并行程序设计接口, 使网上的用户能够集中使用众多机器资源来求解大规模计算问题. PVM 为程序员提供实现消息传递和函数库, 程序员通过调用 PVM 的库函数来达到并行计算目的, 它提供 C 语言和 FORTRAN 语言接口. 因此一个并行程序可以说是用标准串行语言书写的代码加上消息接受和发送库函数的调用来实现的.

并行算法采用“分而治之”策略, 即区域分解法. 它是将一个大的问题区域分解为若干个较小的问题区域, 然后对其进行并行求解. 前面已叙述过, 本问题核心部分有四重循环, 在第三重循环, 串行计算是按地层顺序, 一个层计算完后再计算下一个层. 现在我们把子区域理解成各个层, 对层的计算分配到各个处理器上, 让它们同时并行计算, 在一个时间步长内第四重迭代计算是在各处理器上同时并行进行的, 当各层都收敛后再转到下一个时间步去. 我们的并行程序结构是主机/节点结构. 在此结构中, 程序有两部分组成: 一是主机程序, 二是节点机程序, 主机程序运行在主机节点上, 也就是 Cluster01, 节点机程序运行在计算子节点上, 也就是 Cluster02, $\cdots$, Cluster06. 当并行程序启动时, 首先主节点 01 先运行, 它接受用户在菜单上选择的信息, 再把其他节点启动起来. 在一个时间步内, 主节点等待其他节点计算出油位势、水位势和含水饱和度的数据. 当这些数据全部达到主节点后, 主节点负责计算沿着断层的窜流量, 窜流量包括油量和水量, 然后又把窜流量发送到各个子节点去, 为下一个时间步的计算做准备. 各子节点负责本层的油位势、水位势和含水饱和度的迭代求解, 当上述量解出以后, 各自送到主节点去. 然后等待主节点发来的沿着断层窜流的油量和水量. 在一个时间步内, 有的层计算快慢可能不平衡, 这里有计算同步控制等处理. 一个问题是主、次节点间消息传递要消耗一部分机器时间, 另一个问题是负载平衡问题, 同步也消耗一定机器时间. 由于各节点都负担一个层的计算任务, 各个地层地质参数差异不大时, 计算的工作量基本相当, 所以基本达到各节点负载平衡, 用于同步等待所消耗的机器时间不多.

评价并行效果的一个指称为并行加速比, 其定义为

$$S_{\mathrm{P}} = \frac{T_{\mathrm{L}}}{T_{\mathrm{P}}},$$

这里, T_{L} 为串行计算时间, T_{P} 为并行计算时间.

实际计算表明, 我在惠民地区计算时, 地层数是 2 层, 用三个 CPU, 串行计算花费 30 分钟, 并行计算花费 24 分钟, 加速比为 1.25. 在滩海地区模拟计算时, 地层数是 3, 使用四个 CPU, 串行计算花费 12 小时, 并行计算花费 4 个多小时, 加速比为 3, 基本上比计算一个单层时间稍多一点, 当然计算层数越多, 加速比越大.

3.5 胜利油田惠民凹陷的数值模拟和分析

3.5.1 模型问题

模型 (图 3.5.1) 试算结果分析:

(1) 模型试算结果符合油水运移聚集规律, 油从下层逐渐运移聚集到上层.

(2) 在 SGI 工作站上计算速度很快, 能用于大规模科学与工程计算.

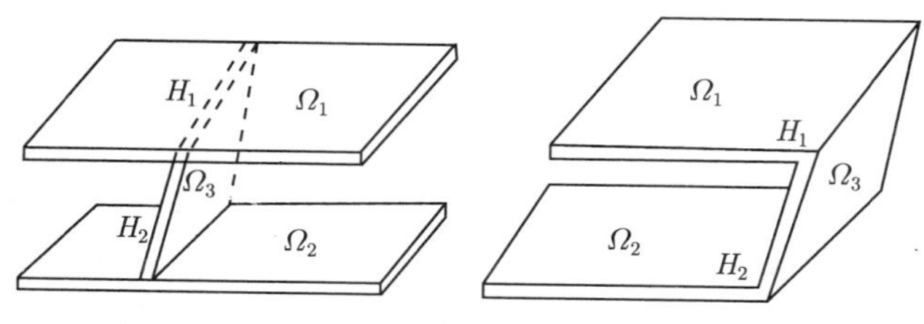

图 3.5.1 断层与通道主要是垂直方向示意图

3.5.2 实际问题的数值模拟

我们对胜利油田计算中心软件室提供的实际地质参数进行了数值模拟计算, 共处理了两个目标地质区域, 并对 (2)、(3) 考虑断层、通道和不考虑的情况作了对比.

(1) 沙三下、沙二双层带断层通道的数值模拟.

(2) 沙三下、沙三上双层带断层通道的数值模拟.

(3) 沙三下、沙三上单层问题的数值模拟以及和问题 (2) 的对比.

数值模拟结果及分析:

(1) 数值模拟结果符合油水运移聚集规律, 可清晰地看到油在下层运移聚集的情况, 并由断层通道进一步运移聚集到上层, 最后形成油藏的全过程.

(2) 在 SGI 类型的工作站上能完成全部数值模拟计算, 这使本软件系统有着重要的推广价值.

3.5.3 成果图件

见图 3.5.2~ 图 3.5.4.

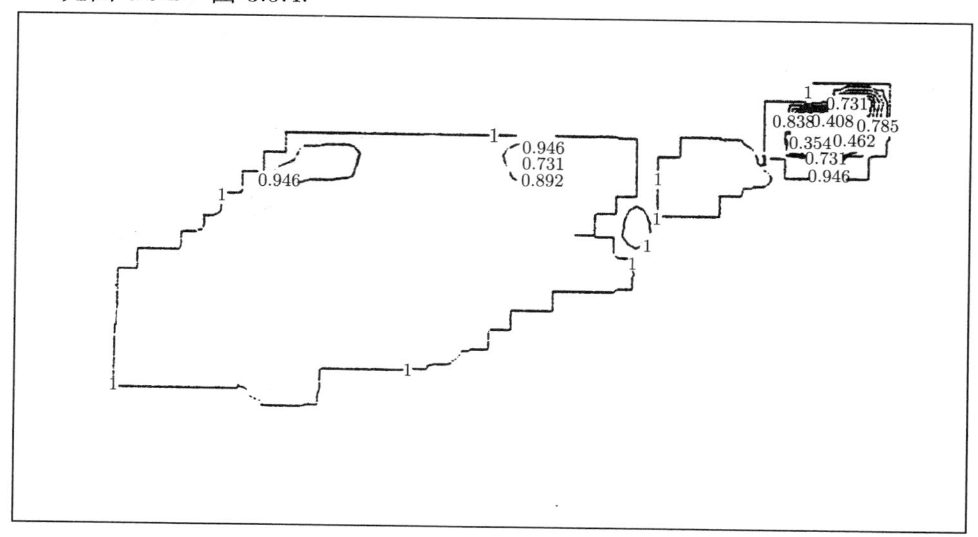

(a) 沙二水饱和度等值线图

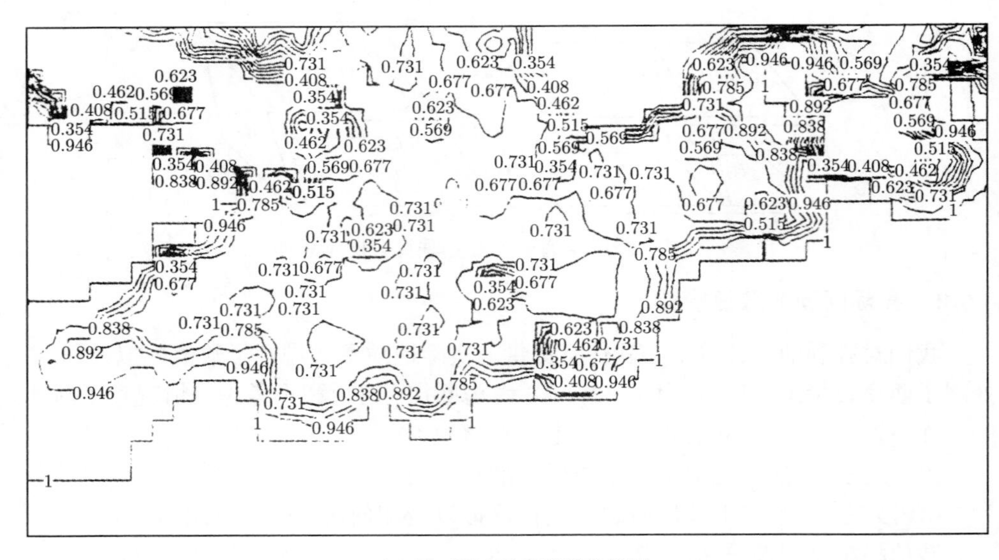

(b) 沙三下水饱和度等值线图

图 3.5.2　沙三下, 沙二双层数值模拟结果

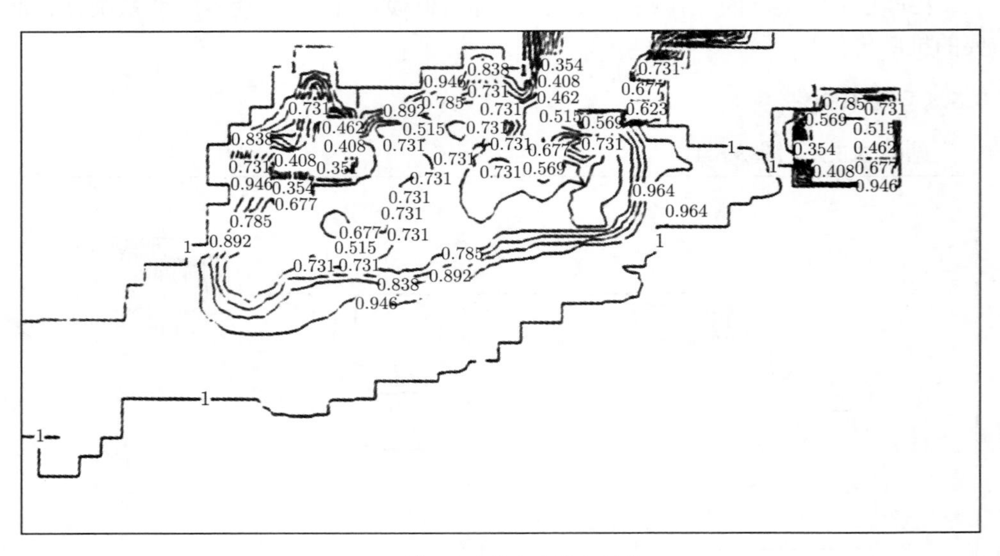

(a) 沙三上水饱和度等值线图

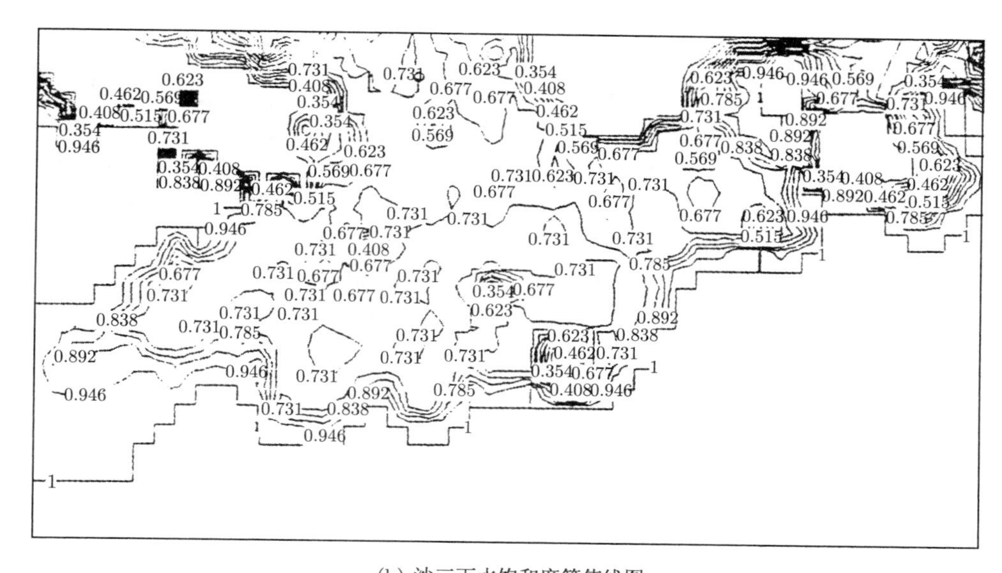

(b) 沙三下水饱和度等值线图

图 3.5.3 沙三下, 沙三上双层数值模拟结果

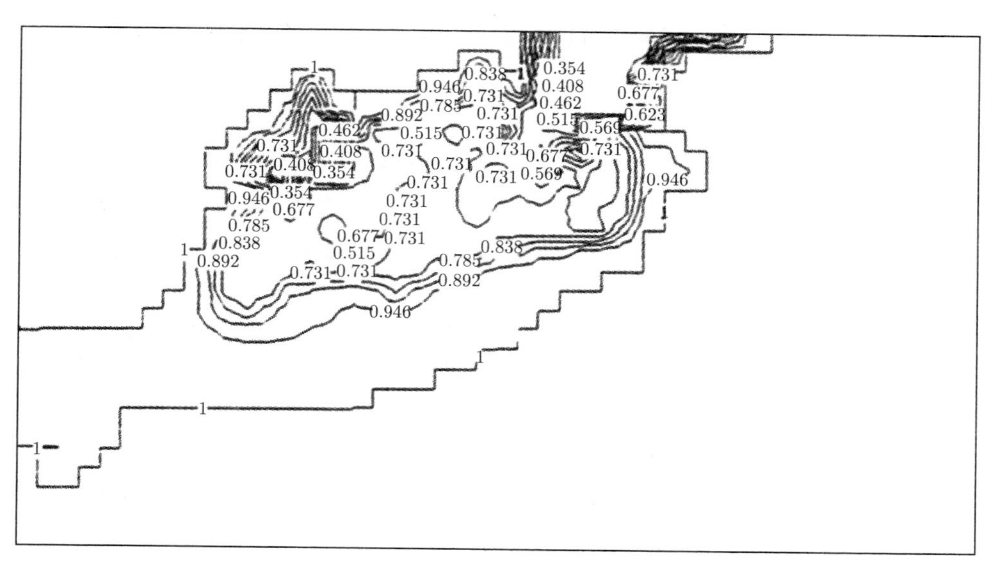

(a) 沙三上单层数值模拟结果水饱和度等值线图

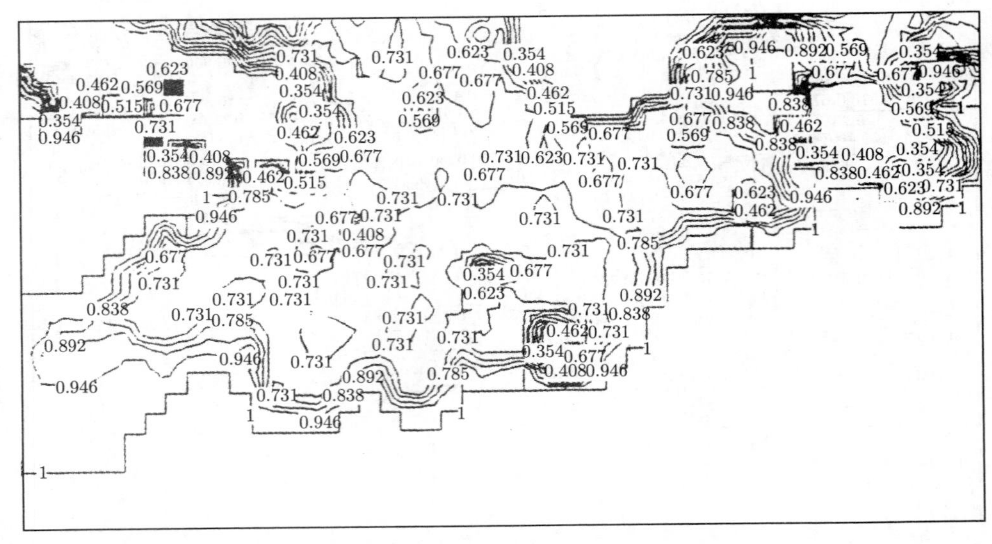

(b) 沙三下单层数值模拟结果水饱和度等值线图

图 3.5.4

3.6 胜利油田滩海地区多层油资源数值模拟和分析

3.6.1 模拟工区概况

滩海地区的工区范围为 (20611700m, 4169000m)、(20717000m, 4253000m), 盆地面积为 8845.2km^2, x 方向网格步长为 1620m, 网格数为 65, y 方向网格步长为 1680m, 网格数为 50, 时间步长为 500 年. 滩海地区多层油资源数值模拟包括以下三个层段: 沙三下段、沙三中段、沙三上段.

胜利油田计算中心提供的地质资料分析指明, 凸起自西北而东南依次为: 呈子口凸起 — 庆云凸起、义和庄凸起 — 无棣宁津凸起、陈家庄凸起 — 滨县凸起、青坨子凸起 — 垦东凸起; 凸起之间的凹陷自西北而东南依次为: 呈北凹陷、沾化凹陷、东营凹陷、桩东凹陷、黄河口凹陷.

断层采用平面网格分布、垂向运移的模型, 解决实际问题中油资源沿断层运移的问题.

3.6.2 模拟计算结果分析

从排烃强度图中可以看出明显的生油洼 (凹) 陷中心有: 埕北凹陷、渤南洼陷、孤南洼陷、富林洼陷、郭局子洼陷、五号桩洼陷、黄河口凹陷. 从沙三下段每个历史时期的排烃量等值线图上看, 排烃时期从东二段开始, 最大也就是最好的排烃时期包括：东营组、馆陶组、明化镇组、平原组. 由于上述四个时期的排烃量较大, 说明该时期的油源供应比较充足, 石油运移的范围和聚集的程度也相应大些 (图 3.6.1).

从沙三下段油位势图可以看出石油运移的方向, 也就是从生油洼陷的中心向其周围的斜坡和隆起方向运移, 即从构造的低部位向高部位运移, 油资源运移到一定程度, 遇到有利的成藏条件, 便聚集成藏 (图 3.6.1).

综合单层和多层沙三下段、沙三上段各个地质历史时期的含油饱和度分布图可以看出, 由于在东二段、东一段的排烃能力很小, 石油在东二段、东一段运移的量及运移的距离都很小, 直到沉积间断后, 到馆陶组末才有大规模和远距离的运移. 由此可以反映出, 模拟结果符合油水运移聚集的渗流物理力学特征, 即油聚集到一定饱和度后, 在油位势、水位势综合作用下, 油在三维空间中从高位势向低位势方向运移, 在油的局部低位势区发生聚集, 并可能成藏. 从多层油资源运移聚集模拟计算的结果可以看出, 沙三下段和沙三中段的油沿着断层向沙三上段运移, 并在洼陷周围的隆起和斜坡带聚集, 即埕岛地区、老河口、五号桩及孤东地区, 这与胜利油田现今勘探形势现状基本吻合. 并且沙三上段含油饱和度 0.65 大面积分布, 明显比单层沙三上段的含油饱和度分布范围大, 并且在孤南和孤岛地区含油饱和度也有一定程度的分布, 这些都是沿着断层运移聚集的结果.

下面以埕岛地区为例, 对运移计算结果进行分析：

埕岛地区位于济阳坳陷与渤中坳陷交接处, 是北西走向的埕北构造体系, 近南北走向的孤东一长堤构造体系和北东走向的渤南构造体系交接处, 具有独特的地质构造和油气聚集特征. 区内育三套基底断裂, 三组断层在不同时期发育强度不同, 控制了潜山坡覆构造的发育. 本区自 1988 年以来, 共发现七套含油层系, 其中埕岛、长堤、五号桩油田的位置与含油饱和度分布图区域相吻合. 该区带是一个四周被生油凹陷 (五号桩、埕北、黄河口) 环绕的大型潜山坡覆构造带, 油源条件特别有利, 是三个大的生油凹陷长期运移的有利指向, 油气分布受基底断层和潜山披覆构造的控制, 表现为多层系、多类型叠合含油连片, 是一典型的大型复式油气聚集区. 目前已发现的含油层系都具有配套的储盖组合和非常有利的成藏条件, 其中下第三系的原油性质好、产能高, 该带上下第三系均有一定的勘探潜力. 从运移聚集的结果也可以看出, 埕岛地区含油饱和度大部分为 0.65, 且分布连片, 与现今的油田位置 (埕岛油田、五号桩油田) 基本相吻合.

3.6.3 断层效应

断层取自滩海地区三级以上的断层, 主要分布于埕南断裂带、渤南洼陷斜坡带和郭局子洼陷南部. 模型中采用平面网格分布、垂直运移的模型, 经过实际试算, 断层的运移效应达到设计的要求, 体现了油资源沿断层运移的实际情况.

3.6.4 成果图件

见图 3.6.1~ 图 3.6.3.

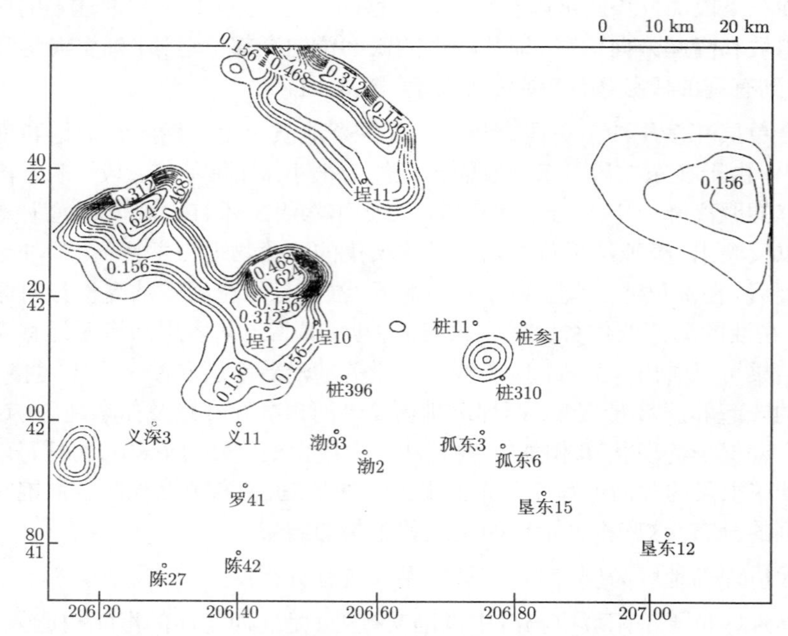

图 3.6.1 滩海地区沙三上多层含油饱和度等值线图

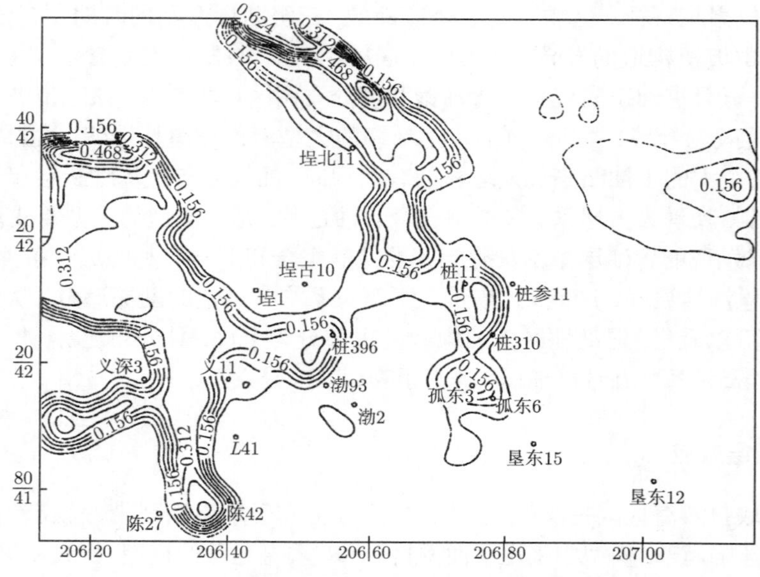

图 3.6.2 滩海地区沙三中多层含油饱和度等值线图

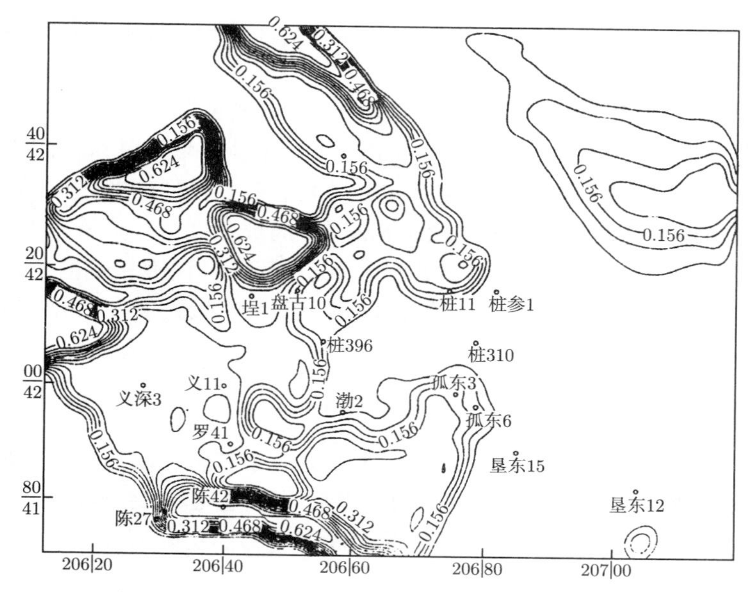

图 3.6.3 滩海地区沙三下多层含油饱和度等值线图

3.7 胜利油田东营凹陷的并行计算数值模拟和分析

3.7.1 工区及模型问题

东营凹陷是渤海湾盆地东南部的一个次级构造盆地, 东西长 90km, 南北宽 65km, 面积 5700km^2, 下第三系始新统及渐新统沙河街组是凹陷的主要成油体系和勘探开发目的层系. 东营凹陷的油资源模拟包括以下四个层段: 沙四上亚段、沙三下亚段、沙三中亚段、沙三上亚段. 工区范围为 (20551000m, 4088000m)、(20695000m, 4172000m), 模拟工区东西长 144km, 南北长 84km, 模拟工区面积为 11928km^2, 网格划分为: x 方向步长为 2000m, 网格数为 71, y 方向 2000m, 网格数 42, 时间步长大部分为 1000 年.

断层采用平面网格分布、垂向运移的模型, 解决实际问题中油资源沿断层运移的问题.

3.7.2 工区及模拟的结果分析

通过对该工作区的模拟计算, 以及对该地区实际勘探程度的比对, 得出如下结论: 模拟结果和区带具有完全吻合的对应关系.

从含油饱和度等值线图上, 完全可以看出, 东营凹陷北部陡坡带、东营凹陷中央背斜带、东营凹陷南部斜坡带、纯化鼻状构造带、博兴洼陷南坡、青城低凸起、平方王坡覆构造带、滨县陡坡构造带等具有较高的含油饱和度, 是最有利的勘探区域和保证东营凹陷稳产的主阵地.

例如: 沙三下亚段, 从含油饱和度等值线上看, 东营凹陷中央背斜带的含油饱和度最高, 最高值为 0.7 左右, 分布面积 0.43~0.7 的区域, 依旧是东营凹陷最为有利的勘探区域; 滨县陡坡构造带的含油饱和度最大值在 0.7 左右, 但分布范围较小; 东营凹陷南部斜坡带含油饱和度最大值 0.6 左右, 局部最大值在草桥附近, 该地区油资源分布范围较广; 纯化鼻状构造带几乎和草桥相连, 含油饱和度也在 0.6 左右; 平方王坡覆构造带的含油饱和度比滨县陡坡构造带要低, 最大值在 0.67 左右, 但分布范围要比滨县陡坡构造带大.

3.7.3　断层的效应

断层取自东营凹陷的三级以上的断层, 主要分布于东营凹陷的北部陡坡带、南部斜坡带和东部. 模型中采用平面网格分布、垂直运移的模型, 经过实际试算, 断层的运移效应达到设计的要求, 体现了油资源沿断层运移的实际情况.

3.7.4　成果图件

见图 3.7.1~ 图 3.7.4.

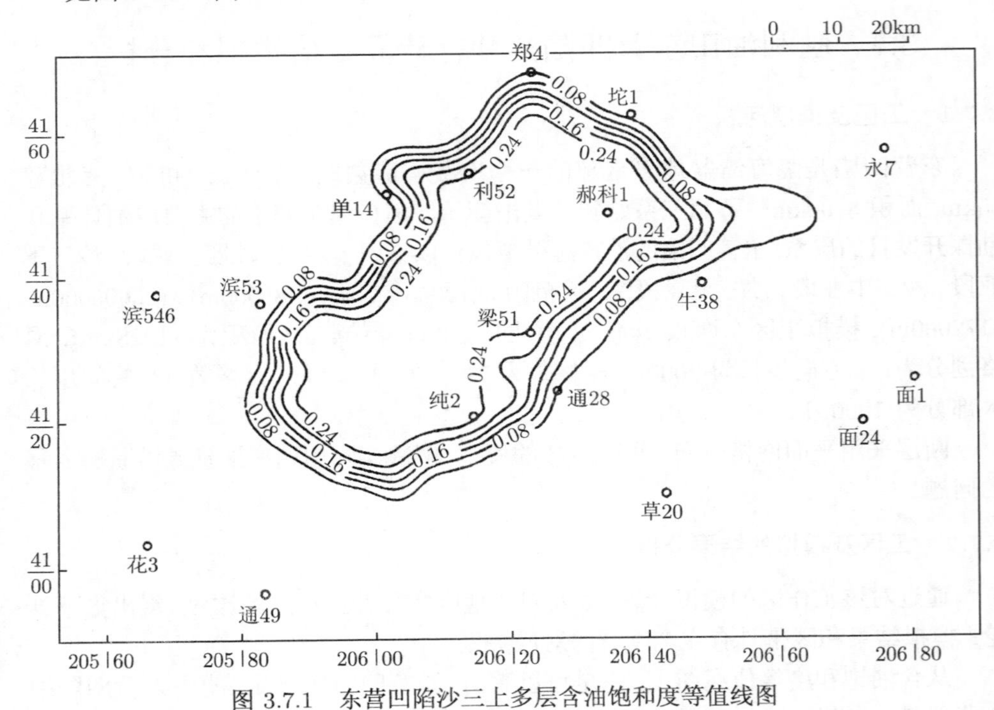

图 3.7.1　东营凹陷沙三上多层含油饱和度等值线图

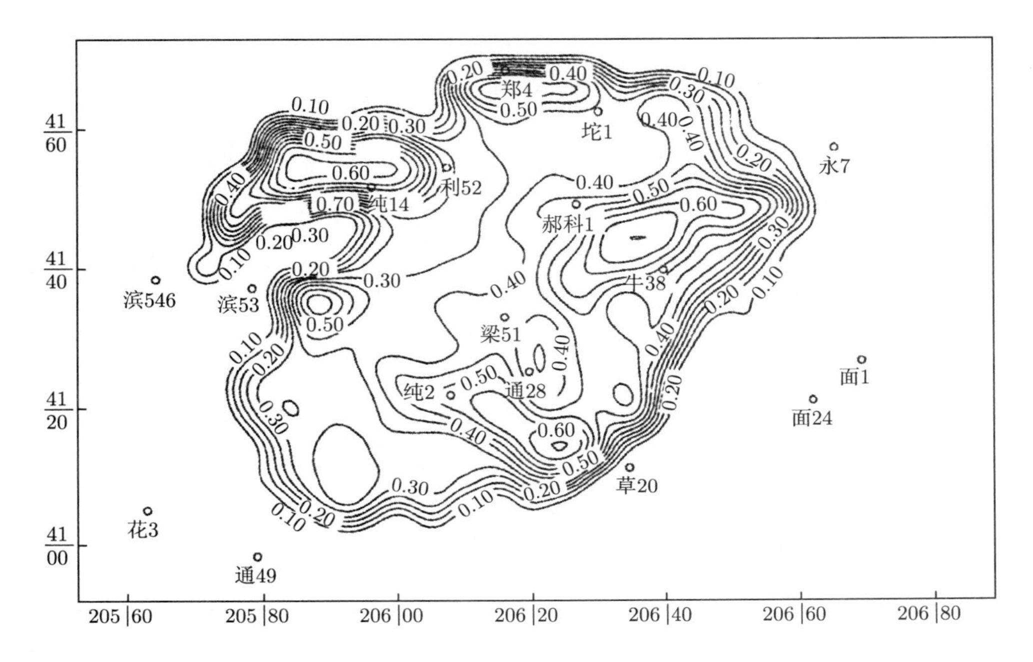

图 3.7.2　东营凹陷沙三中多层含油饱和度等值线图

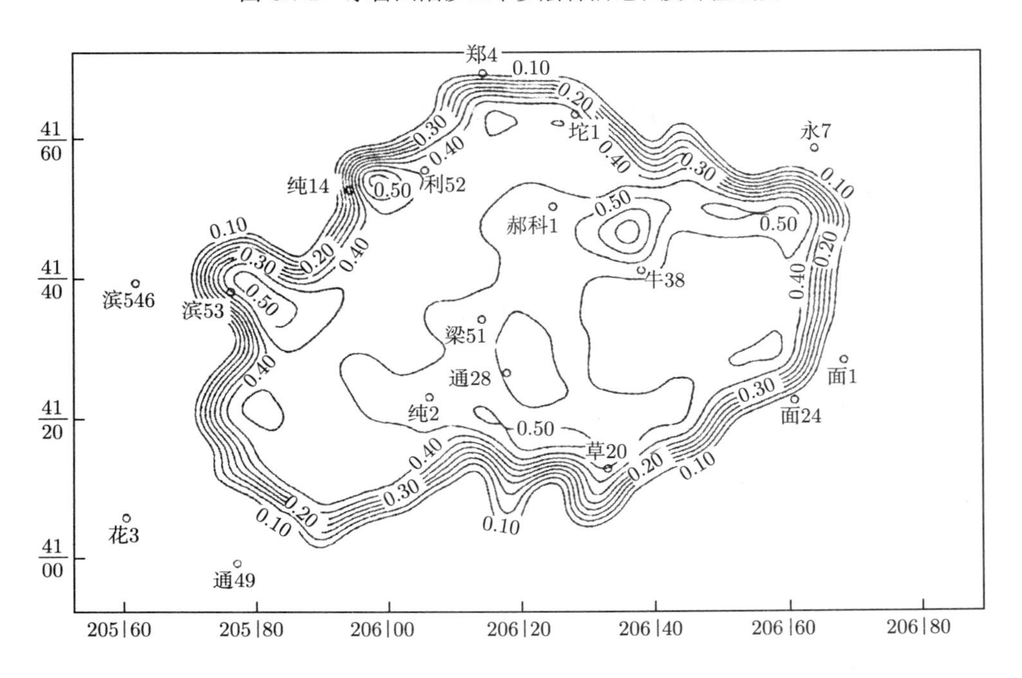

图 3.7.3　东营凹陷沙三下多层含油饱和度等值线图

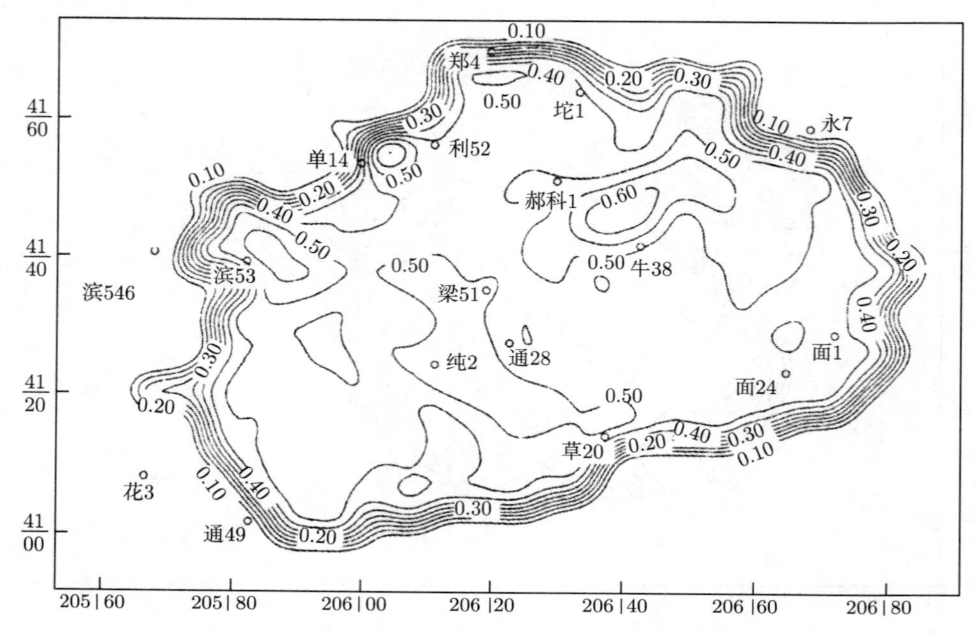

图 3.7.4　东营凹陷沙四上多层含油饱和度等值线图

3.8　流程模块结构

3.8.1　模块结构图

见图 3.8.1～ 图 3.8.7.

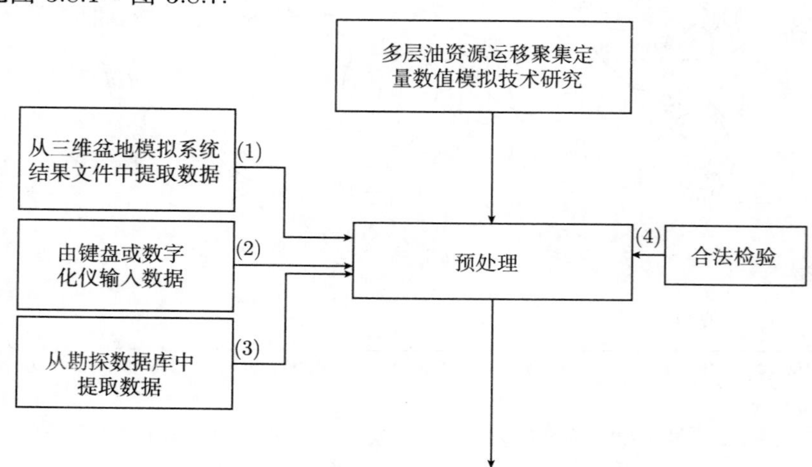

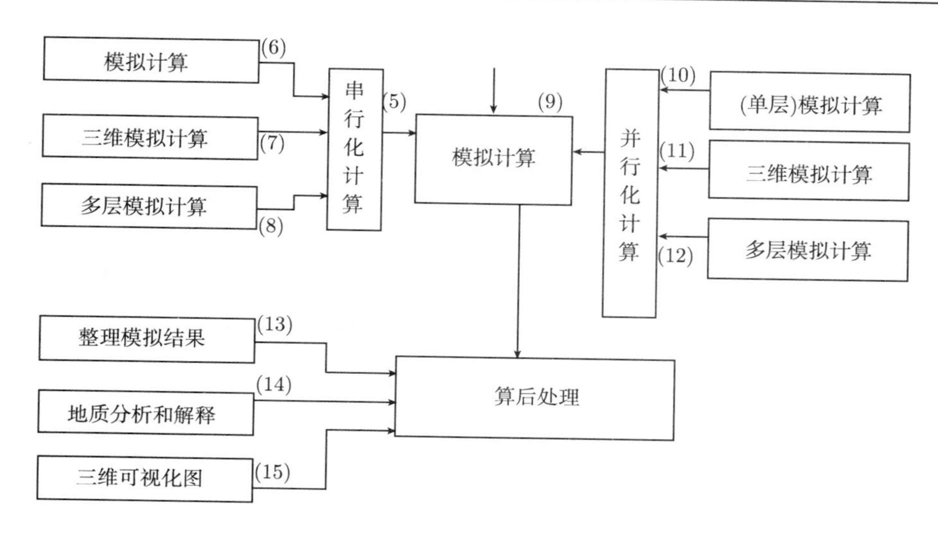

图 3.8.1 流程模块结构图

(1) 从 “三维盆地模拟系统” 生成结果文件中提取地层的顶、底埋深及该地层在各地质年代的排液排烃量; (2) 通过键盘或数字化仪输入模拟层的砂顶埋深、砂层厚度、孔隙度、渗透率等; (3) 从勘探数据库中提取模拟层的砂顶埋深、砂层厚度、孔隙度、渗透率等; (4) 检验综合数据的文选择串行化件; (5) 模拟计算; (6) 串行化单层模拟计算; (7) 串行化三维模拟计算;(8) 串行化多层模拟计算; (9) 选择并行化计算; (10) 并行化单层模拟计算; (11) 并行化三维模拟计算; (12) 并行化多层模拟计算; (13) 整理模拟结果; (14) 地质分析和解释; (15) 三维可视化绘图.

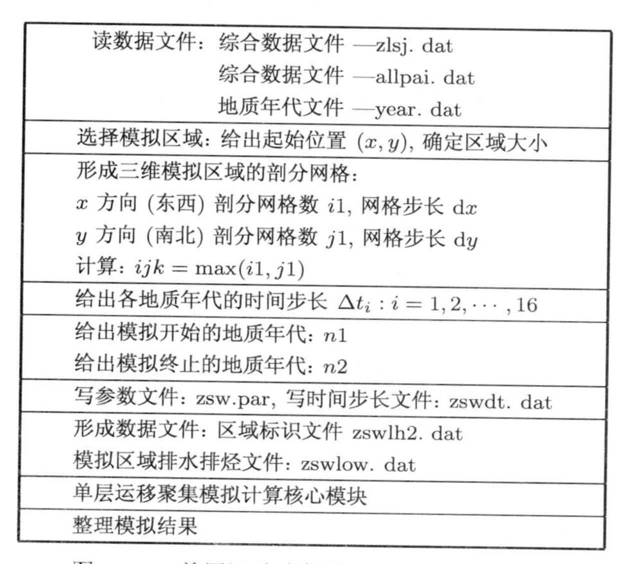

图 3.8.2 单层运移聚集模拟模块 N-S 流程图

读区域标识文件：zswlh2. dat，读排烃排水文件：zwqow. dat
读时间步长文件：zswdt. dat，读地质年代文件：year. dat

给出：迭带误差控制参数 ε，迭代因子控制参数：α, β

计算水位势、油位势、水饱和度初始值：$\Phi_{on}^{o}, \Phi_{wn}^{o}, S_{n}^{o}, k1 \to n$

$n \leqslant n2$

计算第 n 个地质年代的计算步数：$nt, \theta \to m$

$m < nt$

$\Phi_{on}^{m} \to \Phi_{on}^{m+1(o)}, \Phi_{wm}^{m} \to \Phi_{wm}^{m+1(o)}, S_{n}^{m} \to S_{n}^{m+1(o)}, 0 \to 1, 0 \to R$

对 $j = 1, \cdots, j1; i = 0, 1, \cdots, i1$，计算 $A_{oi+1/2,j} A_{wi+1/2,j}$

对 $j = 1, \cdots, j1$，形成 x 方向的系数矩阵和右端项，调用块追
赶法子程序
求解 $\Phi_{on}^{m+1(l+1/2)}, \Phi_{wn}^{m+1(l+1/2)}$

对 $i = 1, \cdots, i1; j = 0, \cdots, j1$ 计算 $A_{oi,j+1/2}$ 和 $A_{wi,j+1/2}$

对 $i = 1, \cdots, i1$，形成 y 方向的系数矩阵和右端项，调用块追
法子程序求解 $\Phi_{on}^{m+1(l+1)}, \Phi_{wn}^{m+1(l+1)}$

计算 $S_{m}^{m+1(l+1)}$

计算迭代误差 $R, \ell + 1 \to \ell$

$R < \varepsilon$

$\Phi_{on}^{m+1(l)} \to \Phi_{on}^{m+1} \Phi_{wn}^{m+1(l)} \to \Phi_{wn}^{m+1}, S_{n}^{m+1(l)} \to S_{n}^{m+1}, m + 1 \to n$

$\Phi_{n}^{m} \to \Phi_{on+1}^{0}, \Phi_{wn}^{m} \to \Phi_{wn+1}^{m}, S_{n}^{m} \to S_{n+1}^{0}$

采集数据 $\Phi_{on+1}^{0}, \Phi_{wn+1}^{0}, S_{n+1}^{0}$ 到 zsw_n. dat，$n+1 \to n$

图 3.8.3 单层运移聚集数值模拟计算核心模块 N-S 流程图

读数据文件：综合数据文件 —zlsj. dat
综合数据文件 —allpai. dat
地质年代文件 —year. dat

选模拟区域：给出起始位置 (x, y)，确定区域大小

形成模拟区域的剖分网格：
x 方向 (东西) 剖分网格数 $i1$，网格步长 dx
y 方向 (南北) 剖分网格数 $j1$，网格步长 dy
z 方向 (纵向) 剖分网格数 $k1$，网格步长 dz
计算：$ijk = \max(i1, j1, k1)$

给出各地址年代的时间剖分步长 $\Delta t_{\mathrm{i}} : i = 1, 2, \cdots, 16$

给出模拟开始的地质年代：$n1$
给出模拟终止的地质年代：$n2$

写参数文件：sw.par，写时间步长：swdt. dat

形成数据文件：区域标识文件swlh2. dat
模拟区域排水排烃文件swqow. dat

三维数值模拟计算核心模块

整理模拟结果

图 3.8.4 三维数值模拟模块 N-S 流程图

读区域标识文件：swlh2.dat, 读排烃排水文件：swqow. dat 读时间步长文件：swdt.dat, 读地质年代文件：year. dat
给出：迭带误差控制参数 ε, 迭代因子控制参数：α, β
计算水位势、油位势、水饱和度初始值 $\Phi_{\rm on}^0, \Phi_{\rm wn}^0, S_n^0, n_1 \to n$
$n \leqslant n2$
计算第 n 个地质年代的计算步数：$nt, \theta \to m$
$m < nt$
$\Phi_{\rm on}^m \to \Phi_{\rm on}^{m+1(0)}, \Phi_{\rm wn}^m \to \Phi_{\rm wn}^{m+1(0)}, S_n^m \to S_n^{m+1(0)}, 0 \to 1, 0 \to R$
对 $i=1,\cdots,i1, j=1,\cdots,j1, k=0,\cdots,k1$, 计算 $A_{{\rm o}ijk+1/2}, A_{{\rm w}ijk+1/2}$
对 $i=1,\cdots,i1, j=1,\cdots,j1$, 形成 z 方向系数矩阵和右端 项, 调块追赶法子程序求解 $\Phi_{\rm on}^{m+1(l+1/3)}, \Phi_{\rm wn}^{m+1(l+1/3)}$
对 $j=1,\cdots,j1, k=1,\cdots,k1, i=0,\cdots,i1$, 计算 $A_{{\rm o}i,j+1/2}, A_{{\rm w}i,j+1/2}jk$
对 $j=1,\cdots,j1, k=1,\cdots,k1$, 形成 x 方向系数矩阵和右端项, 调用 块追赶法子程序求解 $\Phi_{\rm on}^{m+1(l+2/3)}, \Phi_{\rm wn}^{m+1(l+2/3)}$
对 $I=1,\cdots,i1, k=1,\cdots,k1, j=0,\cdots,j1$, 计算 $A_{{\rm o}ij+1/2k}, A_{wij+1/2k}$
对 $i=1,\cdots,i1, k=1,\cdots,k1$, 形成 y 方向系数矩阵和右端项, 调用 块追赶法子程序求解 $\Phi_{\rm on}^{m+1(l+1)}, \Phi_{\rm wn}^{m+1(l+1)}$
计算 $S_m^{m+1(l+1)}$
计算迭代误差 $R, 1+1 \to I$
$R < \varepsilon$
$\Phi_{\rm on}^{m+1(l)} \to \Phi_{\rm on}^{m+1}, \Phi_{\rm wn}^{m+1(l)} \to \Phi_{\rm wn}^{m+1}, S_n^{m+1(l)} \to S_n^{m+1}, m+1 \to m$
$\Phi_{\rm on}^m \to \Phi_{on+1}^0, \Phi_{\rm wn}^m \to \Phi_{{\rm wn}+1}^0, S_n^m \to S_{n+1}^0$
采集数据 $\Phi_{on+1}^0, \Phi_{{\rm wn}+1}^0, S_{n+1}^0$ 到 sw_n. dat, $n+1 \to n$

图 3.8.5 三维数值模拟计算核心模块 N-S 流程图

读数据文件：综合数据文件 —dczlsj. dat 给定数据文件 --dcallpai. dat 地质年代文件 —year. dat
选模拟区域：给出起始位置 (x, y), 确定区域大小
形成多层模拟区域的剖分网格： x 方向 (东西) 剖分网格数 $i1$, 网格步长 dx y 方向 (南北) 剖分网格数 $y1$, 网格步长 dy 计算：$ijk = \max(i1, j1, k1)$
给定断层通道网格单元 (ix1, jy1)
给出各地质年代的时间剖分步长 $\Delta t_i : i = 1, 2, \cdots, 16$
给出模拟开始的地质年代：$n1$ 给出模拟终止的地质年代：$n2$
写参数文件：dsw.par, 写时间步长文件：dcswdt. dat
形成数据文件：区域标识文件 dcswlh2. dat 模拟区域排水排烃文件：dcswqow. dat
多层数值模拟计算核心模块
整理模拟结果

图 3.8.6 三层运移聚集数值模拟模块 N-S 流程图

读区域标识文件：dcswlh2. dat, 读排烃排水文件： dcswqow. dat 读时间步长文件：dcswdt. dat, 读地质年代文件：year. dat
给出：迭代误差控制参数 ε, 迭代因子控制参数 α, β
计算水位势、油位势、水饱和度初始值 $\Phi_{on}^{0}, \Phi_{wn}^{0}, S_{n}^{0} \quad n1 \rightarrow n$
$n \leqslant n2$
计算第 n 个地质年代的计算步数：$nt, 0 \rightarrow m$
$m \leqslant nt, 1 \leqslant k \leqslant k1$ $\Phi_{om}^{m} \rightarrow \Phi_{on}^{m+1(0)}, \Phi_{wn}^{m} \rightarrow \Phi_{wn}^{m+1(0)}, S_{n}^{m} \rightarrow S_{n}^{m+1(0)}, 0 \rightarrow 1, 0 \rightarrow R$
对 $j=1,2,\cdots,j1; i=0,1,\cdots,i1$, 计算 $A_{oij+1/2}k, A_{wj+1/2k}$
对 $j=1,\cdots,j1$, 形成 x 方向的系数矩阵右端项, 调用块追 赶法子程序求解 $\Phi_{on}^{m+1(l+1/2)}, \Phi_{wn}^{m+1(l+1/2)}$
对 $i=1,\cdots,i1; j=0,\cdots,j1$, 计算 $A_{oij+1/2}, A_{wij+1/2}$
对 $i=1,\cdots,i1$ 形成 y 方向的系数矩阵和右端项, 调用快追 赶法子程序求解 $\Phi_{on}^{m+1(l+1)}, \Phi_{wn}^{m+1(l+1)}$
计算 $S_{m}^{m+1(l+1)}$
计算迭代误差 $R, l+1 \rightarrow l$
$R < \varepsilon$
$\Phi_{wn}^{m+1(l)} \rightarrow \Phi_{on}^{m+1}, \Phi_{on}^{m+1(l)} \rightarrow \Phi_{wn}^{m+1}, S_{n}^{m+1(l)} \rightarrow S_{n}^{m+1}, q_{hon}^{m+1}, q_{hwn}^{m+1}, m+1 \rightarrow m$
$\Phi_{on}^{m} \rightarrow \Phi_{on+1}^{0}, \Phi_{on}^{m} \rightarrow \Phi_{wn+1}^{o}, S_{n}^{m} \rightarrow S_{n+1}^{0}$
采集数据 $\Phi_{on+1}^{0}, \Phi_{wn+1}^{0}, S_{n+1}^{0}$ 到 dcsw_. dat, $n+1 \rightarrow n$

图 3.8.7 多层运移聚集数值模拟计算核心模块 N-S 流程图

3.8.2 数据文件和结构

1. 预处理

(1) 数据文件 basin.par, 文件记录格式为：

x y I1 J1 dx dy n2 k1

其中：(x, y) 为盆地或凹陷起始大地坐标；

I1 为 x 方向区域网格点数；

J1 为 y 方向区域网格点数；

dx 为 x 方向剖分网格步长, 单位为米；

dy 为 y 方向剖分网格步长, 单位为米；

N2 为盆地演化史的地质年代划分数目；

k1 为模拟层位数.

(2) 数据文件 dc.dat, 有 I1*J1*N1 个记录, 记录格式为：

x y k ZH1 ZH2

其中, (x, y) 为剖分网格点的大地坐标或盆地剖分网格编号；

k 为模拟阶段数 ($1 \leqslant k \leqslant N1$)；

ZH1 为 (x, y) 点处的地层顶深, 单位为米;

ZH2 为 (x, y) 点处的地层底深, 单位为米.

(3) 数据文件 pypt.dat 格式同上, 该文件有 I1*J1*N1 个记录, 记录格式为:

x y k ST1 PY1 PT1

其中: (x, y) 同 dc.dat 中的意义;

ST1 为 (x, y) 点处的生烃量, t/km^2;

PY1 为 (x, y) 点处的排液量, t/km^2;

PT1 为 (x, y) 点处的排烃量, t/km^2.

(4) 据文件 sds.dat, 格式同上, 该文件有 I1*J1*N1 个记录, 记录格式为:

x y k ZH3

其中: (x, y), k 同前;

ZH3 为模型地层的砂层顶深, 单位为米.

(5) 数据文件 schd.dat, 格式同上, 该文件有 I1*J1*N1 个记录, 记录格式为:

x y k ZPHi

其中: (x, y), k 同前;

ZPHi 为模拟地层的砂层孔隙度.

(6) 数据文件 st1.dat, 格式同上, 该文件有 I1*J1*N1 个记录, 记录格式为:

x y k ZAK

其中: (x, y), k 同前;

ZAK 为模拟地层的砂层绝对渗透率, 单位为达西.

(7) 综合数据文件 dczlsj.dat, 记录格式为:

x y k zh1 zh2 zh3 zd1 zphi zak z

其中: (x, y) 为模拟层的剖分网格点大地坐标;

k 为模拟层位;

zh1 为模拟地层的顶埋深;

zh2 为模拟地层的底埋深;

zh3 为模拟地层的砂层顶埋深;

zd1 为模拟地层的砂层厚度;

zphi 为模拟地层的砂层孔隙度;

zak 为模拟地层的砂层渗透率;

z 为模拟地层的中线埋深.

该文件有 I1*J1*N1 个记录, j1 为南北 (y) 方向网格数, 第 1-i1*j1 个记录是描述第一层, 第 i1*j1+1-2*i1*j1 个记录是描述第二层, 等等.

(8) 综合数据文件 allpai.dat, 记录格式为:

x y k ps pt

该文件有记录个数：i1*j1*n1

其中：(x, y), k 同前; ps 为剖分网格 (x,y) 处的排水率,pt 为剖分网格 (x,y) 处的排水率.

(9) 地质年代数据文件 year.dat, 一个记录, nn 个数, 存放模拟凹陷区域各地质年代的时间长度.

(10) 时间步长文件 pmdt.dat、zswdt.dat 和 swdt.dat, 每个文件一个记录, nn 个数, 分别存放各地质年代剖面、单层、三维和多层问题数值模拟的时间离散步长.

(11) 存放模区域的有关信息参数文件.

pm.par：剖面问题数值模拟参数文件;

记录结构：x　y　j1　k1　jk　dy　dz　n1　n2

其中：(x, y) 为模拟层所选模拟剖面的起始网格点大地坐标;

j1 为模拟剖面 y(南北) 向网格点数;

k1 为纵向网格点数;

jk 为 max(j1, k1);

dy 为 y(南北) 向网格步长;

dz 为 z(纵) 向网格步长;

n1 为模拟从第 n1 个地质年代开始;

n2 为模拟到第 n2 个地质年代结束.

zsw.par：单层数值模拟参数文件.

记录结构：x　i1　y　j1　ij　dx　dy　n1　n2

解释：x, y, n1 与 n2 的意义同 pm.par;

j1 为 x 方向 (东西) 网格数;

j1 为 y 方向 (南北) 网格数;

ij 为 max(i1, j1);

dy 为 y 方向网格步长;

dx 为 x 方向网格步长.

sw.par：三维问题数值模拟参数文件.

记录结构：x　i1　y　j1　k1　ijk　dx　dy　n1　n2

解释：x, y, i1, j1, dx, dy, n1 与 n2 的意义同 zpm.par 和 zaw.par;

k1 为纵向网格点数;

ijk 为 max(i1,j1,k1);

dz 为 z 向网格步长.

(12) 模拟区域网格点标识文件：

pm1h.dat：剖面问题模拟区域网格标识文件.

数据意义：

0 为非计算点;

1 为计算内点或非渗透边界计算点;

9 为流出边界计算点;

5 为剖面上边界计算点 (流入);

6 为剖面下边界计算点 (流入).

zw1h2.dat：单层问题网格点标识文件.

数据意义：0、1 和 9 同 pm1h2.dat 中数据文件.

s1h2.dat：三维问题模拟区网格点标识文件.

数据意义同 pm1h2.dat.

(13) 模拟地层所模拟区域上的排水排烃文件：

pmqow.dat：剖面问题模拟区域上的排水排烃文件.

记录格式：ps pt

其中：ps 为排水量,

pt 为排烃量.

第 n 个地质年代 (i, j) 网格点处的排水排烃为第 j1*k1*(n-1)+j1*(k-1)+k 条记录.

zswqow.dat：单层问题排水排烃文件.

记录格式同 pmqow.dat, 第 n 上地质年代计算点 (i, j) 处排水排烃量为第 i1*j1*(n−1)+i1*(j−1)+i 条记录.

Swpow.dat：三维问题排水排烃文件.

记录格式同 pmqow.dat, 第 n 个地质年代计算点 (i,j) 处排水排烃量为第 i1*j1*k1*(n−1)+i1*j1*(k−1)+i1*(j−1)+i 条记录.

(14) 数据文件 b1h2.dat(区域标示), j1 个记录, 记录有 i1 个数据, 共包含 n1 块. 记录存放顺序为 1-j1, 记录格式为：

000911111111111111119000009111190

其中：0 为无地层或无砂层区域上剖分网格点;

1 为有砂层或地层但不是砂层边界剖分网格点;

9 为有砂层或地层且为砂层边界剖分网格点, 也就是分界点.

(15) 数据文件 mz1sj.dat, 记录个数和格式同 zlsj.dat.

(16) 参数文件 sx.dat, skro.dat, skrw.dat, pc.dat, pcs.dat, bs.dat 和 pclq.dat, 其中：

sx.dat— 油水相对渗透函数的自变量水饱和度 s 的离散值文件名, 自由格式存取;

skro.dat— 对应于 sx..dat 的油的相对渗透率的离散实验值文件名, 自由格式存取;

skrw.dat— 对应于 sx.dat 的水的相对渗透率的离散实验值文件名, 自由格式存取;

pcs.dat— 毛细管压力函数的自变量水饱和度 s 离散值文件名, 自由格式存取;

pc.dat— 对应于 pcs.dat 毛细管压力离散实验值文件名, 自由格式存取;

bs.dat— 数值模拟调节参数数值文件名, 自由格式存取;

pclq.dat— 水饱和度对毛细管压力的变化率数据文件名, 自由格式存取.

(17) 数据文件 duanc.dat, 格式同前, 记录格式为：

ix1, jy1

⋮

ix1, jy1

其中：(ix1, jy1)~(ix1, jy1) 为断层通道经过点的 (x, y) 坐标.

2. 数值模拟

(1) 参数数值文件 dczsw. par(多层问题), 一个记录, 记录格式为：

y　z　j1　jk　dy　dz　n1　n2　k1,　niter

其中：(y, z) 为盆地中所选模拟多层的剖分起始网格点大地坐标或剖分网格点的编号;

j1 为所选模拟多层的横向剖分网格点数;

k1 为所选模拟多层的纵向剖分网格点数;

jk 为 max(j1,k1);

dy 为横向剖分步长, 单位为米;

dz 为纵向剖分步长, 单位为米;

n1 为数值模拟开始的地质年代;

n2 为数值模拟结束的地质年代;

k1 为模拟层位数;

niter 为迭代次数.

(2) 数据文件 dczswdt..dat, 自由格式, 一个记录, n2 个数, 第 i 个数为第 i 个地质年代的时间剖分步长, 可以根据实际的地质情况取不同的时间步长.

(3) 数据文件 zsw1h2.dat, 为自由格式存取方式, 有 i1*j1*n2 个数组成, 包括：

0 为模拟剖面非砂层中的剖分网格点;

1 为模拟剖面砂层中的剖分网格点;

9 为模拟剖面砂层流出边界剖分点.

(4) 数据文件 s21s33qow-??.dat, 格式同前, 有 n1*j1*k1 个记录, 1—j1*k1 个记录, 描述第一层的排水和排油, j1*k1+1, 2*j1*k1 个记录描述第二层的排水和排油,记录格式为：

i j k ps pt

其中：(i, j) 模拟多层剖分网格点编号；

k 模拟层位号；

ps (j, k) 处排入砂层的排水率；

pt (j, k) 处排入砂层的排油率；

整数 nn 的十位和个位上两位数字, n1+1⩽nn⩽n2.

(5) 数据文件 dczsw.fi1.

它是由多层问题数值模拟过程中所需要的输入输出数据文件的文件名和它们的格式组成, * 表示自由格式, 其他要用具体记录格式代替.

(6) 参数文件 sw.par, 自由格式, 一个记录, 记录格式为：

x y i1 k1 ijk dx dy dz n1 n2

其中：(x,y) 为盆地中所选三维模拟区域的起始剖分网格点数的大地坐标或剖分网格的编号；

i1 为所选三维模拟区域的东西向剖分网格点数；

j1 为所选三维模拟区域的南北向剖分网格点数；

k1 为所选三维模拟区域的纵向剖分网格点点数；

ijk 为 max(i1, j1, k1)；

dx 为东西方向剖分步长, 单位为米；

dy 为南北方向剖分步长, 单位为米；

dz 为纵向剖分步长, 单位为米；

n1 为数值模拟开始的地质年代；

n2 为数值模拟结束的地质年代.

(7) 数据文件 swdt.dat, 自由格式, 一个记录, n2 个数, 第 i 个数为第 i 个地质年代的时间剖分步长.

(8) 数据文件 sw1h2.dat, 自由格式存取方式, 有 j1*k1 个数组成, 包括：

0 为三维模拟区域非砂层中的剖分网格点标记；

1 为三维模拟区域砂层中的剖分网格点标记；

5 为三维模拟区域砂层上边界的剖分网格点标记；

6 为三维模拟区域砂层下边界的剖分网格点标记；

9 为三维模拟区域砂层边界流出的剖分网格点标记.

(9) 数据文件 swqow_??.dat, 有 j1*k1 个记录, 记录格式为：

i j k ps pt

其中：(i, j, k) 为三维模拟区域剖分网格点编号；

ps 为 (i, j, k) 处排入砂层的排水率；

pt 为 (i, j, k) 处排入砂层的排油率;

?? 为整数 nn 的十位和个位上的两位数字, $n1 + 1 \leqslant nn \leqslant n2$.

(10) 数据文件 sw.fi1, 由三维模拟过程中所需要的输入输出数据文件的文件名和它们的格式组成.

(11) 数据文件 dcswite.par 有一个记录, 记录格式为

alpha bata h111

(12) 数据文件 swdps.dar 有一个记录, 记录格式为

ii1 ii2 ii3 ii4 ii5

其中: ii1 ii2 ii3 ii4 ii5 同时为 0, 不显示任何信息,

ii1=1, 通过显示 sw1h2.dat 来观测模拟区域砂层形状,

ii2=2, 显示三维问题的数值模拟的迭代参数及有关参数文件,

ii3=1, 显示三维问题数值模拟迭代误差,

ii4=1, 每 ii5 实践步显示三维问题的数值模拟结果一次.

(13) 模拟结果数据文件: 有格式顺序文件,

pm-n.dat— 第 n 个地质年代模拟结束时的剖面数值模拟结果, 记录格式为

fw fo sm

解释: fw— 计算网格点上的水位势;

fo— 计算网格点上的油位势;

sm— 计算网格点上的水饱和度;

zaw–n.dat 与 sw–n.dat 分别为单层与三维问题的第 n 个地质年代的数值模拟结果, 其余同 pm–n.dat.

(14) 数值模拟中间结果文件: 剖面问题 pm.dat, 单层问题 zsw.dat, 三维问题 sw.dat, 结构及解释同 pm—n.dat.

3. 可视化图形文件

(1) 数据文件 mzsj.avs 是有格式的二进制数据文件, i1*j1 个记录, 记录存放顺序为 i1*(j1−1)+1, 记录格式为

x y zh1 zh2 zh3 zphi zak z

其中: i1, j1 为 basin.par 中的 i1, j1, 其他同前.

(2) allpai_*.avs 是有格式的二进制数据文件, 有 i1*j1 个记录, 记录存放顺序为: i1*(j-1)+i, 记录格式为

x y ps pt

其中: (x,y), ps 和 pt 的意义同 allpai.dat 中对应, i1, j1 为 basin.par 中的 i1, j1.

(3) pmzlsj.avs 是有格式的二进制数据文件, 共 j1 个记录, 记录格式为

x y zh1 zh2 zh3 zd1 zphi zak z

其中：(x, y) 为模拟剖面的水平剖分网格点大地坐标,

zh1, zh2, zh3, zd1, zphi, zak 和 z 的意义同前, j1 为 pm.par 中的 j1.

(4) pmq_*.avs 是有格式的二进制数据文件, 共 j1 个记录, 记录格式为

x y py pt

其中：(x, y) 为模拟剖面的网格点大地坐标, py 和 pt 分别为 (x, y) 处的排液量和排烃量, j1 同前.

(5) zswzsj.avs 是有格式的二进制数据文件, 共 i1*j1 个记录, 记录存放顺序为 i1*(j-1)+i, 记录格式为

x y zh1 zh2 zh3 zd1 zphi zak z

其中：(x, y) 为单层模拟区域的剖分网格点大地坐标, zh1, zh2, zh3, zd1, zphi, zak 和 z 同前, i1, j1 为 zsw.par 中的 i1, j1.

(6) zswq*.avs 是有格式的二进制数据文件, 共 i1*j1 个记录, 记录存放顺序为 i1*(j-1)+i, 记录格式为

x y py pt

其中：(x, y) 为单层模拟区域的剖分网格点大地坐标, py 和 pt 分别为 (x, y) 处的排液量和排烃量, i1, j1 同前.

(7) swzsj.avs 是有格式的二进制数据文件, 共 i1*j1 个记录, 记录存放顺序为 i1*(j-1)+i, 记录格式为

x y zh1 zh2 zh3 zd1 zphi zak z

其中：(x, y) 为三维模拟地层水平剖分网格点大地坐标, 其余同前, i1, j1 是 sw.par 中的 i1, j1.

(8) swq_*.avs 是有格式的二进制数据文件, 有 i1*j1 个记录, 记录存放顺序为 i1*(j-1)+i, 记录格式为

x y py pt

其中：(x, y) 为三维模拟地层水平剖分网格点大地坐标, py 和 pt 分别为三维模拟地层在 (x, y) 处的排液量和排烃量, i1, j1 为 sw.par 中的 i1, j1.

(9) pm*.avs 是有格式的二进制数据文件, 有 j1*k1 个记录, 记录存放顺序为 j1*(k-1)+j, 记录格式为

x y z fw fo sm spere

其中：(x, y, z) 为模拟剖面的剖分网格点编号;

fw 为模拟剖面在 (x, y, z) 处的水位势;

fo 为模拟剖面在 (x, y, z) 处的油位势;

sm 为模拟剖面在 (x, y, z) 处的水饱和度;

spere 为模拟剖面在 (x, y, z) 处的储油强度;

j1 和 k1 同 pm.par 中的 j1 和 k1.

(10) zsw*.avs 是有格式的二进制数据文件, 有 i1*j1 个记录, 记录存放顺序为 i1*(j-1)+i, 记录格式为

x y fw fo sm spere

其中：(x, y) 为单层模拟区的剖分网格编号;

fw 为单层模拟区域在 (x, y) 处的水位势;

fo 为单层模拟区域在 (x, y) 处的油位势;

sm 为单层模拟区域在 (x, y) 处的水饱和度;

spere 为层模拟区域在 (x, y) 处的储油强度;

i1 和 j1 同 zsw.par 中的 i1 和 j1.

(11) sw*.avs 是有格式的二进制数据文件, 有 i1*j1*k1 个记录, 记录存放顺序为 i1*j1*(k-1)+i1*(j-1)+i, 记录格式为

x y z fw fo sm spere

其中：(x, y, z) 为三维模拟地层的剖分网格点编号;

fw 为三维模拟地层在 (x, y, z) 处的水位势;

fo 为三维模拟地层在 (x, y, z) 处的油位势;

sm 为三维模拟地层在 (x, y, z) 处的水饱和度;

spere 为三维模拟地层在 (x, y, z) 处的储油强度;

i1, j1 和 k1 同 sw.par 中 i1, j1 和 k1.

3.9 东营凹陷的实际应用

东营凹陷是渤海湾盆地东南部的一个次级构造盆地, 东西长 90km, 南北长 65km, 面积 5700km^2, 下第三系始新统及渐新统沙河街组是凹陷的主要成油体系和勘探开发目的层系 (图 3.9.1). 该凹陷自 1961 年钻探华 8 井在上第三系馆陶组获工业油流 (日产油 8.1t), 发现东辛复杂断块大油田以来, 至 1998 年 11 月, 共完钻各类探井 2332 口, 相继发现了 34 个油气田, 截至 1997 年年底, 探明含油面积 958.0km^2, 探明石油地质储量 185988 万吨; 控制含油面积 107.6 km^2, 控制石油地质储量 10716 万吨; 探明含气面积 99.9km^2, 天然气地质储量 150.65 亿方. 到 1998 年已投入开发油气田 28 个, 至 1998 年 7 月, 累计产出原油 37007.2 万吨, 占胜利油气区原油累积产量 (65430.1 万吨) 的 56.6%, 为胜利油气区的持续发展作出了重要贡献.

历经近 40 年的勘探, 济阳探区 (包括济阳坳陷范围及黄河三角洲外围浅海地区) 探井平均密度为 0.15 口/km^2, 油气探明程度为 49.68%, 资源发现率为 54.07%.

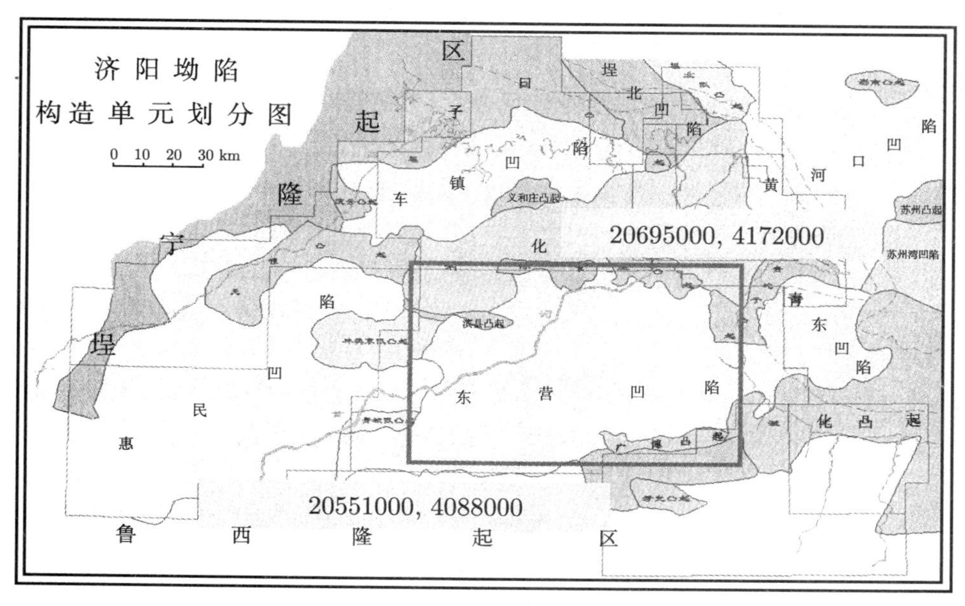

图 3.9.1 济阳坳陷构造单元划分图

作为济阳坳陷的一部分, 东营凹陷的探井平均密度为 0.40 口/km^2, 属较高勘探程度, 油气探明程度达 59.42%, 资源发现率 62.84%. 从"七五"以来东营凹陷新增探明储量的分布情况来看, 油层的埋深明显加大, 油藏规模越来越小, 隐蔽油气藏所占比例逐年增加. 但东营凹陷毕竟是济阳坳陷中油气最为富集的凹陷, 其资源量占济阳探区总资源量的 41.73%, 并且不同构造单元、不同深度、不同层位的勘探程度极为不均衡, 这种不均衡性之中蕴藏着巨大的潜力[33].

3.9.1 模拟结果和实际勘探状况的对比分析

1. 模拟结果和区带具有完全吻合的对应关系

从含油饱和度等值线图上, 完全可以看出, 东营凹陷北部陡坡带、东营凹陷中央背斜带、东营凹陷南部斜坡带、纯化鼻状构造带、博兴洼陷南坡、青城低凸起、平方王披覆构造带、滨县陡坡构造带等具有较高的含油饱和度, 是最有利的勘探区域和保证点东营凹陷稳产的主阵地, 应该加强该地区的勘探力度.

例如, 沙三下亚段, 从含油饱和度等值线上看, 东营凹陷中央背斜带的含油饱和度最高, 最高值为 0.7, 分布大面积的 0.43~0.7 的区域, 依旧是东营凹陷最为有利的勘探区域; 滨县陡坡构造带的含油饱和度最大值在 0.7 左右, 但分布范围较小; 东营凹陷南部斜坡带含油饱和度最大值在 0.6 左右, 局部最大值在草桥附近, 该地区油资源分布范围较广; 纯化鼻状构造带几乎和草桥相连, 含油饱和度也在 0.6 左右; 平方王披覆构造带的含油饱和度比滨县陡坡构造带要低, 最大值在 0.67 左右, 但分布范围要比滨县陡坡构造带大.

2. 模拟结果和区块有很好的对应关系

从局部来看, 模拟的水位势、油位势及含油饱和度分布成果图件表明, 油资源运移聚集的有利地区分布范围与实际勘探结果基本吻合.

如沙三中段模拟计算的有利聚集区主要分布在胜北、盐家及永安镇、中央隆起带 — 郝家 — 纯化镇及牛庄 — 梁家楼一带, 实际勘探含油区块有: 王 70、永 61、通 16、史 104、梁 17、河 158、高 5、樊 1、112 和 116 及营 2 和 11 等区块; 沙三下段主要分布在中央隆起带 — 牛庄 — 王家岗及纯化镇 — 樊家等地区, 勘探结果有: 坨 711、盐 16、高 7、樊 41 等区块及牛庄油田的岩性油气藏; 沙四上段主要分布于盆地周边, 如胜北、民丰、永安镇、滨县凸起、金家、高青及广利 — 王家岗等地区, 盆地内部分布在纯化镇及利津一带, 勘探结果有: 官 183、通 42、草 9、王 1、高 5、利古 6 及郑 10 等井区.

3.9.2　几点值得讨论的问题

1. 纯化油田是东营凹陷油资源运移聚集模拟的活标尺

因为纯化鼻状构造带在地质构造上是局部高点, 从而对油资源聚集非常有利, 但是该地区的烃源岩厚度和有机碳百分含量以及干酪根类型非常差, 不具备大量生烃的能力, 当然也就不具备运移聚集所需要的油源, 因此不存在自生自储的可能, 只有通过异地的油资源经过运移在该地区聚集, 才有可能在该地区形成有利的油资源圈闭. 而根据实际勘探的资料, 在纯化地区确实有油资源的有利聚集区域, 所以纯化油田是东营凹陷油资源运移聚集的活标尺. 计算机模拟的程度是否达到地质上实际的运移效果, 只有通过该地区进行检验, 只要该地区的油资源运移聚集达到了目前实际勘探情况, 可以预测, 其他的地区油资源运移聚集也达到了实际情况.

2. 东营凹陷的南斜坡油资源聚集问题

东营凹陷的南斜坡油资源运移聚集的程度可能不够, 原因是在该地区聚集的油资源是低熟油, 从低熟油的理论来看, 盆地模拟不可能完全把它的生油潜力计算出来, 因此, 该地区的运移聚集结果可能与实际的地质情况有出入.

3. 数值模拟结果可以提供稠油的有利勘探区域

在本次油资源运移聚集的模拟过程中发现, 该系统对于油资源运移聚集中稠油的有利勘探区域容易提出, 其主要理由有如下几点:

(1) 稠油的埋藏相对较浅, 往往在盆地的边缘.

(2) 稠油的分布区域, 从模拟的结果上看, 应该是油资源运移的边界溢出点.

(3) 稠油的聚集需要有大量的油资源供应.

(4) 稠油的聚集区域上覆盖层发育不好, 或者具有丰富的断裂、不整合.

3.9.3 东营凹陷有利勘探区域

1. 稠油有利勘探区域

对于东营凹陷北部陡坡带, 在区域应力的作用下, 受陈南断层、滨南 — 利津断层等活动的影响, 在陈家庄凸起、滨县凸起、青坨子凸起与凹陷的结合部, 发育了多个深进凹陷内的古鼻梁. 下第三系沉积时期, 该带构造活动尤为强烈, 形成梁陡沟深的古地貌特征, 在这些古鼻梁及其翼部以发育冲 (洪) 积扇、扇三角洲等砂砾岩体沉积为特征. 经历济阳运动二幕的抬升作用：之后, 这些闭状构造上的下第三系地层遭受剥蚀, 洼陷中生成的油气沿断层、不整合面等向上运移, 在古潜山圈闭及上、下第三系地层、岩性、构造 — 岩性等圈闭中富集成藏, 后期受水洗、生物降解等作用成为稠油油藏. 陈南大断层呈扇形展布的特征, 决定了该带的稠油围绕盆地边缘呈环带状分布. 截至目前, 已在滨县凸起南部的单家寺油田、陈家庄凸起西部的郑家潜山、王庄油田探明各层系稠油含油面积 23.0km^2, 储量 8300×10^{4}t. 通过老井复查, 探明储量区以外还有 30 多口井在不同的层系见稠油显示, 6 口井常规试油获低产油流. 原油地面密度 0.98~1.03/cm^3, 黏度 5000~100000mPa.s, 属中等稠油 — 特稠油范畴. 很显然, 稠油是造成常规试油不理想的主要原因. 对于这种稠油油藏而言, 当前最主要的工作是加强地质研究, 寻找有利的油气分布区, 并选择 1 或 2 个有利区块实施钻探. 最近, 在老井复查工作的基础上, 通过精细分析研究, 我们在滨县凸起、陈家庄凸起及青坨子凸起边缘发现一批有利的稠油分布区, 预测稠油储量在 9000×10^{4}t 以上.

根据稠油的形成理论和模拟的结果可以看出, 东营凹陷北部陡坡带和南部斜坡带可能有较为丰富的稠油存在, 同时还可以看出, 对于东营凹陷最有利的稠油勘探区域应该为乐安 — 广饶、陈家庄凸起的西北部. 从模拟结果看, 上述地区为原油的主要溢出点, 符合形成稠油的条件.

从该地区的溢出点的形成的历史阶段来看, 沙三下亚段在距今 21 百万年时, 在陈家庄凸起的西北部、青坨子凸起的西北部已经形成了溢出点, 而乐安 — 广饶一带在距今 5 百万年的时候才形成溢出点.

2. 梁家楼地区是比较有利的勘探区域

梁家楼地区位于博兴县纯化、乔庄两区, 其构造位置处于草桥 — 纯化鼻状构造带向北倾没部位, 西北为利津洼陷, 东部面临牛庄洼陷, 东北部与史南洼陷相连, 南部与纯化镇油田以断层相隔. 该洼陷南北长 25km, 东西宽 18km, 面积达 450km^2, 其中, 沙三下亚段砂体的分布范围为 120km^2, 埋深 2440m. 梁家楼地区 1987 年的上报储量如下：总地质储量 3503×10^4t, 其中, 沙二段 356×10^4t, 沙三段 2968×10^4t, 沙四上亚段 179×10^4t. 而且对于沙三段的地质储量, 主要分布在沙三中亚段, 为 2295×10^4t. 从该储量分布来看, 该地区的主要地质储量分布在沙三中亚段, 其他层段和沙三中亚段相比几乎为空白.

但是, 从模拟结果来看, 梁家楼地区的沙三下亚段、沙四上亚段模拟的含油饱和度在 0.47~0.6 之间, 为局部高点, 符合有利勘探区域的首要条件, 应该能够形成有效圈闭.

从地质储集条件上来看, 梁家楼地区砂岩属于缓坡浊积扇, 是流程较长的峡谷浊流携带大量泥、沙砾石, 搬运距离长, 能量较大, 入湖后在经滨、浅湖缓坡地带向半深、深湖推进宣泄, 以致散开形成浊积扇, 具有储集油资源的能力.

3. 郑家 — 王庄潜山披覆带, 是今后勘探的重点地区

从模拟结果采看, 油资源运移的一个重点方向是郑家 — 王庄油田, 它是油资源运移的重要溢出点之一, 含油饱和度也达到了 0.7, 由此可以预测郑家 — 王庄油田及其附近地区, 具有形成有利圈闭的资源条件, 如果该地区不具备有利的生储盖组合, 那么该地区也是稠油的有利勘探区域. 总之, 只要在该地区增加勘探力度, 相信会在勘探有重大突破 (图 3.9.2).

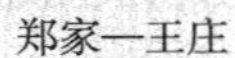

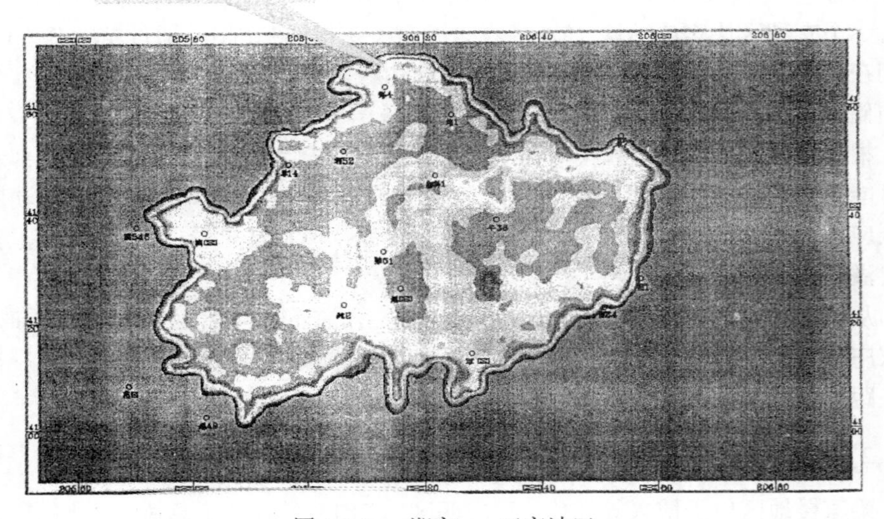

图 3.9.2　郑家 — 王庄油田

郑家 — 王庄地区位于陈家庄凸起的西部, 到目前为止, 该地区勘探面积已经有 250km^2, 完钻数 38 口, 探井成功率 74%, 沙河街为主要含油层系, 油藏类型主要

为岩性油藏, 探明含油面积 2.8km^2, 探明储量 750×10^{4}t, 控制面积 13.8km^2, 控制储量 2121×10^{4}t, 以纯油藏为主. 根据全国第二轮资源评价的结果看, 在该地区已知油藏单元数为 9, 总的可能的油藏数为 13, 探明油藏单元数为 1, 控制油藏个数为 4. 从勘探程度来看, 该地区比其他的地区勘探程度要低, 但是从运移聚集模拟结果来看, 该地区的含油饱和度普遍较高, 特别以沙三下为最好, 因此, 在该地区加强勘探力度, 在该地区必将会有较大的收获.

从该地区的稠油勘探现状来看, 目前已在郑家潜山披覆构造带的郑 6、郑 7 块计算寒武、奥陶系及沙一亚段稠油探明储量 1300×10^{4}t, 在其东部王庄地区的郑 408 块也已上报沙三上亚段稠油 769×10^{4}t. 在郑家 — 王庄之间的郑 37、郑 406、郑 411 及王庄油田东部的郑气 3 井, 均钻遇稠油层, 其油藏类型主要为 sl、s3 上、s4 构造一岩性油藏和馆陶组地层类油藏. 根据上述井的钻探情况, 预测有利含油面积 17.0km^2, 油层平均厚度 15m, 单储系数取 10, 预测石油地质储量 2500×10^{4}t.

据胜利日报 2002 年 10 月 23 日报导, 东营凹陷北部郑家 — 王庄显现亿吨级稠油大油田. 已经控制含油面积 40km^2, 探明、控制和预测石油地质储量 8435×10^{4}t, 勘探范围还在进一步扩大.

3.10 滩海地区的实际应用

滩海地区模拟工区的盆地面积为 8845.2km^2, 东西长 100km, 南北宽 84km, 其矩形区域的大地坐标为 (20611700m, 4169000m)、(20717000m, 4253000m).

滩海地区构造单元划分为四排凸起和三排凹陷, 四排凸起自西北而东南依次为: 呈子口凸起 — 庆云凸起、义和庄凸起、陈家庄凸起、青坨子凸起 — 垦东凸起; 凸起之间的三排凹陷自西北而东南依次为: 埕北凹陷、沾化凹陷、黄河口凹陷.

滩海地区是在华北地台基础上发育起来的中、新生代断陷–断坳–坳陷复合盆地, 沉积了巨厚的陆相地层. 沉积盆地作为一个独立、完整的成油单元, 即油气的生成、运移和聚集的全过程是在沉积盆地范围内有机地进行着, 它受盆地内一级构造单元 —— 隆起、坳陷和斜坡或次一级构造单元 —— 凸起和凹陷的相互制约. 滩海地区沙河街组三段生油层厚度大、有机质丰富、地温梯度高、转化条件好, 生成了大量的油气, 是较为有利的生油区. 自晚侏罗世以来, 经历了燕山运动和喜山运动, 形成了十分复杂的石油地质条件和丰富多样的油气藏类型, 多套含油气层系和多种类型的油气藏在空间上的交互叠加形成复式油气聚集带, 复杂的地质条件决定了滩海地区是一个油藏类型多、油气富集高产的复式油气区. 经过多年的勘探开发经验总结出滩海地区油气藏在平面上的分布规律, 可以概括为以下三种油气聚集带[33]:

(1) 以滚动背斜油藏和水下冲积扇岩性油藏为主体的凹陷陡坡油气聚集带、箕状凹陷的陡坡带, 发育有一系列水下冲积扇和浊积扇砂体, 这些砂体紧靠生油岩, 具有形成背斜、断块和岩性油气藏的良好条件, 如义东油田.

(2) 以整装构造油藏为主的潜山披覆构造油气聚集带, 主要指在前第三纪古隆起背景上发育形成的大中型披覆构造, 具有油源近、通道畅、储盖好、大型整装的成藏条件, 如孤岛、孤东、埕东.

(3) 以岩性油气藏为主的洼陷油气聚集带, 发育于洼陷中心的各类砂岩体, 四周被生油岩所包围, 多形成自生、自储、自盖式的岩性油藏, 或与局部断层相配合形成构造 — 岩性油藏, 如渤南油田.

滩海地区油气分布和聚集规律受多种因素的控制, 既有构造因素, 又有沉积因素, 即使在同一个地区, 因其发育史和沉积构造的差异, 其油气分布特点和聚集的控制因素. 也不尽相同大体上可以分为以下四种规律：

(1) 油气以生油洼陷为中心呈环状分布, 油气富集区受长期继承性洼陷控制;

(2) 块断活动控制生、储油岩系的发育和多种类型圈闭的形成;

(3) 断裂活动是控制油气聚集的主导因素;

(4) 油气聚集主要受油气聚集带的控制.

滩海地区二级构造带划分为以下 6 种类型：

(1) 缓坡构造带：孤北;

(2) 洼陷带：五号桩、孤北、渤南、孤南、四扣、富林、流钟;

(3) 断裂构造带：义东、垦利;

(4) 陡坡构造带：埕南、义南;

(5) 断裂鼻状构造带：罗家、下洼;

(6) 潜山披覆构造带：埕岛、桩西 — 孤东、埕东、孤岛、垦东.

3.10.1 模拟计算结果分析

滩海地区二次运移聚集模拟包括以下三个目标层段：沙三下段、沙三中段、沙三上段. 模拟工区的网格划分为：x 方向步长为 1620m, 网格数为 65, y 方向步长为 1680m, 网格数为 50, 时间步长在每一个沉积时间段不同, 依次为：1000、1000、1000、1000、1000、1000、1000、1000、1000、1000、500、500、500 年. 对于每一个目标层位, 模拟开始阶段都是从东二段开始的.

油气二次运移聚集结果分析主要以沙三下段为例, 对其运移计算结果进行综合分析.

1. 模拟系统提供的计算结果

由于该系统是研究油的二次运移、聚集史, 其目的就是给勘探提供有利的勘探区域, 为了描述某一时刻的有利勘探区域, 就要指出模拟区域在该时刻含油饱和度的分布, 同时也要指出含油强度的分布, 含油强度的概念是指单位体积内含油饱和度和砂层厚度乘积的大小, 含油饱和度和含油强度联合表征了一个区域是否为有利的勘探区域. 而为了便于分析油在某一时刻的运移方向, 还给出油位势图和水位势图, 以供分析.

本系统的模拟结果包括: ①含油饱和度; ②油位势; ③含油强度; ④水位势.

这些数据结果是利用绘图软件在平面上给出了一个分布, 通过这些分布来研究分析油运移、聚集的过程.

2. 数值模拟结果分析

1) 油源情况

从排烃强度图中可以看出明显的生油洼 (凹) 陷中心有: 埕北凹陷、四扣－渤南洼陷、孤南洼陷 — 富林洼陷、郭局子洼陷、五号桩洼陷、黄河口凹陷. 每个历史时期的排烃量具有一定的规律: 排烃时期从东二段开始, 在东二段以前不具备排烃的能力; 最大也就是最有效的排烃时期包括: 馆陶组、明化镇组、平原组. 由于上述三个时期的排烃量大, 也就说明该时期的油源供应比较充足, 油资源运移聚集的力度也就比较大.

2) 运移的路径和方向

从油位势图可以看出油资源运移的方向, 也就是从生油洼陷的中心向其周围的斜坡和隆起方向运移, 即从构造的低部位向高部位运移. 当油聚集到一定饱和度后, 在油位势、水位势综合作用下, 油在三维空间中从油的高位势向低位势方向运移, 在油的局部低位势区发生聚集, 并可能成藏. 这一模拟计算结果与油水运移聚集的渗流物理力学特征相符合. 结果显示, 从平面上看, 油在盆地的周边和盆地内部均有分布, 且盆地周边的丰度较高.

3) 运移阶段分析

从模拟计算结果来看, 对于沙三下段, 在东二段末期以前, 油资源运移的范围不大, 对于以后油资源运移聚集的影响也不大, 在此不作详细讨论. 下面从以下几个阶段对沙三下段的运移聚集计算结果进行分析:

(1) 东二段末期, 全区范围最大含油饱和度为 0.26, 分布在埕 1 井和埕古 10 井附近, 大面积没有含油饱和度的分布, 所以不可能有有效的油资源聚集. 同时, 含油饱和度相对较高的地区, 主要是排烃强度较大的地区, 说明此时油资源并没有太大的运移聚集效应.

(2) 东一段末期, 全区最大含油饱和度为 0.7, 大面积含油饱和度分布为 0.25. 含油饱和度高值主要分布在渤南 — 四扣洼陷的上方, 说明在该时期, 渤南 — 四扣洼陷的油资源已经有了一定数量的运移, 同样在该时期, 也不可能有太大的油资源聚集的效应.

(3) 馆陶组末期, 沙三下段油资源运移的范围明显增大, 全区最大的含油饱和度为 0.71, 大面积含油饱和度分布为 0.35. 在该时期, 除黄河口凹陷的油资源没有有效的运移外, 其他各个洼陷的油资源都有了大规模和远距离的运移.

(4) 明化镇组末期, 沙三下段局部的油资源聚集也已经形成雏形, 全区最大含油饱和度达到 0.72, 大面积含油饱和度分布为 0.4, 而且黄河口凹陷的油资源已经有了一定程度的运移.

(5) 到目前为止, 沙三下段已经形成了非常有利的油气聚集区, 全区最大的含油饱和度为 0.73, 含油饱和度的分布已经连片. 同时还能看出, 洼陷边缘部位的含油饱和度较大, 具有比洼陷中心更好的勘探前景.

综合各个地质历史时期的所有图件可以明显地看到, 由于在东二段、东一段的排烃能力很小, 油资源在东二段、东一段运移的资源量及运移的距离都很小, 直到沉积间断后, 到馆陶组末才有大规模和远距离的运移.

4) 模拟计算结果与含油区的对应关系

从含油饱和度图可以看出, 生油洼陷周围的斜坡及隆起区的丰度最高, 是油资源运移聚集的有利区域. 通过含油饱和度图与济阳坳陷聚油单元图对比认为, 滩海地区含油饱和度集中地区与现今已找到的油田位置基本相吻合.

3.10.2 有利勘探区域预测

下面对含油饱和度高度集中的地区进行分析, 并综合滩海地区的构造特征及地质特征对有利勘探区进行分析和预测.

1. 埕岛地区

埕岛地区位于济阳坳陷与渤中坳陷交接处, 是北西走向的埕北构造体系, 近南北走向的孤东—长堤构造体系和北东走向的渤南构造体系交接处, 具有独特的地质构造和油气聚集特征. 区内发育三套基底断裂, 三组断层在不同时期发育强度不同, 控制了潜山披覆构造的发育. 本区自 1988 年以来, 共发现七套含油层系, 其中埕岛、长堤、五号桩油田的位置与含油饱和度分布图区域相吻合. 该区带是一个四周被生油凹陷 (五号桩、埕北、黄河口) 环绕的大型潜山披覆构造带, 油源条件特别有利, 是三个大的生油凹陷长期运移的有利指向, 油气分布受基底断层和潜山披覆构造的控制, 表现为多层系、多类型叠合含油连片, 是一个典型的大型复式油气聚集区. 目前已发现的含油层系都具有配套的储盖组合和非常有利的成藏条件, 其中下第三系的原油性质好、产能高. 长堤潜山披覆构造带为孤北洼陷和桩东凹陷之间的正向构造单元, 具有良好的油源条件和有利的生储盖组合, 并发育多种类型的圈闭, 该带上下第三系均有一定的勘探潜力. 从运移聚集的结果分析可以看出, 埕岛地区的油主要来自五号桩洼陷, 其次是埕北凹陷, 而且含油饱和度分布高度连片,也验证了多年的勘探开发结果, 说明该地区存在较大的勘探潜力.

2. 四扣—渤南洼陷带

四扣 — 渤南洼陷带处于济阳坳陷的沾化凹陷之中, 也是沾化凹陷最深的洼陷带, 为沾化凹陷的次级一类生油洼陷, 油源条件优越, 水下扇、浊积扇砂体储层发育良好, 沙河街组三段上部油页岩、油泥岩可作为优良的盖层. 在沙河街组各层段均有油层发现, 其中沙三下、沙三中低位域砂体边具有较大的勘探潜力. 从油气二次运移聚集结果可以看出, 渤南油田是一个自生自储的油藏. 此洼陷带的油沿着斜坡向四面八方运移聚集, 在陈家庄凸起、义和庄凸起的含油饱和度达到最高, 与现今的含油区块 (义和庄油田、罗家油田) 的位置相吻合. 其中罗家－孤西构造带的稠油特别丰富. 钻井资料表明, 罗家地区沙河街组三段的油气来自北部的四扣－渤南洼陷的沙河街组四段、沙河街组三段的烃源岩, 这也与此次的运移结果相符合. 经过对罗家地区沙河街组三段油藏的分析研究以及近几年的勘探开发经验, 认为罗冢地区沙河街组三段砂体油源条件好, 生储盖配置关系较好, 运移通道类型多, 具有油气富集的基础, 而且油藏类型以岩性油藏为主, 为今后勘探的重点地区之一, 沙河街组三断在罗家鼻状构造两翼均有较大的勘探潜力.

3. 孤东地区

孤东地区位于沾化凹陷东南部, 包括孤东潜山披覆构造带、垦东凸起披覆构造带、红柳鼻状构造带以及孤南洼陷东部, 发现了孤东、红柳、新滩三个油气田. 孤东油田为大型披覆整装油田, 已经进入开发阶段; 红柳油田受鼻状构造控制, 油藏类型以小断块、断鼻构造为主, 是一个有利的聚油单元.

孤北鼻状构造形成于沙四段时期, 并继承性发育, 控制了孤北斜坡带的构造格局, 形成了地层超覆和多层系岩性尖灭, 是油气聚集的主要场所. 其中桩 241 和孤北 21、孤北 210 均获得了工业油流.

从运移聚集的结果分析, 孤东地区位于孤南洼陷、富林洼陷中心, 是一个从自生自储的油田, 油资源运移的距离小, 这主要与其周围地多的构造格局有很大关系, 即受周围的潜山披覆构造和鼻状构造的影响, 除去一部分油运移到陈家庄油田以外, 其余的油资源几乎是自生自储.

4. 黄河口地区

黄河口凹陷位于胜利油区浅海部分, 排烃强度中等, 从含油饱和度分布图可以看出, 油资源大部分沿着凹陷周围的斜坡方向运移, 只有小部分的油运移到五号桩油田. 最后形成了以 BZ25—1—1 井为代表的断块油藏, 并在渤南凸起区形成了油气田. 据资料分析, 浅海地区的资源发现率为 43%, 相对较低, 而浅海地区的勘探程度属于中低等程度, 所以其勘探潜力很大.

参 考 文 献

[1] Walte D H, Yukler M A. Petroleum orgin and accumulation in basin evolution a quantitative model. AAPG. Bull., 1981, 8: 137～196.

[2] Yukler M A, Comford C, Walte D H. One-dimensional model to simulate geologic hydrodynamic and thermodynamic development of a sedimentary basin. Geol. Rundschan, 1978, 3: 966～979.

[3] Bredehoeft J D, Pinder G E. Digital analysis of areal flow in multiaquifer groundwater systems: A quasi three-dimensional model. Water Resources Research, 1970, 3: 883～888.

[4] Chorley D W, Frind E O. An iterative quasi-three-dimensional finite element model for heterogeneous multiaquifer systems. Water Resources Research, 1978, 5: 943～952.

[5] 韩玉笈, 王捷, 毛景标. 盆地模拟方法及其应用. 油气资源评价方法研究与应用, 北京：石油工业出版社, 1988.

[6] 艾伦 P A, 艾伦 J R. 盆地分析 —— 原理及应用. 陈全茂译. 北京：石油工业出版社, 1995.

[7] 李明诚. 石油与天然气运移. 北京：石油工业出版社, 1994.

[8] 朱筱敏. 含油气断陷湖盆盆地分析. 北京：石油工业出版社, 1995.

[9] 查明. 断陷盆地油气二次运移与聚集. 北京：地质出版社, 1997.

[10] 袁益让, 王文洽, 羊丹平等. 含油气盆地剖面问题的数值模拟. 石油学报, 1991, 4: 11～20.

[11] 袁益让, 王文洽, 羊丹平等. 应用数学与力学, 1994, 5: 409～420.
Yuan Y R, Wang W Q, Yang D P, et al.. Numerical simulation for evolutionary history of three-dimensional basin. Applied Mathematics & Mechanics (English Edition), 1994, 5: 435～446.

[12] 袁益让, 王文洽, 赵卫东等. 油气资源数值模拟系统和软件//CSIAM'1996 论文集. 上海：复旦大学出版社, 1996, 576～580.

[13] Ewing R E. The Mathematics of Reservoir Simulation. Philadelphia: SIAM Press, 1983.

[14] Ungerer P, et al.. Migration of hydrocarbon in sedimentay basins. Doliges, (eds), Editions Techniq, 1987：414～455.

[15] Ungerer P. Fluid flow, hydrocarbon generatin and migration. AAPE. Bull., 1990, 3: 309～335.

[16] 石广仁. 油气盆地数值模拟方法. 北京：石油工业出版社, 1994.

[17] 查明. 东营凹陷石油二次运移特征及数值模拟. 北京：中国地质大学博士学位论文, 1995.

[18] 袁益让, 赵卫东, 程爱杰等. 油资源评价 — 运移聚集的数值模拟//CSIAM'1998 论文集. 北京：清华大学出版社, 1998：499～503.

[19] 袁益让. 能源的数值模拟分数步长的新进展//CSIAM'1998 论文集. 北京：清华大学出版社, 1998：493～498.

[20] 袁益让, 赵卫东, 程爱杰等. 油水运移聚集数值模拟和分析. 应用数学与力学, 1999, 4: 386~392.

Yuan Y R, Zhao W D, Cheng A J, et al.. Numerical simulation analysis for migration-accumulation of oil and water. Applied Mathematics & Mechanics (English Edition), 1999, 4: 405~412.

[21] 袁益让, 赵卫东, 程爱杰等. 三维油运移聚集的模拟和应用. 应用数学与力学, 1999, 9: 933~942.

Yuan Y R, Zhao W D, Cheng A J, et al.. Simulation and application of three-dimensional migration-accumulation of oil resources. Applied Mathematics & Mechanics (English Edition), 1999, 9: 999~1009.

[22] 吴声昌, 袁益让, 白华东. 计算石油地质中的一些数学问题. 计算物理, 1997, 4, 5: 407~409.

[23] 王捷, 关德范. 油气生成运移聚集模型研究. 北京：石油工业出版社, 1999.

[24] 袁益让, 赵卫东, 王文洽等. 多层油资源运移聚集的数值模拟和应用//CSIAM'2000 论文集. 北京：清华大学出版社, 2000：366~371.

[25] 袁益让, 赵卫东, 程爱杰等. 多层油资源运移聚集的数值模拟和实际应用. 应用数学和力学, 2002, 8: 827~836.

Yuan Y R, Zhao W D, Cheng A J, et al.. Numerical simulation of oil migration-accumulation of multilayer and application. Applied Mathematics & Mechanics (English Edition), 2002, 8: 931~941.

[26] 袁益让. 油水资源数值模拟中分数步长法和算子分裂法//全国渗流力学学术会议论文集, 《重庆大学学报》增刊, 2000, 23: 10~14.

[27] 袁益让. 可压缩多组分驱动问题分数步长数值方法和分析. 中国学术期刊文摘, 2000, 5: 606~607.

[28] 袁益让. 渗流方程组合系统的分数步长特征差分法和有限元法. 中国学术期刊文摘, 2000, 8: 987~989.

[29] Yuan Y R. Numerical simulation and analysis for migration-accumulation of oilresources, Advances in Numerical Mathematics. Proceedings of the Fourth Japan-China Joint Seminar on Numerical Mathematics, Gakkotasko, Tokyo, Japan, 1999, 171~182.

[30] Hubbert M K. Entrapment of petroleum under hydrodynamic conditions. AAPG. Bull., 1953, 8: 1954~2026.

[31] Dembicki H Jr, et al.. Secondary migration of oil experiments supporting efficent movement of separate buyant oil phase along limited conduits. AAPG. Bull., 1989, 8: 1018~1021.

[32] Catalan L, et al.. An experimental study of secondary oil migration. AAPG. Bull., 1992, 5: 638~650.

[33] 胜利石油管理局计算中心. 东营凹陷、滩海地区油资源运移聚集模拟计算研究. 2000.10.

[34] Yuan Y R, Han Y J. Numerical simulation of migration-accumulation of oil resources. Comput. Geosi., 2008, 12: 152~162.

[35] Yuan Y R, Wang W Q, Han Y J. Theory, method and application of a numerical simulation in an oil resources basin methods of numerical solutions of aerodynamic problems. Special Topics & Reviews in Porous Media-An international Journal 2010, 1: 49~66.

第 4 章　大规模并行计算运移聚集数值模拟

4.1　引　　言

“油资源二次运移并行化处理研究” 是胜利油田有限责任公司科技攻关项目. 由胜利油田有限责任公司物探研究院和山东大学数学研究所联合承担. 从 2002 年起至 2004 年止, 联合攻关, 取得了重要成果.

盆地发育史模拟是从石油地质的物理化学机理出发, 首先建立地质模型, 然后建立数学模型, 最后研制成相应的计算机软件, 从而在时空概念下由计算机定量地模拟盆地的形成、演化, 烃类的生成、运移和聚集的演化过程. 所以通常称之为盆地数值模拟, 其应用软件产品称盆地模拟系统, 这是当今世界石油地质科学领域内一个新兴的重要领域 [1~9].

三维盆地发育史数值模拟, 就是利用现代计算数学、计算机技术、再现盆地发育过程、特别是盆地发育过程中与生成油气有主要关系的地层古温度、地层压力在时空概念下的动态过程, 并以此为基础进一步研究油气生成、运移、聚集及油气分布规律、分布范围, 定量地预测一个盆地、一个地区油气蕴藏量及油藏位置. 这对于油气资源的评估和油田的勘探和开发有着重要的理论和实用价值.

油气资源盆地模拟软件系统由五个模块组成. 这五个模块为: ① 地史模块; ② 热史模块; ③ 生烃史模块; ④ 排烃史模块; ⑤ 运移聚集史模块. 地史模块的功能是重建盆地沉积史和构造史; 热史模块的功能是重建油气盆地的古热流史和古温度史; 生烃史模块的功能是重建油气盆地的烃类成熟史和生烃量史. 排烃史模块的功能是重建油气盆地的排烃史, 又称油气初次运移史, 它为运移聚集史模块提供预备条件; 运移聚集史模块的功能是重建油气盆地的运移聚集史, 又称油气二次运移史, 该模块是盆地模拟的最困难、最关键的部分, 油气运移聚集史为油气资源评估、确定油藏位置和储量提供重要的依据.

1989~1993 年胜利油田计算中心和山东大学数学研究所联合承担了胜利石油管理局攻关课题 “三维盆地模拟系统研究”, 该系统在三维空间框架下对盆地史、热史、生烃和排烃史在国内外首次实现了三维定量化的数值模拟 [10~12], 该软件系统已应用于全国第二次油气资源评价. 它为运移聚集数值模拟的研究奠定了基础, 构造了平台.

油气运移的过程是油气从低孔、低渗的生油层运移到相对高孔、高渗的运载层, 最终在储集层中可能形成一个集中的烃类聚集. 初次运移是指从低孔、低渗生油层运移到相对高孔、高渗地层, 其最大距离可达数千米. 油气二次运移是指继初次运移之后, 油气通过高孔、高渗运载层内的运移和沿断层、裂缝和通道的运移, 若遇到合适的油藏构造, 油气聚集就形成油藏, 其最大运移距离可达数十千米 [13~17].

盆地发育史的运移聚集史数值模拟系统, 其功能是重建油气盆地的运移聚集演化史, 它是盆地模拟最重要最困难的部分, 对油气资源评价, 确定油藏位置和寻找新的油田具有极其重要的价值. 是国际石油地质领域的著名问题, 也是世界主要工业国家正在重点研究的热门攻关课题.

1993~1997 年, 胜利油田计算中心和山东大学数学研究所继续合作, 联合承担石油天然气总公司 "八五" 科技攻关项目和胜利石油管理局重点科技攻关项目 "二次运移定量模拟研究". 在前一个软件系统的基础上, 我们开展了油资源二次运移聚集数值模拟系统的研究, 经过近五年的攻关, 提出全新的、合理的数学模型, 构造了新的数值模拟方法, 在国内外第一个成功地研制出单层准三维和三维运移聚集数值模拟软件系统, 并已应用于胜利油田东营凹陷和滩海凹陷, 得到了很好的模拟结果 [18~25].

1998~2000 年, 胜利油田计算中心和山东大学数学研究所继续合作, 联合承担胜利石油管理局的重点科技攻关课题 "多层油资源运移聚集定量数值模拟技术研究". 在前两个软件系统的基础上, 我们开展了多层 (带断层、通道) 油资源运移聚集定量数值模拟技术研究, 提出了新的数学模型. 构造了新的数值模拟方法, 成功地在国内外第一个研制成多层油资源运移聚集软件系统, 并将程序并行化, 使软件系统达到一个新的水平和上了一个新的台阶, 并已成功的应用到惠民凹陷、东营凹陷、滩海等地区, 得到了很好的模拟结果 [26~32].

2002~2004 年胜利油田有限责任公司物探研究院和山东大学数学研究所进行合作, 联合承担了 "油资源二次运移并行化处理研究" 攻关课题, 其示意图如图 4.1.1 所示. 在 2000 年完成的课题基础上展开了高精度精细并行计算数值模拟研究, 提出新的数学模型, 精细并行修正算子分裂迭代格式, 并行计算程序设计, 并行计算信息传递, 交替方向网格剖分方法, 成功实现了数值模拟. 对数值方法进行理论分析, 成功地解决了这一计算石油地质、渗流力学的困难问题 [33~39]. 它对油资源的精细评估, 寻找隐蔽性油藏和 "土豆" 圈闭, 油藏的位置确定, 寻找新的油田, 均有重要的理论和实用价值.

2004 年继续合作, 联合承担胜利石油管理局重点科技攻关项目 "石油资源运移通道数值模拟技术研究", 实现了断层的时间性、封堵性、垂直运移的计算机模拟, 实现了断层作为影响石油资源运移聚集的地质因素的计算机处理技术, 并把不整合面作为断层的特例进行处理, 成功地在并行情况下实现了断层、不整合面的处理功能, 提高了软件系统的处理能力和模拟精度, 并成功应用于阳信洼陷的数值模拟.

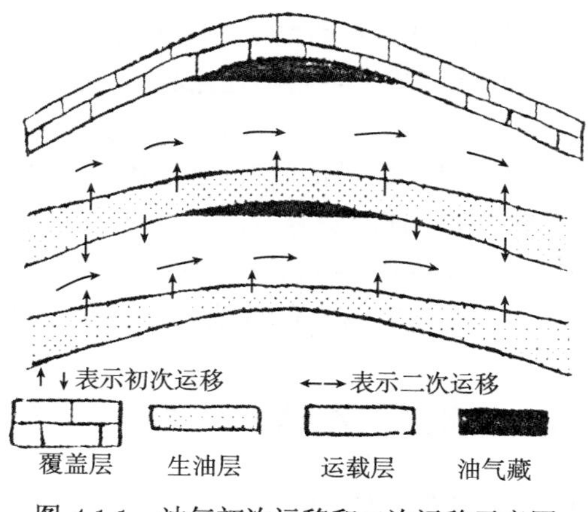

图 4.1.1　油气初次运移和二次运移示意图

法国 P.Ungerer 曾建立二维剖面盆地模型 [14,15](1987), 北京勘探院 BMWS 系统具有一维生烃二维 (剖面) 运移的特点 [17], 海洋石油总公司研究中心把专家系统引入盆地模拟和圈闭评价中也有特色.

沉积盆地中油的生成、排烃、运移、聚集和最后形成油藏是研究油气勘探中核心问题之一. 油是如何运移聚集到现今的圈闭中的, 油在盆地中是如何分布的, 这些都是油二次运移、聚集过程中数值模拟所要研究的重要内容, 这是近代计算流体力学和石油地质的著名问题 [1,5]. 随着油田勘探和开发不断深入, 人们已经着眼于寻找隐蔽性油藏和"土豆"圈闭, 这就要求盆地模拟技术向大规模、精细和并行计算方向发展. 传统的应用串行计算机来研究盆地模拟, 特别是运移聚集技术已经是难以解决问题.

多层油资源运移聚集史的数学模型, 具有很强的双曲特性, 由于油资源运移聚集史的全过程长达数百万年乃至数千万年, 因此需要超长时间稳定、可靠、高精度的数值模拟, 其数值方法在数学上和渗流力学上都是十分困难的, 是当前计算渗流力学和石油地质科学的重要问题. 这一领域已有法国 P. Ungerer, 德国 D.H. Walte 和 M.A. Yukler 等的著名工作 [14~16], 他们研究了二维剖面问题的数学模型和数值模拟, 并在北海油田得到实际应用. 在国内主要有王捷、查明等的重要工作 [7~9], 他们主要从石油地质学方面来研究该问题. 我们从生产实际出发, 研究多层油资源运移聚集大规模精细并计算数值模拟, 提出新的数学模型、大规模精细并行修正交替方向隐式迭代格式、并行计算信息传递、交替方向网格剖分方法, 应用现有的 SCI 超微服务器 (4 个节点 8 个 CPU 组成), 实现了"油资源二次运移聚集定量模拟与并行计算技术研究", 并对网格步长分别是 800m、400m、200m 和 100m 的四种方案进行了并行计算和分析, 得到的结果和实际情况相吻合, 并应用于胜利油田滩海地区. 对模型问题 (非线性耦合问题) 进行数值分析, 得到最佳阶 L^2 误差估计, 成功地解决了这一计算渗流力学、计算石油地质的困难问题. 它对油资源的精细评估, 油藏位置的确定, 寻找新的油田, 均有重要的理论和实用价值.

在此基础上开展断陷盆地石油运移定量模拟研究, 并应用于胜利油田阳信洼陷的数值模拟. 主要研究: ① 运移层属性的研究, 是断陷沉积盆地石油运移聚集技术研究的前提, 其研究水平的提高, 使油资源评价工作更加符合实际地质情况. ② 研究断层对石油运移聚集过程的控制机制和影响效应, 不但可以提高石油运移聚集模拟技术水平, 还可使模拟计算更加符合实际地质过程, 模拟结果更加合理.

4.2 数 学 模 型

油水资源二次运移聚集的机理如下:

(1) 二次运移聚集的主要驱动力是油运载层的油和孔隙水之间密度差引起的浮力和企图把全部孔隙流体 (水及油) 运移至低位势区的位势梯度.

(2) 二次运移的主要制约力和毛细管压力有关, 当孔径变小时增加, 在毛细管压力超过驱动力时, 就可能出现滞留现象.

原油和地下水在地层中运移主要是一种渗流过程, 油势场和水势场控制着油和地下水渗流的方向和大小.

在多层运移聚集数值模拟时 (示意图见图 4.2.1), 当第一层、第三层近似地认为水平流动, 而它们中间的层 (弱渗透层) 仅有垂直流动时, 经过严谨的模型分析和科学的数值试验, 创造性提出全新合理的数学模型. 对于多层运移聚集数学模型:

$$\nabla\cdot\left(K_1\frac{k_{\rm ro}}{\mu_{\rm o}}\nabla\varphi_{\rm o}\right)+B_{\rm o}q-\left(K_3\frac{k_{\rm ro}}{\mu_{\rm o}}\frac{\partial\varphi_{\rm o}}{\partial z}\right)_{z=H_1}=-\varPhi s'\left(\frac{\partial\varphi_{\rm o}}{\partial t}-\frac{\partial\varphi_{\rm w}}{\partial t}\right),$$

$$X=(x,y)^{\rm T}\in\varOmega_1,t\in J=(0,T],\tag{4.2.1a}$$

$$\nabla\cdot\left(K_1\frac{k_{\rm rw}}{\mu_{\rm w}}\nabla\varphi_{\rm w}\right)+B_{\rm o}q-\left(K_3\frac{k_{\rm rw}}{\mu_{\rm w}}\frac{\partial\varphi_{\rm w}}{\partial z}\right)_{z=H_1}=\varPhi s'\left(\frac{\partial\varphi_{\rm o}}{\partial t}-\frac{\partial\varphi_{\rm w}}{\partial t}\right),$$

$$X=(x,y)^{\rm T}\in\varOmega_1,t\in J,\tag{4.2.1b}$$

$$\frac{\partial}{\partial z}\left(K_3\frac{k_{\rm ro}}{\mu_{\rm o}}\frac{\partial\varphi_{\rm o}}{\partial z}\right)=-\varPhi s'\left(\frac{\partial\varphi_{\rm o}}{\partial t}-\frac{\partial\varphi_{\rm w}}{\partial t}\right),\quad X=(x,y,z)^{\rm T}\in\varOmega,t\in J,\tag{4.2.2a}$$

$$\frac{\partial}{\partial z}\left(K_3\frac{k_{\rm rw}}{\mu_{\rm w}}\frac{\partial\varphi_{\rm w}}{\partial z}\right)=\varPhi s'\left(\frac{\partial\varphi_{\rm o}}{\partial t}-\frac{\partial\varphi_{\rm w}}{\partial t}\right),\quad X\in\varOmega,t\in J,\tag{4.2.2b}$$

$$\nabla\cdot\left(K_2\frac{k_{\rm ro}}{\mu_{\rm o}}\nabla\varphi_{\rm o}\right)+B_{\rm o}q+\left(K_3\frac{k_{\rm ro}}{\mu_{\rm o}}\frac{\partial\varphi_{\rm o}}{\partial z}\right)_{z=H_2}=-\varPhi s'\left(\frac{\partial\varphi_{\rm o}}{\partial t}-\frac{\partial\varphi_{\rm w}}{\partial t}\right),$$

$$X=(x,y)^{\rm T}\in\varOmega_1,t\in J,\tag{4.2.3a}$$

$$\nabla\cdot\left(K_1\frac{k_{\mathrm{rw}}}{\mu_{\mathrm{w}}}\nabla\varphi_{\mathrm{w}}\right)+B_{\mathrm{w}}q+\left(K_3\frac{k_{\mathrm{rw}}}{\mu_{\mathrm{w}}}\frac{\partial\varphi_{\mathrm{w}}}{\partial z}\right)_{z=H_2}=\Phi s'\left(\frac{\partial\varphi_{\mathrm{o}}}{\partial t}-\frac{\partial\varphi_{\mathrm{w}}}{\partial t}\right),\quad X\in\Omega_1,t\in J,\tag{4.2.3b}$$

此处 φ_{o}、φ_{w} 分别为油、水位势是需要寻求的基本未知函数. K_1、K_2、K_3 为相应层的地层渗速率, μ_{o}、μ_{w} 分别为油相、水相黏度, k_{ro}、k_{rw} 分别为水相、水相的相对渗透率. $s'=\dfrac{\mathrm{d}s}{\mathrm{d}p_{\mathrm{c}}}$, s 为含水饱和度, $p_{\mathrm{c}}(s)$ 为毛细管力函数. B_{o}、B_{w} 为流动系数, $B_{\mathrm{o}}=\dfrac{k_{\mathrm{ro}}}{\mu_{\mathrm{o}}}\left(\dfrac{k_{\mathrm{ro}}}{\mu_{\mathrm{o}}}+\dfrac{k_{\mathrm{rw}}}{\mu_{\mathrm{w}}}\right)^{-1}$, $B_{\mathrm{w}}=\dfrac{k_{\mathrm{rw}}}{\mu_{\mathrm{w}}}\left(\dfrac{k_{\mathrm{ro}}}{\mu_{\mathrm{o}}}+\dfrac{k_{\mathrm{rw}}}{\mu_{\mathrm{w}}}\right)^{-1}$, $q(x,t)$ 为源 (汇) 函数. 按照渗流力学的达西定律, $-K_3\dfrac{k_{\mathrm{ro}}}{\mu_{\mathrm{o}}}\dfrac{\partial\varphi_{\mathrm{o}}}{\partial z}=q_{h,\mathrm{o}}$, $-K_3\dfrac{k_{\mathrm{rw}}}{\mu_{\mathrm{w}}}\dfrac{\partial\varphi_{\mathrm{w}}}{\partial z}=q_{h,\mathrm{w}}$.

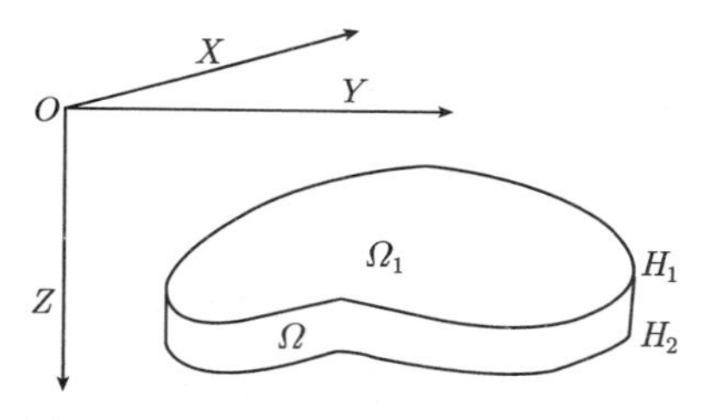

图 4.2.1 二层问题 Ω_1、Ω 的示意图

4.3 数值方法

多层油资源运移聚集的物理和数学模型, 具有很强的双曲特性, 且需要对长达数百万年乃至数千万年的油资源运移聚集全过程的稳定、可靠、高精度的数值模拟, 其数值方法在数学上和力学上都是十分困难的. 我们深入分析和研究了其物理和力学特征, 率先提出精细并行修正算子分裂隐式迭代格式.

4.3.1 三维问题的修正算子分裂隐式迭代格式

在 z 方向,

$$\begin{aligned}&\frac{1}{2}\Delta_{\bar z}(A_{z\mathrm{w}}\Delta_z\varphi_{\mathrm{w}}^*)+\frac{1}{2}\Delta_{\bar z}(A_{z\mathrm{w}}\Delta_z\varphi_{\mathrm{w}}^{(l)})+\Delta_{\bar y}(A_{y\mathrm{w}}\Delta_y\varphi_{\mathrm{w}}^{(l)})+\Delta_{\bar x}(A_{x\mathrm{w}}\Delta_{x\mathrm{w}}\varphi_{\mathrm{w}}^{(l)})\\&-G\varphi_{\mathrm{w}}^*+G\varphi_{\mathrm{o}}^*\\=&H_{l+1}\left(\sum A_{\mathrm{w}}\right)(\varphi_{\mathrm{w}}^*-\varphi_{\mathrm{w}}^{(l)})-B_{\mathrm{w}}^m q^{m+1}-G\varphi_{\mathrm{w}}^m+G\varphi_{\mathrm{o}}^m,\end{aligned}\tag{4.3.1a}$$

$$\begin{aligned}&\frac{1}{2}\Delta_{\bar z}(A_{z\mathrm{o}}\Delta_z\varphi_{\mathrm{o}}^*)+\frac{1}{2}\Delta_{\bar z}(A_{z\mathrm{o}}\Delta_z\varphi_{\mathrm{o}}^{(l)})+\Delta_{\bar y}(A_{y\mathrm{o}}\Delta_y\varphi_{\mathrm{o}}^{(l)})+\Delta_{\bar x}(A_{x\mathrm{o}}\Delta_{x\mathrm{o}}\varphi_{\mathrm{o}}^{(l)})\\&+G\varphi_{\mathrm{w}}^*-G\varphi_{\mathrm{o}}^*\\=&H_{l+1}\left(\sum A_{\mathrm{o}}\right)(\varphi_{\mathrm{o}}^*-\varphi_{\mathrm{o}}^{(l)})-B_{\mathrm{o}}^m q^{m+1}+G\varphi_{\mathrm{w}}^m-G\varphi_{\mathrm{o}}^m.\end{aligned}\tag{4.3.1b}$$

在 y 方向,

$$\begin{aligned}&\frac{1}{2}\Delta_{\bar{y}}(A_{y\mathrm{w}}\Delta_y\varphi_{\mathrm{w}}^{**})-\frac{1}{2}\Delta_{\bar{y}}(A_{y\mathrm{w}}\Delta_y\varphi_{\mathrm{w}}^{(l)})-G\varphi_{\mathrm{w}}^{**}+G\varphi_{\mathrm{o}}^{**}\\=&H_{l+1}\left(\sum A_{\mathrm{w}}\right)(\varphi_{\mathrm{w}}^{**}-\varphi_{\mathrm{w}}^{*})-G\varphi_{\mathrm{w}}^{*}+G\varphi_{\mathrm{o}}^{*},\end{aligned}\tag{4.3.1c}$$

$$\begin{aligned}&\frac{1}{2}\Delta_{\bar{y}}(A_{y\mathrm{o}}\Delta_y\varphi_{\mathrm{o}}^{**})-\frac{1}{2}\Delta_{\bar{y}}(A_{y\mathrm{o}}\Delta_y\varphi_{\mathrm{o}}^{(l)})+G\varphi_{\mathrm{w}}^{**}-G\varphi_{\mathrm{o}}^{**}\\=&H_{l+1}\left(\sum A_{\mathrm{o}}\right)(\varphi_{\mathrm{o}}^{**}-\varphi_{\mathrm{o}}^{*})+G\varphi_{\mathrm{w}}^{*}-G\varphi_{\mathrm{o}}^{*}.\end{aligned}\tag{4.3.1d}$$

在 x 方向,

$$\begin{aligned}&\frac{1}{2}\Delta_{\bar{x}}(A_{x\mathrm{w}}\Delta_x\varphi_{\mathrm{w}}^{(l+1)})-\frac{1}{2}\Delta_{\bar{x}}(A_{x\mathrm{w}}\Delta_x\varphi_{\mathrm{w}}^{(l)})-G\varphi_{\mathrm{w}}^{(l+1)}+G\varphi_{\mathrm{o}}^{(l+1)}\\=&H_{l+1}\left(\sum A_{\mathrm{w}}\right)(\varphi_{\mathrm{w}}^{(l+1)}-\varphi_{\mathrm{w}}^{**})-G\varphi_{\mathrm{w}}^{**}+G\varphi_{\mathrm{o}}^{**},\end{aligned}\tag{4.3.1e}$$

$$\begin{aligned}&\frac{1}{2}\Delta_{\bar{x}}(A_{x\mathrm{o}}\Delta_x\varphi_{\mathrm{o}}^{(l+1)})-\frac{1}{2}\Delta_{\bar{x}}(A_{x\mathrm{o}}\Delta_x\varphi_{\mathrm{o}}^{(l)})+G\varphi_{\mathrm{w}}^{(l+1)}-G\varphi_{\mathrm{o}}^{(l+1)}\\=&H_{l+1}\left(\sum A_{\mathrm{o}}\right)(\varphi_{\mathrm{o}}^{(l+1)}-\varphi_{\mathrm{o}}^{**})+G\varphi_{\mathrm{w}}^{**}-G\varphi_{\mathrm{o}}^{**}.\end{aligned}\tag{4.3.1f}$$

此处 $\Delta_{\bar{x}}(A_x\Delta_x\varphi^{m+1})_{ijk}=A_{x,i+1/2}(\varphi_{i+1,jk}-\varphi_{ijk})^{m+1}-A_{x,i-1/2,jk}(\varphi_{ijk}-\varphi_{i-1,jk})^{m+1}$, $A_{x\mathrm{w},i+1/2,jk}=\left(\dfrac{K\Delta y\Delta zk_{\mathrm{rw}}}{\Delta x}\dfrac{k_{\mathrm{rw}}}{\mu_{\mathrm{w}}}\right)_{i+1/2,jk}$, 系数按偏上游原则取值. $G=-V_p\phi s'/\Delta t, V_p=\Delta x\Delta y\Delta z, s'$ 的 $l+1$ 次迭代由下述公式计算:

$$s'^{(l+1)}=\omega_1\left(\frac{s^{(l)}-s^m}{p_{\mathrm{c}}^{(l)}-p_{\mathrm{c}}^m}\right)+(1-\omega_1)s'^{(l)},\tag{4.3.2}$$

此处 l 是迭代次数, $0<\omega_1<1$ 是平滑因子.

对三维问题为达到数值解高精度的目的, 必须引入残量的计算:

$$P_z=\varphi_{\mathrm{w}}^{*}-\varphi_{\mathrm{w}}^{(l)},\quad P_y=\varphi_{\mathrm{w}}^{**}-\varphi_{\mathrm{w}}^{*},\quad P_z=\varphi_{\mathrm{w}}^{(l+1)}-\varphi_{\mathrm{w}}^{**},\tag{4.3.3a}$$

$$R_z=\varphi_{\mathrm{o}}^{*}-\varphi_{\mathrm{o}}^{(l)},\quad R_y=\varphi_{\mathrm{o}}^{**}-\varphi_{\mathrm{o}}^{*},\quad R_z=\varphi_{\mathrm{o}}^{(l+1)}-\varphi_{\mathrm{o}}^{**}.\tag{4.3.3b}$$

最后提出新的关于残量的二阶算子分裂隐式迭代格式:

在 z 方向,

$$\begin{aligned}&\frac{1}{2}\Delta_{\bar{z}}(A_{z\mathrm{w}}\Delta_zP_z)-\left(G+H_{l+1}\sum A_{\mathrm{w}}\right)P_z+GR_z\\=&-[\Delta(A_{\mathrm{w}}\Delta\varphi_{\mathrm{w}}^{(l)})+B_{\mathrm{w}}^mq^{m+1}-G(\varphi_{\mathrm{w}}^{(l)}-\varphi_{\mathrm{w}}^m)+G(\varphi_{\mathrm{o}}^{(l)}-\varphi_{\mathrm{o}}^m)],\end{aligned}\tag{4.3.4a}$$

$$\begin{aligned}&\frac{1}{2}\Delta_{\bar{z}}(A_{z\mathrm{w}}\Delta_zR_z)-\left(G+H_{l+1}\sum A_{\mathrm{o}}\right)R_z+GP_z\\=&-[\Delta(A_{\mathrm{o}}\Delta\varphi_{\mathrm{w}}^{(l)})+B_{\mathrm{o}}^mq^{m+1}+G(\varphi_{\mathrm{w}}^{(l)}-\varphi_{\mathrm{w}}^m)-G(\varphi_{\mathrm{o}}^{(l)}-\varphi_{\mathrm{o}}^m)].\end{aligned}\tag{4.3.4b}$$

在 y 方向,

$$\frac{1}{2}\Delta_{\bar{y}}(A_{y\mathrm{w}}\Delta_y P_y)-\left(G+H_{l+1}\sum A_{\mathrm{w}}\right)P_y+GR_y=-\frac{1}{2}\Delta_{\bar{y}}(A_{y\mathrm{w}}\Delta_y P_z), \quad (4.3.4c)$$

$$\frac{1}{2}\Delta_{\bar{y}}(A_{y\mathrm{o}}\Delta_y R_y)-\left(G+H_{l+1}\sum A_{\mathrm{o}}\right)R_y+GP_y=-\frac{1}{2}\Delta_{\bar{y}}(A_{y\mathrm{o}}\Delta_y R_z). \quad (4.3.4d)$$

在 x 方向,

$$\frac{1}{2}\Delta_{\bar{x}}(A_{x\mathrm{w}}\Delta_x P_x)-\left(G+H_{l+1}\sum A_{\mathrm{w}}\right)P_x+GR_x=-\frac{1}{2}\Delta_{\bar{x}}(A_{x\mathrm{w}}\Delta_x(P_y+P_z)), \quad (4.3.4e)$$

$$\frac{1}{2}\Delta_{\bar{x}}(A_{x\mathrm{o}}\Delta_x R_x)-\left(G+H_{l+1}\sum A_{\mathrm{o}}\right)R_x+GP_x=-\frac{1}{2}\Delta_{\bar{x}}(A_{x\mathrm{o}}\Delta_x(R_y+R_z)). \quad (4.3.4f)$$

当迭代误差达到精度要求时, 取此时的迭代值 $\varphi_{\mathrm{o}}^{(l+1)}$、$\varphi_{\mathrm{w}}^{(l+1)}$ 为 $\varphi_{\mathrm{o}}^{m+1}$、$\varphi_{\mathrm{w}}^{m+1}$, 则饱和度按下述公式计算:

$$s^{m+1}=s^m+s'(\varphi_{\mathrm{o}}^{m+1}-\varphi_{\mathrm{o}}^m-\varphi_{\mathrm{w}}^{m+1}+\varphi_{\mathrm{w}}^m), \quad (4.3.5)$$

在实际数值计算时, 必须对地质参数 k_{rw}、k_{ro}、$p_{\mathrm{c}}(s)$ 进行数据处理和滤波, 去伪存真, 才能得到正确的结果.

4.3.2 准三维 (单层) 问题的数学模型和算法

当运载层的实际厚度比水平方向模拟区域尺寸小得多时, 可以按下述方法将其化为二维问题求解, 故此问题亦称准三维问题.

$$\nabla\cdot\left(\bar{K}\frac{\Delta z k_{\mathrm{ro}}}{\mu_{\mathrm{o}}}\nabla\varphi_{\mathrm{o}}\right)+B_{\mathrm{o}}\bar{q}\Delta z=-\bar{\phi}s'\Delta z\left(\frac{\partial\varphi_{\mathrm{o}}}{\partial t}-\frac{\partial\varphi_{\mathrm{w}}}{\partial t}\right), \quad (4.3.6a)$$

$$\nabla\cdot\left(\bar{K}\frac{\Delta z k_{\mathrm{rw}}}{\mu_{\mathrm{w}}}\nabla\varphi_{\mathrm{w}}\right)+B_{\mathrm{w}}\bar{q}\Delta z=\bar{\phi}s'\Delta z\left(\frac{\partial\varphi_{\mathrm{o}}}{\partial t}-\frac{\partial\varphi_{\mathrm{w}}}{\partial t}\right), \quad (4.3.6b)$$

其中 Δz 是运载层的厚度, 它是 (x,y) 的函数.

$$\bar{K}=\frac{1}{\Delta z}\int_{h_1(x,y)}^{h_2(x,y)}K(x,y,z)\mathrm{d}z,\quad \bar{\phi}=\frac{1}{\Delta z}\int_{h_1(x,y)}^{h_2(x,y)}\phi(x,y,z)\mathrm{d}z,$$

$$\bar{q}=\frac{1}{\Delta z}\int_{h_1(x,y)}^{h_2(x,y)}q(x,y)\mathrm{d}z,$$

此外 $h_1(x,y)$、$h_2(x,y)$ 分别为运载层在 (x,y) 处上边界与下边界的深度.

关于准三维问题 (4.3.6a)-(4.3.6b) 提出一种新的修正算子分裂隐式迭代格式:

在 x 方向,

$$\Delta_{\bar{x}}(A_{x\mathrm{w}}\Delta_x\varphi_{\mathrm{w}}^*)+\Delta_{\bar{y}}(A_{y\mathrm{w}}\Delta_y\varphi_{\mathrm{w}}^{(l)})-G\varphi_{\mathrm{w}}^*+G\varphi_{\mathrm{o}}^*$$

$$
\begin{aligned}
&= H_{l+1}\left(\sum A_{\mathrm{w}}\right)(\varphi_{\mathrm{w}}^{*}-\varphi_{\mathrm{w}}^{(l)}) - B_{\mathrm{w}}^{m} q^{m+1} - G\varphi_{\mathrm{w}}^{m} + G\varphi_{\mathrm{o}}^{m}, \qquad (4.3.7\mathrm{a})\\
&\Delta_{\bar{x}}(A_{x\mathrm{o}}\Delta_{x}\varphi_{\mathrm{o}}^{*}) + \Delta_{\bar{y}}(A_{y\mathrm{o}}\Delta_{y}\varphi_{\mathrm{o}}^{(l)}) + G\varphi_{\mathrm{w}}^{*} - G\varphi_{\mathrm{o}}^{*}\\
&= H_{l+1}\left(\sum A_{\mathrm{o}}\right)(\varphi_{\mathrm{o}}^{*}-\varphi_{\mathrm{o}}^{(l)}) - B_{\mathrm{o}}^{m} q^{m+1} + G\varphi_{\mathrm{w}}^{m} - G\varphi_{\mathrm{o}}^{m}. \qquad (4.3.7\mathrm{b})
\end{aligned}
$$

在 y 方向,

$$
\begin{aligned}
&\Delta_{\bar{x}}(A_{x\mathrm{w}}\Delta_{x}\varphi_{\mathrm{w}}^{*}) + \Delta_{\bar{y}}(A_{y\mathrm{w}}\Delta_{y}\varphi_{\mathrm{w}}^{(l+1)}) - G\varphi_{\mathrm{w}}^{(l+1)} + G\varphi_{\mathrm{o}}^{(l+1)}\\
&= H_{l+1}\left(\sum A_{\mathrm{w}}\right)(\varphi_{\mathrm{w}}^{(l+1)}-\varphi_{\mathrm{w}}^{*}) - B_{\mathrm{w}}^{m} q^{m+1} - G\varphi_{\mathrm{w}}^{m} + G\varphi_{\mathrm{o}}^{m}, \qquad (4.3.7\mathrm{c})\\
&\Delta_{\bar{x}}(A_{x\mathrm{o}}\Delta_{x}\varphi_{\mathrm{o}}^{*}) + \Delta_{\bar{y}}(A_{y\mathrm{o}}\Delta_{y}\varphi_{\mathrm{o}}^{(l+1)}) + G\varphi_{\mathrm{w}}^{(l+1)} - G\varphi_{\mathrm{o}}^{(l+1)}\\
&= H_{l+1}\left(\sum A_{\mathrm{o}}\right)(\varphi_{\mathrm{o}}^{(l+1)}-\varphi_{\mathrm{o}}^{*}) - B_{\mathrm{o}}^{m} q^{m+1} + G\varphi_{\mathrm{w}}^{m} - G\varphi_{\mathrm{o}}^{m}. \qquad (4.3.7\mathrm{d})
\end{aligned}
$$

为了提高精度, 记残量 $P_x=\varphi_{\mathrm{w}}^{*}-\varphi_{\mathrm{w}}^{(l)}, P_y=\varphi_{\mathrm{w}}^{(l+1)}-\varphi_{\mathrm{w}}^{*}, R_x=\varphi_{\mathrm{o}}^{*}-\varphi_{\mathrm{o}}^{(l)}, R_y=\varphi_{\mathrm{o}}^{(l+1)}-\varphi_{\mathrm{o}}^{*}$, 则可将方程组 (4.3.7a)-(4.3.7b) 改写为下述残量方程的形式:

$$
\begin{aligned}
&\Delta_{\bar{x}}(A_{x\mathrm{w}}\Delta_{x}P_x) - \left(G + H_{l+1}\sum A_{\mathrm{w}}\right)P_x + GR_x\\
&= -\left[\Delta(A_{\mathrm{w}}\Delta\varphi_{\mathrm{w}}^{(l)}) + B_{\mathrm{w}}^{m} q^{m+1} - G(\varphi_{\mathrm{w}}^{(l)}-\varphi_{\mathrm{w}}^{m}) + G(\varphi_{\mathrm{o}}^{(l)}-\varphi_{\mathrm{o}}^{m})\right]\\
&= -B_1 X^{(l)}, \qquad (4.3.8\mathrm{a})
\end{aligned}
$$

$$
\begin{aligned}
&\Delta_{\bar{x}}(A_{x\mathrm{o}}\Delta_{x}R_x) - \left(G + H_{l+1}\sum A_{\mathrm{o}}\right)R_x + GP_x\\
&= -\left[\Delta(A_{\mathrm{o}}\Delta\varphi_{\mathrm{o}}^{(l)}) + B_{\mathrm{o}}^{m} q^{m+1} + G(\varphi_{\mathrm{w}}^{(l)}-\varphi_{\mathrm{w}}^{m}) - G(\varphi_{\mathrm{o}}^{(l)}-\varphi_{\mathrm{o}}^{m})\right]\\
&= -B_2 X^{(l)}. \qquad (4.3.8\mathrm{b})
\end{aligned}
$$

对于 P_y、R_y 同样可以写出 y 方向的类似求解方程组. 当迭代误差达到精度要求时, 取此时的迭代值 $\varphi_{\mathrm{w}}^{(l+1)}$、$\varphi_{\mathrm{o}}^{(l+1)}$ 为 $\varphi_{\mathrm{w}}^{m+1}$、$\varphi_{\mathrm{o}}^{m+1}$; 再由 (4.3.5) 求出饱和度 s^{m+1} 来.

差分方程 (4.3.8) 可归结为下述形式的二阶块三角方程组:

$$a_i^{(1)}x_{i-1} + b_i^{(1)}x_i + c_i^{(1)}x_{i+1} = f_i^{(1)} + d_i^{(1)}y_i, \qquad (4.3.9\mathrm{a})$$

$$a_i^{(2)}y_{i-1} + b_i^{(2)}y_i + c_i^{(2)}y_{i+1} = f_i^{(2)} + d_i^{(2)}x_i, \qquad (4.3.9\mathrm{b})$$

此处

$$x_{i-1}=P_{x,i-1,j},\quad x_i=P_{x,ij},\quad x_{i+1}=P_{x,i+1,j},\quad y_{i-1}=R_{x,i-1,j},$$

$$y_i=R_{x,ij},\quad y_{i+1}=R_{x,i+1},$$

$$a_i^{(l)}=A_{x\mathrm{w},i-1/2,j},\quad c_i^{(l)}=A_{x\mathrm{w},i+1/2,j},\quad a_i^{(2)}=A_{x\mathrm{o},i-1/2,j},$$

$$c_i^{(2)} = A_{xo,i+1/2,j}, \quad b_i^{(l)} = -(A_{xw,i-1/2,j} + A_{xw,i+1/2,j}) - \left(G + H_{l+1}\sum A_{\mathrm{w}}\right),$$

$$b_i^{(2)} = -(A_{xo,i-1/2,j} + A_{xo,i+1/2,j}) - \left(G + H_{l+1}\sum A_{\mathrm{o}}\right), \quad f_i^{(l)} = -B_1X^{(l)},$$

$$f_i^{(2)} = -B_2X^{(l)}, \quad d_i^{(1)} = -G_{ij}, \quad d_i^{(2)} = d_i^{(1)}.$$

当 $i=1$ 时, $a_1^{(1)} = a_1^{(2)} = 0$, 当 $i=N$ 时, $c_N^{(1)} = c_N^{(2)} = 0$.

为了用追赶法求解, 将其写为下述形式:

$$x_i = A_i + B_ix_{i+1} + C_iy_{i+1}, \quad y_i = E_i + F_ix_{i+1} + G_iy_{i+1}, \tag{4.3.10a}$$

$$x_{i-1} = A_{i-1} + B_{i-1}x_i + C_{i-1}y_i, \quad y_{i-1} = E_{i-1} + F_{i-1}x_i + G_{i-1}y_i. \tag{4.3.10b}$$

将 (4.3.10) 代入 (4.3.9) 经整理可得

$$(a_i^{(1)}B_{i-1} + b_i^{(1)})x_i + (a_i^{(1)}C_{i-1} - d_i^{(1)})y_i = f_i^{(1)} - a_i^{(1)}A_{i-1} - c_i^{(1)}x_{i+1}, \tag{4.3.11a}$$

$$(a_i^{(2)}F_{i-1} - d_i^{(2)})x_i + (a_i^{(2)}G_{i-1} + b_i^{(2)})y_i = f_i^{(2)} - a_i^{(2)}E_{i-1} - c_i^{(2)}y_{i+1}. \tag{4.3.11b}$$

记

$$a_1 = a_i^{(1)}B_{i-1} + b_i^{(1)}, \quad a_2 = a_i^{(2)}C_{i-1} - d_i^{(1)}, \quad a_3 = a_i^{(2)}F_{i-1} - d_i^{(2)},$$

$$a_4 = a_i^{(2)}G_{i-1} + b_i^{(2)}, \quad a_5 = -a_i^{(1)}A_{i-1} + f_i^{(1)},$$

$$a_6 = -a_i^{(2)}E_{i-1} + f_i^{(2)}, \quad a_0 = (a_1a_4 - a_2a_3)^{-1}.$$

由 (4.3.11) 解出 x_i, y_i 得

$$x_i = a_0[a_4(a_5 - c_i^{(1)}x_{i+1}) - a_2(a_6 - c_i^{(2)}y_{i+1})], \tag{4.3.12a}$$

$$y_i = a_0[-a_3(a_5 - c_i^{(1)}x_{i+1}) + a_1(a_6 - c_i^{(2)}y_{i+1})]. \tag{4.3.12b}$$

比较 (4.3.10) 和 (4.3.12) 的系数可得

$$\mathrm{A}_i = a_0(a_4a_5 - a_2a_6), \quad B_i = -a_0a_4c_i^{(1)}, \quad C_i = a_0a_2c_i^{(2)}, \tag{4.3.13a}$$

$$E_i = a_0(-a_3a_5 + a_1a_6), \quad F_i = a_0a_3c_i^{(1)}, \quad G_i = -a_0a_2c_i^{(2)}. \tag{4.3.13b}$$

追过程求系数 $A_i, B_i, \cdots, G_i$, 注意到 $i=1$ 时有 $a_i^{(1)} = a_i^{(2)} = 0, a_1 = b_1^{(1)}, a_2 = -d_1^{(1)}, a_3 = -d_1^{(2)}, a_4 = b_1^{(2)}$, $a_5 = f_1^{(1)}$, $a_6 = f_1^{(2)}$. 从而由 (4.3.13), 令 $i = 2, \cdots, N$, 可求出全部的 $A_i, B_i, \cdots, G_i$. 赶过程计算 $x_i, y_i (i = 1, 2, \cdots, N)$, 注意到 $i = N$ 时, $c_N^{(1)} = c_N^{(2)} = 0, x_N = a_0(a_4a_5 - a_2a_6), y_N = a_0(-a_3a_5 + a_1a_6)$, 由 (4.3.12), 令 $i = N-1, \cdots, 1$ 即可求出全部 x_i, y_i 来.

4.3.3 多层问题的计算格式

对于多层运移聚集的耦合修正算子分裂隐式迭代格式.

对第一层的格式:

$$\nabla\cdot\left(\bar{K}_1\Delta z_1\frac{k_{\rm ro}}{\mu_{\rm o}}\nabla\varphi_{\rm o}\right)+B_{\rm o}\bar{q}\Delta z_1+q_{h.{\rm o}}^1=-\bar{\phi}s'\left(\frac{\partial\varphi_{\rm o}}{\partial t}-\frac{\partial\varphi_{\rm w}}{\partial t}\right),\quad X\in\Omega_1,t\in J,\tag{4.3.14a}$$

$$\nabla\cdot\left(\bar{K}_1\Delta z_1\frac{k_{\rm rw}}{\mu_{\rm w}}\nabla\varphi_{\rm w}\right)+B_{\rm w}\bar{q}\Delta z_1+q_{h.{\rm w}}^1=\bar{\phi}s'\left(\frac{\partial\varphi_{\rm o}}{\partial t}-\frac{\partial\varphi_{\rm w}}{\partial t}\right),\quad X\in\Omega_1,t\in J,\tag{4.3.14b}$$

此处 $\bar{K}_1=\dfrac{1}{\Delta z_1}\displaystyle\int_{h_1^1(x,y)}^{h_2^1(x,y)}K_1(x,y,z){\rm d}z$, $\bar{\phi}=\dfrac{1}{\Delta z_1}\displaystyle\int_{h_1^1(x,y)}^{h_2^1(x,y)}\phi(x,y,z){\rm d}z$, $\bar{q}=\dfrac{1}{\Delta z_1}\times\displaystyle\int_{h_1^1(x,y)}^{h_2^1(x,y)}q(x,y,z){\rm d}z$.

对第二层的格式:

$$\nabla\cdot\left(\bar{K}_2\Delta z_2\frac{k_{\rm ro}}{\mu_{\rm o}}\nabla\varphi_{\rm o}\right)+B_{\rm o}\bar{q}\Delta z_2-q_{h.{\rm o}}^2=-\bar{\phi}s'\left(\frac{\partial\varphi_{\rm o}}{\partial t}-\frac{\partial\varphi_{\rm w}}{\partial t}\right),\quad X\in\Omega_1,t\in J,\tag{4.3.15a}$$

$$\nabla\cdot\left(\bar{K}_2\Delta z_2\frac{k_{\rm rw}}{\mu_{\rm w}}\nabla\varphi_{\rm o}\right)+B_{\rm w}\bar{q}\Delta z_2-q_{h.{\rm w}}^2=\bar{\phi}s'\left(\frac{\partial\varphi_{\rm o}}{\partial t}-\frac{\partial\varphi_{\rm w}}{\partial t}\right),\quad X\in\Omega_1,t\in J,\tag{4.3.15b}$$

此处 $\bar{K}_1$, $\bar{\phi}$, $\bar{q}$ 均为相应的积分平均表达式. 在方程组 (4.3.14)、(4.3.15) 中可以认为 $q_{h,{\rm o}}^1\approx q_{h,{\rm o}}^2$, $q_{h,{\rm w}}^1\approx q_{h,{\rm w}}^2$. 用达西定理将此二层问题耦合起来. 对方程 (4.3.14) 和 (4.3.15) 分别应用 4.3.2 小节准三维问题提出的格式进行计算, 它们之间应用达西定理将此二层耦合起来, 即

$$q_{h,0}^1=q_{h,0}^2=\frac{-1}{2}\left\{\bar{K}_1\left(\frac{k_{\rm ro}}{\mu_{\rm o}}\right)_1+\bar{K}_2\left(\frac{k_{\rm ro}}{\mu_{\rm o}}\right)_2\right\}(\varphi_{{\rm o},2}-\varphi_{{\rm o},1})/\Delta z,\tag{4.3.16a}$$

$$q_{h,w}^1=q_{h,w}^2=\frac{-1}{2}\left\{\bar{K}_1\left(\frac{k_{\rm rw}}{\mu_{\rm w}}\right)_1+\bar{K}_2\left(\frac{k_{\rm rw}}{\mu_{\rm w}}\right)_2\right\}(\varphi_{{\rm w},2}-\varphi_{{\rm w},1})/\Delta z,\tag{4.3.16b}$$

成功地解决了这一重要问题. 多层问题可进行类似的推广.

4.4 并行算法和并行程序设计

20 世纪末, 国际上迅速发展起来并行计算技术, 这就为解决 “油资源二次运移定量精细模拟和并行计算研究” 提供了良好的软硬件环境, 利用现有的 32 个节点 SCI 超微服务器 (4 节点. 8 个 CPU) 组成的、基于 Turbolinux 和 RED Hat 7.4, Scal 操作系统的、高性能的微机集群和 MPI 信息传递编程系统, 实现了 “油资源

二次运移定量模拟和并行计算技术研究". 在并行计算时, 区域网格分解策略有: 交替方向网格划分、无重叠网格划分和重叠网格划分; 在求解方法上采用的是新的耦合修正交替方向隐式迭代格式法. 此外, 在并行计算研究过程中, 研制出层间并行、层间层内并行和数据并行, 对于信息传递有三类处理方法, 采用胜利油田滩海地区的实际地质参数, 进行了不同节点组合的和不同网格划分的并行计算, 得到的结果与实际都相吻合.

4.4.1 系统的软、硬件环境

本项研究是基于现有的软硬件环境, 设计并行算法, 提高计算效率, 以期达到工业化生产应用的目的.

(1) 32 个计算节点的微机集群配置:

每个节点: cpu: inte1P3、800 MHZ, mem: 512 MB, HD: 55 GB.
百兆网卡

2 个服务器:

服务器 1: cpu: inte1P3、700 MHZ, mem: 1 GB, HD: 90 GB.
千兆网卡、磁带机

服务器 2: cpu: inte1P3、700 MHZ, mem: 1 GB, HD: 90 GB.
千兆网卡
磁盘阵列柜 800 GB.
交换机 3COM 3900 两台 100 MB×6.

操作系统: Turbolinux7.0, 消息传递并行编程环境为 MPICH2.24

(2) SCI 超微服务器: 4 节点、双 cpu: p4 1.8G, mem: 512, HD: 30GB*2.

计算节点互联 1000mbps, 服务器互联 1000mbps, SCI 通讯接口.

操作系统: Red Hat 7.4, Scall 通信软件.

4.4.2 并行信息传递编程研究

消息传递并行 (message passing interface, MPI) 编程环境的标准用户界面, 它定义有关消息传递函数的标准接口说明, 是目前国际上最流行、可移植性和可扩展性很好的并行程序设计平台. 在标准串行程序设计语言 FORTRAN 的基础上, 再加入实现进程间通信的 MPI 的信息传递函数库, 就构成了 MPI 并行计算程序设计所信赖的并行编程环境.

图 4.4.1 表明, 函数 MPI_Init(ierr) 首先调用, 且只调用一次, 它的作用是初始化执行 MPI 程序的各个进程, 使之进入 MPI 系统. 之后, 各个进程便可以调用 MPI 系统提供的其他任意函数. 同时, 各个进程在结束前, 必须调用函数 MPI_Finalize(ierr) 来通知 MPI 系统, 表明该进程退出 MPI 系统.

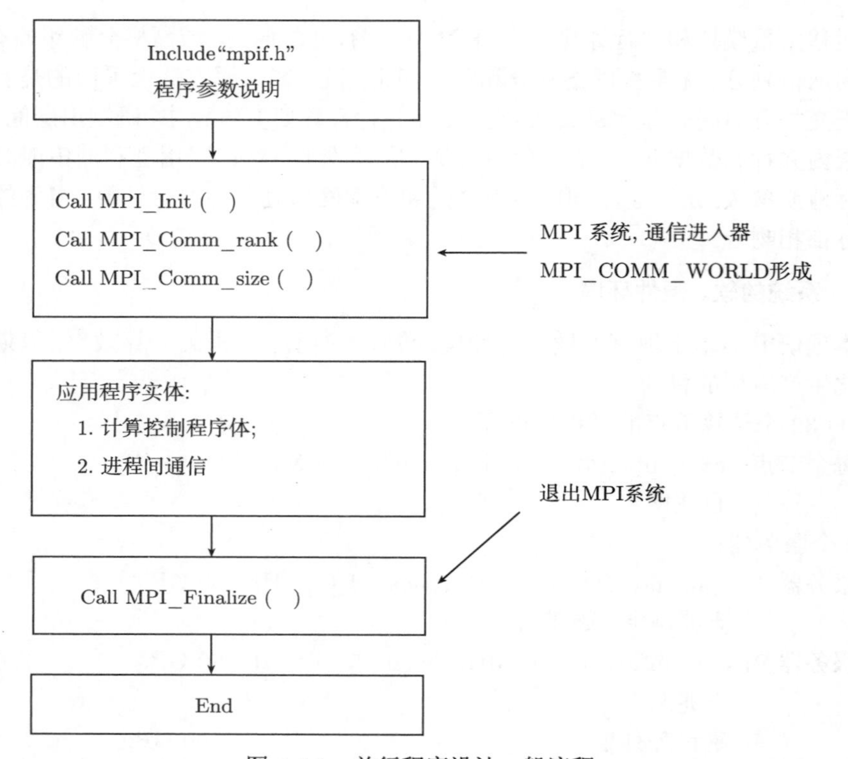

图 4.4.1　并行程序设计一般流程

通过调用函数 MPI_Init, 各个进程获得一个唯一的编号, 即进程号 (rank), 它中各个进程区别于其他进程的唯一标示. 假设执行 MPI 程序的进程数是 9, 则各个进程号为 0, 1, 2, ⋯, 8. 进程号可调用如下函数.

MPI_comm_rank(MPI_COMM_WORLD,rank,ierr) 来获得.

所设计的 MPI 并行计算程序和数据都放在 U03 盘上, 各进程可共享 U03 盘上的程序和数据. 在运行过程中, 各进程可以调用 MPI 系统提供的函数来组织相互之间的信息传递, 交换必须的信息. 程序从外观上看是一个单程序, 没有主从之分.

并行计算程序 (例如：dc22.f) 设计好了, 在运行之前, 还需要先调用编译命令对它进行编译, 将源程序文件编译成可执行目标码文件.

32 个节点微机机群和 SCI 超微服务器编译执行命令分别为

32 个节点：

编译命令：mpif77 -0 dc22 dc22.f

其中：dc22. f 是源程序文件名, dc22 是可执行文件名.

有了可执行文件后, 就可以调用运行命令来执行并行程序.

运行命令：mpirun - np 18 -machinefile zdh dc22

其中: -np 是进程数, -machinefile 是机器文件名, zdh 是节点文件, dc22 是可执行文件.

SCI:

编译命令: g77 – c –D_REENTRANT –I$MPI_HOME/include dc25.f,

连接命令: g77 dc25.o –L$MPI_HOME/lib – lifmpi - lmpi -o dc25,

运行命令: mpimon dc25 - scil 2 sci2 2 sci3 2 sci4 2,

其中: scil -2 是节点, 2 表示两个 cpu, dc25 可执行文件名.

4.4.3 并行算法与并行程序设计

并行计算是使用多个处理器共同完成一项工作量大的计算任务, 这里存在分工和协作的问题. 分工是指把此项大的任务分解以后, 分配给每个处理器, 让它们并行完成; 协作是指要完成此项任务, 各个处理器之间客观存在联系, 这种联系就是通信. 只有分工没有协作的工作相对而言是简单的工作, 比较容易完成. 有协作的工作, 而且协作关系复杂程度是各个不相同的. 在并行计算中, 处理器之间的通信就是协作. 并行可提高计算效率, 而通信又消耗计算时间, 这是一个矛盾的两个方面. 但它们又统一在一个具体任务中, 是一个既矛盾又统一的问题. 一个好的并行算法, 就是如何处理上述矛盾, 而并行程序设计是并行算法的具体实践.

设计求解方程 (4.2.1a)~(4.2.3b) 的并行程序, 首先选择区域分解策略. 将区域 Ω_1 分解为多个区域, 分配给不同的处理器, 并保证处理器的负载平衡和最小的信息传递通信开销.

区域分解通常采用沿 x, y 两个方向的二维块分解策略. 例如, 图 4.4.2 是把区域分解为 9 块, 分配给 9 个处理器并行求解, 这是不重叠网格划分.

在计算过程中, 每个块的边界条件是由其相邻块的相邻网格数据提供的, 因此存在一个块与块之间的信息交换通信问题. 如图 4.4.3 所示, 如果要求出内网格单元的解, 必须事先知道其辅助网格单元上的数据, 此数据是由其相邻块通信而得到的. 块间的通信由 MPI 的信息发送 (SEND) 和接收 (RECV) 两个函数实现.

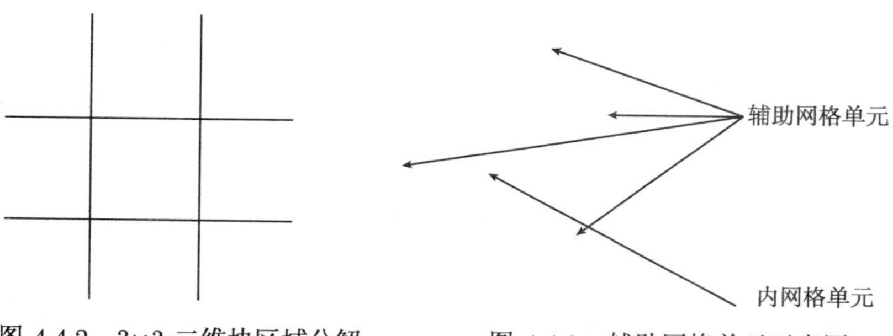

图 4.4.2 3×3 二维块区域分解　　图 4.4.3 辅助网格单元示意图

阻塞式信息发送函数:

MPI_SEND(buf,count,datatype,dest,tag,comm.)

执行一个标准模式的阻塞式信息发送通信操作.

buf	信息发送缓存区的起始地址,
count	信息发送缓存区包括的数据单元个数,
datatype	数据单元类型,
dest	接收该信息的进程序号,
tag	信息标号,
comm.	通信器.

阻塞式信息接收函数:

MPI_RECV(buf,count,datatype,source,tag,comm.,status)

执行一个标准模式的阻塞式信息接收通信操作.

buf	信息接收缓存区的起始地址,
count	信息接收缓存区允许的最大数据单元个数,
datatype	数据单元类型,
source	发送该信息的进程序号,
tag	信息标号,
comm.	通信器,
status	接收返回状态信息.

有时, 为了提高迭代的收敛速度, 将相邻的两块的网格重叠起来 (注意: 重叠网格可以一排、两排、三排等), 这就是重叠网格的区域分解法. 例如, 图 4.4.4 是有两排重叠网格的区域分解. 块与块之间的通信不是一排, 而是三排.

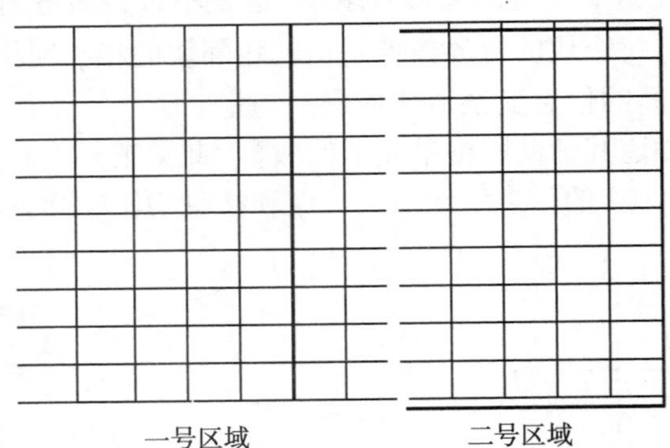

图 4.4.4　重叠网格示的区域分解意图

在解一号区域时, 要用到二号区域 1、2、3 排数据. 1 排数据是用作边界条件的, 2、3 排数据与一号区域在该排上新解出的值加权平均计算, 其结果作为该网格上的值.

如果在二维区域分解中, 我们不在 x 或 y 方向进行区域分解, 则二维区域分解策略就退化为一维条分解策略, 见图 4.4.5(a)、(b).

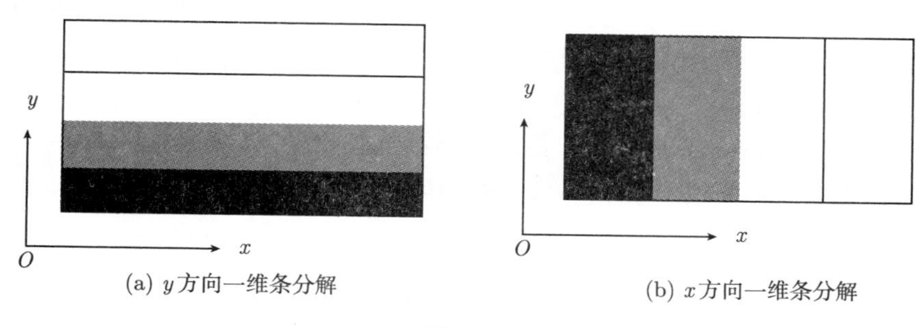

(a) y 方向一维条分解　　(b) x 方向一维条分解

图 4.4.5

这是我们采用的区域分解策略, 并在程序设计中实现, 获得比较理想的结果. 下面详细叙述条形区域分解的并行算法.

分析方程 (4.3.7a), (4.3.7b), 假定第 l 次迭代已经完成, 此时 $\varphi_{\mathrm{w}}^{(l)}$, $\varphi_{\mathrm{o}}^{(l)}$ 是已知的. 在 x 方向的每条线上, 方程 (4.3.7a), (4.3.7b) 组成二阶块三对角方程组, 待求的未知函数为 $\varphi_{\mathrm{w}}^{*},\varphi_{\mathrm{o}}^{*}$, 可以用二阶块追赶法隐式求解. 各条线相互之间都是完全独立的, 可以并行处理.

例如, 若有 50 条线, 每条线分配一个处理理器, 则有 50 个处理器一起进行并行计算. 当时还没有那么多处理器, 假设使用 5 个处理器, 则我们把求解区域分为 5 条, 每 10 条线为一组分配一个处理器. 方程 (4.3.7a), (4.3.7b) 处理完, 再转向沿 y 方向计算方程 (4.3.7c), (4.3.7d). 这时待求的未知函数为 $\varphi_{\mathrm{w}}^{(l+1)},\varphi_{\mathrm{o}}^{(l+1)}$, 而 $\varphi_{\mathrm{w}}^{*},\varphi_{\mathrm{o}}^{*}$ 是已知的, 但是, 它们分别存在沿着 x 方向, 横条形区域的各个处理器的内存中. 现在, 要沿 y 方向竖条各个处理器中计算 $\varphi_{\mathrm{w}}^{(l+1)},\varphi_{\mathrm{o}}^{(l+1)}$, 就要把 $\varphi_{\mathrm{w}}^{*},\varphi_{\mathrm{o}}^{*}$ 在有关的处理器间进行传送. 如图 4.4.6 所示.

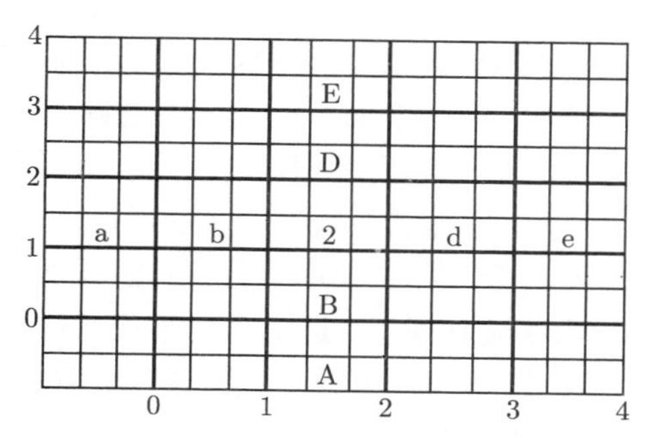

图 4.4.6　条形区域分解算法

我们把区域分为 5 块, 对应 0、1、2、3、4 处理器. 例如 2 号处理器对应图中央部分. 在 x 方向计算完以后, 就要把 a 区域送到 0 号处理器. 把 b 区域送到 1 号处理器, 把 d 区域送到 3 号处理器, 把 e 区域送到 4 号处理器. 同时, 从 0 号处理器把 A 区域接收过来, 从 1 号处理器把 B 区域接收过来, 从 3 号处理器把 D 区域接收过来, 从 4 号处理器把 E 区接收过来. 这样, 各个处理器的 $\varphi_{\mathrm{w}}^*, \varphi_{\mathrm{o}}^*$ 准备好了, 就可以对方程 (4.3.7c), (4.3.7d) 进行求解. 当然, y 方向求解完毕, 又要进行处理器信息交换, 为下一次 x 方向计算作好准备, 这样就完成了一次迭代.

为了完成上述处理器间的通信, 我们使用 MPI 的如下函数:

MPI_SENDRECV(buf, count, datatype, dest, sendtag, source, recvtag, comm., status)

buf	信息 (发送接收) 缓存区的起始地址,
count	信息 (发送接收) 缓存区包含的数据单元个数,
datatype	数据单元类型,
dest	接收进程的序号,
sendtag	发送信息号,
source	发送进程的序号,
recvtag	接收信息号,
comm.	通信器,
status	接收返回状态信息.

它是两个处理器间发送、接收信息交换的函数.

还有当迭代收敛以后, 层内计算结果如何拼装, 层间断层或通道的垂向窜流量如何计算等也都与通信有关, 均需进行处理.

油资源二次运移定量数值模拟的核心是求解大型二阶偏微分方程组 (4.2.1)~(4.2.3). 它包括求解每个层的油相势和水相势所满足的微分方程和沿着断层或通道的垂向窜流量的微分方程. 从软件系统体系结构来看, 其核心部分是一个三重循环的结构 (图 4.4.7). 第一层循环是盆地发育各地质时期循环. 例如按时间顺序划分, 下第三系的沙河街组、东营组、沉积间断、上第三系的馆陶组、明化镇组以及第四系的平原组. 第二层循环是在一个地质时期内时间步长的循环. 由于我们计算格式的强稳定性, 一般时间步取 1000 年或 500 年. 第三层循环是迭代循环每个节点进行并行追赶法求解计算, 对差分方程组使用交替方向隐式迭代格式法求解, 当计算满足误差要求时, 进行层内拼装和断层、通道垂向窜流量计算, 再转入下一个时间步计算. 当计算机不满足误差要求时, 要重新进行迭代计算. 误差满足以后, 进行层内拼装和断层、通道垂向窜流量计算, 再转入下一个时间步计算.

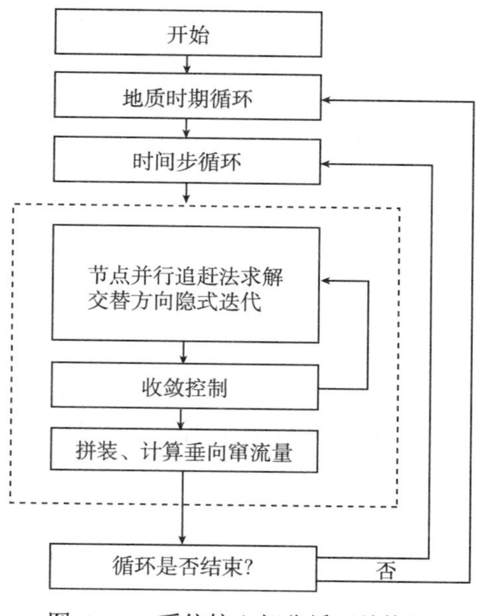

图 4.4.7 系统核心部分循环结构图

4.5 并行软件

结合油资源二次运移聚集的数学解法, 解剖其数学模型, 根据本软件系统的并行任务, 进而设计新型的、先进的、高效能的并行算法, 提供完整的并行软件系统.

4.5.1 并行方法

1. *层间并行*

层间并行就是一个层对应一个计算节点, 先进行每层节点计算, 待每层计算完后, 再进行层间窜流量计算.

2. *层间、层内并行*

层间、层内并行就是将每个层划分为若干个子区域, 每个子区域对应一个计算节点, 先计算层内的小区域, 待层内每个小区域计算完毕后进行层内拼装, 每层计算完了, 再计算层间窜流量.

这两种并行方法, 对所要模拟的工区不进行数据分块, 每个计算节点 (CPU) 存放的数据就是整个工区的网格数据. 对于模拟工区范围较小或者是网格较粗 (即网格步长较大), 整个数据体占据每个 CPU 的内存较小时, 信息传递和并行计算效率还是可以的. 但是, 当模拟工区范围扩大和网格越来越细 (即网格步长较小) 时, 就出现了大规模精细模拟情况，网格节点数可能是几十万个甚至数百万个节点，网格步长由原来的千米级提高到百米级，这样计算数据量可能达到几百万，甚至几千万，有可能超出每个 CPU 现有内存容量，或者是由于数据量大，信息传递量也就增加，这就导致并行效率很差，甚至无法进行并行计算. 为了解决这个问题，我们研制了数据并行.

4.5.2　数据并行

1. *数据并行的方法及机理*

数据并行就是把原来的整个模拟工区巨大的数据体，根据每个节点计算规模进行分块，再把与节点相对应分块数据，如果是初始算，分别从盘上的 JTSJ 文件中读入静态数据和 DTSJ 文件中读入动态数据等参数到节点计算内存中去；如果不是初始算，从盘上的 JGSJ 文件读入参数到节点计算内存中去，每个节点计算完了，再根据需要进行节点之间数据通信和记盘.

2. *建立序号与区域分解关系表*

根据前面所述，由于采用的是一维条分解策略，见图 4.5.1、图 4.5.2. 这次数据并行程序设计是采用的是四个条形区域、两个层，每层划分 x 方向 520 个网格结点，y 方向 400 个网格结点，共有 8 个节点进行计算，区域分解如下：

1 号区域 x 方向 (1：130,1：400)，y 方向 (1：520, 1：100)，

2 号区域 x 方向 (131：260,1：400)，y 方向 (1：520, 101：200)，

3 号区域 x 方向 (261：390,1：400)，y 方向 (1：520, 201：300)，

4 号区域 x 方向 (391：520,1：400)，y 方向 (1：520, 301：400).

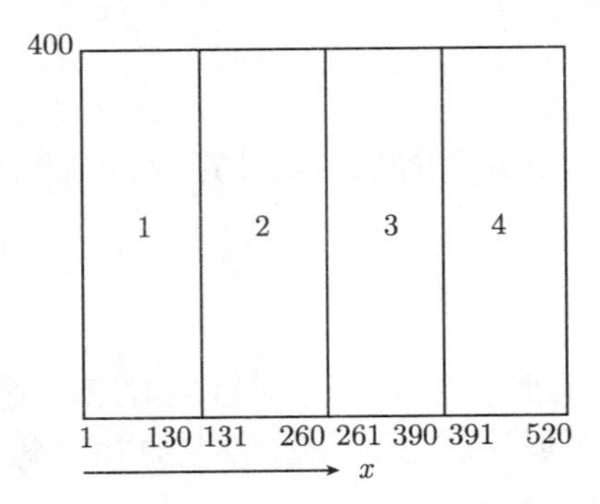

图 4.5.1　x 方向一维条分解区域

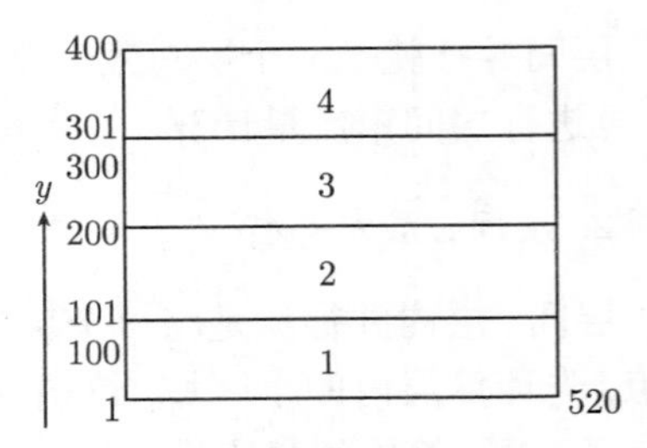

图 4.5.2　y 方向一维条分解区域

每个条形区域还包括了 x 方向起始网格、终止网格、总网格数，y 方向起始网格、终止网格、总网格数.

节点号是从 0 开始的，也就是 0 号节点对应 1 号区域，1 号节点对应 2 号区

域, 2 号节点对应 3 号区域, 这是第一层情况. 对于第二层和第一层相似, 仅节点由 4→7 号, 区域由 5→8 号区域和 1 号区域网格相同 …… 8 号区域和 4 号区域网格相同. 这样就建立了序号 1→8(即节点号 0→7) 与区域分解一一对应关系.

3. 数据场动态单元分配

模拟工区按照实际需要进行网格划分, 形成了数据场. 每个节点对应于相应的条形区域, 就有相应的网格数据与其对应, 见图 4.5.3、图 4.5.4. 从图中可以看出不同区域所对应的 x 方向、y 方向网格位置是不一样的, 同一条形区域 x 方向与 y 方向网格位置也是不一样的, 也就是说区域划分所形成的数据场是动态变化的, 按照方程 (4.2.1a)~(4.2.3b) 求解所需要数据有油势 (fox,foy)、水势 (fwx,fwy)、含水饱和度 (smx,smy), 中间计算数据油势 (fomx,fomy)、水势 (fwmx,fwmy)、含水饱和度 (smx1,smy1), 排烃量 (qotx,qoty)、排水量 (qwtx,qwty)、油量 (qox,qoy)、水量 (qwx,qwy)、边界条件 (1h2x,1h2y)、地层顶部深度 (zdx,zdy)、沙体厚度 (zhx,zhy)、空隙度 (phix,phiy)、渗透率 (Zakx,Zaky)、传导系数 (aixl,ajxl)、(bixl,bjxl)、(aiyl,ajyl)、(biyl,bjyl) 等都要按照实际网格位置建立动态单元分配. 例如: 油势 foy(0:in+1, 0:j1−1)、水势 fwxl(0: il+1,0:jn+1)、排烃 qotx(i1,jn) 等.

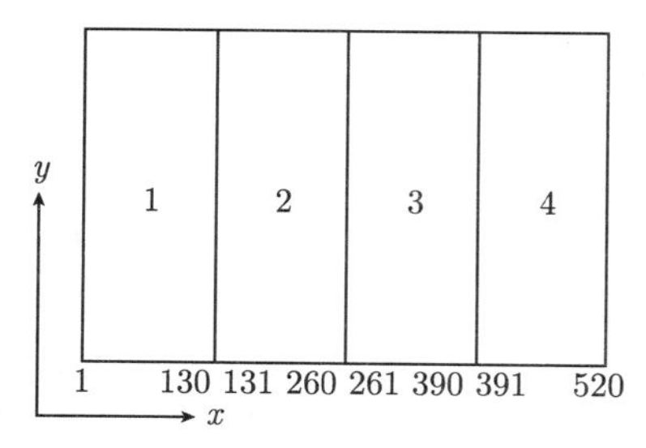

图 4.5.3 x 方向单元分配

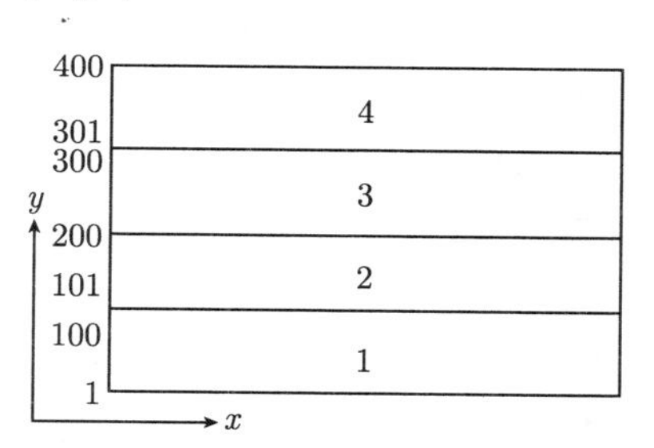

图 4.5.4 y 方向单元分配

4. 建立横向 (纵向) 子通信器和垂向子通信器

在计算过程中节点 (处理器) 间的信息传递, 在软件设计中大体可以分为三类情况. 第一类是进行节点间数据块的信息传递. 第二类是节点间边界信息传递. 第三类是在垂向上, 将油势、水势和含水饱和度等数据合并到 0 号节点, 在 0 号节点进行垂向窜流量计算, 然后再传递到相应节点或者写盘.

为了数据信息传输的方便, 我们在横向 (纵向) 和垂向分别建立了子通信器 (comm) 和 (comml), 对于横向 (纵向)comm 子通信器, 同一层节点创建成同一进程组, 这样在同一层分子区计算所需信息传递和迭代误差控制就比较方便. 在垂向 comm1 子通信器, 位于层内 x 方向相同的横向网格坐标位置上的垂向子区所对应的节点, 则为同一进程组, 在 comm 通信器内, 同一进程组信息传递为第一、二类信息传递.

第一类信息传递, 本软件使用的数值方法是交替方向隐式迭代求解, 所谓交替方向是指在 y 方向处理完后, 要转到 x 方向处理, x 方向处理完后再转到 y 方向. 因此程序中的参数场分为 y 区, x 区. 在 y 区处理完后, 将 y 区分割成多个子区域, 对应其他节点在 x 区的子区域, 分别把数据发送出去. 同时在本节点 x 区的各个子区域数据中接受来自其他节点的数据. 反之亦然. 将 x 区的各个子区域数据发送, 在 y 区的子区域接受. 此过程使用标准模式阻式消息收发通信函数 MPI_SENDRECV.

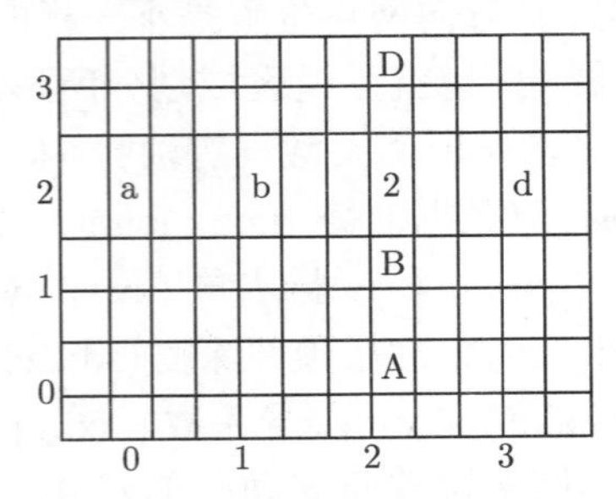

图 4.5.5　条形区域分解算法

图 4.5.5 把区域分为 4 子区域, 对应 0、1、2、3 处理器. 在 x 方向计算完以后, 就要把 a 区域送到 0 号处理器, 把 b 区域送到 1 号处理器, 把 d 区域送到 3 号处理器, 同时, 从 0 号处理器把 A 区域接收过来, 从 1 号处理器把 B 区域接收过来, 从 3 号处理器把 D 区域接收过来. 这样, 各个处理器的 φ_{w}^{*}、φ_{o}^{*}、Sm 准备好了.

第二类信息传递, 各节点进行求解计算时, 还需要相邻节点靠近本节点边界的一排数据. 本节点的序号为 myrank, 靠近它上一个节点序号为 IPER=myrank−1, 下一个邻近节点序号为 INEX=myrank+1. 如果本节点外于区域的边界块上, 则定义 IPER 或者 INEX 为空进程. 使用消息传递函数 MPI_SENDRECV, 向前是把本块的边送给下一个节点, 同时接受上一个节点传来的边. 向后是把本块的边送给上一个节点, 同时接受下一个节点传来的边. 经过向前、向后两个得理则把本块的边界补全了.

在图 4.5.6、图 4.5.7 中, 在 y 方向上 2 号处理器的下面 js2−1 边界是由它下面的 1 号处理器 jsn1 这排数据传输过来的, 上面 jsn2+1 这边界是由它上面的 3 号处理器的 js3 这排数据传递过来的.

在 x 方向上 2 号处理器左面的边界 is2−1 是由它左面的 1 号处理器的 isn1 这排数据传输过来的, isn2+1 是由它右面的 3 号处理器 is3 这排数据传输过来的.

迭代误差控制是按层进行油势、水势误差计算, 分别使用命令

MPI_ALLREDUCE(r4,r41,1,MPI_DOUBLE_PRECISION,

MPI_MAX,comm,ierr)

MPI_ALLREDUCE(r5,r51,1,MPI_DOUBLE_PRECISION,
MPI_MAX,comm,ierr)

计算出每一层节点最大误差 r41,r51, 然后与给定误差比较, 如果都小于给定误差, 就转向层间垂向窜流量计算.

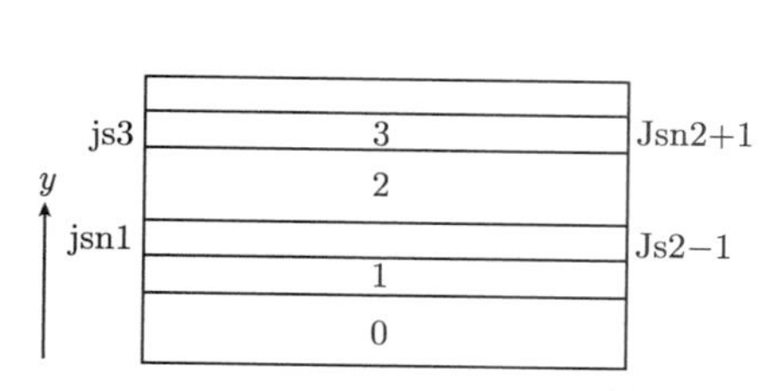

图 4.5.6　y 方向块边界传输示意图

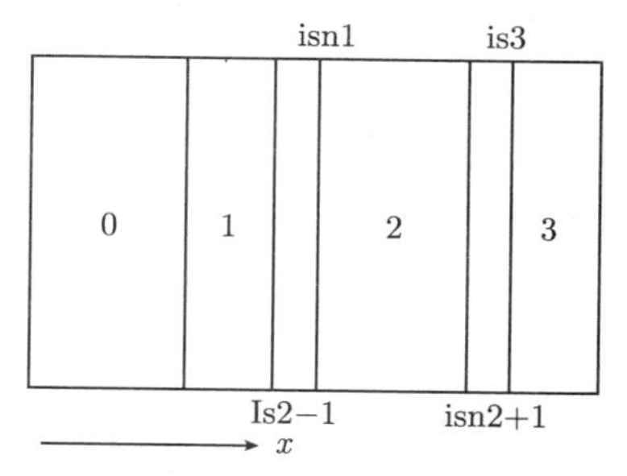

图 4.5.7　x 方向块边界传输示意图

第三类信息传递, 见图 4.5.8. 在垂向子通信器 comml 中进行, 使用发送函数 MPI_Send 和接受函数 MPI_Recv, 外层套上外件语句. 其结构如下:

```
If(条件) then
......
call MPI_Send( )
else
call MPI_Recv
endif
```

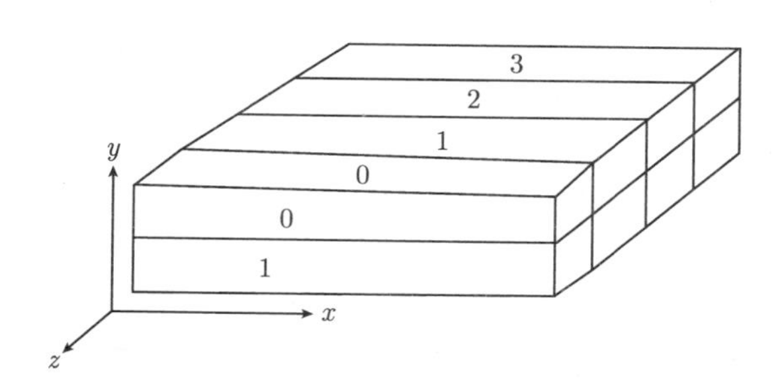

图 4.5.8　垂向子通信器示意图

数据合并和垂向窜流量计算以及分布都使用上述结构. 在其同一进程组内 rank≠0 节点 (即底下层节点) 向 rank=0 节点 (即最顶层节点) 传递油相位势、水相位势、含水饱和度信息. 最顶层节点 (即 rank=0) 从底下层 (即 rank≠ 0, $k = 2, \cdots, k_1$) 接收油相位势、水相位势、含水饱和度等信息, 并计算出垂向窜流量油 dqo、水 dqw, 对于最顶层源 (汇) 项来说, 油增加 dqo, 水增加 dqw. 然后, 最

顶层节点 (rank=0) 再把计算出的垂向窜流量 dqo、dqw 传递给相应底层节点 (即 rank≠0), 对于底层源 (汇) 项来说, 油减少 dqo, 水减少 dqw, 转入下一个时间步计算. 判断 rank 是否为零, 向 rank=0 的处理器传递所需要的信息, 合并油、水相位势、含水饱和度, 一个沉积阶段计算完了, 其结果记入盘 JGSJ 文件里, 运行时间记盘, 再转入下一个沉积阶段计算, 直到所有沉积算完为止.

5. 数据并行计算框图

见图 4.5.9.

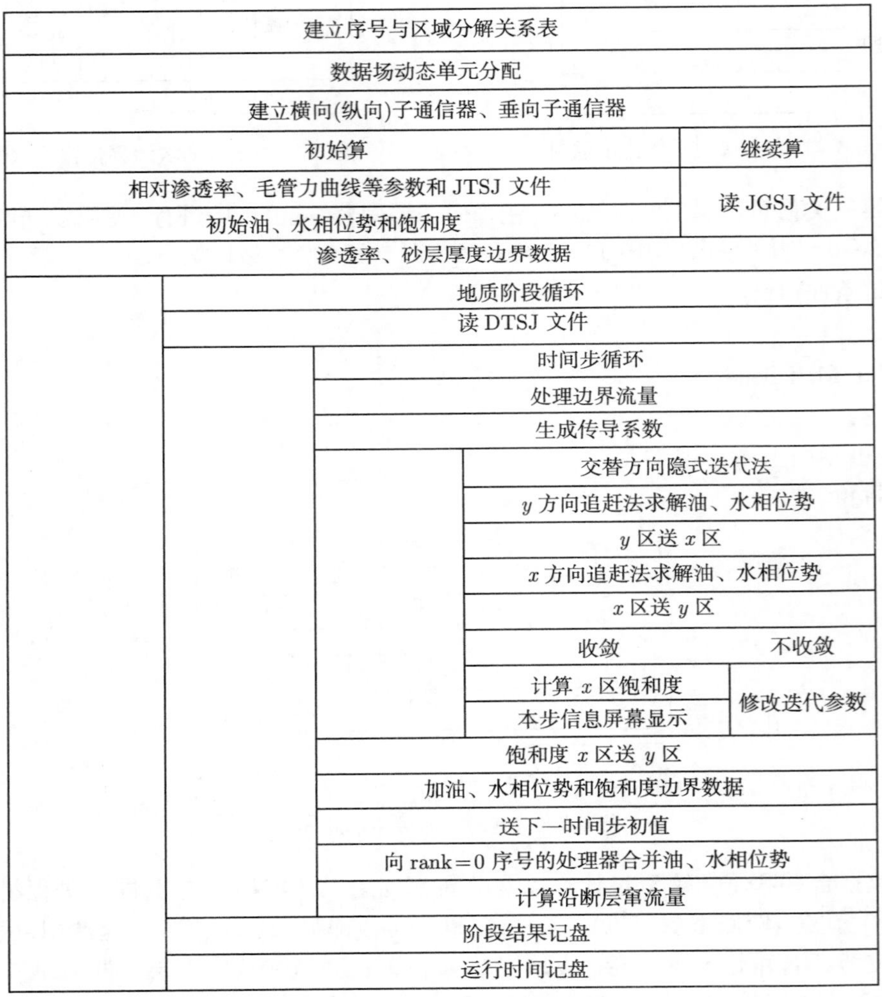

建立序号与区域分解关系表
数据场动态单元分配
建立横向(纵向)子通信器、垂向子通信器
初始算 | 继续算
相对渗透率、毛管力曲线等参数和 JTSJ 文件 | 读 JGSJ 文件
初始油、水相位势和饱和度
渗透率、砂层厚度边界数据
　地质阶段循环
　读 DTSJ 文件
　　时间步循环
　　处理边界流量
　　生成传导系数
　　　交替方向隐式迭代法
　　　y 方向追赶法求解油、水相位势
　　　y 区送 x 区
　　　x 方向追赶法求解油、水相位势
　　　x 区送 y 区
　　　收敛 | 不收敛
　　　计算 x 区饱和度 | 修改迭代参数
　　　本步信息屏幕显示
　　饱和度 x 区送 y 区
　　加油、水相位势和饱和度边界数据
　　送下一时间步初值
　　向 rank=0 序号的处理器合并油、水相位势
　　计算沿断层窜流量
　阶段结果记盘
　运行时间记盘

图 4.5.9　数据并行算法计算框图

6. 数据文件管理

模拟工区进行并行模拟计算之前, 首先我们利用予处理器, 将模拟工区的静态参数和动态参数按照直接存取文件格式存储在盘上, 文件名为 JTSJ 和 DTSJ 文件. 在模拟初始计算时, 从盘上读取相应的静态参数 (砂层厚度、顶部埋深、渗透率、边界条件等), 动态参数 (排烃量、排液量等) 到节点计算内存中去, 进行盘与内存信息交换: 每个沉积阶段计算完了, 其结果 (油势、水势、含水饱和度等) 由内存与盘信息交换, 并记到盘上 JGSJ 文件中去, 以便从某个沉积阶段开始继续计算、屏幕显示、打印出图和结果分析. 所使用的命令是

打开数据:

open(nn,file='name',access='disect',recl=160)

其中: nn: 文件号 (1,19,20)

name: 文件号 (ＪＴＳＪ、ＤＴＳＪ、ＪＧＳＪ)

读取数据:

read(nn,rec=m+1)(ppl(k),k=1,k1)

对于 y 方向条形区域 m=((j−1)*iI+(I+is−1)*8,

对于 x 方向条形区域 m=((j+sj−1)−l)*iI+I−1)*8,

其中: (I,j) 网格坐标, is 网格块 x 方向起始坐标, js 网格块 y 方向起始坐标, i1 模拟工区 x 方向最大网格坐标, j1 模拟工区 y 方向最大网格坐标, k1 模拟层数.

存取数据:

write(nn.rec=m+1) (FUN(I,j,k),k=1,k1)

FUN 可以是 fox,fow,smx,qox,qow

M=((k0−n1−1)*i1*j1+((j+js−1)*i1+1−1)*6

k0 是起始沉积阶段

n1 是给定的为 7.

4.5.3 流程模块结构

有关流程模块结构及数据文件见 3.8 节.

4.6 胜利油田滩海地区精细并行数值模拟计算和效果分析

采用胜利油田滩海地区实际地质参数, 滩海地区的工区范围为 (200611700m, 4199000m)、(2071700m, 4253000m), 盆地面积为 8845.2km^2, 模拟包括沙三中段、沙三上段二个层位, 从滩海地区构造单元划分图看, 自西北向东南依次有呈子口—庆云凸起、义和庄—无棣宁津凸起, 陈家庄—滨县凸起, 和青坨子—垦东凸起. 其间夹着呈北凹陷、黄河口凹陷、渤南洼陷和孤南洼陷等生油洼陷.

模拟计算采用两个实例.

例 1　x 方向网格步长 1620m, 分为 65 个网格, y 方向网格步长 1680m, 分为 50 个网格. 平面上每层有网格数为 3250 个.

模拟计算中使用的基础数据, 如地层埋深、各个地质时期的排烃量和排液量来自三维盆地模拟计算结果. 运载层的数据如沙层厚度、孔隙度、渗透率来自胜利油田地科院的最新研究成果.

计算从东营组时期开始模拟, 经过上、下第三系的沉积间断, 再经过馆陶组、明化镇组, 最后到现今的第四系, 总共经历 3000 万年的地质时间.

表 4.6.1 和图 4.6.1 显示例一从沉积间断开始到现今总共经历了 2600 万年, 我们使用不同节点组合进行并行计算, 计算运行时间节点组合之间的关系:

表 4.6.1

节点数	1	3	6	9	12	18	24	30
时间 (时:分)	11:01	6:07	4:48	5:04	5:28	6:16	7:11	8:18
S_p 加速比	1.0	1.80	2.30	2.17	2.20	1.76	1.53	1.33

由图 4.6.1 和表 4.6.1 中可以看出, 使用 6 个处理器计算时间最少. 加速比 ($S_{\rm p} = T_{\rm l}/T_{\rm p}$, $T_{\rm l}$ 是串行计算时间、$T_{\rm p}$ 是并行计算时间) 最大 (2.30), 而 3 个处理器和 18 个处理器机时持平, 以后计算时间随着处理器个数的增加呈单调上升趋势. 其原因是: 虽然并行计算可以提高计算加速比, 降低计算时间, 但随着处理器个数的增加, 节点之间因传输信息而消耗的时间也在增加.

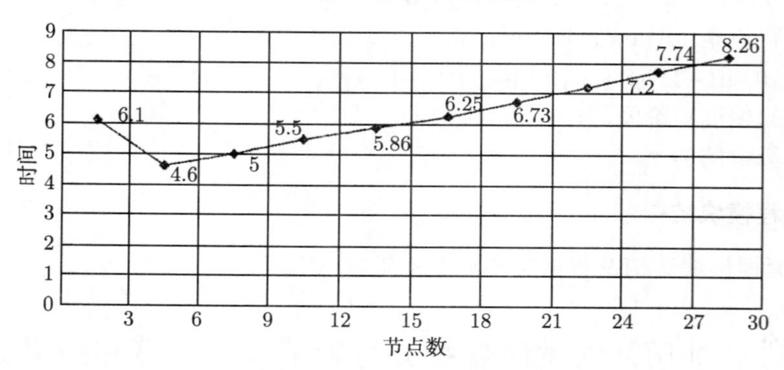

图 4.6.1　例 1 中节点数和运行时间关系图

例 2　对例 1 进行网格加密, 由原来一个网格细分为 4 个网格. x 方向 130 个网格, 网格步长 810m. y 方向 100 个网格, 网格步长 840m, 一层拥有 13000 个网格, 三层拥有 39000 个网格. 模拟的地质时期为明化镇时期和第四系, 其他参数不变, 见例 1. 所以选择这个时期, 是因为此时有大量的烃类在运移, 共有 12 个百万年.

由表 4.6.2 和图 4.6.2 来看, 计算结果有四点看法: ① 计算网格数增加 4 倍, 但是计算时间呈非线性增加, 在 9 个处理器之前大约是 8 倍, 18 个处理器以后大约是 5 倍. ② 计算时间极小点由 6 个处理向 18 个处理器移动, 这是因为计算消耗的时间比通信消耗的时间增长的快. ③ 串行计算对于计算网格未加密用了 6 小时 13 分 (373 分钟), 加密用了 69 小时 28 分 (4168 分钟), 网格数增加 4 倍, 计算时间增加约 11 倍. 由此, 可以看出: 网格越细, 串行计算所需时间大大增加, 很难完成大规模运移聚集精细模拟计算的任务. ④ 粗网格加速比较小 (2.41), 加密网格加速比较大 (4.50). 由此, 可以看出:

(1) 并行计算对于加密网格可以提高计算效率;

(2) 并行计算可以扩大计算规模, 这为我们展示了二次运移聚集进行大规模精细模拟的可行性.

表 4.6.2

节点	1	3	6	9	15	18	21	30
例 2 运行时间	69:28	26:12	18:59	16:28	16:20	15:26	17:53	20:34
S_p 加速比	1	2.65	3.66	4.22	4.25	4.56	3.88	3.38
例 1 运行时间	6:13	3:23	2:35	2:34	2:55	3:05	3:33	4:59
S_p 加速比	1	1.84	2.44	2.11	2.13	2.02	2.02	1.25

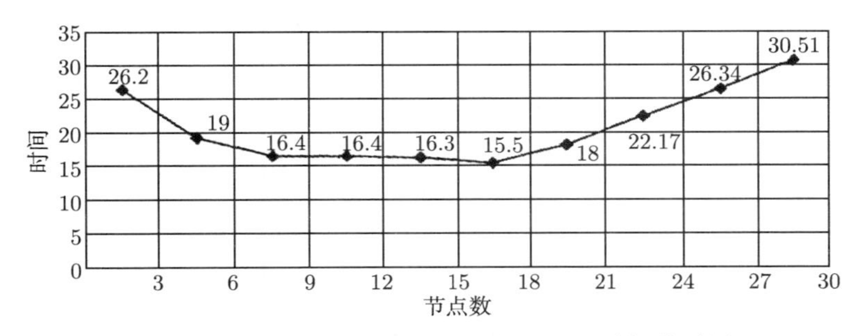

图 4.6.2 例 2 中加密网格节点数和运行时间关系图

例如: 数十万个节点, 甚至上百万个节点, 在单个处理器由于计算时间特长而很难完成的事, 可在多个处理器进行并行计算来完成. 因为在大规模网格结点下, 网格步长可能为 500m, 甚至到 100m 以下, 这就可以充分利用三维地震解释成果, 进行精细的油资源二次运移聚集模拟, 不漏掉一个小的隐蔽性油藏和 "土豆" 圈闭.

数据并行模拟计算采用四个方案 (表 4.6.3).

方案 1 x 方向网格步长 810m, 分为 130 个网格. y 方向网格步长 840m, 分为 100 个网格. 平面上每层有网格数为 13000 个, 二层拥有 26000 个网格.

表 4.6.3　四个方案并行计算机时表

方案	网格数	网格步长/m	层数	东营下组 2 (百万年)8	东营上组 2 (百万年)9	沉积间断 8 (百万年)10	馆陶组 6 (百万年)11	明化镇组 10 (百万年)12	第四系 2 (百万处)13	总体计算时间 30(百万年)
				计算机时 (秒)	计算机时 (秒)	计算机时 (秒)	计算机时 (秒)	计算机时 (秒)	计算机时 (秒)	计算机时 (秒)
1	130×100	800	2(沙三上 沙三中)	532.406	614.770	2017.250	1898.020	3211.400	679.513	8953.361 (2.487 小时)
2	260×200	400	2	1228.8739	1141.8978	3073.6578	7626.4464	14680.8095	6643.7076	3495.4111 (9.55 小时)
3	520×400	200	2	13513.8603	11993.3600	19487.1931	50540.4141	88354.4157	2760.2591	186649.5011 (51.847 小时)
4	1040×800	100	1(沙三上)	22349.8655	20432.7689	27606.0855	96192.4874	199378.8870	48215.1896	414075.2836 (115 小时)

方案 2 对方案一进行网格加密, 由原来一个网格细分为四个网格. x 方向 260 个网格, 网格步长 405m. y 方向 200 个网格, 网格步长 420m, 一层拥有 52000 个网格, 二层拥有 104000 个网格.

方案 3 x 方向网格步长是 202.5m, 分为 520 个网格. y 方向步长 220m, 分为 400 个网格. 一层拥有 208000 个网格, 二层拥有 416000 个网格.

方案 4 仅考虑单层沙三上段的数值模拟, x 方向网格步长 101.25m, 分为 1040 个网格. y 方向步长 110m, 分为 800 个网格, 共拥有 832000 个网格.

计算从东营组时期开始模拟, 经过上、下第三系的沉积间断, 再经过馆陶组、明化镇组, 最后到现今的第四系, 总共经历 3000 万年的地质时间.

表 4.6.3 显示方案 1～ 方案 4 的基本情况, 各个地质年代的计算时间及 3000 万年的总体计算时间. 从表 4.6.3 可以看出. 当网格步长由 800m 降至 400m 时, 计算时间增加 3.84 倍. 当网格步长由 400m 降至 200m 时, 计算时间增加 6.14 倍.

模拟结果: 图 4.6.4、图 4.6.5 显示沙三上段、沙三中段二个层位 1800 万年含油饱和度分布图. 图 4.6.6、图 4.6.7, 显示这两个层位 3000 万年现今含油饱和度等值线图. 计算结果看出沙二中段的油沿着断层向沙三上段运移, 并在洼陷周围的隆起和斜坡带聚集, 即埕岛地区、老河口、五号桩及孤东地区, 这与胜利油田现今的油田勘探情况基本吻合.

从上述的计算和分析指明我们的大规模精细并行数值模拟系统, 当网格步长为 200m 时, 可以充分利用三维地震解释成果, 进行精细的油资源二次运移聚集模拟, 不漏掉一个小的隐蔽性油藏和 “土豆” 圈闭. 完全适用于现代油资源的评估和油田勘探与开发需要.

图 4.6.3 展示多个处理器并行计算出沙三下段含油饱和度分布图, 其结果与串行计算是相吻合说明并行计算程序是正确的, 并行计算结果是可靠的.

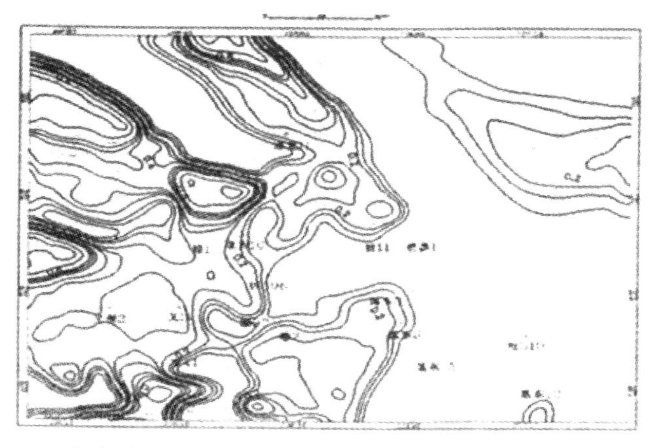

图 4.6.3 多个处理器并行计算出沙三下段含油饱和度 (现今) 分布图

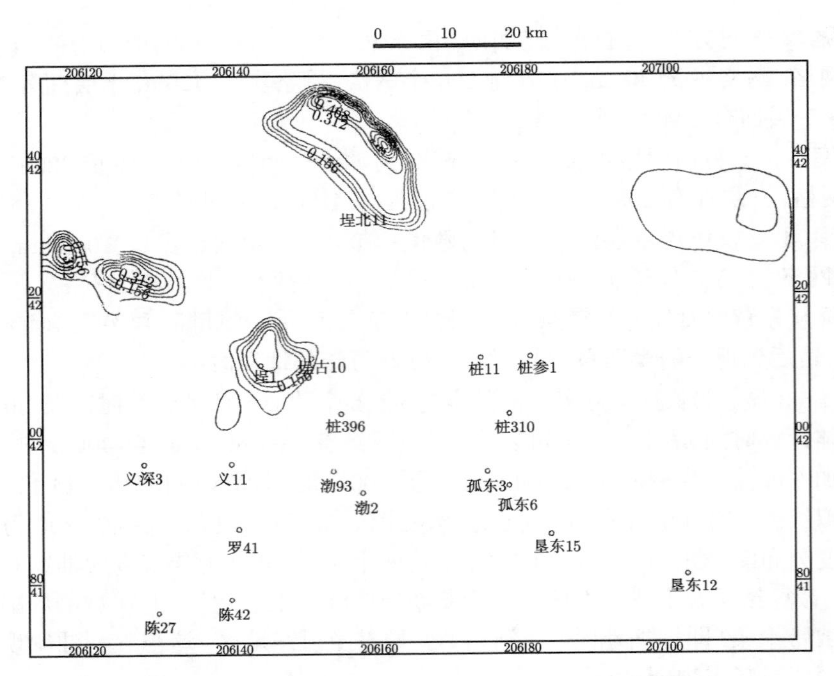

图 4.6.4　滩海地区沙三上 1800 万年含油饱和度等值线图

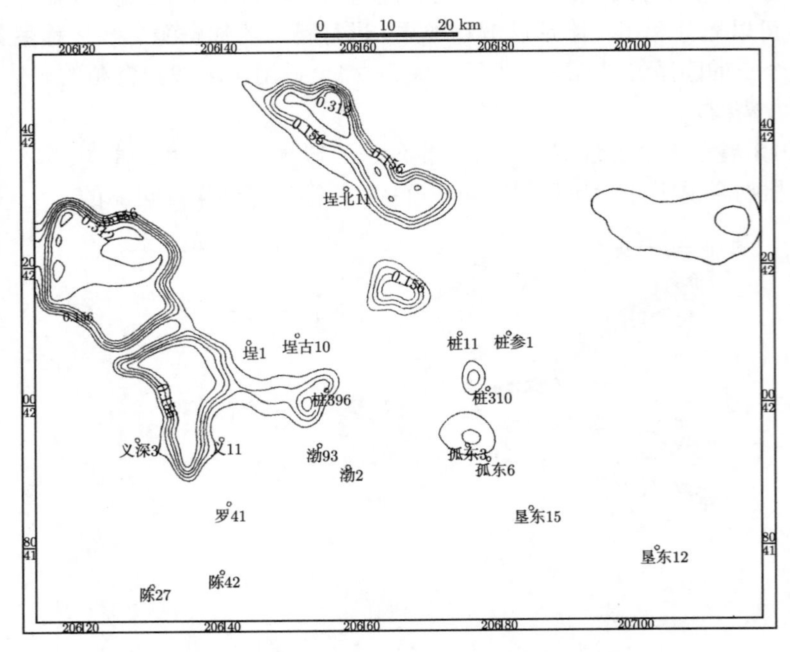

图 4.6.5　滩海地区沙三中 1800 万年含油饱和度等值线图

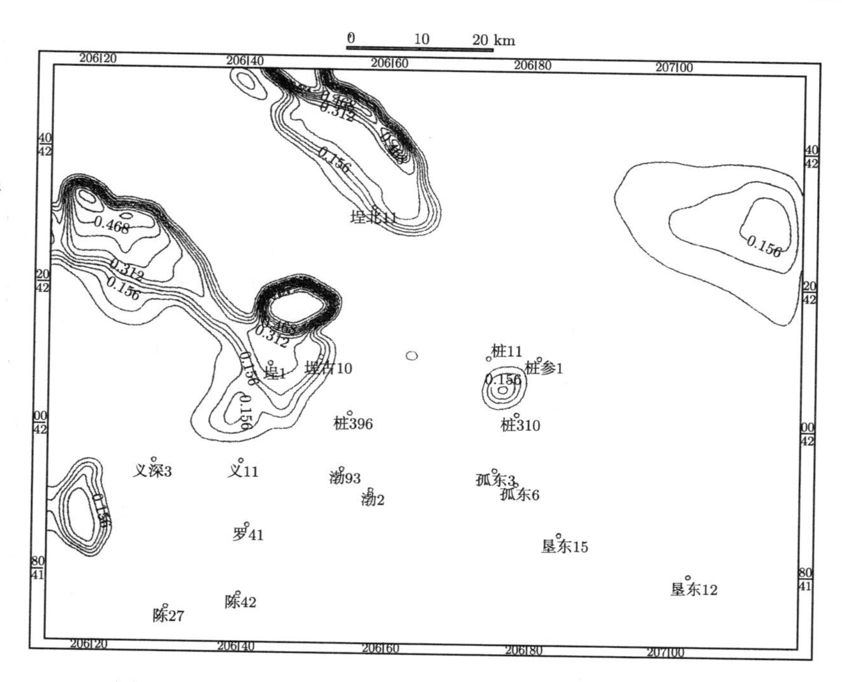

图 4.6.6 滩海地区沙三上 3000 万年含油饱和度等值线图

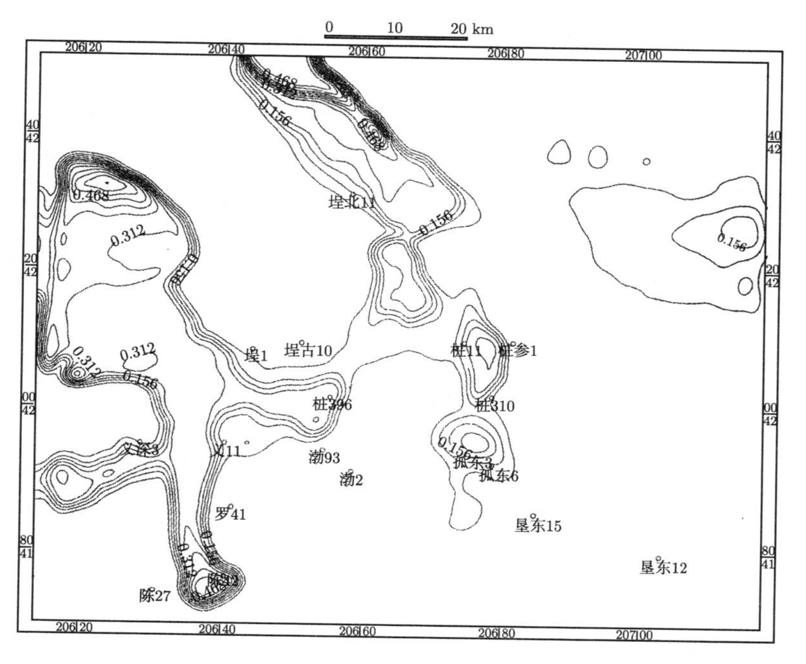

图 4.6.7 滩海地区沙三中 3000 万年含油饱和度等值线图

4.7 胜利油田阳信洼陷的并行计算数值模拟和分析

4.7.1 阳信洼陷基本地质概况

阳信、滋镇北部的陵县—阳信大断层是分割埕宁隆起和济阳坳陷的大断层, 是一条长期发育、长期活动的挖洼大断层, 对阳信—滋县洼陷的地层沉积起着重要的控制作用. 燕山运动末期, 北部大断层开始发育, 由于受断层控制, 惠民凹陷为一北断南超的箕状凹陷, 沉积了局厚的中新生界地层. 沙四段上部沉积以前, 惠民凹陷发育了一系列的中、深潜山, 盘河潜山、商河潜山和沙河街古构造, 把惠民凹陷分割为临邑洼陷和阳信洼陷. 沙四段末期, 济阳运动一幕开始, 临邑断层活动强度增大, 惠民凹陷西部因此被分割为南北两个洼陷带 (临南洼陷和滋镇洼陷), 滋镇洼陷处于相对上升的北部洼陷带, 由于沉降条件的变化, 滋镇洼陷沙三段上部、沙二段、沙一段地层大幅度减薄. 阳信洼陷位于惠民凹陷的东北部, 是一以新生界沉积为主的南北不对称箕状洼陷. 沙三段上部至沙一段沉积时期, 横贯惠民凹陷的肖庄—临邑—林樊家南掉大断层的东西两段断裂华东相对变弱, 位于东端的阳信洼陷沉积稳定, 中新生界地层厚度大, 其特点是北陡南缓, 北超南剥.

按构造形态、地层发育、岩浆活动等, 将东西向划分为两区一带, 即东、西两侧为深洼陷区, 中部为隆起区带; 由于中部隆起带将整个阳信洼陷区划分为两个次洼陷, 每个次洼陷南北向可以分为三个带, 即北部断裂带、洼陷带、南部斜坡带等次级构造单元.

阳信洼陷自上而下发育了太古界、中生界和新生界地层. 新生界古近系是洼陷的主体地层, 在洼陷内发育三次区域不整合, 即中生界与新生界的区域不整合、始新统与古新统的不整合、古近系与新近系的不整合, 存在一次沙二段后期局部沉积间断.

孔店组和沙四时期湖盆处于下降阶段, 为一水进时期. 由于孔店组水位较浅, 主要沉积了一套紫色泥岩与浅棕色粉细砂岩不等厚岩层. 沙四上水位有所上升, 以棕色泥岩、泥岩和灰质砂岩为主; 到沙四上水位大幅度上升, 北部陡坡带附近, 物源主要由无棣凸起供给, 岩石颗粒粗, 且物源丰富, 高差大, 是大型冲积扇发育区, 其他地区主要沉积砂岩和灰质泥岩.

沙三段时期水位相对稳定, 处于深湖相的相对稳定阶段, 较大面积的沉积了一套暗色泥岩和油页岩为主的地层. 沙三中至沙二段, 湖盆抬升, 湖水变浅, 以油泥岩和砂岩沉积为主, 这一时期发育小型扇及稀状砂, 在沙二段后期产生了沥积间断.

沙一段时期湖盆开始下降, 再次水进为半深湖相沉积环境, 沉积了一套以暗色泥岩为主的地层, 生物灰岩和油页岩比较发育. 东营时期湖盆开始上升后遭受剥蚀, 直至新近系, 馆陶组时期湖盆下降, 沉积了一套较厚的河湖相沉积.

4.7.2 油资源运移聚集的基本地质参数

工区范围 (20516000m, 4128000m)、(20576000m, 4178000m), x 方向长度为 60km, y 方向为 50km, 实际模拟的面积为 3000km^2.

模拟层位的选取：

阳信洼陷是在新生代形成的箕状断陷盆地, 呈典型的北断南超结构特点. 惠城大型鼻状构造由南向北延伸将阳信洼陷分割形成了阳信次洼和温家次洼两个沉降中心. 两个中心具有不同的油气资源潜力.

根据本地区的地化指标分析, 在阳信洼陷, 沙三段以上 (包括沙三段) 都基本不成熟或者形成不了巨大的工业油气藏, 同时鉴于该区也没有发育穿层的断层, 所以本次的模拟目标选择为：沙四 I 段、沙四 II 段、沙四III段、沙四IV段共四个层位.

油资源运移聚集软件系统里用到了许多参数, 有系统自备的用于数学方法的参数, 有用来描述地质条件的参数, 而用来描述地质条件的参数又可以分为两类, 第一类是动态的, 第二类是静态的, 综合起来包括：各个历史时期的排烃量和排液量、砂层厚度、砂顶深、渗透率和孔隙度, 各个地层的绝对沉积时间.

4.7.3 油资源运移聚集历史阶段分析

本次模拟, 阳信洼陷共分为 12 个地质历史时期, 从下往上分别是：沙四上亚段、沙三下亚段、沙三中亚段、沙三上亚段、沙二上亚段、沙二下亚段、沙一段、东营组、沉积间断、馆陶组、明化镇、平原组 (表 4.7.1).

表 4.7.1 各个地层的绝对沉积时间

时代	Q	Mn	Ng	间断	Ed	Es1	Es2	Es3 上	Es3 中	Es3 下	Es4 上
持续时间/百万年	2	3	11	5	2.5	2.5	1	1	1	1	4

1. 油源情况

阳信洼陷沙四上亚段从构造上看具有两个独立次洼陷中心：阳信次洼和温家次洼. 该两个中心同样是油资源生成能力最大的部位, 在该系统中是源项最大的地方, 其中温家次洼比阳信次洼要好. 从盆地模拟的结果来看, 截止到目前为止, 最大的生烃量为 60×104t/km^2 以上. 首先来看沙四上亚段的基础资料, 从沙四上亚段的排烃量等值线图上看, 每个历史时期的排烃量具有一定的规律：

(1) 排烃时期从沙一段开始, 在沙一段以前不具备排烃的能力.

(2) 最大也就是最有效的排烃时期包括：沙一段、东营组、馆陶组、明化镇、平原组. 其中, 单位体积上沙一段的沙四上亚段的排烃能力最大为 0.006g/s, 单位体积上东营组的沙四上亚段的排烃能力最大为 0.0015g/s, 馆陶组的沙四上亚段的排烃能力最大为 0.006g/s, 明化镇的沙四上亚段的排烃能力最大为 0.008g/s, 平原组的沙四上亚段的排烃能力最大为 0.0025g/s. 由于上述五个时期的排烃量较大, 也就说明该时期的油源供应比较充足, 油资源运移聚集的力度也就比较大.

2. 模拟的含油饱和度分布

从模拟结果来看, 对于沙四上亚段, 在沙一段末期以前, 油资源运移的范围不大, 对于以后油资源运移聚集的影响也不大.

阳信洼陷沙四上亚段 I 砂层组含油饱和度图 (沙一亚段末期) 见图 4.7.1.

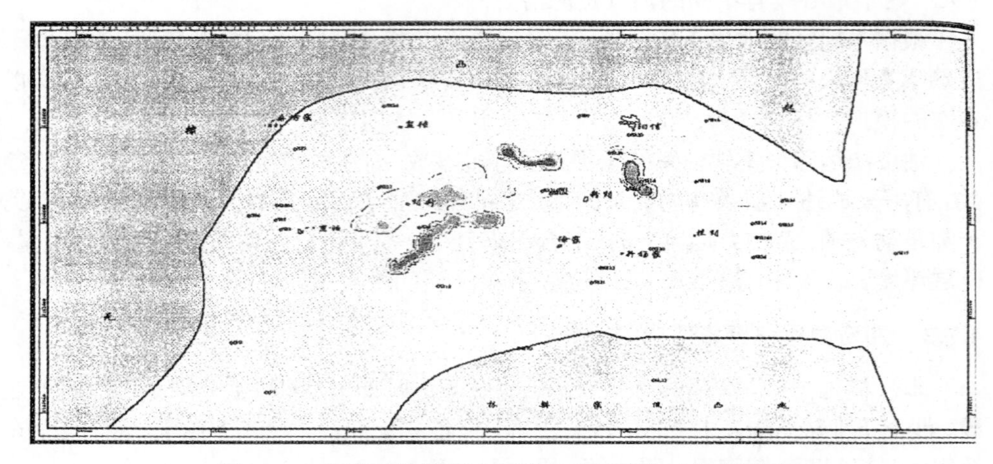

图 4.7.1 阳信洼陷沙四上亚段 I 砂层组含油饱和度图

到沙一段末期, 全区范围最大的含油饱和度接近 0.6, 在大面积上没有含油饱和度分布, 不可能有有效的油资源运移聚集. 含油饱和度较高的地区, 主要是排烃强度较大的地区和断层阻挡的地区, 说明此时油资源并没有太大的运移聚集效应 (图 4.7.1).

到东营组末期, 全区范围最大的含油饱和度为 0.6, 分布在断层阻挡的地区, 在中央隆起带上, 开始分布含油饱和度 0.3 的区域, 除中央隆起带外和断层阻挡的地区外, 不可能有有效的油资源聚集. 含油饱和度相对较高而且面积大的地区, 主要是排烃强度较大的地区, 说明此时油资源并没有太大的运移聚集效应.

到沉积间段末期, 沙四上亚段全区最大含油饱和度为 0.7, 主要集中在断层阻挡地区, 全区含油面积比东营组末期没有明显加大, 但是生油洼陷内部的含油饱和度也基本没有变化, 说明在该时期, 有较大数量的运移, 同样在该时期, 也不可能有太大的油资源聚集的效应.

到馆陶组末期, 沙四上亚段油资源运移的范围明显增大, 中央隆起构造带含油饱和度达到了 0.7, 全区最大的含油饱和度为 0.7, 在阳 15 井附近的含油饱和度亦达到 0.7 以上, 中央隆起构造带的雏形已经形成 (图 4.7.2).

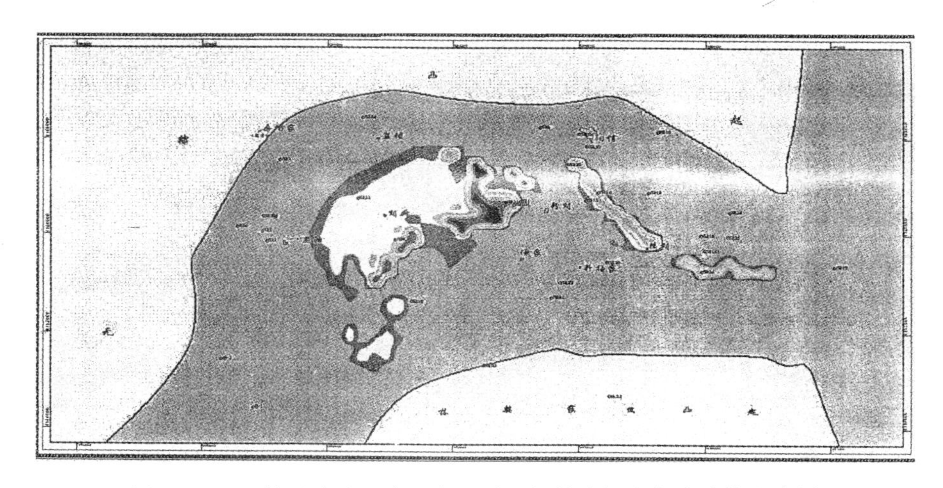

图 4.7.2 阳信洼陷沙四上亚段 I 砂层组馆陶组末期含油饱和度图

到明化镇末期, 沙四上亚段西部和东部已经跨越中央隆起构造带连成一片, 局部的油资源聚集也已经形成雏形, 全区最大含油饱和度达到 0.7, 面积较大的有利勘探区包括中央隆起构造带和断层阻挡的区域, 而且向林樊家地区运移的路径上也已形成了一定的油资源聚集 (图 4.7.3).

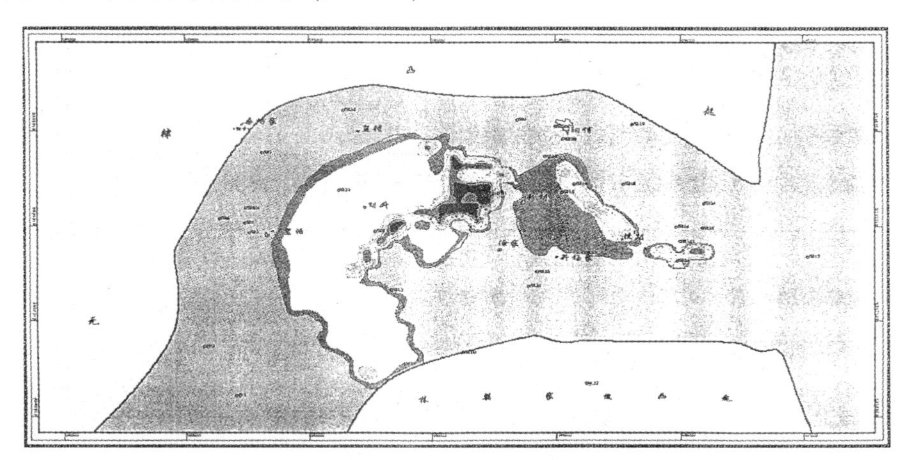

图 4.7.3 阳信洼陷沙四上亚段 I 砂层组明化镇末期含油饱和度图

至目前, 沙四上亚段已经形成了包括上边几个有利油资源聚集区外, 中央隆起地区、洼刘附近的断层阻挡地区、向林樊家地区运移的路径上又形成了有利的聚集区, 全区最大的含油饱和度为 0.7, 含油饱和度在 0.6 左右面积较大, 我们还可以看出, 盆地四周的含油饱和度较高, 但是内部也很有勘探前景 (图 4.7.4).

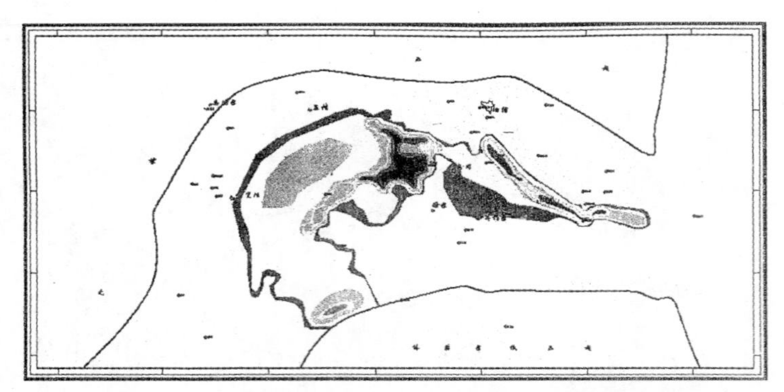

图 4.7.4　阳信洼陷沙四上亚段 I 砂层组含油饱和度图

3. 运移路径

由于阳信洼陷的特殊地质条件, 油资源的运移路径和方向基本上是从洼陷中心向四周运移, 最终聚集在四周有效的圈闭上; 在洼陷中央部位由于局部的构造的存在, 也可能形成有效的油资源圈闭, 例如中央隆起带; 但是, 对于温家次洼生成的油气, 还存在一条向林樊家地区运移的优势路径, 这从该地区的位势和含油饱和度的形成过程就完全可以看出这点. 所以, 要在林樊家地区寻找到油气藏, 它的油源肯定是来源于阳信洼陷的温家次洼.

4. 该层位的位势

该地区的油位势和沉积中心相一致, 也就是说生、排烃强度较大的地区就是该地区油位势较大的地区, 例如: 阳信洼陷的温家次洼的沉积中心和东部的阳信次洼, 全区最大的油位势为 17.083, 最小的油位势 −70.29, 阳信洼陷的油资源运移的方向为: 以从温家次洼、阳信次洼向盆地四周流动为主, 同时, 温家次洼和阳信次洼还向中央隆起带上运移, 这和模拟计算的结果十分吻合. 虽然阳信洼陷距离林樊家地区较近, 但是由于存在局部断层的阻挡, 不大可能运移到林樊家地区上去 (图 4.7.5).

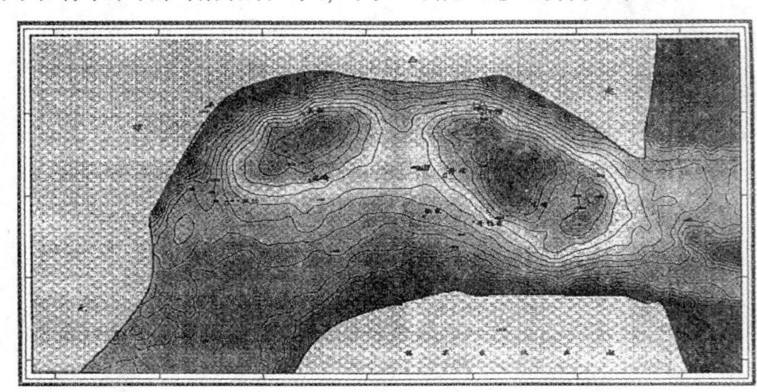

图 4.7.5　阳信洼陷沙四上亚段油位势等值线图

4.7.4 模拟结果和实际勘探状况的对比分析

通过对该工作区的模拟计算, 以及对该地区实际勘探程度的比对, 可以得出如下结论.

1. 模拟结果和区带具有完全吻合的对应关系

从含油饱和度等值线图上, 完全可以看出, 阳信洼陷中央隆起带、南部断层封闭带、西部鼻状构造带等具有较高的含油饱和度, 是最有利的勘探区域和保证阳信洼陷有勘探突破的主阵地, 应该不间断和不放弃该地区的勘探力度.

例如, 沙四上亚段 I 砂层组, 从含油饱和度等值线上看, 阳信洼陷中央隆起带、南部断层封闭带, 最高值为 0.7, 具有较大的分布面积, 是阳信洼陷最为有利的勘探区域; 西部鼻状构造带的含油饱和度最大值在 0.6 左右, 但分布范围更大, 这是阳信洼陷特别是西部油气向林樊家隆起的最好的运移路径; 北部陡坡带在这次的模拟中没有出现很大的含油饱和度, 说明在阳信地区, 东西两个生油洼陷都不具备向北面运移的条件, 这和阳信洼陷北部的勘探没有重大的突破也有很好的对应关系.

2. 模拟结果和区块有很好的对应关系

从局部来看, 模拟的水位势、油位势及含油饱和度分布成果图件表明, 油资源运移聚集的有利地区分布范围与实际勘探结果基本吻合.

如沙四上亚段 I 砂层组模拟计算的有利聚集区主要分布在阳 101、阳 1 附近, 这和实际的勘探结果也比较吻合. 在东部, 由于断层的阻挡作用, 南部的阳 14、阳 29 附近也有较高的含油饱和度, 这说明这个模拟的结果在和实际的勘探区块上也有很好的对应关系.

3. 对比以后的结论

通过以上的对比, 我们可以看出模拟结果与实际勘探成果具有良好的对应关系, 说明: ①该软件系统模型设计比较合理、计算方法能够适合石油资源运移聚集的要求. ②系统对断层、不整合、连通砂体的改造是成功的, 计算结果与实际勘探情况符合, 并结合实际问题作进一步的勘探工作分析研究, 将对油田将起到很大的推动作用, 创造较高的经济效益.

4.7.5 综合评价

对于阳信洼陷, 相比较而言, 沙四上亚段具有较大的资源潜力, 表明以沙四上油气为供油气单元的有关圈闭易富集成藏且形成较大的规模.

依据阳信洼陷油气成因特点、储层类型及油气成藏规律, 根据本次模拟的结果: 认为阳信洼陷下步油气勘探要以沙四上亚段为主要的目标方向, 实行立体勘探, 以期望近期在阳信洼陷有所突破.

五带：南部鼻状构造和中央隆起带 (短河流三角洲及扇三角洲)、东部火成岩—断层遮挡油气藏带、西部潜山带、深洼区的岩性油藏带.

1. 有利勘探区域分析

1) 油源分析

根据阳信的三维盆地模拟结果和石油资源运移聚集的模拟结果, 可以看出：对于阳信的东、西两个洼陷, 即东部的阳信次洼和西部的温家次洼, 从三维盆地模拟的结果可以看出：西部温家次洼的生烃能力远远高于东部的阳信次洼, 尤其是西部洼陷带及洼陷带南部缓坡带已钻井较少, 存在一系列的正反向断层控制区, 是值得考虑的有利勘探区.

2) 对于阳信洼陷的沙四段上亚段, 有如下的三个主要的勘探方向：

(1) 油气成藏受构造和岩性双重因素控制, 三角洲前缘亚相的砂体和扇三角洲前缘砂体为油气有利储集相带, 断裂作用形成的断块圈闭和鼻状构造为油气成藏提供有效空间, 因此南部鼻状构造和北部断裂带砂砾岩易形成构造油气藏、构造—岩性油气藏和岩性油气藏. 特别是以阳 1 和阳 101 为中心的中央隆起区, 无论是双向油源的供给还是局部存在的构造, 都蕴藏着阳信有所突破的希望, 应该加大该地区的勘探力度.

(2) 东部的阳信次洼应该以寻找火成岩或断层遮挡的构造—岩性油气藏为主, 特别是阳 201—阳 29—阳 14 所在区带.

阳 20l 西构造是受劳家店二级断层控制形成的牵引背斜圈闭, 有二级断层为油气运移提供了良好通道; 在沙四上亚段存在来自北部的扇三角洲砂体, 砂体夹层为强振幅反射的火成岩, 上部砂体由北向南逐渐超覆于该构造火成岩之上, 同时砂体与上部沙三段地层形成不整合面, 沙三段暗色泥岩对下覆构造圈闭具有较好的封盖条件, 因此该目标具有较好的油气富集条件.

阳 29 南发育一个大型的火山锥, 火成岩刺穿普遍, 经火成岩遮挡可形成岩性圈闭. 地震剖面显示, 该区沙三段—沙四上亚段发育的多套砂体与阳 101 井沙四上亚段砂体地震反射极为相似, 呈弱反射特征. 砂体由南向东北顷覆, 西南向砂体高点与火成岩接触, 形成侧向封堵, 砂体东北向延伸入洼, 提供油气源, 上部沙三段暗色泥岩组成区域性盖层, 因此该目标成藏非常有利, 可以作为洼陷带隐蔽油气藏勘探的突破口 (图 4.7.6).

阳信洼陷的东部阳信次洼, 由于受构造、断裂及其火成岩发育的限制, 在该区域寻找大规模的构造油气藏似乎是不现实的, 但是在该区域发育的断层可能成为很好的形成断层油气藏的区域, 在该次模拟中, 我们还特意选择了过阳 14 断层, 通过模拟, 证明了它具备了形成油气藏的条件, 是阳信洼陷一个很好的勘探阵地.

(3) 流体势控制了油气的运移指向. 洼陷四周区带是流体低势带, 尤其是南部和北部的区带更具备圈闭、储盖等多种成藏有利因素, 油气更易富集. 从模拟结果上看, 西部温家次洼油气的另一个主要的运移方向是向南, 一直到和林樊家凸起的接触, 但是在该运移路径上, 可以看到有很多断层的阻挡, 这些断层很可能有效地阻止了油气向林樊家地区的运移, 因此在这条油气运移的路径上也是应该寻找断层油气藏为主.

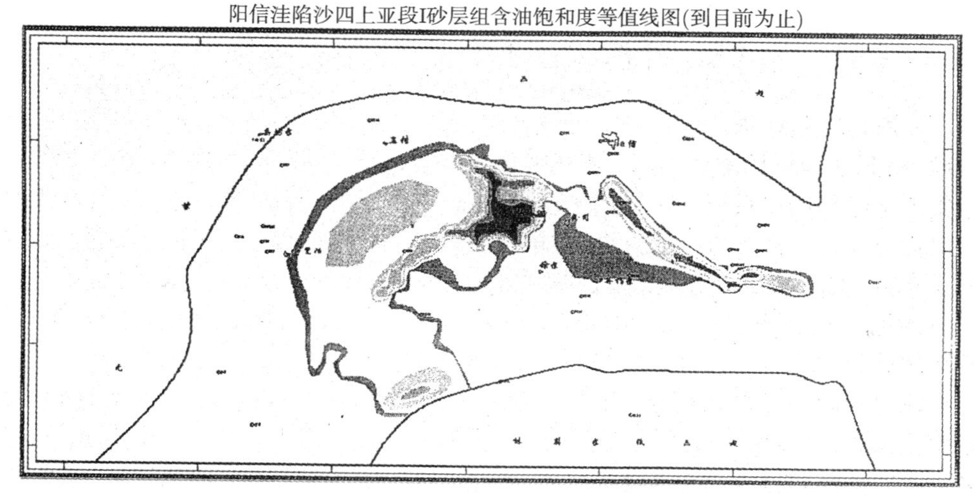

图 4.7.6 阳信洼陷沙四上亚段 I 砂层组含油饱和度等值线图

2. 北部鼻状构造和北带砂砾岩体并不具备很好的油气聚集条件

从油气运移、聚集的过程来看, 阳信洼陷的北部地区并没有处在很好的油气运移带上, 但并不表示该地区就不具备聚集成藏的条件, 可以将该地区作为阳信洼陷远期的勘探目标.

3. 勘探部署建议

对于阳信洼陷, 主要有四个勘探区域值得勘探研究人员和决策者的注意:

(1) 东部次洼沙四上亚段的主要勘探阵地为: 以洼刘为中心, 阳 29 到阳 17 之间的火成岩—断层控制的区域.

(2) 粉刘以西, 东西次洼之间的中央隆起区. 从模拟的结果来看, 两个次洼的油气运移都指向这个区域, 说明这个区域是该地区最好的勘探阵地. 阳 101 井的突破就是在该地区中部, 还可以沿鼻状构造的南北展部方向进一步开展工作.

(3) 寻找油气运移路径上的构造和断层油气藏. 在油气运移的路径上, 例如, 阳 8—阳 3 存在一条温店次洼向林樊家地区运移的优势路径, 从该地区的位势和含油饱和度的形成过程就完全可以看出, 在该区只要存在断层控制, 形成很好的构造, 就完全有可能找到较好的油气藏.

(4) 林樊家地区. 通过对该地区的模拟计算, 可以看出, 对于阳信洼陷的西部次洼—温家次洼来说, 它的油气运移的优势通道是指向林樊家地区, 因此有必要对和阳信洼陷油气运移路径接触的林樊家地区的地层进行研究和勘探, 也许林樊家西部地区就是阳信洼陷油气勘探的又一突破点.

4.8　滩海地区的分析和实际应用

滩海地区是在华北地台基础上发育起来的中、新生代断陷—断坳—坳陷复合盆地, 沉积了巨厚的陆相地层. 该地区包含多个含油气系统, 油气的生成、运移和聚集的全过程均在系统内发生, 它受盆地内一级构造单元—隆起、坳陷和斜坡或次一级构造单元—凸起和凹陷的相互制约. 滩海地区沙河街组三段生油层厚度大、有机质丰富、地温梯度高、转化条件好, 生成了大量的油气, 是较为有利的生油区.

滩海地区模拟工区的盆地面积为 8845.2km^2, 东西长 100km, 南北宽 84km, 其矩形区域的大地坐标为 (20611700m, 4169000m)、(20717000m, 4253000m).

滩海地区构造单元划分为五排凸起和三排凹陷 (图 4.8.1), 五排凸起自西北而东南依次为：埕北低凸起、埕子口凸起、义和庄凸起、孤岛凸起、垦东凸起. 凸起之间的三排凹陷自西北而东南依次为：埕北凹陷、黄河口凹陷、沾化凹陷, 沾化凹陷又细分为渤南洼陷和孤南洼陷 [40].

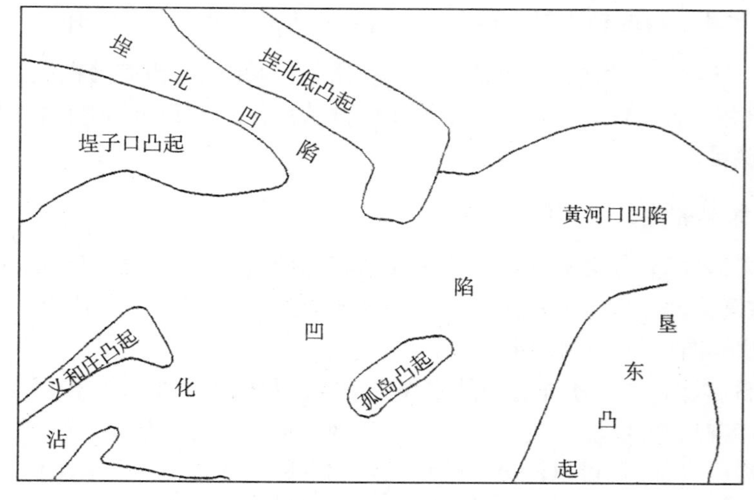

图 4.8.1　滩海地区位域值置构造示意图

4.8.1 参数研究

油资源运移聚集软件系统里用到了许多参数, 有系统用于数学方法的参数, 有用来描述地质条件的参数. 而用来描述地质条件的参数又分为动态和静态两类, 综合起来包括: 各个地质历史时期的排烃量和排液量、砂层厚度、砂顶深、渗透率、孔隙度和各个地层的绝对沉积时间. 下面对几个重要的模拟参数的意义和作用分别进行描述, 并将它们对计算结果的影响作进一步的分析和探讨.

1. *砂顶深*

砂顶深描述了该地层的构造形态, 是控制油运移过程中的大致取向, 其对于油运移的方向具有重要的作用. 它对于油资源运移过程中的受力 —— 主要是浮力有重要的影响, 同时, 它又是油资源聚集形成圈闭的主要依据. 针对滩海地区沙三下段进行模拟试验, 在其他参数都相同的情况下进行模拟计算, 结果砂顶深图和油位势图完全吻合 (图 4.8.2、图 4.8.3), 这说明砂顶深在控制油资源运移的方向上起到决定性的作用, 即油从油位势高部位向低部位运移, 也就是从构造的低部位向高部位运移, 但具体向各个方向运移量的多少与排烃量大小有直接的关系. 在本模型中, 由于只考虑了运载层现今的砂顶深, 它并没有反映真实的地质情况, 砂顶深应该随着时间的变化而变化, 油资源运移的方向也应该随着时间的变化而变化.

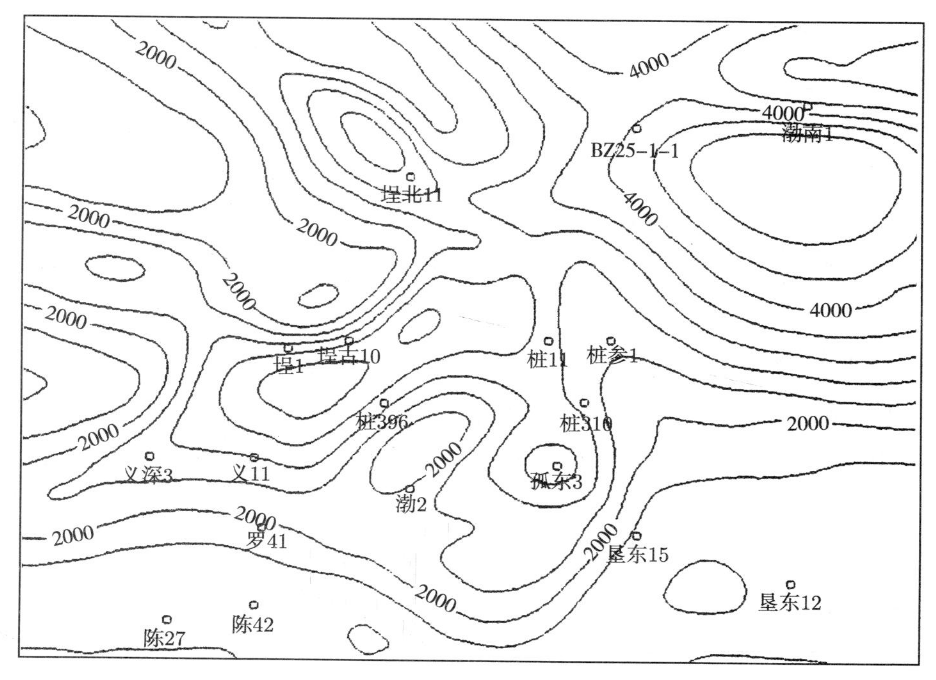

图 4.8.2 滩海地区沙三下段砂岩顶部埋藏深度等值图

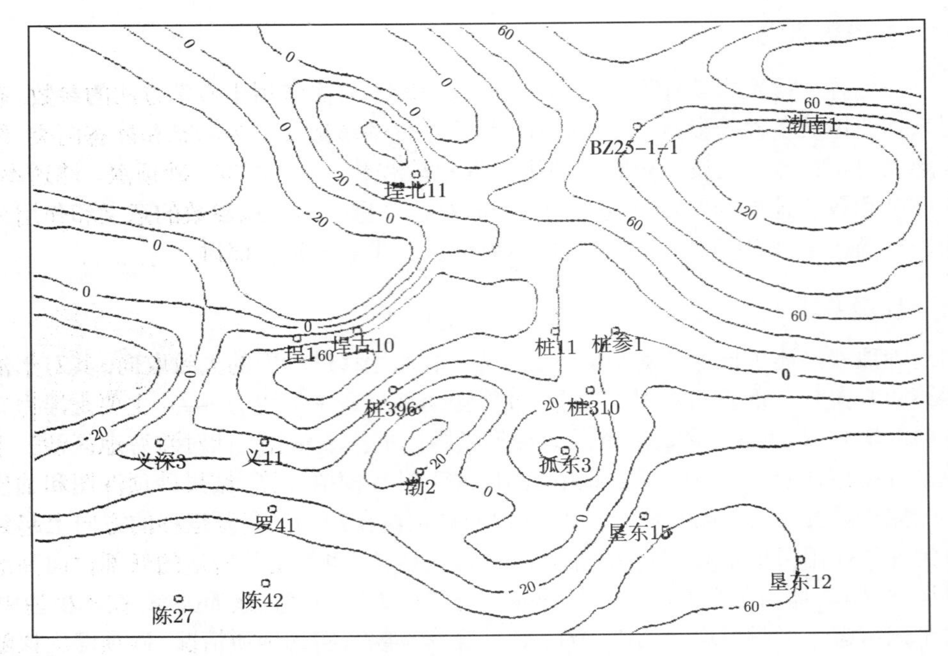

图 4.8.3　滩海地区沙三下段油位势等值图 (现今)

2. *砂层厚度*

砂层厚度对资源运移聚集是否通畅有较大的影响, 如果砂层厚度较薄, 油资源在通过该区域时会出现滞留现象: 同时, 砂层厚度也是影响油资源的含油饱和度的重要指标. 另外, 它对于系统模拟计算的收敛性也有很大的影响. 在模拟试验中, 将砂层厚度扩大 10 倍. 结果不收敛, 无法进行模拟计算, 将砂层厚度扩大 5 倍, 结果在垦东地区含油饱和度高达 0.7. 这说明运载层的厚度对运移聚集的结果影响还是很大的.

3. *排烃量和排液量*

排烃量是石油运移的重要指标, 它是油资源初次运移的结果, 其大小直接关系到油资源运移的范围和聚集的程度. 排液量是地下水动力的原动力之一, 也是为油资源提供浮力的基础, 只有岩石孔隙中存在足够的水, 油资源才会在浮力的作用下进行二次运移. 排烃量和排液量数据均取自全国第二轮油气资源评价的结果, 从目的层具有排烃能力开始, 记录下以后各个历史时期的排烃量和排液量, 使得模拟结果更加准确可靠. 在模拟计算中, 将排烃量扩大二倍, 结果垦东地区的含油饱和度也达到 0.5 的水平, 这说明油不是运移不到垦东地区, 只要有足够的油源供应, 垦东地区也是一个富油区. 另外, 从地质方面来讲, 垦东地区是否有沙三下段的油, 还需进一步论证.

4.8.2 结果分析

1. 油源情况

从排烃强度图中可以看出明显的生油洼 (凹) 陷中心有：埕北凹陷、四扣—渤南洼陷、孤南洼陷—富林洼陷、郭局子洼陷、五号桩洼陷、黄河口凹陷 (图 4.8.4). 每个历史时期的排烃量具有一定的规律, 排烃时期从东二段开始, 在东二段以前不具备排烃的能力, 最大也就是最有效的排烃时期包括：馆陶组、明化镇组、平原组. 由于上述三个时期的排烃量大, 也就说明该时期的油源供应比较充足, 油资源运移聚集的力度也就比较大.

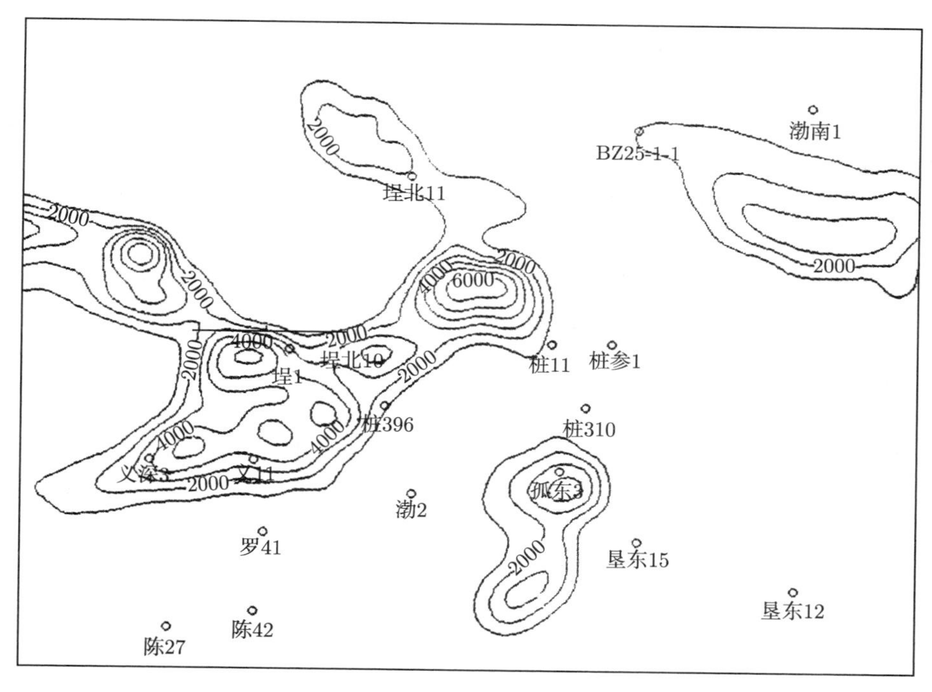

图 4.8.4 滩海地区沙三下段排烃强度等值图 (现今)

2. 运移的路径和方向

从油位势图可以看出油资源运移的方向, 也就是从生油洼陷的中心向其周围的斜坡和隆起方向运移, 即从构造的低部位向高部位运移. 当油聚集到一定饱和度后, 在油位势、水位势综合作用下, 油在三维空间中从油的高位势向低位势方向运移, 在油的局部低位势区发生聚集, 并可能成藏. 这一模拟计算结果与油水运移聚集的渗流物理力学特征相符合. 结果显示, 从平面上看, 油在盆地的周边和盆地内部均有分布, 且盆地周边的丰度较高.

3. 运移阶段分析

从模拟计算结果来看, 对于沙三下段, 在东二段末期以前, 油资源运移的范围不大, 对于以后油资源运移聚集的影响不大, 下面从以下几个阶段对沙三下段的运移聚集计算结果进行分析:

(1) 东二段末期, 全区范围最大含油饱和度为 0.26, 分布在埕 1 井和埕古 10 井附近, 大面积没有含油饱和度的分布, 所以不可能有有效的油资源聚集. 同时, 含油饱和度相对较高的地区, 主要是排烃强度较大的地区, 说明此时油资源并没有太大的运移聚集效应.

(2) 东一段末期, 全区最大含油饱和度为 0.7, 大面积含油饱和度分布为 0.25. 含油饱和度高值主要分布在渤南—四扣洼陷的上方, 说明在该时期, 渤南—四扣洼陷的油资源已经有了一定数量的运移, 同样在该时期, 也不可能有太大的油资源聚集的效应.

(3) 馆陶组末期, 沙三下段油资源运移的范围明显增大, 全区最大的含油饱和度为 0.7, 大面积含油饱和度分布为 0.35. 在该时期, 除黄河口凹陷的油资源没有有效的运移外, 其他各个洼陷的油资源都有了大规模和远距离的运移 (图 4.8.5).

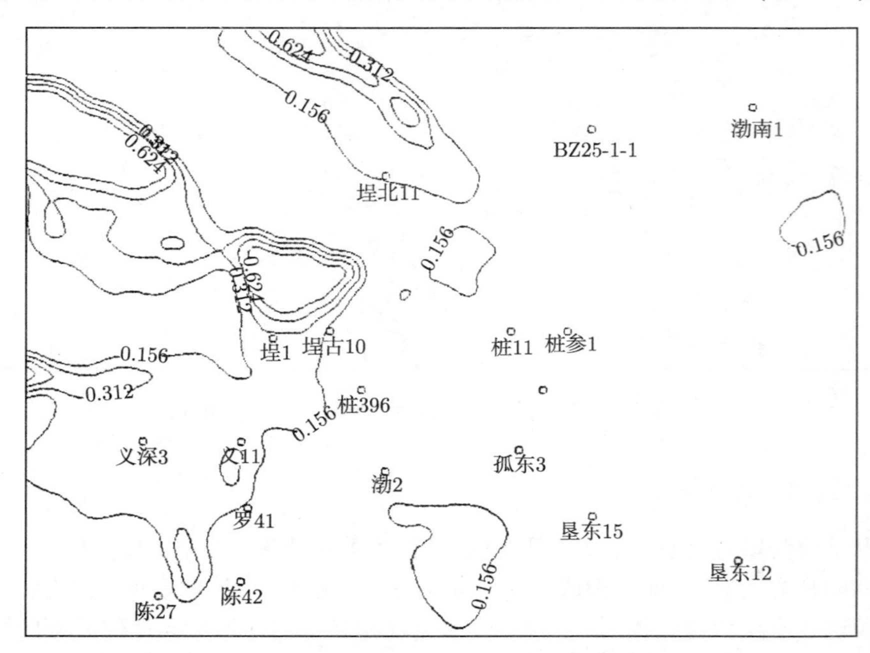

图 4.8.5 滩海地区沙三下段含油饱和度等值图 (饱陶组末)

(4) 明化镇组末期, 沙三下段局部的油资源聚集也已经形成雏形, 全区最大含油饱和度达到 0.7, 大面积含油饱和度分布为 0.4, 而且黄河口凹陷的油资源已经有了一定程度的运移.

(5) 到目前为止, 沙三下段已经形成了非常有利的油气聚集区, 全区最大的含油饱和度为 0.7, 含油饱和度的分布已经连片. 同时还能看出, 洼陷边缘部位的含油饱和度较大, 具有比洼陷中心更好的勘探前景 (图 4.8.6).

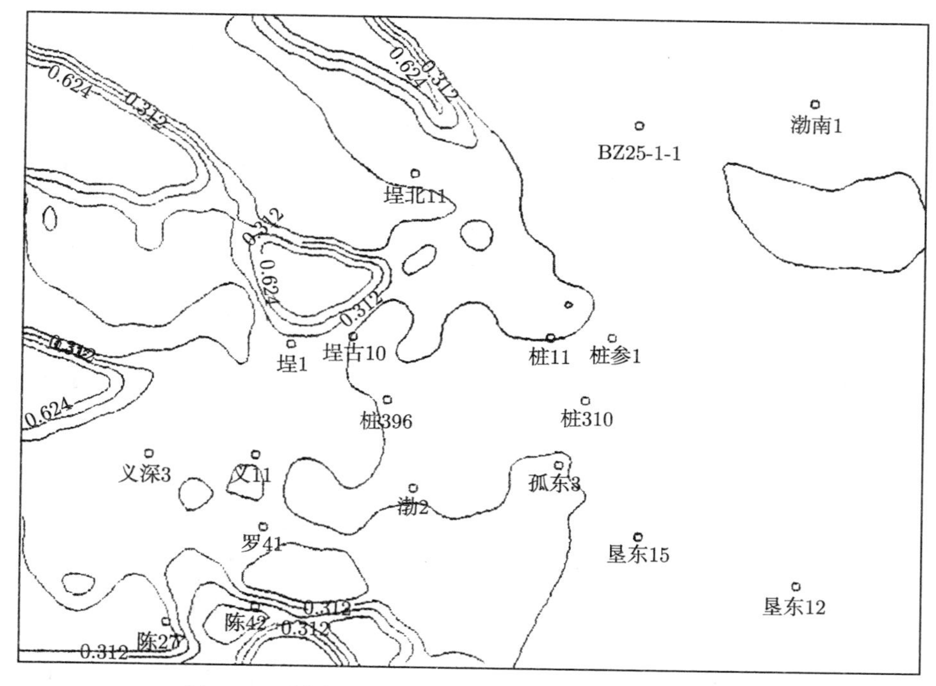

图 4.8.6 滩海地区沙三下段含油饱和度等值图 (现今)

综合各个地质历史时期的所有图件可以明显地看到, 由于在东二段、东一段的排烃能力很小, 油资源在东二段、东一段运移的资源量及运移的距离都很小, 直到沉积间断后, 到馆陶组末才有大规模和远距离的运移.

4. 模拟计算结果与含油区的对应关系

从含油饱和度图可以看出, 生油洼陷周围的斜坡及隆起区的丰度最高, 是油资源运移聚集的有利区域. 通过含油饱和度图与济阳坳陷聚油单元图对比认为, 滩海地区含油饱和度集中地区与现今已找到的油田位置基本相吻合.

通过对胜利油田滩海地区沙三下段的油资源进行模拟计算, 可以看出计算结果与实际勘探现状良好的对应关系, 说明 "油水二相准三维运移聚集" 模型在该地区的应用是切实可行的, 它指示出了有利的运移路径和方向, 为滩海地区的地质研究提供了重要的科学依据, 必将对油田的勘探开发部署发挥重要的作用.

参 考 文 献

[1] Walte D H, Yukler M A. Petroleum orgin and accumulation in basin evolution a quantitative model. AAPG. Bull., 1981, 8: 137～196.

[2] Yukler M A, Cornford C, Walte D H. One-dimensional model to simulate geologic, hydrodynamic and thermodynamic development of a sedimentary basin. Geol. Rundschan, 1978, 3: 966～979.

[3] Bredehoeft J D, Pinder G F. Digital analysis of areal flow in multiaquifer groundwater systems: A quasi three-dimensional model. Water Resources Research, 1970, 3: 883～888.

[4] Chorley D W, Frind E O. An iterative quasi-three-dimensional finite element model for heterogeneous multiaquifer systems. Water Resources Research, 1978, 5: 943～952.

[5] 韩玉笈, 王捷, 毛景标. 盆地模拟方法及其应用//油气资源评价方法研究与应用. 北京：石油工业出版社, 1988.

[6] 艾伦 P A, 艾伦 J R. 盆地分析 —— 原理及应用. 陈全茂译. 北京：石油工业出版社, 1995.

[7] 王捷, 关德范. 油气生成运移聚集模型研究. 北京：石油工业出版社, 1999.

[8] 张厚福. 油气运移研究论文集. 东营：石油大学出版社, 1993.

[9] 查明. 断陷盆地油气二次运移与聚集. 北京：地质出版社, 1997.

[10] 袁益让, 王文洽, 羊丹平等. 含油气盆地剖面问题的数值模拟. 石油学报, 1991, 4: 11～20.

[11] 袁益让, 王文洽, 羊丹平等. 三维盆地发育史的数值模拟. 应用数学与力学, 1994, 5: 409～420.

Yuan Y R, Wang W Q, Yang D P, et al.. Numerical simulation for evolutionary history of three-dimensional basin. Applied Mathematics & Mechanics (English Edition), 1994, 5: 435～446.

[12] 袁益让, 王文洽, 赵卫东等. 油气资源数值模拟系统和软件. CSIAM'1996 论文集, 上海：复旦大学出版社, 1996, 576～580.

[13] Ewing R E. The Mathematics of Reservoir Simulation. Philadelphia: SIAM Press, 1983.

[14] Ungerer P, et al.. Migration of hydrocarbon in sedimenta basins. Doliges, (eds), Editions Techniq, 1987, 414～455.

[15] Ungerer P. Fluid flow, hydrocarbon generatin and migration. AAPE. Bull., 1990, 3: 309～335.

[16] Walte D H. Migration of Hydrocarbons Facts and Theory. 2nd IFP Exploratior Research Conference. Paris, 1987.

[17] 石广仁. 油气盆地数值模拟方法. 北京：石油工业出版社, 1994.

[18] 袁益让, 赵卫东, 程爱杰等. 油资源评价 —— 运移聚集的数值模拟//CSIAM'1998 论文集. 北京：清华大学出版社, 1998, 499~503.

[19] 袁益让. 能源的数值模拟分数步长的新进展. CSIAM'1998 论文集, 北京：清华大学出版社, 1998, 493~498.

[20] 袁益让, 赵卫东, 程爱杰等. 油水运移聚集数值模拟和分析. 应用数学与力学, 1999, 4: 386~392.

Yuan Y R, Zhao W D, Cheng A J, et al.. Numerical simulation analysis for migration-accumulation of oil and water. Applied Mathematics & Mechanics (English Edition), 1999, 4: 405~412.

[21] 袁益让, 赵卫东, 程爱杰等. 三维油运移聚集的模拟和应用. 应用数学与力学, 1999, 9: 933~942.

Yuan Y R, Zhao W D, Cheng A J, et al.. Simulation and application of three-dimensional migration-accumulation of oil resources. Applied Mathematics & Mechanics (English Edition), 1999, 9: 999~1009.

[22] 吴声昌, 袁益让, 白东华. 计算石油地质中的一些数学问题. 计算物理, 1997, 4,5: 407~409.

[23] 袁益让. 油藏数值模拟中动边值问题的特征差分方法. 中国科学 (A 辑), 1994, 10: 1029~1036.

Yuan Y R. Characteristic finite difference methods for moving boundary value problem of numerical simulation of oil deposit. Science in China (Serices A), 1994, 3: 276~288.

[24] 袁益让. 三维动边值问题的特征混合元方法和分析. 中国科学 (A 辑), 1996, 1: 11~22.

Yuan Y R. The characteristic mixed finite element method and analysis for a 3-dimentional moving boundary value problem. Science in China (Serices A), 1996, 3: 276~288.

[25] 袁益让. 计算石油地质等领域的一些新进展 (综述). 计算物理, 2003, 4: 283~290.

[26] 袁益让, 赵卫东, 王文洽等. 多层油资源运移聚集的数值模拟和应用//CSIAM'2000 论文集, 北京：清华大学出版社, 2000, 366~371.

[27] 袁益让. 可压缩两相驱动问题的分数步长特征差分格式. 中国科学 (A 辑), 1998, 10: 893~902.

Yuan Y R. The characteristic finite difference fractional steps method for compressible two-phase displacement problem. Science in China (Serices A), 1999, 1: 48~57.

[28] 袁益让. 多层渗流方程组合系统的迎风分数步长差分方法和应用. 中国科学 (A 辑), 2001, 9: 791~806.

Yuan Y R. The upwind finite difference fractional steps method for combinatorial system of dynamics of fluids in porous media and it application. Science in China (Serices A), 2002, 5: 578~593.

[29] 袁益让, 赵卫东, 程爱杰等. 多层油资源运移聚集的数值模拟和实际应用. 应用数学和力学, 2002, 8: 827~836.

Yuan Y R, Zhao W D, Cheng A J, et al.. Numerical simulation of oil migration-accumulation of multilayer and its application. Applied Mathematics & Mechanics (English Edition), 2002, 8: 931~941.

[30] 袁益让. 油水资源数值模拟中分数步长法和算子分裂法//全国渗流力学学术会议论文集,《重庆大学学报》增刊, 2000, 23: 10~14.

[31] 袁益让. 可压缩多组分驱动问题分数步长数值方法和分析. 中国学术期刊文摘, 2000, 5: 606~607.

[32] 袁益让. 渗流方程组合系统的分数步长特征差分法和有限元法. 中国学术期刊文摘, 2000, 8: 987~989.

[33] 袁益让, 韩玉笈. 多层油资源运移聚集并行计算和分析//CSIAM'2002 论文集, Hertfordshire: Research Information Ltd, 2002, 312~317.

[34] 袁益让, 韩玉笈. 多层油资源运移聚集并行计算及其理论分析. 应用数学和力学, 2004, 5: 511~521.

Yuan Y R, Han Y J. Parallel arithmetic numerical simulation and application of secondary migration-accumulation of oil resources. Applied Mathematics & Mechanics (English Edition), 2004, 5: 546~559.

[35] 袁益让, 杜宁, 韩玉笈. 滩海地区运移聚集的精细数值模拟和分析. 应用数学和力学, 2005, 5: 683~693.

Yuan Y R, Du N, Han Y J. Careful numerical simulation and analysis of migration-accumulation of Tanhai Region. Applied Mathematics & Mechanics (English Edition), 2005, 6: 741~752.

[36] 袁益让, 韩玉笈等. Parallel arithmetic careful numerical simulation and analysis of migration-accmulation of oil resources. 计算物理, 2005, 1: 25~37.

[37] Yuan Y R, Han Y J. Numexical simulation of migration-accumulation of oil resources. Comput, Geosi., 2008, 12: 153~160.

[38] 袁益让, 韩玉笈. 三维油资源渗流力学运移聚集的大规模数值模拟和应用. 中国科学 (G 辑), 2008, 11: 1582~1600.

[39] Yuan Y R, Wang W Q, Han Y J. Theory, method and application of a numerical simulation in an oil resources basin methods of numerical solution of aerodynamic problems, Special Topics & Reviews in Porous Media-An interational Journal, 2010, 1: 49~66.

[40] 胜利油田有限公司物探研究院. 油资源二次运移聚集并行化软件系统在滩海地区的应用. 2004.5.30.

第 5 章　数值分析基础

5.1 引　　言

盆地模拟问题的数学模型是一组具有活动边界的非线性偏微分方程初边值问题. 问题具有非线性、大区域、动边界、超长时间模拟等特点. 给构造数值方法和设计计算机软件达到工业化应用的要求, 带来极大的难度.

对于油气资源评估的数学模型, 主要由三个方程组成, 第一个是关于超压 p 的流动方程和第二个关于古温度 T 的热传导方程, 它们都是抛物型的, 第三个是关于孔隙度 ϕ 的一阶常微分方程.

对于单层油资源运移聚集的渗流力学模型, 是一组关于油相位势 φ_{o} 和水相位势 φ_{w} 的渗流力学方程组, 在数学上是对流–扩散型的, 关于多层油资源运移聚集的渗流力学模型, 是一组非线性耦合对流–扩散问题, 具有很强的双曲特征, 我们采用现代迎风、特征、分数步、残量和并行数值计算的方法和技术, 并建立严谨的收敛性理论, 使数值模拟计算和工业应用软件建立在坚实的数学和力学基础上.

本章分下述 3 节, 5.2 节为可压缩二相驱动问题的分数步特征差分方法. 5.3 节为多层渗流方程偶合系统的迎风分数步差分方法. 5.4 节为主要简介油水渗流动边值问题的修正迎风差分方法和多层渗流方程动边值问题的差分方法.

5.2 可压缩两相驱动问题的分数步特征差分格式

油水二相渗流驱动问题是能源数学的基础, 二维可压缩二相驱动问题的 "微小压缩" 数学模型、数值方法和分析 [1~3], 开创了现代数值模拟这一新领域 [4]. 在现代油田勘探和开发数值模拟计算中, 要计算的是大规模、大范围, 甚至是超长时间的、需要分数步新技术才能完整解决的问题 [4,5].

问题的数学模型是下述非线性偏微分方程组的初边值问题 [1,2]:

$$d(c)\frac{\partial p}{\partial t}+\nabla\cdot u=q(x,t),\quad x=(x_1,x_2)^{\mathrm{T}}\in\Omega,t\in J=(0,T],\tag{5.2.1a}$$

$$u=-a(c)\nabla p,\quad x\in\Omega,t\in J,\tag{5.2.1b}$$

$$\phi(x)\frac{\partial c}{\partial t}+b(c)\frac{\partial p}{\partial t}+u\cdot\nabla c-\nabla\cdot(D\nabla c)=f(x,t,c),\quad x\in\Omega,t\in J,\tag{5.2.2}$$

此处 $c = c_1 = 1 - c_2$, $a(c) = a(x,c) = k(x)\mu(c)^{-1}$, $d(c) = d(x,c) = \phi(x)\sum_{j=1}^{2} z_j c_j$, c_i 表示混合液体第 i 个分量的饱和度, $i = 1, 2$. z_j 是压缩常数因子第 j 个分量, $k(x)$ 是地层的渗透率, $\mu(c)$ 是液体的黏度, $D = D(x)$ 是扩散系数. 压力函数 $p(x,t)$ 和饱和度函数 $c(x,t)$ 是待求的基本函数.

不渗透边界条件:

$$u \cdot \gamma = 0, \quad X \in \partial\Omega, t \in J, \tag{5.2.3a}$$

$$(D\nabla c - cu) \cdot \gamma = 0, \quad X \in \partial\Omega, t \in J, \tag{5.2.3b}$$

此处 γ 是边界 $\partial\Omega$ 的外法线方向矢量.

初始条件:

$$p(x,0) = p_0(x), \quad x \in \Omega, \tag{5.2.4a}$$

$$c(x,0) = c_0(x), \quad x \in \Omega. \tag{5.2.4b}$$

对于平面不可压缩二相渗流驱动问题, Douglas 发表了特征差分方法的奠基性论文 [6], 但油田勘探和开发中实际的数值模拟计算是大规模、大范围的, 其节点个数可多达数万乃至数百万个, 用一般数值方法不能解决这样的问题, 虽然 Peaceman 和 Douglas 很早就提出交替方向差分格式来解决这类问题 [7,8], 并获得成功. 但在理论分析时出现了实质性困难, 用 Fourier 分析方法仅能对常系数的情形证明稳定性和收敛性结果, 此方法不能推广到变系数方程的情形 [8,9]. 我们从生产实际出发, 提出了可压缩两相渗流驱动问题的二维分数步特征差分格式, 应用变分形式、能量方法、粗细网格配套、双二次插值、差分子算子乘积交换性、高阶差分算子的分解、先验估计的理论和技巧, 得到最佳阶 L^2 误差估计和严谨的收敛性定理. 我们所提出的方法已成功地应用到油资源评估 [10,11]①和强化采油数值模拟 [12] 中. 从而完整地解决了 Douglas 提出的问题 [1,13,14], 为能源数学奠定了一定的理论基础. 我们提出的方法和理论只要加一定的限制就可以推广到三维问题, 从而在能源数学这一领域起到一定程度的奠基作用.

通常问题是正定的, 即满足

$$0 < a_* \leqslant a(c) \leqslant a^*, \quad 0 < d_* \leqslant d(c) \leqslant d^*, \quad 0 < D_* \leqslant D(x) \leqslant D^*, \tag{5.2.5a}$$

$$\left|\frac{\partial a}{\partial c}(x,c)\right| + \left|\frac{\partial d}{\partial c}(x,c)\right| \leqslant K*, \tag{5.2.5b}$$

此处 a_*, a^*, d_*, d^*, D_*, D^*, K^* 均为正常数. 为理论分析简便, 假定 $\Omega = \{[0,1]\}^2$, 且问题是 Ω 周期的, 此时不渗透边界条件 (5.2.3) 将舍去 [6,15].

① 胜利油田管理局计算中心, 山东大学数学研究所. 油资源运移聚集数值模拟系统研究.1997.

假定问题 (5.2.1)~(5.2.5) 的精确解具有一定的光滑性, 即满足

$$p, c \in L^{\infty}(W^{4,\infty}) \cap W^{1,\infty}(W^{1,\infty}), \quad \frac{\partial^2 p}{\partial t^2}, \frac{\partial^2 c}{\partial \tau^2} \in L^{\infty}(L^{\infty}).$$

在这里, 记号 M 和 ε 分别表示普通正常数和普通小正数, 在不同处可具有不同的含义.

5.2.1 分数步特征差分格式

设区域 $\Omega = \{[0,1]\}^2, h = 1/N, X_{ij} = (ih, jh)^{\mathrm{T}}, t^n = n\Delta t, W(X_{ij}, t^n) = W_{ij}^n$. 记

$$A_{i+\frac{1}{2},j}^n = [a(X_{ij}, C_{ij}^n) + a(X_{i+1,j}, C_{i+1,j}^n)]/2, \tag{5.2.6a}$$

$$a_{i+\frac{1}{2},j}^n = [a(X_{ij}, c_{ij}^n) + a(X_{i+1,j}, c_{i+1,j}^n)]/2, \tag{5.2.6b}$$

记号 $A_{i,j+\frac{1}{2}}^n, a_{i,j+\frac{1}{2}}^n$ 的定义是类似的. 设

$$\delta_{\bar{x}}(A^n \delta_x P^{n+1})_{ij} = h^{-2}\left[A_{i+\frac{1}{2},j}^n (P_{i+1,j}^{n+1} - P_{ij}^{n+1}) - A_{i-\frac{1}{2},j}^n (P_{ij}^{n+1} - P_{i-1,j}^{n+1})\right], \tag{5.2.7a}$$

$$\delta_{\bar{y}}(A^n \delta_y P^{n+1})_{ij} = h^{-2}\left[A_{i,j+\frac{1}{2}}^n (P_{i,j+1}^{n+1} - P_{ij}^{n+1}) - A_{i,j-\frac{1}{2}}^n (P_{ij}^{n+1} - P_{i,j-1}^{n+1})\right], \tag{5.2.7b}$$

$$\nabla_h(A^n \nabla_h P^{n+1})_{ij} = \delta_{\bar{x}}(A^n \delta_x P^{n+1})_{ij} + \delta_{\bar{y}}(A^n \delta_y P^{n+1})_{ij}. \tag{5.2.8}$$

流动方程 (5.2.1) 的分数步长差分格式:

$$d(C_{ij}^n)\frac{P_{ij}^{n+\frac{1}{2}} - P_{ji}^n}{\Delta t} = \delta_{\bar{x}}(A^n \delta_x P^{n+\frac{1}{2}})_{ij} + \delta_{\bar{y}}(A^n \delta_y P^n)_{ij} + q(X_{ij}, t^{n+1}), \quad 1 \leqslant i \leqslant N, \tag{5.2.9a}$$

$$d(C_{ij}^n)\frac{P_{ij}^{n+1} - P_{ji}^{n+\frac{1}{2}}}{\Delta t} = \delta_{\bar{y}}(A^n \delta_y (P^{n+1} - P^n))_{ij}, \quad 1 \leqslant i \leqslant N. \tag{5.2.9b}$$

近似达西速度 $U = (V, W)^{\mathrm{T}}$ 按下述公式计算:

$$V_{ij}^n = -\frac{1}{2}\left(A_{i+\frac{1}{2},j}^n \frac{P_{i+1,j}^n - P_{ij}^n}{h} + A_{i-\frac{1}{2},j}^n \frac{P_{ij}^n - P_{i-1,j}^n}{h}\right), \tag{5.2.10}$$

W_{ij}^n 对应于另一个方向, 公式是类似的.

这流动实际上沿着迁移的特征方向, 对饱和度方程 (5.2.2) 采用特征线法处理一阶双曲部分, 它具有很高的精确度, 对时间 t 可用大步长计算 [6,11,12]. 记 $\psi(x, u) = [\phi^2(x) + |u|^2]^{\frac{1}{2}}$, $\dfrac{\partial}{\partial \tau} = \dfrac{1}{\psi}\left\{\phi\dfrac{\partial}{\partial t} + u \cdot \nabla\right\}$, 此时方程 (5.2.2) 可改写为

$$\psi\frac{\partial c}{\partial \tau} - \nabla \cdot (D\nabla c) + b(c)\frac{\partial p}{\partial t} = f(x, t, c), \quad x \in \Omega, t \in J, \tag{5.2.11}$$

此处 $f(x,t,c)=(\bar{c}-c)q$.

用沿 τ 特征方向的向后差商逼近:

$$\frac{\partial c^{n+1}}{\partial \tau}=\frac{\partial c}{\partial \tau}(x,t^{n+1}),\quad \frac{\partial c^{n+1}}{\partial \tau}(x)\cong\frac{c^{n+1}(x)-c^{n}\left(x-u^{n+1}\dfrac{\Delta t}{\phi(x)}\right)}{\Delta t(\phi^{2}(x)+|u^{n+1}|^{2})^{\frac{1}{2}}}.$$

饱和度方程的分数步长特征差分格式:

$$\phi_{ij}\frac{C_{ij}^{n+\frac{1}{2}}-\hat{C}_{ij}^{n}}{\Delta t}=\delta_{\bar{x}}(D\delta_{x}C^{n+\frac{1}{2}})_{ij}+\delta_{\bar{y}}(D\delta_{y}C^{n})_{ij}-b(C_{ij}^{n})\frac{P_{ij}^{n+1}-P_{ij}^{n}}{\Delta t}+f(X_{ij},t^{n},\hat{C}_{ij}^{n}),$$
$$1\leqslant i\leqslant N,\tag{5.2.12a}$$

$$\phi_{ij}\frac{C_{ij}^{n+1}-C_{ij}^{n+\frac{1}{2}}}{\Delta t}=\delta_{\bar{y}}(D\delta_{y}(C^{n+1}-C^{n}))_{ij},\quad 1\leqslant i\leqslant N.\tag{5.2.12b}$$

此处 $C^{n}(x)$ 是按节点值 $\{C_{ij}^{n}\}$ 分片二次插值函数 [12], $\hat{C}_{ij}^{n}=C^{n}(\hat{X}_{ij}),\hat{X}_{ij}=X_{ij}-U_{ij}^{n}\dfrac{\Delta t}{\phi_{ij}}$. 初始逼近:

$$P_{ij}^{0}=p^{0}(X_{ij}),C_{ij}^{0}=c_{0}(X_{ij}),\quad 1\leqslant j\leqslant N.\tag{5.2.13}$$

分数步长特征差分格式的计算程序是: 当 $\{P_{ij}^{n},C_{ij}^{n}\}$ 已知时, 首先由式 (5.2.9a) 沿 x 方向用追赶法求出过渡层的解 $\left\{P_{ij}^{n+\frac{1}{2}}\right\}$, 再由式 (5.2.9b) 沿 y 方向用追赶法求出 $\{P_{ij}^{n+1}\}$, 与此同时由式 (5.2.12a) 沿 x 方向用追赶法求出过渡层的解 $\left\{C_{ij}^{n+\frac{1}{2}}\right\}$, 再由式 (5.2.12b) 沿 y 方向用追赶法求出 $\{C_{ij}^{n+1}\}$. 由正定性条件 (5.2.5), 格式 (5.2.9) 和 (5.2.12) 的解存在且唯一.

5.2.2 收敛性分析

设 $\pi=p-P,\xi=c-C$, 此处 p 和 c 为问题的精确解, P 和 C 为格式 (5.2.9) 和 (5.2.12) 的差分解. 为了进行误差分析, 定义离散空间 $L^{2}(\Omega)$ 的内积和范数:

$$\langle f,g\rangle=\sum_{i,j=1}^{N}f_{ij}g_{ij}h^{2},\quad |f|=\langle f,f\rangle^{\frac{1}{2}},\tag{5.2.14}$$

$\langle D\nabla_{h}f,\nabla_{h}f\rangle$ 表示离散空间 $h^{1}(\Omega)$ 的加权半模平方, 此处 $D(x)$ 为正定函数, 对应于 $H^{1}(\Omega)=W^{1,2}(\Omega)$.

首先研究压力方程, 由式 (5.2.9a) 和 (5.2.9b) 消去 $P^{n+\frac{1}{2}}$ 可得等价的差分方程

$$d(C_{ij}^{n})\frac{P_{ij}^{n+1}-P_{ij}^{n}}{\Delta t}-\nabla_{h}(A^{n}\nabla_{h}P^{n+1})_{ij}$$
$$=q(X_{ij},t^{n+1})-(\Delta t)^{2}\delta_{\bar{x}}(A^{n}\delta_{x}(d^{-1}(C^{n})\delta_{\bar{y}}(A^{n}\delta_{y}d_{t}P^{n})))_{ij},\quad 1\leqslant i,j\leqslant N,\tag{5.2.15}$$

此处 $d_tP_{ij}^n = \frac{1}{\Delta t}\left\{P_{ij}^{n+1} - P_{ij}^n\right\}$.

由式 (5.2.1)($t = t^{n+1}$) 和 (5.2.15) 可得压力函数的误差方程:

$$
\begin{aligned}
&d(C_{ij}^n)\frac{\pi_{ij}^{n+1} - \pi_{ij}^n}{\Delta t} - \nabla_h(A^n\nabla_h\pi^{n+1})_{ij} \\
=& -(\Delta t)^2\delta_{\bar{x}}(A^n\delta_x(d^{-1}(C^n)\delta_{\bar{y}}(A^n\delta_y d_t\pi^n)))_{ij} \\
&+(\Delta t)^2\delta_{\bar{x}}(A^n\delta_x(d^{-1}(C^n)\delta_{\bar{y}}(A^n\delta_y d_t p^n)))_{ij} + \sigma_{ij}^{n+1}, \quad 1 \leqslant i,j \leqslant N,
\end{aligned} \tag{5.2.16}
$$

此处

$$
d_t\pi^n = \frac{1}{\Delta t}(\pi^{n+1} - \pi^n),
$$

$$
|\sigma_{ij}^{n+1}| \leqslant M\left\{\left\|\frac{\partial^2 p}{\partial t^2}\right\|_{L^\infty(L^\infty)}, \left\|\frac{\partial p}{\partial t}\right\|_{L^\infty(W^{4,\infty})}, \|p\|_{L^\infty(W^{4,\infty})}, \|c\|_{L^\infty(W^{3,\infty})}\right\}\{h^2 + \Delta t\}.
$$

假定时间和空间剖分参数满足限制性条件:

$$
\Delta t = O(h^2), \tag{5.2.17}
$$

引入归纳法假定

$$
\sup_{1\leqslant n\leqslant L}\max\left\{\|\pi^n\|_{1,\infty}, \|\xi^n\|_{1,\infty}\right\} \to 0, \quad (h,\Delta t) \to 0, \tag{5.2.18}
$$

此处 $\|\pi^n\|_{1,\infty}^2 = |\pi^n|_{0,\infty}^2 + |\pi^n|_{1,\infty}^2$.

对于式 (5.2.16) 右端第 2 项, 假定解 $p(x,t), c(x,t)$ 具有足够的光滑性, 由限制性条件式 (5.2.17)、归纳法假定式 (5.2.18) 和逆估计可得

$$
\begin{aligned}
&\left|(\Delta t)^2\delta_{\bar{x}}(A^n\delta_x(d^{-1}(C^n)\delta_{\bar{y}}(A^n\delta_y d_t p^n)))\right| \\
\leqslant& M\Delta t\cdot h^2\left|\delta_{\bar{x}}(A^n\delta_x(d^{-1}(C^n)\delta_{\bar{y}}(A^n\delta_y d_t p^n)))\right| \leqslant M\Delta t,
\end{aligned} \tag{5.2.19}
$$

因此在误差估计时, 可将其归纳到项 σ_{ij}^{n+1} 中.

对误差方程 (5.2.16) 乘以 $\delta_t\pi_{ij}^n = d_t\pi_{ij}^n\Delta t = \pi_{ij}^{n+1} - \pi_{ij}^n$ 作内积, 并应用分步求和公式可得

$$
\begin{aligned}
&\langle d(C^n)d_t\pi^n, d_t\pi^n\rangle\Delta t + \frac{1}{2}\left\{\langle A^n\nabla_h\pi^{n+1}, \nabla_h\pi^{n+1}\rangle - \langle A^n\nabla_h\pi^n, \nabla_h\pi^n\rangle\right\} \\
\leqslant& M\left\{h^4 + (\Delta t^2)\right\}\Delta t + \varepsilon\left|d_t\pi^n\right|_0^2\Delta t \\
&-\Delta t\langle\delta_{\bar{x}}(A^n\delta_x(d^{-1}(C^n)\delta_{\bar{y}}(A^n\delta_y d_t\pi^n))),\ d_t\pi^n\rangle\Delta t.
\end{aligned} \tag{5.2.20}
$$

尽管 $-\delta_{\bar{x}}(A^n\delta_x), -\delta_{\bar{y}}(A^n\delta_y)$ 是自共轭、正定、有界算子, 空间区域为正方形, 且问题是 Ω 周期的, 但它们的乘积一般是不可交换的, 利用 $\delta_x\delta_y = \delta_y\delta_x, \delta_x\delta_{\bar{y}} = \delta_{\bar{y}}\delta_x, \delta_{\bar{x}}\delta_y = \delta_y\delta_{\bar{x}}, \delta_{\bar{x}}\delta_{\bar{y}} = \delta_{\bar{y}}\delta_{\bar{x}}$, 有

$$
-(\Delta t)^3\left\langle\delta_{\bar{x}}(A^n\delta_x(d^{-1}(C^n)\delta_{\bar{y}}(A^n\delta_y d_t\pi^n))), d_t\pi^n\right\rangle
$$

$$
\begin{aligned}
&=(\Delta t)^3 \left\langle A^n\delta_x(d^{-1}(C^n)\delta_{\bar{y}}(A^n\delta_y d_t\pi^n)), \delta_x d_t\pi^n \right\rangle \\
&=(\Delta t)^3 \left\langle d^{-1}(C^n)\delta_x\delta_{\bar{y}}(A^n\delta_y d_t\pi^n) + \delta_x d^{-1}(C^n)\cdot\delta_{\bar{y}}(A^n\delta_y d_t\pi^n), A^n\delta_x d_t\pi^n \right\rangle \\
&=(\Delta t)^3 \left\{ \left\langle \delta_{\bar{y}}\delta_x(A^n\delta_y d_t\pi^n), d^{-1}(C^n)A^n\delta_x d_t\pi^n \right\rangle \right. \\
&\quad \left. + \left\langle \delta_{\bar{y}}(A^n\delta_y d_t\pi^n), \delta_x d^{-1}(C^n)\cdot A^n\delta_x d_t\pi^n \right\rangle \right\} \\
&=-(\Delta t)^3 \left\{ \left\langle \delta_x(A^n\delta_y d_t\pi^n), \delta_y(d^{-1}(C^n)A^n\delta_x d_t\pi^n) \right\rangle \right. \\
&\quad \left. + \left\langle A^n\delta_y d_t\pi^n, \delta_y(\delta_x d^{-1}(C^n)\cdot A^n\delta_x d_t\pi^n) \right\rangle \right\} \\
&=-(\Delta t)^3 \left\{ \left\langle A^n\delta_x\delta_y d_t\pi^n + \delta_x A^n\cdot\delta_y d_t\pi^n, d^{-1}(C^n)A^n\delta_x\delta_y d_t\pi^n \right. \right. \\
&\quad \left. + \delta_y(d^{-1}(C^n)A^n)\cdot\delta_x d_t\pi^n \right\rangle + \left\langle A^n\delta_y(d_t\pi^n), \delta_y\delta_x d^{-1}(C^n)\cdot A^n\delta_x d_t\pi^n \right. \\
&\quad \left. \left. + \delta_x d^{-1}(C^n)\delta_y A^n\cdot\delta_x d_t\pi^n + \delta_x d^{-1}(C^n)A^n\delta_x d_y d_t\pi^n \right\rangle \right\} \\
&=-(\Delta t)^3 \sum_{i,j=1}^{N} \left\{ A^n_{i,j+\frac12}A^n_{i+\frac12,j}d^{-1}(C^n_{ij})\left|\delta_x\delta_y d_t\pi^n_{ij}\right|^2 \right. \\
&\quad + \left[A^n_{i,j+\frac12}\delta_y(A^n_{i+\frac12,j}d^{-1}(C^n_{ij}))\cdot\delta_x(d_t\pi^n_{ij}) + A^n_{i+\frac12,j}d^{-1}(C^n_{ij})\delta_x A^n_{i,j+\frac12}\cdot\delta_y(d_t\pi^n_{ij}) \right. \\
&\quad \left. + A^n_{i,j+\frac12}A^n_{i+\frac12,j}\delta_x d^{-1}(C^n_{ij})\delta_y(d_t\pi^n_{ij}) \right] \delta_x\delta_y(d_t\pi^n_{ij}) \\
&\quad + \left[\delta_x A^n_{i,j+\frac12}\cdot\delta_y(d^{-1}(C^n_{ij})A^n_{i+\frac12,j}) + A^n_{i,j+\frac12}\delta_y A^n_{i+\frac12,j}\delta_x d^{-1}(C^n_{ij}) \right. \\
&\quad \left. \left. + A^n_{i,j+\frac12}A^n_{i+\frac12,j}\delta_x\delta_y d^{-1}(C^n_{ij}) \right] \cdot(\delta_y d_t\pi^n_{ij})(\delta_x d_t\pi^n_{ij}) \right\} h^2,
\end{aligned}
\tag{5.2.21}
$$

由归纳法假定 (5.2.18) 可以推出 $A^n_{i,j+\frac12}, A^n_{i+\frac12,j}, d^{-1}(C^n_{ij}), \delta_y(A_{i+\frac12,j}d^{-1}(C^n_{ij})), \delta_x A^n_{i,j+\frac12}$ 是有界的. 对上述表达式的前 2 项, 应用 A, d^{-1} 的正定性和分离出高阶差商项 $\delta_x\delta_y d_t\pi^n$, 现利用 Cauchy 不等式消去与此有关的项, 可得

$$
\begin{aligned}
&-(\Delta t)^3 \sum_{i,j=1}^{N} \left\{ A^n_{i,j+\frac12}A^n_{i+\frac12,j}d^{-1}(C^n_{ij})[\delta_x\delta_y d_t\pi^n_{ij}]^2 \right. \\
&\quad \left. +[A^n_{i,j+\frac12}\delta_y(A_{i+\frac12,j}d^{-1}(C^n_{ij}))\cdot\delta_x(d_t\pi^n_{ij}) + \cdots]\delta_x\delta_y(d_t\pi^n_{ij}) \right\} h^2 \\
&\leqslant M\Delta t\left\{ \left|\nabla_h\pi^{n+1}\right|_0^2 + \left|\nabla_h\pi^n\right|_0^2 \right\}.
\end{aligned}
\tag{5.2.22a}
$$

对式 (5.2.21) 中第 3 项有

$$
\begin{aligned}
&-(\Delta t)^3 \sum_{i,j=1}^{N} \left[\delta_x A^n_{i,j+\frac12}\cdot\delta_y(d^{-1}(C^n_{ij})A^n_{i+\frac12,j}) + A^n_{i,j+\frac12}\delta_y A^n_{i+\frac12,j}\delta_x d^{-1}(C^n_{ij}) \right] \\
&\quad \delta_x d_t\pi^n_{ij}\delta_y d_t\pi^n_{ij}h^2 \\
&\leqslant M\left\{ \left|\nabla_h\pi^{n+1}\right|_0^2 + \left|\nabla_h\pi^n\right|_0^2 \right\}\Delta t,
\end{aligned}
\tag{5.2.22b}
$$

$$
\begin{aligned}
&-(\Delta t)^3 \sum_{i,j=1}^{N} A_{i,j+\frac{1}{2}}^n A_{i+\frac{1}{2},j}^n \delta_x\delta_y d^{-1}(C_{ij}^n)\delta_x d_t\pi_{ij}^n \delta_y d_t \pi_{ij}^n h^2 \\
\leqslant & M(\Delta t)^{\frac{1}{2}} |d_t\pi^n|_0^2 \Delta t + \varepsilon |d_t\pi^n|_0^2 \Delta t. \qquad (5.2.22\text{c})
\end{aligned}
$$

当 Δt 适当小时, ε 适当小. 由式 (5.2.20)~(5.2.22) 可得

$$
\begin{aligned}
&|d_t\pi^n|_0^2 \Delta t + \frac{1}{2}\left\{\langle A^n\nabla_h\pi^{n+1}, \nabla_h\pi^{n+1}\rangle - \langle A^n\nabla_h\pi^n, \nabla_h\pi^n\rangle\right\} \\
\leqslant & M\left\{\left|\nabla_h\pi^{n+1}\right|_0^2 + |\nabla_h\pi^n|_0^2 + h^4 + (\Delta t)^2\right\}\Delta t. \qquad (5.2.23)
\end{aligned}
$$

下面讨论饱和度方程的误差估计, 由式 (5.2.12a) 和 (5.2.12b) 可得等价的饱和度方程的差分格式

$$
\begin{aligned}
&\phi_{ij}\frac{C_{ij}^{n+1}-\hat{C}_{ij}^n}{\Delta t} - \nabla_h(D\nabla_h C^{n+1})_{ij} \\
=& -b(C_{ij}^n)\frac{P_{ij}^{n+1}-P_{ij}^n}{\Delta t} + f(X_{ij}, t^n, \hat{C}_{ij}^n) \\
&-(\Delta t)^2\delta_{\bar{x}}(D\delta_x(\phi^{-1}\delta_{\overline{y}}(D\delta_y d_t C^n)))_{ij}, \quad 1\leqslant i,j\leqslant N, \qquad (5.2.24)
\end{aligned}
$$

由方程 (5.2.2)($t=t^{n+1}$) 和差分格式 (5.2.24) 可得误差方程

$$
\begin{aligned}
&\phi_{ij}\frac{\xi_{ij}^{n+1}-(C^n(\bar{X}_{ij}^n)-\hat{C}_{ij}^n)}{\Delta t} - \nabla_h(D\nabla_h\xi)_{ij}^{n+1} \\
=& f(X_{ij}, t^{n+1}, c_{ij}^{n+1}) - f(X_{ij}, t^n, \hat{C}_{ij}^n) - b(C_{ij}^n)\frac{\pi_{ij}^{n+1}-\pi_{ij}^n}{\Delta t} + [b(c_{ij}^{n+1}) \\
&-b(C_{ij}^n)]\frac{p_{ij}^{n+1}-p_{ij}^n}{\Delta t} - (\Delta t)^2\delta_{\bar{x}}(D\delta_x(\phi^{-1}\delta_{\overline{y}}(D\delta_y d_t\xi^n)))_{ij} + \varepsilon_{ij}^{n+1}, \quad 1\leqslant i,j\leqslant N, \\
&\qquad (5.2.25)
\end{aligned}
$$

此处 $\bar{X}_{ij}^n = X_{ij} - u_{ij}^{n+1}\dfrac{\Delta t}{\phi_{ij}}$,

$$
\left|\varepsilon_{ij}^{n+1}\right| \leqslant M\left\{\left\|\frac{\partial^2 c}{\partial\tau^2}\right\|_{L^\infty(L^\infty)}, \left\|\frac{\partial c}{\partial t}\right\|_{L^\infty(W^{4,\infty})}\left\|\frac{\partial p}{\partial t}\right\|_{L^\infty(L^\infty)}\right\}(h^2+\Delta t).
$$

对误差方程和 (5.2.25) 由限制性条件 (5.2.17) 和归纳法假定 (5.2.18) 可得

$$
\begin{aligned}
&\phi_{ij}\frac{\xi_{ij}^{n+1}-\hat{\xi}_{ij}^n}{\Delta t} - \nabla_h(D\nabla_h\xi^{n+1})_{ij} \\
\leqslant & M\left\{\left|\xi_{ij}^n\right| + \left|\xi_{ij}^{n+1}\right| + \left|\nabla_h\pi_{ij}^n\right| + h^2 + \Delta t\right\} - b(C_{ij}^n)\frac{\pi_{ij}^{n+1}-\pi_{ij}^n}{\Delta t} \\
&-(\Delta t)^2\delta_{\bar{x}}(D\delta_x(\phi^{-1}\delta_{\bar{y}}(D\delta_y d_t\xi^n)))_{ij}, \quad 1\leqslant i,j\leqslant N, \qquad (5.2.26)
\end{aligned}
$$

对上式乘以 $\delta_t\xi_{ij}^n=\xi_{ij}^{n+1}-\xi_{ij}^n=d_t\xi_{ij}^n\Delta t$ 作内积, 并分部求和可得

$$\begin{aligned}&\left\langle\phi(\frac{\xi^{n+1}-\hat{\xi}^n}{\Delta t}),d_t\xi^n\right\rangle\Delta t+\frac{1}{2}\left\{\left\langle D\nabla_h\xi^{n+1},\nabla_h\xi^{n+1}\right\rangle-\left\langle D\nabla_h\xi^n,\nabla_h\xi^n\right\rangle\right\}\\&\leqslant\varepsilon\left|d_t\xi^n\right|_0^2\Delta t+M\left\{\left|\xi^{n+1}\right|_0^2+\left|\xi^n\right|_0^2+\left|\nabla_h\pi^n\right|_0^2+h^4+(\Delta t)^2\right\}\Delta t\\&\quad+\left\langle b(C^n)d_t\pi^n,d_t\xi^n\right\rangle\Delta t-(\Delta t)^2\left\langle\delta_{\bar{x}}(D\delta_x(\phi^{-1}\delta_{\bar{y}}(D\delta_yd_t\xi^n))),d_t\xi^n\right\rangle\Delta t,\end{aligned}\tag{5.2.27}$$

可将上式改写为

$$\begin{aligned}&\left\langle\phi(\frac{\xi^{n+1}-\xi^n}{\Delta t}),d_t\xi^n\right\rangle\Delta t+\frac{1}{2}\left\{\left\langle D\nabla_h\xi^{n+1},\nabla_h\xi^{n+1}\right\rangle-\left\langle D\nabla_h\xi^n,\nabla_h\xi^n\right\rangle\right\}\\&\leqslant\left\langle\phi(\frac{\hat{\xi}^n-\xi^n}{\Delta t}),d_t\xi^n\right\rangle\Delta t+\varepsilon\left|d_t\xi^n\right|_0^2\Delta t+M\left\{\left|\xi^n\right|_0^2+\left|\xi^{n+1}\right|_0^2+\left|\nabla_h\pi^n\right|_0^2\right.\\&\quad\left.+\left|d_t\pi^n\right|_0^2+h^4+(\Delta t)^2\right\}-(\Delta t)^2\left\langle\delta_{\bar{x}}(D\delta_x(\phi^{-1}\delta_{\bar{y}}(D\delta_yd_t\xi^n))),d_t\xi^n\right\rangle\Delta t,\end{aligned}\tag{5.2.28}$$

现在估计式 (5.2.28) 右端第 1 项 $\left\langle\phi\left(\frac{\hat{\xi}^n-\xi^n}{\Delta t}\right),d_t\xi^n\right\rangle$, 应用表达式

$$\hat{\xi}_{ij}^n-\xi_{ij}^n=\int_{X_{ij}}^{\hat{X}_{ij}^n}\nabla\xi^n\cdot U_{ij}^n/\left|U_{ij}^n\right|\mathrm{d}\sigma,\quad 1\leqslant i,j\leqslant N,\tag{5.2.29}$$

由于 $|U^n|_\infty\leqslant M\{1+|\nabla_h\pi^n|_\infty\}$, 由归纳法假设 (5.2.18) 可以推出 U^n 有界, 再利用限制性条件 (5.2.17), 可以推得

$$\left|\sum_{i,j=1}^N\phi_{ij}\frac{(\hat{\xi}_{ij}^n-\xi_{ij}^n)}{\Delta t}d_t\xi_{ij}^nh^2\right|\leqslant\varepsilon\left|d_t\xi^n\right|_0^2+M\left|\nabla_h\xi^n\right|_0^2.\tag{5.2.30}$$

现估计式 (5.2.28) 的最后一项

$$\begin{aligned}&-(\Delta t)^3\left\langle\delta_{\bar{x}}(D\delta_x(\phi^{-1}\delta_{\bar{y}}(D\delta_yd_t\xi^n))),d_t\xi^n\right\rangle\\=&-(\Delta t)^3\left\{\left\langle\delta_x(D\delta_yd_t\xi^n),\delta_y(\phi^{-1}D\delta_xd_t\xi^n)\right\rangle+\left\langle D\delta_y(d_t\xi^n),\delta_y[\delta_x\phi^{-1}\cdot D\delta_xd_t\xi^n]\right\rangle\right\}\\=&-(\Delta t)^3\sum_{i,j=1}^N\left\{D_{i,j+\frac{1}{2}}D_{i+\frac{1}{2},j}\phi_{ij}^{-1}[\delta_x\delta_yd_t\xi_{ij}]^2+\left[D_{i,j+\frac{1}{2}}\delta_y(D_{i+\frac{1}{2},j}\phi_{ij}^{-1})\cdot\delta_x(d_t\xi_{ij}^n)\right.\right.\\&+D_{i+\frac{1}{2},j}^n\phi_{ij}^{-1}\delta_xD_{i,j+\frac{1}{2}}\cdot\delta_y(d_t\xi_{ij}^n)+\left.D_{i,j+\frac{1}{2}}D_{i+\frac{1}{2},j}\delta_y(d_t\xi_{ij}^n)\right]\delta_x\delta_y(d_t\xi_{ij}^n)\\&+\left.\left[D_{i,j+\frac{1}{2}}D_{i+\frac{1}{2},j}\delta_x\delta_y\phi_{ij}^{-1}+D_{i,j+\frac{1}{2}}\delta_yD_{i,j+\frac{1}{2}}\delta_x\phi_{ij}^{-1}\right]\delta_x(d_t\xi_{ij}^n)\delta_y(d_t\xi_{ij}^n)\right\}h^2.\end{aligned}\tag{5.2.31}$$

由于 D 的正定性, 对上述表达式的前 3 项, 应用 Cauchy 不等式消去高阶差商项

$\delta_x\delta_y(d_t\xi_{ij}^n)$, 最后可得

$$-(\Delta t)^3\sum_{i,j=1}^{N}\Big\{D_{i,j+\frac{1}{2}}D_{i+\frac{1}{2},j}\ \phi_{ij}^{-1}[\delta_x\delta_y(d_t\xi_{ij}^n)]^2+\Big[D_{i,j+\frac{1}{2}}\delta_y(D_{i+\frac{1}{2},j}\phi_{ij}^{-1})\cdot\delta_x(d_t\xi_{ij}^n)$$

$$+\ D_{i,j+\frac{1}{2}}\phi_{ij}^{-1}\delta_x D_{i,j+\frac{1}{2}}\cdot\delta_y(d_t\xi_{ij}^n)+D_{i,j+\frac{1}{2}}D_{i+\frac{1}{2},j}\delta_y(d_t\xi_{ij}^n)\Big]\delta_x\delta_y(d_t\xi_{ij}^n)\Big\}h^2$$

$$\leqslant M\left\{\left|\nabla_h\xi^{n+1}\right|_0^2+|\nabla_h\xi^n|_0^2\right\}\Delta t. \tag{5.2.32a}$$

对式 (5.2.31) 最后一项, 由于 ϕ, D 的光滑性有

$$-(\Delta t)^3\sum_{i,j=1}^{N}\Big[D_{i,j+\frac{1}{2}}D_{i+\frac{1}{2},j}\delta_x\delta_y\phi_{ij}^{-1}+D_{i,j+\frac{1}{2}}\delta_y D_{i+\frac{1}{2},j}\cdot\delta_x\phi_{ij}^{-1}\Big]\delta_x(d_t\xi_{ij}^n)\delta_y(d_t\xi_{ij}^n)h^2$$

$$\leqslant M\left\{\left|\nabla_h\xi^{n+1}\right|_0^2+|\nabla_h\xi^n|_0^2\right\}\Delta t. \tag{5.2.32b}$$

对误差估计 (5.2.28) 应用式 (5.2.30)~(5.2.32) 的结果可得

$$\begin{aligned}&|d_t\xi^n|_0^2\,\Delta t+\left\langle D\nabla_h\xi^{n+1},\nabla_h\xi^{n+1}\right\rangle-\left\langle D\nabla_h\xi^n,\nabla_h\xi^n\right\rangle\\ \leqslant &M\left\{|\xi^n|_1^2+\left|\xi^{n+1}\right|_1^2+|\nabla_h\pi^n|_0^2+h^4+(\Delta t)^2\right\}\Delta t,\end{aligned} \tag{5.2.33}$$

对于式 (5.2.33) 关于时间 t 求和 $0\leqslant n\leqslant L$, 注意到 $\pi^n=0$, 可得

$$\begin{aligned}&\sum_{n=1}^{L}|d_t\pi^n|_0^2\,\Delta t+\left\langle A^L\nabla_h\pi^{L+1},\nabla_h\pi^{L+1}\right\rangle-\left\langle A^0\nabla_h\pi^0,\nabla_h\pi^0\right\rangle\\ \leqslant&\sum_{n=1}^{L}\left\langle[A^n-A^{n-1}]\nabla_h\pi^n,\nabla_h\pi^n\right\rangle+M\sum_{n=1}^{L}\Big\{\left|\nabla_h\pi^{n+1}\right|_0^2+|\nabla_h\pi^n|_0^2+h^4+(\Delta t)^2\Big\}\Delta t.\end{aligned} \tag{5.2.34}$$

对于式 (5.2.34) 右端第 1 项的系数有

$$\begin{aligned}A^n-A^{n-1}&=a(x,C^n)-a(x,C^{n-1})=\frac{\partial\bar a}{\partial c}(C^n-C^{n-1})\\&=\frac{\partial\bar a}{\partial c}\{(\xi^n-\xi^{n-1})+(c^n-c^{n-1})\}=\frac{\partial\bar a}{\partial c}\left\{d_t\xi^{n-1}+\frac{\partial\bar c}{\partial t}\right\}\Delta t.\end{aligned}$$

由于 $\dfrac{\partial\bar a}{\partial c},\dfrac{\partial\bar c}{\partial t}$ 是有界的, 于是有

$$\left|A^n-A^{n-1}\right|\leqslant M\left\{\left|d_t\,\xi^{n-1}\right|+1\right\}\Delta t, \tag{5.2.35}$$

应用归纳法假定 (5.2.18) 来估计式 (5.2.34) 右端第 1 项有

$$\sum_{n=1}^{L}\left\langle[A^n-A^{n-1}]\nabla_h\pi^n,\nabla_h\pi^n\right\rangle\leqslant\varepsilon\sum_{n=1}^{L}\left|d_t\xi^{n-1}\right|_0^2\Delta t+M\sum_{n=1}^{L}|\nabla_h\pi^n|_0^2\,\Delta t, \tag{5.2.36}$$

于是式 (5.2.34) 可写为

$$\begin{aligned}&\sum_{n=1}^{L}|d_t\pi^n|_0^2\Delta t+\left|\nabla_h\pi^{L+1}\right|_0^2\\ \leqslant&\varepsilon\sum_{n=1}^{L}\left|d_t\xi^{n-1}\right|_0^2\Delta t+M\sum_{n=1}^{L}\left\{\left|\nabla_h\pi^{n+1}\right|_0^2+h^4+(\Delta t)^2\right\}\Delta t,\end{aligned}\tag{5.2.37}$$

同样式 (5.2.33) 对 t 求和可得

$$\begin{aligned}&\sum_{n=1}^{L}|d_t\xi^n|_0^2\Delta t+\left|\nabla_h\xi^{L+1}\right|_0^2-\left|\nabla_h\xi^0\right|_0^2\\ \leqslant&M\sum_{n=1}^{L}\left\{\left|\xi^{n+1}\right|_1^2+|\nabla_h\pi^n|_0^2+h^4+(\Delta t)^2\right\}\Delta t,\end{aligned}\tag{5.2.38}$$

注意到此处 $\pi^0=\xi^0=0$,

$$\left|\pi^{L+1}\right|_0^2\leqslant\varepsilon\sum_{n=0}^{L}|d_t\pi^n|_0^2\Delta t+M\sum_{n=1}^{L}|\pi^n|_0^2\Delta t,$$

$$\left|\xi^{L+1}\right|_0^2\leqslant\varepsilon\sum_{n=0}^{L}|d_t\xi^n|_0^2\Delta t+M\sum_{n=1}^{L}|\xi^n|_0^2\Delta t,$$

组合式 (5.2.37) 和 (5.2.38) 可得

$$\sum_{n=0}^{L}\left\{|d_t\pi^n|_0^2+|d_t\xi^n|_0^2\right\}\Delta t+\left|\pi^{L+1}\right|_1^2+\left|\xi^{L+1}\right|_1\leqslant M\{h^4+(\Delta t)^2\},\tag{5.2.39}$$

应用 Gronwall 引理可得

$$\sum_{n=0}^{L}\left\{|d_t\pi^n|_0^2+|d_t\xi^n|_0^2\right\}\Delta t+\left|\pi^{L+1}\right|_1^2+\left|\xi^{L+1}\right|_1^2\leqslant M\{h^4+(\Delta t)^2\}.\tag{5.2.40}$$

下面需要检验归纳法假定 (5.2.18). 对于 $n=0$, 由于 $\pi^0=\xi=0$, 故式 (5.2.18) 是正确的, 若 $1\leqslant n\leqslant L$ 时式 (5.2.18) 成立, 由式 (5.2.39) 可得

$$\left|\pi^{L+1}\right|_1+\left|\xi^{L+1}\right|_1\leqslant M\left\{h^2+\Delta t\right\},$$

利用逆估计有

$$\left|\pi^{L+1}\right|_{1,\infty}+\left|\xi^{L+1}\right|_{1,\infty}\leqslant Mh,\tag{5.2.41}$$

于是归纳法假定 (5.2.18) 成立.

定理 5.2.1 假定问题 (5.2.1)~(5.2.5) 的精确解满足光滑性条件: $p,c \in W^{1,\infty}(W^{1,\infty}) \cap L^{\infty}(W^{4,\infty}), \dfrac{\partial p}{\partial t}, \dfrac{\partial c}{\partial t} \in L^{\infty}(W^{4,\infty}), \dfrac{\partial^2 p}{\partial t^2}, \dfrac{\partial^2 p}{\partial \tau^2} \in L^{\infty}(L^{\infty})$. 采用分数步特征差分格式 (5.2.9) 和 (5.2.12) 逐层计算, 若剖分参数满足限制性条件 (5.2.17), 则下述误差估计式成立:

$$\begin{aligned}
&\|p-P\|_{\bar{L}^{\infty}([0,T];h^1)}+\|c-C\|_{\bar{L}^{\infty}([0,T];h^1)} \\
&+\|d_t(p-P)\|_{\bar{L}^2([0,T];l^2)}+\|d_t(c-C)\|_{\bar{L}^2([0,T];l^2)} \\
\leqslant & M^*\left\{\Delta t+h^2\right\},
\end{aligned} \tag{5.2.42}$$

此处 $\|g\|_{\bar{L}^{\infty}(J,X)}=\sup\limits_{n\Delta t\leqslant T}\|g^n\|_X, \|g\|_{\bar{L}^2(J,X)}=\sup\limits_{N\Delta t\leqslant T}\left\{\sum\limits_{n=0}^{N}\|g^n\|_X^2\Delta t\right\}^{\frac{1}{2}}$, 常数

$$\begin{aligned}
M^* =M^*&\left\{\|p\|_{W^{1,\infty}(W^{1,\infty})}, \|p\|_{L^{\infty}(W^{4,\infty})}, \left\|\frac{\partial p}{\partial t}\right\|_{L^{\infty}(W^{4,\infty})}, \left\|\frac{\partial^2 p}{\partial t^2}\right\|_{L^{\infty}(L^{\infty})},\right. \\
&\left.\|c\|_{W^{1,\infty}(W^{1,\infty})}, \|c\|_{L^{\infty}(W^{4,\infty})}, \left\|\frac{\partial c}{\partial t}\right\|_{L^{\infty}(W^{4,\infty})}, \left\|\frac{\partial^2 c}{\partial \tau^2}\right\|_{L^{\infty}(L^{\infty})}\right\}.
\end{aligned}$$

5.2.3 推广和应用

1. 三维问题

这里提出的计算格式和分析可拓广到三维问题, 计算格式是

$$\begin{aligned}
&d(C_{ijk}^n)\frac{P_{ijk}^{n+\frac{1}{3}}-P_{ijk}^n}{\Delta t} \\
=&\delta_{\bar{x}}(A^n\delta_x P^{n+\frac{1}{3}})_{ijk}+\delta_{\bar{y}}(A^n\delta_y P^n)_{ijk}+\delta_{\bar{z}}(A^n\delta_z P^n)_{ijk}+q(X_{ijk},t^{n+1}), \quad 1\leqslant i\leqslant N,
\end{aligned} \tag{5.2.43a}$$

$$d(C_{ijk}^n)\frac{P_{ijk}^{n+\frac{2}{3}}-P_{ijk}^{n+\frac{1}{3}}}{\Delta t}=\delta_{\bar{y}}(A^n\delta_y(P^{n+\frac{2}{3}}-P^n))_{ijk}, \quad 1\leqslant j\leqslant N, \tag{5.2.43b}$$

$$d(C_{ijk}^n)\frac{P_{ijk}^{n+1}-P_{ijk}^{n+\frac{2}{3}}}{\Delta t}=\delta_{\bar{z}}(A^n\delta_z(P^{n+1}-P^n))_{ijk}, \quad 1\leqslant k\leqslant N, \tag{5.2.43c}$$

$$\begin{aligned}
\phi_{ijk}\frac{C_{ijk}^{n+\frac{1}{3}}-\hat{C}_{ijk}^n}{\Delta t}=&\delta_{\bar{x}}(D\delta_x C^{n+\frac{1}{3}})_{ijk}+\delta_{\bar{y}}(D\delta_y C^n)_{ijk}+\delta_{\bar{z}}(D\delta_{\bar{z}} C^n)_{ijk} \\
&-b(C_{ijk}^n)\frac{P_{ijk}^{n+1}-P_{ijk}^n}{\Delta t}+f(X_{ijk},t^n,\hat{C}_{ijk}^n), \quad 1\leqslant i\leqslant N,
\end{aligned} \tag{5.2.44a}$$

$$\phi_{ijk}\frac{C_{ijk}^{n+\frac{2}{3}}-C_{ijk}^{n+\frac{1}{3}}}{\Delta t}=\delta_{\bar{y}}(D\delta_y(C^{n+\frac{2}{3}}-C^n))_{ijk},\quad 1\leqslant j\leqslant N,\tag{5.2.44b}$$

$$\phi_{ijk}\frac{C_{ijk}^{n+1}-C_{ijk}^{n+\frac{2}{3}}}{\Delta t}=\delta_{\bar{z}}(D\delta_z(C^{n+1}-C^n))_{ijk},\quad 1\leqslant k\leqslant N,\tag{5.2.44c}$$

其等价的差分格式是

$$\begin{aligned}&d(C_{ijk}^n)\frac{P_{ijk}^{n+1}-P_{ijk}^n}{\Delta t}-\nabla_h(A^n\nabla_h P^{n+1})_{ijk}\\=&q(X_{ijk},t^{n+1})-(\Delta t)^2\left\{\delta_{\bar{x}}(A^n\delta_x(d^{-1}\delta_{\bar{y}}(A^n\delta_y)))+\delta_{\bar{x}}(A^n\delta_x(d^{-1}\delta_{\bar{z}}(A^n\delta_z)))\right.\\&\left.+\delta_{\bar{y}}(A^n\delta_y(d^{-1}\delta_{\bar{z}}(A^n\delta_z)))d_tP_{ijk}^n\right\}\\&+(\Delta t)^3\delta_{\bar{x}}(A^n\delta_x(d^{-1}\delta_{\bar{y}}(A^n\delta_y(d^{-1}\delta_{\bar{z}}(A^n\delta_z d_tP^n)))))_{ijk},\quad 1\leqslant i,j,k\leqslant N,\end{aligned}\tag{5.2.45a}$$

$$\begin{aligned}&\phi_{ijk}\frac{C_{ijk}^{n+1}-\hat{C}_{ijk}^n}{\Delta t}-\nabla_h(D\nabla_h C^{n+1})_{ijk}\\=&-b(C_{ijk})\frac{P_{ijk}^{n+1}-P_{ijk}^n}{\Delta t}+f(X_{ijk},t^n,\hat{C}_{ijk}^n)-(\Delta t)^2\{\delta_{\bar{x}}(D\delta_x(\phi^{-1}\delta_{\bar{y}}(D\delta_y)))+\cdots\}d_tC_{ijk}^n\\&+(\Delta t)^3\delta_{\bar{x}}(D\delta_x(\phi^{-1}\delta_{\bar{y}}(D\delta_y(\phi^{-1}\delta_{\bar{z}}(D\delta_z d_tC^n)))))_{ijk},\quad 1\leqslant i,j,k\leqslant N,\end{aligned}\tag{5.2.45b}$$

由于问题的正定性, 格式 (5.2.44) 和 (5.2.45) 解存在且唯一, 采用上节的方法和技巧, 经繁杂的估算同样可得估计式 (5.2.42).

2. *应用*

本节所提出的数值方法已成功应用到油资源运移聚集模拟系统 [10,11], 其数学模型为

$$\nabla\cdot\left(K\frac{k_{\rm ro}(s)}{\mu_{\rm o}}\nabla\phi_{\rm o}\right)+B_{\rm o}q=-\phi\dot{s}\left(\frac{\partial\phi_{\rm o}}{\partial t}-\frac{\partial\phi_{\rm w}}{\partial t}\right),\quad (x,y,z)^{\rm T}\in\Omega,t\in J,\tag{5.2.46a}$$

$$\nabla\cdot\left(K\frac{k_{\rm rw}(s)}{\mu_{\rm w}}\nabla\phi_{\rm w}\right)+B_{\rm w}q=\phi\dot{s}\left(\frac{\partial\phi_{\rm o}}{\partial t}-\frac{\partial\phi_{\rm w}}{\partial t}\right),\quad (x,y,z)^{\rm T}\in\Omega,t\in J,\tag{5.2.46b}$$

研制成的软件系统已成功应用到胜利油田东营凹陷地区.

它还成功应用到注化学驱油新技术的实践中 [12], 其数学模型为

$$\begin{aligned}&\phi\frac{\partial c_i}{\partial t}+\frac{\partial}{\partial x_1}\sum_{j=1}^{n_p}\left[c_{ij}U_{jx_1}-\phi S_j\left(K_{jx_1x_1}\frac{\partial c_{ij}}{\partial x_1}+K_{jx_1x_2}\frac{\partial c_{ij}}{\partial x_2}\right)\right]\\&+\frac{\partial}{\partial x_2}\sum_{j=1}^{n_p}\left[c_{ij}U_{jx_2}-\phi S_j\left(K_{jx_2x_1}\frac{\partial c_{ij}}{\partial x_1}+K_{jx_2x_2}\frac{\partial c_{ij}}{\partial x_2}\right)\right]=Q_i(c_{ij}),\quad i=1,2,\cdots,n_{\rm c},\end{aligned}\tag{5.2.47}$$

并得到高效的数值模拟结果.

5.3 多层渗流方程耦合系统的迎风分数步差分方法

在多层地下渗流驱动问题的非稳定流计算中, 当第 1、第 3 层近似地认为水平流速, 而置于它们中间的层 (弱渗透层) 仅有垂直流速时, 需要求解下述一类多层对流–扩散耦合系统的初边值问题 [4,16~19]:

$$\phi_1(x,y)\frac{\partial u}{\partial t}+a(x,y,z)\cdot\nabla u-\nabla\cdot(K_1(x,y,t)\nabla u)+K_2(x,y,z,t)\frac{\partial w}{\partial z}\bigg|_{z=H}$$
$$=Q_1(x,y,t,u),\quad (x,y)^{\mathrm T}\in\Omega_1, t\in J=(0,T], \tag{5.3.1a}$$

$$\phi_2(x,y,z)\frac{\partial w}{\partial t}=\frac{\partial}{\partial z}\left(K_2(x,y,z,t)\frac{\partial w}{\partial z}\right),\quad (x,y,z)^{\mathrm T}\in\Omega, t\in J, \tag{5.3.1b}$$

$$\phi_3(x,y)\frac{\partial v}{\partial t}+b(x,y,z)\cdot\nabla v-\nabla\cdot(K_3(x,y,t)\nabla v)-K_2(x,y,z,t)\frac{\partial w}{\partial z}\bigg|_{z=0}$$
$$=Q_3(x,y,t,v),\quad (x,y)^T\in\Omega_1, t\in J, \tag{5.3.1c}$$

此处 $\Omega=\{(x,y,z)|\,(x,y)\in\Omega_1, 0<z<H\}$, Ω_1 为平面有界区域, $\partial\Omega,\partial\Omega_1$ 分别为 Ω 和 Ω_1 的边界, 如图 5.3.1 所示.

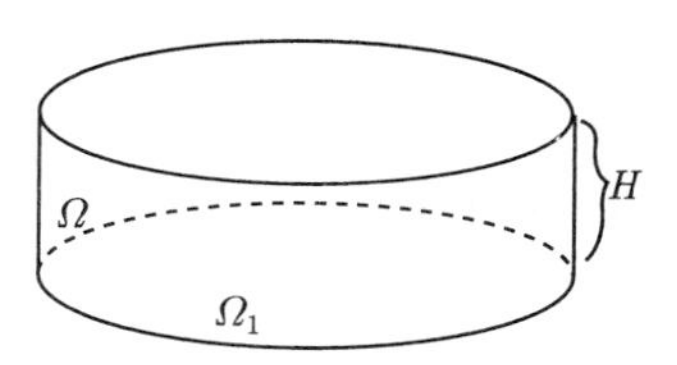

图 5.3.1 区域 Ω, Ω_1 示意图

初始条件

$$u(x,y,0)=\psi_1(x,y), (x,y)^{\mathrm T}\in\Omega_1,\quad w(x,y,z,0)=\psi_2(x,y,z), (x,y,z)^{\mathrm T}\in\Omega,$$
$$u(x,y,0)=\psi_3(x,y),\quad (x,y)^{\mathrm T}\in\Omega_1. \tag{5.3.2}$$

边界条件是第一型的:

$$u(x,y,t)|_{\partial\Omega_1}=0,\quad w(x,y,z,t)|_{z=0,H,\partial\Omega_1}=0,\quad v(x,y,t)|_{\partial\Omega_1}=0, \tag{5.3.3a}$$

$$w(x,y,z,t)|_{z=H}=u(x,y,t),\quad w(x,y,z,t)|_{z=0}=v(x,y,t),$$
$$(x,y)^{\mathrm T}\in\Omega_1\ (\text{内边界条件}). \tag{5.3.3b}$$

在渗流力学中, 待求函数 u, w, v 为位势函数, $\nabla u,\nabla v,\dfrac{\partial w}{\partial z}$ 为达西速度, ϕ_a 为孔隙

度函数, $K_1(x,y,t)$, $K_2(x,y,z,t)$ 和 $K_3(x,y,t)$ 为渗透率函数, $a(x,y,t)=(a_1(x,y,t),a_2(x,y,t))^{\mathrm{T}}$, $b(x,y,t) = (b_1(x,y,t),b_2(x,y,t))^{\mathrm{T}}$ 为相应的对流系数, $Q_1(x,y,t,u)$, $Q_3(x,y,t,v)$ 为产量项.

对于对流–扩散问题已有 Douglas 和 Russell 的著名特征差分方法 [6,20] 克服经典方法可能出现数值解的振荡和失真 [4,7], 解决了用差分方法处理以对流为主的问题. 但特征差分方法有着处理边界条件带来的计算复杂性 [4,6], Ewing,Lazarov 等提出用迎风差分格式来解决这类问题 [21,22]. 为解决大规模科学与工程计算 (节点个数可多达数万乃至数百万个) 需要采用分数步技术, 将高维问题化为连续解几个一维问题的计算 [5,7,23]. 这里从油气资源勘探、开发和地下水渗流计算的实际问题出发, 研究多层地下渗流耦合系统驱动问题的非稳定渗流计算, 提出适合并行计算的二阶和一阶两类组合迎风分数步差分格式, 利用变分形式、能量方法、二维和三维格式的配套、隐显格式的相互结合, 差分算子乘积交换性、高阶差分算子的分解、先验估计的理论和技巧, 对二阶格式得到收敛性的最佳阶 L^2 误差估计, 对一阶格式亦得到收敛性的 L^2 误差估计. 该方法已成功地应用到多层油资源运移聚集数值模拟计算和工程实践中①.

通常问题是正定的, 即满足

$$0<\phi_*\leqslant\phi_a\leqslant\phi^*,0<K_*\leqslant K_a\leqslant K^*,\quad \alpha=1,2,3, \tag{5.3.4}$$

此处 ϕ_*,ϕ^*,K_*,K^* 均为正常数.

假定式 (5.3.1)~(5.3.4) 的精确解是正则的,

$$\frac{\partial^2 u}{\partial t^2},\frac{\partial^2 v}{\partial t^2}\in L^\infty(L^\infty(\Omega_1)),\quad u,v\in L^\infty(W^{4,\infty}(\Omega_1))\cap W^{1,\infty}(W^{1,\infty}(\Omega_1)),$$

$$\frac{\partial^2 w}{\partial t^2}\in L^\infty(L^\infty(\Omega)),\quad w\in L^\infty(W^{4,\infty}(\Omega)),$$

且 $Q_1(x,y,t,u)$, $Q_3(x,y,t,v)$ 在解的 ε_0 邻域满足 Lipschitz 连续条件, 即存在常数 M, 当 $|\varepsilon_i|\leqslant\varepsilon_0(1\leqslant i\leqslant 4)$ 时, 有

$$|Q_1(u(x,y,t)+\varepsilon_1)-Q_1(u(x,y,t)+\varepsilon_2)|\leqslant M|\varepsilon_1-\varepsilon_2|,$$

$$|Q_3(v(x,y,t)+\varepsilon_3)-Q_3(v(x,y,t)+\varepsilon_4)|\leqslant M|\varepsilon_3-\varepsilon_4|,\quad (x,y,t)\in\Omega\times J.$$

5.3.1 二阶迎风分数步差分格式

为了用差分方程求解, 我们用网格区域 $\Omega_{1,h}$ 代替 Ω_1(图 5.3.2). 在平面 (x,y) 上步长为 h_1, $x_i=ih_1$, $y_i=jh_1$, $\Omega_{1,h}=\{(x_i,y_i)|\, i_1(j)<i<i_2(j),j_1(i)<j<j_2(i)\}$,

① 山东大学数学研究所、胜利油田计算中心: 多层油资源运移聚集定量数值模拟技术研究, 1999.6.

在 z 方向步长为 $h_2, z_k = kh_2, h_2 = H/N, t^n = n\Delta t$, 用 Ω_h 代替 Ω, $\Omega_h = \{(x_i, y_i, z_k)| i_1(j) < i < i_2(j), j_1(i) < j < j_2(i), 0 < k < N\}$. 用 $\partial\Omega_{1,h}, \partial\Omega_h$ 分别表示 Ω_h 和 $\Omega_{1,h}$ 的边界. 设 $U(x_i, y_i, t^n) = U_{ij}^n, V(x_i, y_i, t^n) = V_{ij}^n, W(x_i, y_i, z_k, t^n) = W_{ijk}^n, \delta_x, \delta_y, \delta_z, \delta_{\bar{x}}, \delta_{\bar{y}}, \delta_{\bar{z}}$ 分别为 x, y 和 z 方向向前、向后差商算子, $\mathrm{d}_t U^n$ 为网格函数 U_{ij}^n 在 $t = t^n$ 的向前差商.

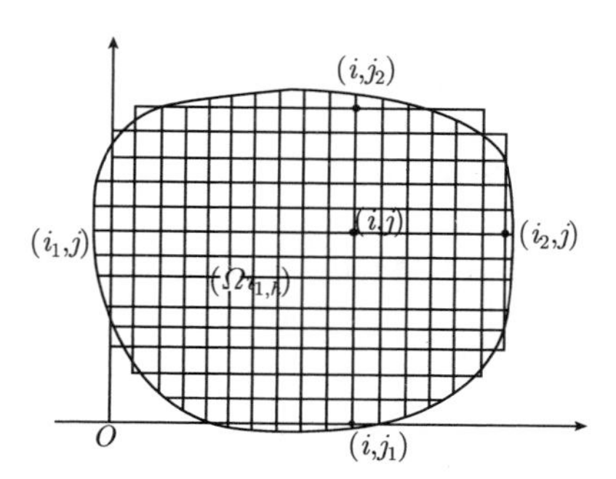

图 5.3.2 网域 $\Omega_{1,h}$ 示意图

为了得到高精度计算格式, 对方程 (5.3.1a) 在 $(x, y, z_{N-1/2}, t)$ 点展开, 得

$$\left[K_2(x,y,z,t)\frac{\partial w}{\partial z}\right]_{N-1/2} = \left[K_2(x,y,z,t)\frac{\partial w}{\partial z}\right]_N - \frac{h_2}{2}\left[\frac{\partial}{\partial z}\left(K_2(x,y,z,t)\frac{\partial w}{\partial z}\right)\right]_N + O(h_2^2),$$

于是得到

$$\left[K_2(x,y,z,t)\frac{\partial w}{\partial z}\right]_N = \left[K_2(x,y,z,t)\frac{\partial w}{\partial z}\right]_{N-1/2} + \frac{h_2}{2}\left[\phi_2(x,y,z,t)\frac{\partial w}{\partial z}\right]_N + O(h_2^2).$$

在点 (x,y,H,t) 有

$$\begin{aligned}&\phi_1(x,y)\frac{\partial u}{\partial t} + a(x,y,t)\cdot\nabla u - \nabla\cdot(K_1(x,y,t)\nabla u) + \frac{h_2}{2}\left[\phi_2(x,y,H)\frac{\partial u}{\partial t}\right]\\&+\left[K_1(x,y,z,t)\frac{\partial w}{\partial z}\right]_{N-1/2} + O(h_2^2) = Q(u),\end{aligned}$$

即

$$\begin{aligned}&\hat{\phi}_1(x,y,h_2)\frac{\partial u}{\partial t} + a(x,y,t)\cdot\nabla u - \nabla\cdot(K_1(x,y,t)\nabla u)\\&= -\left[K_2(x,y,z,t)\frac{\partial w}{\partial z}\right]_{N-1/2} + Q_1(u) = O(h_2^2),\end{aligned} \tag{5.3.5a}$$

此处 $\hat{\phi}_1(x,y,h_2) = \phi_1(x,y) + \dfrac{h_2}{2}\phi_2(x,y,H)$.

类似地, 在点 $(x,y,0,t)$, 有

$$
\begin{aligned}
&\hat{\phi}_3(x,y,h_2)\frac{\partial v}{\partial t}+b(x,y,t)\cdot\nabla v-\nabla\cdot(K_3(x,y,t)\nabla v)\\
=&\left[K_2(x,y,z,t)\frac{\partial w}{\partial z}\right]_{1/2}+Q_3(v)=O(h_2^2),
\end{aligned}
\tag{5.3.5b}
$$

此处 $\hat{\phi}_3(x,y,h_2)=\phi_3(x,y)+\dfrac{h_2}{2}\phi_2(x,y,0)$. 设

$$
K_{i+1/2,j}^n=[K(x_i,y_j,t^n)+K(x_{i+1},y_j,t^n)]/2,
$$

$$
K_{i,j+1/2}^n=[K(x_i,y_j,t^n)+K(x_i,y_{j+1},t^n)]/2,
$$

定义

$$
\delta_x(K^n\delta_{\bar{x}}u^{n+1})_{ij}=h_1^{-2}[K_{i+1/2,j}^n(u_{i+1,j}^{n+1}-u_{ij}^{n+1})-K_{i-1/2,j}^n(u_{ij}^{n+1}-u_{i-1,j}^{n+1})],
$$

$$
\delta_y(K^n\delta_{\bar{y}}u^{n+1})_{ij}=h_1^{-2}[K_{i,j+1/2}^n(u_{i,j+1}^{n+1}-u_{ij}^{n})-K_{i,j-1/2}^n(u_{ij}^{n}-u_{i,j-1}^{n+1})],
$$

$$
\nabla_h(K^n\nabla_h u^{n+1})_{ij}=\delta_x(K^n\delta_{\bar{x}}u^{n+1})_{ij}+\delta_y(K^n\delta_{\bar{y}}u^{n+1})_{ij}.
$$

类似地, 定义 $\delta_z(K^n\delta_{\bar{z}}w^n)_{ijk}=h_2^{-2}[K_{ij,k+1/2}^n(W_{ij,k+1}^n-W_{ijk}^n)-K_{ij,k-1/2}^n(W_{ijk}^n-W_{ij,k-1}^n)]$.

1. **迎风分数步格式 I**

方程 (5.3.5a) 可近似分裂为

$$
\begin{aligned}
&\left(1-\frac{\Delta t}{\hat{\phi}_1}\frac{\partial}{\partial x}\left(K_1\frac{\partial}{\partial x}\right)+\frac{\Delta t}{\hat{\phi}_1}a_1\frac{\partial}{\partial x}\right)\left(1-\frac{\Delta t}{\hat{\phi}_1}\frac{\partial}{\partial y}\left(K_1\frac{\partial}{\partial y}\right)+\frac{\Delta t}{\hat{\phi}_1}a_2\frac{\partial}{\partial y}\right)u^{n+1}\\
=&u^n-\frac{\Delta t}{\hat{\phi}_1}\left\{\left(K_2\frac{\partial w^{n+1}}{\partial z}\right)_{N-1/2}-Q_1(x,y,t^{n+1},u^{n+1})\right\},
\end{aligned}
\tag{5.3.6}
$$

其对应的二阶迎风分数步差分格式为

$$
\begin{aligned}
&\left(\hat{\phi}_1-\Delta t\left(1+\frac{h_1}{2}\frac{|a_1^n|}{K_1^n}\right)^{-1}\delta_x(K_1^n\delta_{\bar{x}})+\Delta t\delta_{a_1^n,x}\right)U_{ij}^{n+1/2}\\
=&\hat{\phi}_{1,ij}U_{ij}^n+\Delta t\left\{-K_{2,ij,N-1/2}^n\delta_{\bar{z}}W_{ij,N}^n+Q(x_i,y_i,t^n,U_{ij}^n)\right\},\quad i_1(j)<i<i_2(j),
\end{aligned}
\tag{5.3.7a}
$$

$$
U_{ij}^{n+1/2}=0,\quad (x_i,y_j)\in\partial\Omega_{1,h},
\tag{5.3.7b}
$$

$$
\left(\hat{\phi}_1-\Delta t\left(1+\frac{h_1}{2}\frac{|a_2^n|}{K_1^n}\right)^{-1}\delta_y(K_1^n\delta_{\bar{y}})+\Delta t\delta_{a_2^n,x}\right)U_{ij}^{n+1}=\hat{\phi}_{1,ij}U_{ij}^{n+1/2},
$$

$$j_1(i) < j < j_2(i), \tag{5.3.7c}$$

$$U_{ij}^{n+1} = 0, \quad (x_i, y_j) \in \partial\Omega_{1,h}, \tag{5.3.7d}$$

此处

$$\delta_{a_1^n,x} u_{ij} = a_{1,ij}^n \left[H(a_{1,ij}^n) K_{1,ij}^{n,-1} K_{1,i-1/2,j}^n \delta_{\bar{x}} + (1 - H(a_{1,ij}^n)) K_{1,ij}^{n,-1} K_{1,i+1/2,j}^n \delta_x \right] u_{ij},$$

$$\delta_{a_{2,y}^n} u_{ij} = a_{2,ij}^n [H(a_{2,ij}^n) K_{1,ij}^{n,-1} K_{1,i,j-1/2}^n \delta_{\bar{y}} + (1 - H(a_{2,ij}^n)) K_{1,ij}^{n,-1} K_{1,i,j+1/2}^n \delta_y] u_{ij},$$

$$K_{1,ij}^{n,-1} = (K_{1,ij}^n)^{-1}, \quad H(z) = \begin{cases} 1, & z \geqslant 0, \\ 0, & z < 0. \end{cases}$$

方程 (5.3.1b) 的差分格式是

$$\phi_{2,ijk} \frac{W_{ijk}^{n+1} - W_{ijk}^n}{\Delta t} = \delta_z (K_2^n \delta_{\bar{z}} W^n)_{ijk}, \quad 0 < k < N, (i,j) \in \Omega_{1,h}. \tag{5.3.8}$$

方程 (5.3.1c) 可近似分裂为

$$\begin{aligned} &\left(1 - \frac{\Delta t}{\hat{\phi}_3} \frac{\partial}{\partial x} \left(K_3 \frac{\partial}{\partial x}\right) + \frac{\Delta t}{\hat{\phi}_3} \delta_{b_{1,x}^n}\right) \left(1 - \frac{\Delta t}{\hat{\phi}_3} \frac{\partial}{\partial y} \left(K_3 \frac{\partial}{\partial y}\right) + \frac{\Delta t}{\hat{\phi}_3} \delta_{b_{2,y}^n}\right) v_{ij}^{n+1} \\ =& v_{ij}^n + \frac{\Delta t}{\hat{\phi}_3} \left\{ \left(K_2 \frac{\partial w^{n+1}}{\partial z}\right)_{1/2} + Q(x_i, y_i, t^{n+1}, v^{n+1}) \right\}, \end{aligned} \tag{5.3.9}$$

对应的迎风分数步差分格式为

$$\begin{aligned} &\left(\hat{\phi}_3 - \Delta t \left(1 + \frac{h_1}{2} \frac{|b_1^n|}{K_3^n}\right)^{-1} \delta_x (K_3^n \delta_{\bar{x}}) + \Delta t \delta_{b_1^n,x}\right) V_{ij}^{n+1/2} \\ =& \hat{\phi}_{3,ij} V_{ij}^n + \Delta t \left\{ K_{2,ij,1/2}^n \delta_z W_{ij,0}^n + Q(x_i, y_j, t^n, V_{ij}^n) \right\}, \quad i_1(j) < i < i_2(j), \end{aligned} \tag{5.3.10a}$$

$$V_{ij}^{n+1/2} = 0, \quad (x_i, y_j) \in \partial\Omega_{1,h}, \tag{5.3.10b}$$

$$\begin{aligned} &\left(\hat{\phi}_3 - \Delta t \left(1 + \frac{h_1}{2} \frac{|b_2^n|}{K_3^n}\right)^{-1} \delta_y (K_3^n \delta_{\bar{y}}) + \Delta t \delta_{b_2^n,y}\right) V_{ij}^{n+1} = \hat{\phi}_{3,ij} V_{ij}^{n+1/2}, \\ &j_1(i) < j < j_2(i), \end{aligned} \tag{5.3.10c}$$

$$V_{ij}^{n+1} = 0, \quad (x_i, y_j) \in \Omega_{1,h}, \tag{5.3.10d}$$

此处

$$\delta_{b_{1,x}^n} v_{ij} = b_{1,ij}^n [H(b_{1,ij}^n) K_{3,ij}^{n,-1} K_{3,i-1/2,j}^n \delta_{\bar{x}} + (1 - H(b_{1,ij}^n)) K_{3,ij}^{n,-1} K_{3,i+1/2,j}^n \delta_x] v_{ij},$$

$$\delta_{b_2^n,y} v_{ij} = b_{2,ij}^n [H(b_{2,ij}^n) K_{3,ij}^{n,-1} K_{3,i,j-1/2}^n \delta_{\bar{y}} + (1 - H(b_{2,ij}^n)) K_{3,ij}^{n,-1} K_{3,i,j+1/2}^n \delta_y] v_{ij}.$$

差分格式 (5.3.7)、(5.3.8) 和 (5.3.10) 的计算程序是：若已知 $t=t^n$ 的差分解 $\left\{U_{ij}^n, W_{ijk}^n, V_{ij}^n\right\}$ 时, 寻求下一时刻 t^{n+1} 的 $\left\{U_{ij}^{n+1}, W_{ijk}^{n+1}, V_{ij}^{n+1}\right\}$. 首先由式 (5.3.7a) 和 (5.3.7b) 用追赶法求出过渡层的解 $\left\{U_{ij}^{n+1/2}\right\}$, 再由式 (5.3.7c) 和 (5.3.7d) 求出 $\{U_{ij}^{n+1}\}$. 与此同时可并行的由式 (5.3.10a) 和 (5.3.10b) 用追赶法求出过渡层的解 $\left\{V_{ij}^{n+1/2}\right\}$, 再由式 (5.3.10c) 和 (5.3.10d) 求了 $\{V_{ij}^{n+1}\}$. 最后由式 (5.3.8) 利用边界条件 (5.3.3b) 求出 $\left\{W_{ijk}^{n+1}\right\}$. 由正定性条件 (5.3.4), 此差分解在且唯一.

2. 迎风分数步差分格式 II

对应于方程 (5.3.1a) 的迎风分数步差分格式为

$$\left(\hat{\phi}_1-\Delta t\left(1+\frac{h_1}{2}\frac{|a_1^n|}{K_1^n}\right)^{-1}\delta_x(K_1^n\delta_{\bar{x}})+\Delta t\delta_{a_1^n,x}\right)U_{ij}^{n+1/2}$$
$$=\hat{\phi}_{1,ij}U_{ij}^n+\Delta t\Big\{-K_{2,ij,N-1/2}^n\delta_{\bar{z}}W_{ij,N}^{n+1}+Q(x_i,y_j,t^{n+1},U_{ij}^{n+1})\Big\},\quad i_1(j)<i<i_2(j), \tag{5.3.7a$'$}$$

$$U_{ij}^{n+1/2}=0,\quad (x_i,y_j)\in\partial\Omega_{1,h}, \tag{5.3.7b$'$}$$

$$\left(\hat{\phi}_1-\Delta t\left(1+\frac{h_1}{2}\frac{|a_2^n|}{K_1^n}\right)^{-1}\delta_y(K_1^n\delta_{\bar{y}})+\Delta t\delta_{a_2^n,y}\right)U_{ij}^{n+1}=\hat{\phi}_{1,ij}U_{ij}^{n+1/2},$$
$$j_1(i)<j<j_2(i), \tag{5.3.7c$'$}$$

$$U_{ij}^{n+1}=0,\quad (x_i,y_j)\in\partial\Omega_{1,h}. \tag{5.3.7d$'$}$$

在实际计算时, 式 (5.3.7a′) 中 $\delta_{\bar{z}}W_{ij,N}^{n+1}$ 近似地取为 $\delta_{\bar{z}}W_{ij,N}^n, U_{ij}^{n+1}$ 近似取为 U_{ij}^n.

对应于方程 (5.3.1b) 的差分格式为

$$\phi_{2,ijk}\frac{W_{ijk}^{n+1}-W_{ijk}^n}{\Delta t}=\delta_z(K_2^n\delta_{\bar{z}}W^{n+1})_{ijk},\quad 1\leqslant k\leqslant N-1,(i,j)\in\Omega_{1,h}. \tag{5.3.8$'$}$$

方程 (5.3.1c) 的迎风分数步差分格式为

$$\left(\hat{\phi}_3-\Delta t\left(1+\frac{h_1}{2}\frac{|b_1^n|}{K_3^n}\right)^{-1}\delta_x(K_3^n\delta_{\bar{x}})+\Delta t\delta_{b_1^n,x}\right)V_{ij}^{n+1/2}$$
$$=\hat{\phi}_{3,ij}V_{ij}^n+\Delta t\left\{K_{2,ij,1/2}\delta_zW_{ij,0}^{n+1}+Q(x_i,y_j,t^{n+1})\right\},\quad i_1(j)<i<i_2(j), \tag{5.3.10a$'$}$$

$$V_{ij}^{n+1/2}=0,\quad (x_i,y_i)\in\partial\Omega_{1,h}, \tag{5.3.10b$'$}$$

$$\left(\hat{\phi}_3-\Delta t\left(1+\frac{h_1}{2}\frac{|b_2^n|}{K_3^n}\right)^{-1}\delta_y(K_3^n\delta_{\bar{y}})+\Delta t\delta_{b_2^n,y}\right)V_{ij}^{n+1}=\hat{\phi}_{3,ij}V_{ij}^{n+1/2},$$

$$j_1(i) < j < j_2(i), \tag{5.3.10c$'$}$$

$$V_{ij}^{n+1} = 0, \quad (x_i, y_j) \in \partial \Omega_{1,h}, \tag{5.3.10d$'$}$$

在实际计算时, 式 (5.3.10a′) 中 $\delta_z W_{ij,0}^{n+1}$ 近似地取为 $\delta_z W_{ij,0}^{n}, V_{ij}^{n+1}$ 近似地取为 V_{ij}^{n}.

格式 II 的计算过程和格式 I 是类似的.

5.3.2 二阶格式的收敛性分析

为理论分析简便, 设 $\Omega = \{(x,y,z)|0 < x < 1, 0 < y < 1, 0 < z < 1\}, \Omega_1 = \{(x,y)|0 < x < 1, 0 < y < 1\}, h = 1/N, t^n = n\Delta t$. 定义网格函数空间 $\hat{H}_h, H_h$ 的内积 [11,12,24], 对三维网格区域 Ω_h, 有

$$(\omega, \chi) = \sum_{i,j,k=1}^{N-1} \omega_{ijk}\chi_{ijk}h^3, (\omega, \chi] = \sum_{i,j=1}^{N-1}\sum_{k=1}^{N} \omega_{ijk}\chi_{ijk}h^3, \quad \forall \omega, \chi \in \hat{H}_h,$$

对二维网格区域 $\Omega_{1,h}$, 则有

$$\langle u, v\rangle = \sum_{i,j=1}^{N-1} u_{ij}v_{ij}h^2, \left\langle u, v^{(1)}\right\rangle = \sum_{i=1}^{N}\sum_{j=1}^{N-1} u_{ij}v_{ij}h^2, \left\langle u, v^{(2)}\right\rangle = \sum_{i=1}^{N-1}\sum_{j=1}^{N} u_{ij}v_{ij}h^2,$$

$$\forall u, v \in H_h,$$

其相应的范数为

$$\|\omega^n\| = \left(\sum_{i,j,k=1}^{N-1} (\omega_{ijk}^n)^2 h^2\right)^{1/2}, \quad \|\delta_{\bar{z}}\omega^n\| = \left(\sum_{i,j=1}^{N-1}\sum_{k=1}^{N} (\delta_{\bar{z}}\omega_{ijk}^n)^2 h^3\right)^{1/2},$$

$$\|u^n\| = \left(\sum_{i,j=1}^{N-1} (u_{ij}^n)^2 h^2\right)^{1/2}, \quad \|\delta_{\bar{x}}u^n\| = \left(\sum_{i=1}^{N}\sum_{j=1}^{N-1} (\delta_{\bar{x}}u_{ijk}^n)^2 h^2\right)^{1/2},$$

$$\|\delta_{\bar{y}}u^n\| = \left(\sum_{i=1}^{N-1}\sum_{j=1}^{N} (\delta_{\bar{y}}u_{ij}^n)^2 h^2\right)^{1/2}.$$

首先对格式 I 进行收敛性分析. 设 u, v, w 为问题 (5.3.1)~(5.3.4) 的精确, U, V, W 为格式 I 的差分解, 记误差函数为 $\xi = u - U, \zeta = v - U, \omega = w - W$. 方程 (5.3.7a)~(5.3.7d) 消去 $U^{n+1/2}$ 可得下述等价的差分方程:

$$\hat{\phi}_{1,ij}\frac{U_{ij}^{n+1} - U_{ij}^n}{\Delta t} - \left\{\left(1 + \frac{h}{2}\frac{\left|a_{1,ij}^n\right|}{K_{1,ij}^n}\right)^{-1}\delta_x(K_1^n\delta_{\bar{x}}) + \left(1 + \frac{h}{2}\frac{\left|a_{2,ij}^n\right|}{K_{1,ij}^n}\right)^{-1}\delta_y(K_1^n\delta_{\bar{y}})\right\}U_{ij}^{n+1}$$

$$+\delta_{a_1^n,x}U_{ij}^{n+1}+\delta_{a_2^n,y}U_{ij}^{n+1}+\Delta t\left(1+\frac{h}{2}\frac{|a_{1,ij}^n|}{K_{1,ij}^n}\right)^{-1}\delta_x\left(K_1^n\delta_{\bar{x}}\left(\hat{\phi}_1^{-1}\left(1+\frac{h}{2}\frac{|a_2^n|}{K_1^n}\right)^{-1}\right.\right.$$

$$\left.\left.\times\,\delta_y(K_1^n\delta_{\bar{y}}U^{n+1})\right)\right)_{ij}-\Delta t\left\{\left(1+\frac{h}{2}\frac{|a_{1,ij}^n|}{K_{1,ij}^n}\right)^{-1}\delta_x(K_1^n\delta_{\bar{x}}(\phi_1^{-1}(\delta_{a_2^n,y}U^{n+1})))_{ij}\right.$$

$$\left.+\delta_{a_1^n,x}\left(\hat{\phi}_1^{-1}\left(1+\frac{h}{2}\frac{|a_2^n|}{K_1^n}\right)^{-1}\delta_y(K_1^n\delta_{\bar{y}}U^{n+1})\right)_{ij}-\delta_{a_1^n,x}(\hat{\phi}_1^{-1}\delta_{a_2^n,y}U^{n+1})_{ij}\right\}$$

$$=-K_{2,ij,N-1/2}^n\delta_{\bar{z}}W_{ij,N}^n+Q(U_{ij}^n),\quad 1\leqslant i,j\leqslant N-1, \tag{5.3.11a}$$

$$U_{ij}^{n+1}=0,\quad (x_i,y_j)\in\partial\Omega_1. \tag{5.3.11b}$$

方程 (5.3.10a)~(5.3.10d) 消去 $V^{n+1/2}$ 可得下述等价的差分方程:

$$\hat{\phi}_{3,ij}\frac{V_{ij}^{n+1}-V_{ij}^n}{\Delta t}-\left\{\left(1+\frac{h}{2}\frac{|b_{1,ij}^n|}{K_{3,ij}^n}\right)^{-1}\delta_x(K_1^n\delta_{\bar{x}})+\left(1+\frac{h}{2}\frac{|b_{2,ij}^n|}{K_{3,ij}^n}\right)^{-1}\delta_y(K_3^{\bar{n}}\delta_{\bar{y}})\right\}V_{ij}^{n+1}$$

$$+\delta_{b_1^n,x}V_{ij}^{n+1}+\delta_{b_2^n,y}V_{ij}^{n+1}+\Delta t\left(1+\frac{h}{2}\frac{|b_{1,ij}^n|}{K_{3,ij}^n}\right)^{-1}\delta_x\left(K_3^n\delta_{\bar{x}}\left(\phi_3^{-1}\left(1+\frac{h}{2}\frac{|b_2^n|}{K_2^n}\right)^{-1}\right.\right.$$

$$\left.\left.\times\,\delta_y(K_3^n\delta_{\bar{y}}V^{n+1})\right)\right)_{ij}-\Delta t\left\{\left(1+\frac{h}{2}\frac{|b_{1,jj}^n|}{K_{3,ij}^n}\right)^{-1}\delta_x(K_3^n\delta_{\bar{x}}(\phi_3^{-1}(\delta_{b_2^n,y}V^{n+1})))_{ij}\right.$$

$$\left.+\delta_{b_1^n,x}\left(\hat{\phi}_3^{-1}\left(1+\frac{h}{2}\frac{|b_2^n|}{K_2^n}\right)^{-1}\delta_y(K_3^n\delta_{\bar{y}}V^{n+1})\right)_{ij}-\delta_{b_1^n,x}(\hat{\phi}_3^{-1}\delta_{b_2^n,y}V^{n+1})_{ij}\right\}$$

$$=K_{2,ij,1/2}^n\delta_z W_{ij,0}^n+Q(V_{ij}^n),\quad 1\leqslant i,j\leqslant N-1, \tag{5.3.12a}$$

$$V_{ij}^{n+1}=0,\quad (x_i,y_i)\in\partial\Omega_1. \tag{5.3.12b}$$

若问题 (5.3.1)~(5.3.4) 的精确 u, v, w 是正则的, 则有下述误差方程:

$$\hat{\phi}_{1,ij}\frac{\xi_{ij}^{n+1}-\xi_{ij}^n}{\Delta t}-\left\{\left(1+\frac{h}{2}\frac{|a_{1,ij}^n|}{K_{1,ij}^n}\right)^{-1}\delta_x(K_1^n\delta_{\bar{x}}\xi^{n+1})_{ij}\right.$$

$$\left.+\left(1+\frac{h}{2}\frac{|a_{2,ij}^n|}{K_{1,ij}^n}\right)^{-1}\delta_y(K_1^n\delta_{\bar{y}}\xi^{n+1})_{ij}\right\}+\delta_{a_1^n,x}\xi_{ij}^{n+1}+\delta_{a_2^n,y}\xi_{ij}^{n+1}$$

$$+\Delta t\left(1+\frac{h}{2}\frac{|a_{1,jj}^n|}{K_{1,ij}^n}\right)^{-1}\delta_x\left(K_1\delta_{\bar{x}}\left(\phi_1^{-1}\left(1+\frac{h}{2}\frac{|a_2^n|}{K_2^n}\right)^{-1}\delta_y(K_1^n\delta_{\bar{y}}\xi^{n+1})\right)\right)_{ij}$$

$$-\Delta t\left\{\left(1+\frac{h}{2}\frac{|a_{1,jj}^n|}{K_{1,ij}^n}\right)^{-1}\delta_x(K_1^n\delta_{\bar{x}}(\phi_1^{-1}(\delta_{a_2^n,y}\xi^{n+1})))_{ij}\right.$$

$$+\delta_{a_1^n,x}\left(\hat{\phi}_1^{-1}\left(1+\frac{h}{2}\frac{|a_2^n|}{K_2^n}\right)^{-1}\delta_y(K_1^n\xi_{\bar{y}}\xi^{n+1})\right)_{ij}-\delta_{a_1^n,x}(\hat{\phi}_1^{-1}\delta_{a_2^n,y}^n\xi^{n+1})_{ij}\Bigg\}$$

$$=-K_{2,ij,N-1/2}^n\delta_{\bar{z}}\omega_{ij,N}^n+Q(u_{ij}^{n+1})-Q(u_{ij}^n)+\varepsilon_{1,ij}^{n+1},\quad 1\leqslant i,j\leqslant N-1,\quad(5.3.13\text{a})$$

$$\xi_{ij}^{n+1}=0,\quad (x_i,y_j)\in\partial\Omega_1,\quad(5.3.13\text{b})$$

此处 $\left|\varepsilon_{1,ij}^{n+1}\right|\leqslant M\left\{\left\|\frac{\partial^2u}{\partial t^2}\right\|_{L^\infty(L^\infty)}\|u\|_{L^\infty(W^{4,\infty})}\right\}(\Delta t+h^2)$.

$$\hat{\phi}_{3,ij}\frac{\zeta_{ij}^{n+1}-\zeta_{ij}^n}{\Delta t}-\left\{\left(1+\frac{h}{2}\frac{|b_{1,ij}^n|}{K_{3,ij}^n}\right)^{-1}\delta_x(K_3\delta_{\bar{x}}\zeta^{n+1})\right.$$

$$\left.+\left(1+\frac{h}{2}\frac{|b_{2,ij}^n|}{K_{3,ij}^n}\right)^{-1}\delta_y(K_1^n\delta_{\bar{y}}\xi^{n+1})\right\}$$

$$+\delta_{b_1^n,x}\zeta^{n+1}+\delta_{b_2^n,y}\zeta^{n+1}+\Delta t\left(1+\frac{h}{2}\frac{|b_{1,ij}^n|}{K_{3ij}^n}\right)^{-1}\delta_x\left(K_3\delta_{\bar{x}}\left(\phi_3^{-1}\left(1+\frac{h}{2}\frac{|b_2^n|}{K_2^n}\right)^{-1}\right.\right.$$

$$\left.\left.\times\,\delta_y(K_3^n\delta_{\bar{y}}\zeta^{n+1})\right)\right)_{ij}-\Delta t\left\{\left(1+\frac{h}{2}\frac{|b_{1,ij}^n|}{K_{3,ij}^n}\right)^{-1}\delta_x(K_3^n\delta_{\bar{x}}(\phi_3^{-1}(\delta_{b_2^n,y}\zeta^{n+1})))_{ij}\right.$$

$$\left.+\delta_{b_1^n,x}\left(\hat{\phi}_3^{-1}\left(1+\frac{h}{2}\frac{|b_2^n|}{K_3^n}\right)^{-1}\delta_y(K_3^n\xi_{\bar{y}}\xi^{n+1})\right)_{ij}-\delta_{b_1^n,x}(\hat{\phi}_3^{-1}\delta_{b_2^n,y}^n\xi^{n+1})_{ij}\right\}$$

$$=K_{2,ij,1/2}^n\delta_z\omega_{ij,0}^n+Q_3(v_{ij}^{n+1})-Q_3(V_{ij}^n)+\varepsilon_{3,ij}^{n+1},\quad 1\leqslant i,j\leqslant N-1,\quad(5.3.14\text{a})$$

$$\zeta_{ij}^{n+1}=0,\quad (x_i,y_j)\in\partial\Omega_1,\quad(5.3.14\text{b})$$

此处 $\left|\varepsilon_{3,ij}^{n+1}\right|\leqslant M\left\{\left\|\frac{\partial^2v}{\partial t^2}\right\|_{L^\infty(L^\infty)},\|v\|_{L^\infty(W^{4,\infty})}\right\}(\Delta t+h^2)$.

$$\phi_{2,ijk}\frac{\omega_{ijk}^{n+1}-\omega_{ijk}^n}{\Delta t}=\delta_z(K_2^n\delta_{\bar{z}}\omega^n)_{ijk}+\varepsilon_{2,ijk}^{n+1},\quad 1\leqslant i,j,k\leqslant N-1,\quad(5.3.15)$$

其中 $\left|\varepsilon_{2,ijk}^{n+1}\right|\leqslant M\left\{\left\|\frac{\partial^2W}{\partial t^2}\right\|_{L^\infty(L^\infty)},\|w\|_{L^\infty(W^{4,\infty})}\right\}(\Delta t+h^2)$.

对方程 (5.3.13a), (5.3.14a), (5.3.15) 分别乘以 $2\Delta t\xi_{ij}^{n+1},2\Delta t\zeta_{ij}^{n+1},2\Delta t\omega_{ijk}^{n+1}$ 作内积、分步求和并利用式 (5.3.13b)、(5.3.14b) 和 (5.3.3b) 可得

$$\left\{\left\|\hat{\phi}_1^{1/2}\xi^{n+1}\right\|^2-\left\|\hat{\phi}_1^{1/2}\xi^n\right\|^2\right\}+(\Delta t)^2\left\|\hat{\phi}_1^{1/2}\xi_t^n\right\|^2$$

$$+2\Delta t\left\{\left\langle K_1^n\delta_{\bar{x}}\xi^{n+1},\delta_{\bar{x}}\left(\left(1+\frac{h}{2}\frac{|a_1^n|}{K_1^n}\right)^{-1}\xi^{n+1}\right)\right\rangle\right.$$

$$
\begin{aligned}
&+\left\langle K_1^n\delta_{\bar{y}}\xi^{n+1},\delta_{\bar{y}}\left(\left(1+\frac{h}{2}\frac{|a_2^n|}{K_1^n}\right)^{-1}\xi^{n+1}\right)\right\rangle\Bigg\}\\
=&-2\Delta t\left\langle\delta_{a_1^n,x}\xi^{n+1}+\delta_{a_2^n,y}\xi^{n+1},\xi^{n+1}\right\rangle-2(\Delta t)^2\left\langle\left(1+\frac{h}{2}\frac{|a_1^n|}{K_1^n}\right)^{-1}\delta_x\Big(K_1^n\delta_{\bar{x}}\Big(\hat{\phi}_1^{-1}\Big(1\right.\\
&\left.+\frac{h}{2}\frac{|a_2^n|}{K_1^n}\Big)^{-1}\delta_y(K_1^n\delta_{\bar{y}}\xi^{n+1})\Big)\Big),\xi^{n+1}\right\rangle\\
&+2(\Delta t)^2\left\langle\left(1+\frac{h}{2}\frac{|a_1^n|}{K_1^n}\right)^{-1}\delta_x(K_1^n\delta_{\bar{x}}(\hat{\phi}_1^{-1}\delta_{a_2^n,y}\xi^{n+1}))\right.\\
&\left.+\delta_{a_1^n,x}\left(\hat{\phi}_1^{-1}\left(1+\frac{h}{2}\frac{|a_2^n|}{K_1^n}\right)^{-1}\delta_y(K_1^n\delta_{\bar{y}}\xi^{n+1})\right)-\delta_{a_1^n,x}(\hat{\phi}_1^{-1}\delta_{a_2^n,y}\xi^{n+1}),\xi^{n+1}\right\rangle\\
&-2\Delta t\sum_{i,j=1}^{N-1}K_{2,ij,N-1/2}^n\delta_{\bar{z}}\omega_{ij,N}^n\xi_{ij}^{n+1}h^2\\
&+2\Delta t\left\langle Q_1(u^{n+1})-Q_1(U^n),\xi^{n+1}\right\rangle+2\Delta t\left\langle\xi_1^{n+1},\xi^{n+1}\right\rangle,
\end{aligned}\tag{5.3.16}
$$

$$
\begin{aligned}
&\left\{\left\|\hat{\phi}_3^{1/2}\zeta^{n+1}\right\|^2-\left\|\hat{\phi}_3^{1/2}\zeta^n\right\|^2\right\}+(\Delta t)^2\left\|\hat{\phi}_3^{1/2}\zeta_t^n\right\|^2\\
&+2\Delta t\left\{\left\langle K_3^n\delta_{\bar{x}}\zeta^{n+1},\delta_{\bar{x}}\left(\left(1+\frac{h}{2}\frac{|b_1^n|}{K_3^n}\right)^{-1}\zeta^{n+1}\right)\right\rangle\right.\\
&\left.+\left\langle K_3^n\delta_{\bar{y}}\zeta^{n+1},\delta_{\bar{y}}\left(\left(1+\frac{h}{2}\frac{|b_2^n|}{K_3^n}\right)^{-1}\zeta^{n+1}\right)\right\rangle\right\}\\
=&-2\Delta t\left\langle\delta_{b_1^n,x}\zeta^{n+1}+\delta_{b_2^n,y}\zeta^{n+1},\zeta^{n+1}\right\rangle-2(\Delta t)^2\left\langle\left(1+\frac{h}{2}\frac{|b_1^n|}{K_2^n}\right)^{-1}\delta_x\left(K_3^n\delta_{\bar{x}}\left(\hat{\phi}_3^{-1}\left(1\right.\right.\right.\right.\\
&\left.\left.\left.\left.+\frac{h}{2}\frac{|b_2^n|}{K_3^n}\right)^{-1}\delta_y(K_3^n\delta_{\bar{y}}\zeta^{n+1})\right)\right),\zeta^{n+1}\right\rangle\\
&+2(\Delta t)^2\left\{\left\langle\left(1+\frac{h}{2}\frac{|b_1^n|}{K_2^n}\right)^{-1}\delta_x(K_3^n\delta_{\bar{x}}(\hat{\phi}_3^{-1}\delta_{b_2^n,y}\zeta^{n+1}))\right.\right.\\
&\left.\left.+\delta_{b_1^n,x}\left(\hat{\phi}_1^{-1}\left(1+\frac{h}{2}\frac{|b_2^n|}{k_3^n}\right)^{-1}\delta_y(K_3^n\delta_{\bar{y}}\zeta^{n+1})\right)-\delta_{b_1^n,x}(\hat{\phi}_3^{-1}\delta_{b_1^n,y}\zeta^{n+1}),\zeta^{n+1}\right\rangle\right\}\\
&+2\Delta t\sum_{i,j=1}^{N-1}K_{2,ij,1/2}^n\delta_z\omega_{ij,0}^n\zeta_{ij}^{n+1}h^2\\
&+2\Delta t\left\langle Q_3(v^{n+1})-Q_3(V^n),\zeta^{n+1}\right\rangle+2\Delta t\left\langle\varepsilon_3^{n+1},\zeta^{n+1}\right\rangle,
\end{aligned}\tag{5.3.17}
$$

$$
\left\{\left\|\phi_2^{1/2}\omega^{n+1}\right\|^2-\left\|\phi_2^{1/2}\omega^n\right\|^2\right\}+(\Delta t)^2\left\|\phi_2^{1/2}\omega_t^n\right\|^2
$$

$$
\begin{aligned}
&=2\Delta t(\delta_z(K_3^n\delta_{\bar z}\omega^n),\omega^{n+1})+2\Delta t(\varepsilon_2^{n+1},\omega^{n+1})\\
&=2\Delta t\sum_{i,j,k=1}^{N-1}\delta_z(K_2^n\delta_{\bar z}\omega_{ijk}^n)\omega_{ijk}^{n+1}h^3+2\Delta t(\xi_2^{n+1},\omega^{n+1})\\
&=2\Delta t\sum_{i,j=1}^{N-1}\sum_{k=1}^{N-1}\omega_{ijk}^n\delta_z(K_2^n\delta_{\bar z}\omega_{ijk}^n)\omega_{ijk}^{n+1}h^3+2\Delta t(\xi_2^{n+1},\omega^{n+1})\\
&=-2\Delta t\sum_{i,j=1}^{N-1}h^2\left\{\sum_{k=1}^{N-1}K_{2,ijk}^n\delta_{\bar z}\omega_{ijk}^n\delta_{\bar z}w_{ijk}^{n+1}h-\omega_{ij,0}^{n+1}K_{2,ij,1/2}^n\delta_z\omega_{ij,0}^n\right.\\
&\quad\left.+\omega_{ij,N}^{n+1}K_{2,2,ij,N-1/2}^n\delta_{\bar z}\omega_{ij,N}^n\right\}+2\Delta t(\varepsilon_2^{n+1},\omega^{n+1})\\
&=-2\Delta t(K_2^n\delta_{\bar z}\omega^n,\delta_{\bar z}\omega^{n+1}]\\
&\quad+2\Delta t\sum_{i,j=1}^{N-1}\left\{K_{2,ij,N-1/2}^n\delta_{\bar z}\omega_{ij,N}^n\cdot\xi_{ij}^{n+1}\ -K_{2,ij,1/2}^n\delta_z\omega_{ij}^{n+1}\right\}h^2\\
&\quad+2\Delta t(\varepsilon_2^{n+1},\zeta^{n+1}),
\end{aligned}
$$

注意到

$$
\begin{aligned}
&2\Delta t\left(K_2^n\delta_{\bar z}\omega^n,\delta_{\bar z}\omega^{n+1}\right]=2\Delta t\left(K_2^n\delta_{\bar z}\omega^{n+1},\delta_{\bar z}\omega^n\right]\\
=&2\Delta t\left\{(K_2^n\delta_{\bar z}(\omega^{n+1}-\omega^n),\delta_{\bar z}\ \omega^n]+(K_2^n\delta_{\bar z}\omega^n,\delta_{\bar z}\omega^n]\right\}\\
\geqslant&\Delta t\left\{(K_2^n\delta_{\bar z}\omega^{n+1},\delta_{\bar z}\ \omega^{n+1}]-(K_2^n\delta_{\bar z}\omega^n,\delta_{\bar z}\omega^n]\right\}+2\Delta t\left(K_2^n\delta_{\bar z}\omega^n,\delta_{\bar z}\omega^n\right]\\
=&\Delta t\left\{(K_2^n\delta_{\bar z}\omega^{n+1},\delta_{\bar z}\omega^{n+1}]+(K_2^n\delta_{\bar z}\omega^n,\delta_{\bar z}\omega^n]\right\}\\
=&\Delta t\left\{\left\|K_2^{n,1/2}\delta_{\bar z}\omega^{n+1}\right\|^2+\left\|K_2^{n,1/2}\delta_{\bar z}\omega^n\right\|^2\right\},
\end{aligned}
$$

此处 $K_2^{n,1/2}=(K_2^n)^{1/2}$, 于是有

$$
\begin{aligned}
&\left\{\left\|\phi_2^{1/2}\omega^{n+1}\right\|^2-\left\|\phi_2^{1/.2}\omega^n\right\|^2\right\}\\
&+(\Delta t)^2\left\|\Phi_2^{1/2}\omega_t^n\right\|^2+\Delta t\left\{\left\|K_2^{n,1/2}\delta_{\bar z}\omega^{n+1}\right\|^2+\left\|K_2^{n,1/2}\delta_{\bar z}\omega^n\right\|^2\right\}\\
\leqslant&2\Delta t\sum_{i,j=1}^{N-1}\left\{K_{2,ij,N-1/2}^n\delta_{\bar z}\omega_{ij,N}^n\cdot\xi_{ij}^{n+1}-K_{2,ij,1/2}^n\delta_z\omega_{ij,0}^n\cdot\zeta_{ij}^{n+1}\right\}h^2\\
&+2\Delta t(\varepsilon_2^{n+1},\omega^{n+1}).
\end{aligned}
\tag{5.3.18}
$$

引入归纳法假定:

$$
\sup_{1\leqslant n\leqslant L}\max\left\{\|\xi^n\|_{0,\infty},\|\zeta^n\|_{0,\infty}\right\}\to0,\quad(h,\Delta t)\to0.\tag{5.3.19}
$$

现在估计式 (5.3.16) 左端第 3 项, 因为 K_1 是正定的, 当 h 适当小, 有

$$
\begin{aligned}
&2\Delta t\left\{\left\langle K_1^n\delta_{\bar{x}}\xi^{n+1},\delta_{\bar{x}}\left(\left(1+\frac{h}{2}\frac{|a_1^n|}{K_1^n}\right)^{-1}\xi^{n+1}\right)\right\rangle\right.\\
&\left.+\left\langle K_1^n\delta_{\bar{y}}\xi^{n+1},\delta_{\bar{y}}\left(\left(1+\frac{h}{2}\frac{|a_2^n|}{K_1^n}\right)^{-1}\xi^{n+1}\right)\right\rangle\right\}\\
=&2\Delta t\left\{\left\langle K_1^n\delta_{\bar{x}}\xi^{n+1},\left(1+\frac{h}{2}\frac{|a_1^n|}{K_1^n}\right)^{-1}\delta_{\bar{x}}\xi^{n+1}\right\rangle\right.\\
&\left.+\left\langle K_1^n\delta_{\bar{y}}\xi^{n+1},\left(1+\frac{h}{2}\frac{|a_2^n|}{K_1^n}\right)^{-1}\delta_{\bar{y}}\xi^{n+1}\right\rangle\right\}\\
&+2\Delta t\left\{\left\langle K_1^n\delta_{\bar{x}}\xi^{n+1},\delta_{\bar{x}}\left(1+\frac{h}{2}\frac{|a_1^n|}{K_1^n}\right)^{-1}\cdot\xi^{n+1}\right\rangle\right.\\
&\left.+\left\langle K_1^n\delta_{\bar{y}}\xi^{n+1},\delta_{\bar{y}}(1+\frac{h}{2}\frac{|a_2^n|}{K_1^n})^{-1}\cdot\xi^{n+1}\right\rangle\right\}\\
\geqslant&\Delta t\left\{\left\|K_1^{n,1/2}\delta_{\bar{x}}\xi^{n+1}\right\|^2+\left\|K_1^{n,1/2}\delta_{\bar{y}}\xi^{n+1}\right\|^2\right\}-M\left\|\xi^{n+1}\right\|^2\Delta t.
\end{aligned}
\tag{5.3.20}
$$

类似地估计式 (5.3.17) 左端第 3 项, 有

$$
\begin{aligned}
&2\Delta t\left\{\left\langle K_3^n\delta_{\bar{x}}\zeta^{n+1},\delta_{\bar{x}}\left(\left(1+\frac{h}{2}\frac{|b_1^n|}{K_3^n}\right)^{-1}\zeta^{n+1}\right)\right\rangle\right.\\
&\left.+\left\langle K_3^n\delta_{\bar{y}}\zeta^{n+1}\cdot\delta_{\bar{y}}\left(\left(1+\frac{h}{2}\frac{|b_2^n|}{K_1^n}\right)^{-1}\cdot\zeta^{n+1}\right)\right\rangle\right\}\\
\geqslant&\Delta t\left\{\left\|K_3^{n,1/2}\delta_{\bar{x}}\zeta^{n+1}\right\|^2+\left\|K_3^{n,1/2}\delta_{\bar{y}}\zeta^{n+1}\right\|^2\right\}-M\left\|\zeta^{n+1}\right\|^2\Delta t.
\end{aligned}
\tag{5.3.21}
$$

将估计式 (5.3.16)~(5.3.18) 相加, 并利用式 (5.3.20) 和 (5.3.21) 可得

$$
\begin{aligned}
&\left\{\left\|\hat{\phi}_1^{1/2}\xi^{n+1}\right\|^2+\left\|\hat{\phi}_3^{1/2}\zeta^{n+1}\right\|^2+\left\|\phi_2^{1/2}\omega^{n+1}\right\|^2\right\}\\
&-\left\{\left\|\phi_2^{1/2}\xi^{n}\right\|^2+\left\|\hat{\phi}_3^{1/2}\zeta^{n}\right\|^2+\left\|\phi_2^{1/2}\omega^{n}\right\|^2\right\}\\
&+(\Delta t)^2\left\{\left\|\hat{\phi}_1^{1/2}\xi_t^{n}\right\|^2+\left\|\hat{\phi}_3^{1/2}\zeta_t^{n}\right\|^2+\left\|\phi_2^{1/2}\omega_t^{n}\right\|^2\right\}\\
&+\Delta t\left\{\left[\left\|K_1^{n,1/2}\delta_{\overline{x}}\xi^{n+1}\right\|^2+\left\|K_1^{n,1/2}\delta_{\overline{y}}\xi^{n+1}\right\|^2\right]\right.\\
&\left.+\left[\left\|K_3^{n,1/2}\delta_{\overline{x}}\zeta^{n+1}\right\|^2+\left\|K_3^{n,1/2}\delta_{\overline{y}}\zeta^{n+1}\right\|^2\right]+\frac{1}{2}\left[\left\|\phi_2^{1/2}\delta_{\bar{z}}\omega^{n+1}\right\|^2+\left\|\phi_2^{1/2}\delta_{\bar{z}}\omega^{n}\right\|^2\right]\right\}\\
\geqslant&-2\Delta t\left\{\left\langle\delta_{a_1^n,x}\xi^{n+1}+\delta_{a_2^n,x}\xi^{n+1},\xi^{n+1}\right\rangle+\left\langle\delta_{b_1^n,x}\zeta^{n+1}+\delta_{b_2^n,x}\zeta^{n+1}+\zeta^{n+1}\right\rangle\right\}
\end{aligned}
$$

$$
\begin{aligned}
&-2(\Delta t)^2\left\{\left\langle\left(1+\frac{h}{2}\frac{|a_1^n|}{K_1^n}\right)^{-1}\delta_x\left(K_1^n\delta_{\bar{x}}\left(\hat{\phi}_1^{-1}\left(1+\frac{h}{2}\frac{|a_2^n|}{K_1^n}\right)^{-1}\delta_y(K_1^n\delta_y\xi^{n+1})\right)\right),\xi^{n+1}\right\rangle\right.\\
&+\left.\left\langle\left(1+\frac{h}{2}\frac{|b_1^n|}{K_3^n}\right)^{-1}\delta_x\left(K_3^n\delta_{\bar{x}}\left(\hat{\phi}_3^{-1}\left(1+\frac{h}{2}\frac{|b_2^n|}{K_3^n}\right)^{-1}\delta_y(K_3^n\delta_{\bar{y}}\zeta^{n+1})\right)\right),\zeta^{n+1}\right\rangle\right\}\\
&+2(\Delta t)^2\left\{\left\langle\left(1+\frac{h}{2}\frac{|a_1^n|}{K_1^n}\right)^{-1}\delta_x(K_1^n\delta_{\bar{x}}(\hat{\phi}_1^{-1}\delta_{a_2^n,y}\xi^{n+1}))\right.\right.\\
&\left.+\delta_{a_1^n,x}\left(\hat{\phi}_1^{-1}\left(1+\frac{h}{2}\frac{|a_2^n|}{K_1^n}\right)^{-1}\delta_y(K_1^n\delta_{\bar{y}}\xi^{n+1})\right)-\delta_{a_1^n,x}(\hat{\phi}_1^{-1}\delta_{a_2^n,y}\xi^{n+1}),\xi^{n+1}\right\rangle\\
&+\left\langle\left(1+\frac{h}{2}\frac{|b_1^n|}{K_3^n}\right)^{-1}\delta_x(K_3^n\delta_{\bar{x}}(\hat{\phi}_3^{-1}\delta_{b_2^n,y}\zeta^{n+1}))\right.\\
&\left.\left.+\delta_{b_1^n,x}\left(\hat{\phi}_3^{-1}\left(1+\frac{h}{2}\frac{|b_2^n|}{K_3^n}\right)^{-1}\delta_y(K_1^n\delta_{\bar{y}}\zeta^{n+1})\right)-\delta_{b_1^n,x}(\hat{\phi}_3^{-1}\delta_{b_2^n,y}\zeta^{n+1}),\zeta^{n+1}\right\rangle\right\}\\
&+2\Delta t\left\{\langle Q_1(u^{n+1})-Q_1(U^n),\xi^{n+1}\rangle+\langle Q_3(v^{n+1})-Q_3(V^n),\zeta^{n+1}\rangle\right\}\\
&+2\Delta t\left\{\left\langle\varepsilon_1^{n+1},\xi^{n+1}\right\rangle+\langle\varepsilon_3^{n+1},\zeta^{n+1}\rangle+(\varepsilon_2^{n+1},\omega^{n+1})\right\}-M\left\{\|\xi^{n+1}\|^2+\|\zeta^{n+1}\|^2\right\}\Delta t.
\end{aligned}
\tag{5.3.22}
$$

依次分析式 (5.3.22) 右端诸项, 对第 1 项,

$$
-2\Delta t\left\langle\delta_{a_1^n,x}\xi^{n+1}+\delta_{a_2^n,y}\xi^{n+1},\xi^{n+1}\right\rangle\leqslant\varepsilon\left\{\|\delta_{\bar{x}}\xi^{n+1}\|^2+\|\delta_{\bar{y}}\xi^{n+1}\|^2\right\}\Delta t+M\|\xi^{n+1}\|^2\Delta t.
\tag{5.3.23}
$$

对于第 2 项尽管 $-\delta_x(K_1^n\delta_{\bar{x}}),-\delta_y(K_1^n\delta_{\bar{y}}),\cdots$ 是自共轭、正定算子, 空间区域为正方形, 但它们的乘积一般是不可交换的, 记 $R_{a_1}^n=\left(1+\dfrac{h}{2}\dfrac{|a_1^n|}{K_1^n}\right)^{-1}$, $R_{a_2}^n=\left(1+\dfrac{h}{2}\dfrac{|a_2^n|}{K_2^n}\right)^{-1}$, 利用 $\delta_x\delta_y=\delta_y\delta_x,\delta_x\delta_{\bar{y}}=\delta_{\bar{y}}\delta_x,\delta_{\bar{x}}\delta_y=\delta_y\delta_{\bar{x}},\cdots$ 有

$$
\begin{aligned}
&-2(\Delta t)^2\left\langle R_{a_1}^n\delta_x(K_1^n\delta_{\bar{x}}(\hat{\phi}_1^{-1}R_{a_2}^n\delta_y(K_1^n\delta_{\bar{y}}\xi^{n+1}))),\xi^{n+1}\right\rangle\\
=&-2(\Delta t)^2\left\{\left\langle K_1^n\delta_{\bar{x}}\delta_{\bar{y}}\xi^{n+1}+\delta_{\bar{x}}K_1\delta_{\bar{y}}\xi^{n+1},\hat{\phi}_1^{-1}R_{a_2}^nK_1^n\delta_{\bar{x}}\delta_{\bar{y}}\xi^{n+1}\right.\right.\\
&\left.+\delta_{\bar{y}}(\hat{\phi}_1^{-1}R_{a_2}^nK_1^n)\delta_{\bar{x}}(R_{a_1}^n\xi^{n+1})\right\rangle\\
&\left.+\left\langle K_1^n\delta_{\bar{y}}\xi^{n+1},\delta_{\bar{x}}(\hat{\phi}_1^{-1}R_{a_2}^n)K_1\delta_{\bar{x}}\delta_{\bar{y}}(R_{a_1}^n\xi^{n+1})+\delta_{\bar{y}}(\delta_{\bar{x}}(\hat{\phi}_1^{-1}R_{a_2}^n)K_1^n)\delta_{\bar{x}}(R_{a_1}^n\xi^{n+1})\right\rangle\right\}\\
=&-2(\Delta t)^2\sum_{i,j=1}^{N}\left\{K_{1,i,j-1/2}^nK_{1,i-1/2,j}^n\hat{\phi}_{ij}^{-1}R_{a,ij}^n[\delta_{\bar{x}}\delta_{\bar{y}}\xi_{ij}^{n+1}]^2\right.\\
&+\left[K_{1,i,j-1/2}^n\delta_{\bar{y}}(K_{1,i-1/2,j}^n\hat{\phi}_{1,ij}^{-1}R_{a_{2,ij}}^n)\cdot\delta_{\bar{x}}(R_{a_1,ij}^n\xi^{n+1})\right.\\
&+K_{1,i-1/2,j}^n\hat{\phi}_{1,ij}^{-1}R_{a_{2,ij}}^n\delta_{\bar{x}}K_{1,i,j-1/2}^n\delta_{\bar{y}}\xi_{ij}^{n+1}
\end{aligned}
$$

$$+K^n_{1,i,j-1/2}\cdot K^n_{1,i-1/2,j}\delta_{\bar{x}}(\hat{\phi}^{-1}_{1,ij}R^n_{a_{2,ij}})\delta_{\bar{y}}\xi^{n+1}_{ij}\Big]\delta_{\bar{x}}\delta_{\bar{y}}\xi^{n+1}_{ij}+\Big[\delta_{\bar{x}}K^n_{1,i,j-1/2}(\hat{\phi}^{-1}_{1,ij}$$
$$\times R^n_{a_2,ij}K_{1,i-1/2,j})R^n_{a_1,ij}+K^n_{1,i,j-1/2}\delta_{\bar{y}}(\delta_{\bar{x}}(\hat{\phi}^{-1}_{1,ij}R^n_{a_2,ij})K_{1,i-1/2,j})R^n_{a_1,ij}\Big]$$
$$\delta_{\bar{x}}\xi^{n+1}_{ij}\delta_{\bar{y}}\xi^{n+1}_{ij}$$
$$+K^n_{1,i,j-1/2}K^n_{1,i-1/2,j}R^n_{a_{1,ij}}\cdot\xi^{n+1}_{ij}\cdot\delta_{\bar{y}}\xi^{n+1}_{ij}$$
$$+K^n_{1,i,j-1/2}\delta_{\bar{y}}(\delta_{\bar{x}}(\hat{\phi}^{-1}_{1,ij}\cdot R^n_{a_2,ij})K^n_{1,i-1/2,j})\delta_{\bar{x}}R^n_{a_1,ij}\cdot\xi^{n+1}_{ij}\cdot\delta_{\bar{y}}\xi^{n+1}_{ij}\Big\}h^2.$$

对上述表达式的前两项, 应用 $K_1,\hat{\phi}_1^{-1},R^n_{a_2}$ 的正定性, 可分离出高阶差商项 $\delta_{\bar{x}}\delta_{\bar{y}}\xi^{n+1}_{ij}$. 现利用 Cauchy 不等式可得

$$\begin{aligned}
&-2(\Delta t)^2\sum_{i,j=1}^{N}\Big\{K^n_{1,i,j-1/2}K^n_{1,i-1/2,j}\hat{\phi}^{-1}_{1,ij}R^n_{a_2,ij}[\delta_{\bar{x}}\delta_{\bar{y}}\xi^{n+1}_{ij}]^2\\
&+\Big[K^n_{1,i,j-1/2}\delta_{\bar{y}}(K^n_{1,i-1/2,j}\hat{\phi}^{-1}_{1,ij}R^n_{a_2,ij})\delta_{\bar{x}}(R^n_{a_1,ij}\xi^{n+1}_{ij})\\
&+K^n_{1,i-1/2,j}\hat{\phi}^{-1}_{1,ij}R^n_{a_2,ij}\delta_{\bar{x}}K^n_{1,i,j-1/2}\delta_{\bar{y}}\xi^{n+1}_{ij}\\
&+K^n_{1,i,j-1/2}K^n_{1,j-1/2,j}\delta_{\bar{x}}(\hat{\phi}^{-1}_{ij}R^n_{a_2,ij})\delta_{\bar{y}}\xi^{n+1}_{ij}\Big]\delta_{\bar{x}}\delta_{\bar{y}}\xi^{n+1}_{ij}\Big\}h_2\\
\leqslant&-(\phi_*)^2(\phi*)^{-1}(\Delta t)^2\sum_{i,j=1}^{N}[\delta_{\bar{x}}\delta_{\bar{y}}\xi^{n+1}_{ij}]^2h^2\\
&+M(\Delta t)^2\Big\{\big\|\delta_{\bar{x}}\xi^{n+1}\big\|^2+\big\|\delta_{\bar{y}}\xi^{n+1}\big\|^2+\big\|\xi^{n+1}\big\|^2\Big\},\\
&-2(\Delta t)^2\sum_{i,j=1}^{N}\Big\{\Big[\delta_{\bar{x}}K^n_{1,i,j-1/2}\delta_{\bar{y}}(\hat{\phi}^{-1}_{1,ij}R^n_{a_2,ij}K^n_{1,i-1/2,j})R^n_{a_1,ij}\\
&+K^n_{1,i,j-1/2}\delta_{\bar{y}}(\delta_{\bar{x}}(\hat{\phi}^{-1}_{1,ij}R^n_{a_2,ij})K^n_{1,i-1/2,j})\\
&\times R^n_{a_2,ij}\Big]\delta_{\bar{x}}\xi^{n+1}_{ij}\delta_{\bar{y}}\xi^{n+1}_{ij}+\Big[K^n_{1,i-1/2,j}K^n_{1,i,j-1/2}\,\delta_{\bar{x}}\delta_{\bar{y}}R^n_{a_1,ij}\xi^{n+1}_{ij}\delta_{\bar{y}}\xi^{n+1}_{ij}\\
&+K^n_{1,i,j-1/2}\delta_{\bar{y}}(\delta_{\bar{x}}(\hat{\phi}^{-1}_{1,ij}\cdot R^n_{a_2,ij})K^n_{1,i-1/2,j})\delta_{\bar{x}}R^n_{a_1,ij}\xi^{n+1}_{ij}\delta_{\bar{y}}\xi^{n+1}_{ij}\Big]\Big\}h^2\\
\leqslant&M(\Delta t)^2\Big\{\big\|\delta_{\bar{x}}\xi^{n+1}\big\|^2+\big\|\delta_{\bar{y}}\xi^{n+1}\big\|^2+\big\|\xi^{n+1}\big\|\Big\}.
\end{aligned}$$

对于第 2 项中的另一项估计是类似的, 于是有

$$\begin{aligned}
&-2(\Delta t)^2\Big\{\Big\langle R^n_{a_1}\delta_x(K^n_1\delta_x(\widehat{\phi}^{-1}R^n_{a_2}\delta_y\xi^{n+1}_{ij}))),\xi^{n+1}\Big\rangle\\
&+\Big\langle R^n_{b_1}\delta_x(K^n_3\delta_{\bar{x}}(\hat{\phi}^{-1}_3R^n_{b_2}\delta_y(K^n_3\delta_{\bar{y}}\zeta^{n+1}))),\zeta^{n+1}\Big\rangle\Big\}\\
\leqslant&-2(\phi_*)^2(\phi*)^{-1}(\Delta t)^2\sum_{i,j=1}^{N}[\delta_{\bar{x}}\delta_{\bar{y}}\xi^{n+1}_{ij}]^2h^2\\
&+M(\Delta t)^2\Big\{\big\|\delta_{\bar{x}}\xi^{n+1}\big\|^2+\big\|\delta_{\bar{y}}\xi^{n+1}\big\|^2+\big\|\xi^{n+1}\big\|^2
\end{aligned}$$

$$+\left\|\delta_{\bar{x}}\zeta^{n+1}\right\|^2+\left\|\delta_{\bar{y}}\zeta^{n+1}\right\|^2+\left\|\zeta^{n+1}\right\|^2\Big\}. \tag{5.3.24}$$

现估计式 (5.3.22) 右端第 3 项, 有

$$\begin{aligned}&2(\Delta t)^2\left\{\left\langle R_{a_1}^n\delta_x(K_1^n\delta_{\bar{x}}(\hat{\phi}_1^{-1}\delta_{a_2,y}^n\xi^{n+1}))+\cdots,\xi^{n+1}\right\rangle\right.\\&\left.+\left\langle R_{b_1}^n\delta_x(K_3^n\delta_{\bar{x}}(\hat{\phi}_3^{-1}\delta_{b_2,y}^n\zeta^{n+1}))+\cdots,\zeta^{n+1}\right\rangle\right\}\\&\leqslant\varepsilon(\Delta t)^2\sum_{i,j=1}^N\left\{\left|\delta_{\bar{x}}\delta_{\bar{y}}\xi_{ij}^{n+1}\right|^2+\left|\delta_{\bar{x}}\delta_{\bar{y}}\zeta_{ij}^{n+1}\right|^2\right\}h^2+M(\Delta t)^2\left\{\left\|\delta_{\bar{x}}\xi^{n+1}\right\|^2\right.\\&\left.+\left\|\delta_{\bar{y}}\xi^{n+1}\right\|^2+\left\|\xi^{n+1}\right\|^2+\left\|\delta_{\bar{x}}\zeta^{n+1}\right\|^2+\left\|\delta_{\bar{y}}\zeta^{n+1}\right\|^2+\left\|\zeta^{n+1}\right\|^2\right\}.\end{aligned} \tag{5.3.25}$$

对第 4 项, 由 ε_0-Lipschitz 条件和归纳法假定 (5.3.19) 有

$$\begin{aligned}&2\Delta t\left\{\left\langle Q_1(u^{n+1})-Q_1(U^n),\xi^{n+1}\right\rangle+\left\langle Q_3(v^{n+1})-Q_3(V^n),\zeta^{n+1}\right\rangle\right\}\\&\leqslant2\Delta t\left\{(\Delta t)^2+\|\xi^n\|^2+\|\zeta^n\|^2\right\}.\end{aligned} \tag{5.3.26}$$

对第 5 项有

$$\begin{aligned}&2\Delta t\left\{\left\langle\varepsilon_1^{n+1},\xi^{n+1}\right\rangle+\left\langle\varepsilon_3^{n+1},\zeta^{n+1}\right\rangle+\left\langle\varepsilon_2^{n+1},\omega^{n+1}\right\rangle\right\}\\&\leqslant M\Delta t\left\{(\Delta t)^2+h^4+\left\|\xi^{n+1}\right\|^2+\left\|\zeta^{n+1}\right\|^2+\left\|\omega^{n+1}\right\|^2\right\}.\end{aligned} \tag{5.3.27}$$

对误差方程 (5.3.22), 应用估计 (5.3.23)~(5.3.27), 当 $\varepsilon,\Delta t$ 足够小时, 整理可得

$$\begin{aligned}&\left\{\left\|\hat{\phi}_1^{1/2}\xi^{n+1}\right\|^2+\left\|\hat{\phi}_3^{1/2}\zeta^{n+1}\right\|^2+\left\|\phi_2^{1/2}\omega^{n+1}\right\|^2\right\}\\&-\left\{\left\|\hat{\phi}_1^{1/2}\xi^{n}\right\|^2+\left\|\hat{\phi}_3^{1/2}\zeta^{n}\right\|^2+\left\|\phi_2^{1/2}\omega^{n}\right\|^2\right\}\\&+(\Delta t)^2\left\{\left\|\hat{\phi}_1^{1/2}\xi_t^{n}\right\|^2+\left\|\hat{\phi}_3^{1/2}\zeta_t^{n}\right\|^2+\left\|\phi_2^{1/2}\omega_t^{n}\right\|^2\right\}\\&+(\Delta t)^2\sum_{i,j=1}^N\left\{[\delta_{\bar{x}}\delta_{\bar{y}}\xi_{ij}^{n+1}]^2+[\delta_{\bar{x}}\delta_{\bar{y}}\zeta_{ij}^{n+1}]^2\right\}h^2\\&+\Delta t\left\{\left[\left\|K_1^{n,1/2}\delta_{\bar{x}}\xi^{n+1}\right\|^2+\left\|K_1^{n,1/2}\delta_{\bar{y}}\xi^{n+1}\right\|^2\right]\right.\\&\left.+\left[\left\|K_3^{n,1/2}\delta_{\bar{x}}\zeta^{n+1}\right\|^2+\left\|K_3^{n,1/2}\delta_{\bar{y}}\zeta^{n+1}\right\|^2\right]+\left\|\phi_2^{1/2}\delta_{\bar{z}}\omega^{n+1}\right\|^2\right\}\\&\leqslant M\left\{(\Delta t)^2+h^4+\left\|\xi^{n+1}\right\|^2+\left\|\zeta^{n+1}\right\|^2+\left\|\omega^{n+1}\right\|^2\right\}\Delta t,\end{aligned} \tag{5.3.28}$$

上式对时间 t 求和 $(0\leqslant n\leqslant L)$ 并注意到 $\xi^0=\zeta^0=\omega^0=0$, 故有

$$\left\{\left\|\hat{\phi}_1^{1/2}\xi^{L+1}\right\|^2+\left\|\hat{\phi}_3^{1/2}\zeta^{L+1}\right\|^2+\left\|\phi_2^{1/2}\omega^{L+1}\right\|^2\right\}+\Delta t\sum_{n=0}^L\left\{\left[\left\|\hat{\phi}_1^{1/2}\xi_t^n\right\|^2\right.\right.$$

$$+\left\|\hat{\phi}_3^{1/2}\zeta_t^n\right\|^2+\left\|\phi_2^{1/2}\omega_t^n\right\|^2\Bigg]+\sum_{i,j=1}^{N}[(\delta_{\bar{x}}\delta_{\bar{y}}\xi_{ij}^{n+1})^2+(\delta_{\bar{x}}\delta_{\bar{y}}\zeta_{ij}^{n+1})^2h^2]\Bigg\}\Delta t$$

$$+\sum_{n=0}^{L}\left\{\left\|K_1^{n,1/2}\delta_{\bar{x}}\xi^{n+1}\right\|^2+\left\|K_1^{n,1/2}\delta_{\bar{y}}\xi^{n+1}\right\|^2+\left\|K_3^{n,1/2}\delta_{\bar{x}}\zeta^{n+1}\right\|^2\right.$$

$$\left.+\left\|K_3^{n,1/2}\delta_{\bar{y}}\zeta^{n+1}\right\|^2+\left\|\phi_2^{1/2}\delta_{\bar{z}}\omega^{n+1}\right\|^2\right\}\Delta t$$

$$\leqslant M\left\{\sum_{n=0}^{L}\left[\left\|\xi^{n+1}\right\|^2+\left\|\zeta^{n+1}\right\|^2+\left\|\omega^{n+1}\right\|^2\right]\Delta t+(\Delta t)^2+h^4\right\},\tag{5.3.29}$$

应用 Gronwall 引理可得

$$\left\{\left\|\hat{\phi}_1^{1/2}\xi^{L+1}\right\|^2+\left\|\hat{\phi}_3^{1/2}\zeta^{L+1}\right\|^2+\left\|\phi_2^{1/2}\omega^{L+1}\right\|^2\right\}+\Delta t\sum_{n=0}^{L}\left\{\left[\left\|\hat{\phi}_1^{1/2}\xi_t^n\right\|^2\right.\right.$$

$$\left.\left.+\left\|\hat{\phi}_3^{1/2}\zeta_t^n\right\|^2+\left\|\phi_2^{1/2}\omega_t^n\right\|^2\right]+\sum_{i,j=1}^{N}[(\delta_{\bar{x}}\delta_{\bar{y}}\xi_{ij}^{n+1})^2+(\delta_{\bar{x}}\delta_{\bar{y}}\zeta_{ij}^{n+1})^2]h^2\right\}\Delta t$$

$$+\sum_{n=0}^{L}\left\{\left[\left\|K_1^{n,1/2}\delta_{\bar{x}}\xi^{n+1}\right\|^2+\left\|K_1^{n,1/2}\delta_{\bar{y}}\xi^{n+1}\right\|^2+\left\|K_3^{n,1/2}\delta_{\bar{x}}\zeta^{n+1}\right\|^2\right.\right.$$

$$\left.\left.+\left\|K_3^{n,1/2}\delta_{\bar{y}}\zeta^{n+1}\right\|^2+\left\|\phi_2^{1/2}\delta_{\bar{z}}\omega^{n+1}\right\|^2\right]\right\}\Delta t\leqslant M\{(\Delta t)^2+h^4\}.\tag{5.3.30}$$

定理 5.3.1 假定问题 (5.3.1)~(5.3.4) 的精确解满足光滑性条件: $\dfrac{\partial^2 u}{\partial t^2},\dfrac{\partial^2 v}{\partial t^2}\in L^\infty(L^\infty(\Omega_1)),u,v\in L^\infty(W^{4,\infty}(\Omega_1))\cap W^{1,\infty}(W^{1,\infty}(\Omega_1))$, $\dfrac{\partial^2 w}{\partial t^2}\in L^\infty(L^\infty(\Omega)),w\in L^\infty(W^{4,\infty}(\Omega_1))$. 采用迎风分数步长差分格式 I 的 (5.3.7)、(5.3.8) 和 (5.3.10) 逐层计算, 则下述误差估计式成立:

$$\begin{aligned}&\|u-U\|_{L^\infty(J;l^2)}+\|v-V\|_{\bar{L}^\infty(J;l^2)}+\|w-W\|_{\bar{L}^\infty(J;l^2)}+\|u-U\|_{\bar{L}^2(J;h^1)}\\&+\|v-V\|_{\bar{L}^2(J;h^1)}+\|w-W\|_{\bar{L}^2(J;h^1)}\leqslant M\left\{\Delta t+h^2\right\},\end{aligned}\tag{5.3.31}$$

此处 $\|g\|_{\bar{L}^\infty(J;X)}=\sup\limits_{n\Delta t\leqslant T}\|g^n\|_X,\|g^n\|_{\bar{L}^2(J;X)}=\sup\limits_{L\Delta t\leqslant T}\left\{\sum\limits_{n=0}^{L}\|g^n\|_X^2\Delta t\right\}^{1/2}$, M 依赖于函数 u,v,w 及其导函数.

下面讨论格式 II 的收敛性分析. 类似于格式 I 可以建立等价于 (5.3.7a′)~(5.3.8d′) 的差分方程:

$$\hat{\phi}_{1,ij}\frac{U_{ij}^{n+1}-U_{ij}^n}{\Delta t}-\left\{\left(1+\frac{h}{2}\frac{\left|a_{1,ij}^n\right|}{K_{1,ij}^n}\right)^{-1}\delta_x(K_1^n\delta_{\bar{x}})+\left(1+\frac{h}{2}\frac{\left|a_{2,ij}^n\right|}{K_{1,ij}^n}\right)^{-1}\delta_y(K_1^n\delta_{\bar{y}})\right\}U_{ij}^{n+1}$$

$$+\delta_{a_1^n,x}U_{ij}^{n+1}+\delta_{a_2^n,y}U_{ij}^{n+1}+\Delta t\left(1+\frac{h}{2}\frac{|a_{1,ij}^n|}{K_{1,ij}^n}\right)^{-1}\delta_x(K_1^n\delta_{\bar{x}}(\hat{\phi}_1^{-1}\left(1+\frac{h}{2}\frac{|a_2^n|}{K_1^n}\right)^{-1}$$

$$\times\delta_y(K_1^n\delta_{\bar{y}}U^{n+1})))_{ij}-\Delta t\left\{\left(1+\frac{h}{2}\frac{|a_{1,ij}^n|}{K_{1,ij}^n}\right)^{-1}\delta_x(K_1^n\delta_{\bar{x}}(\hat{\phi}_1^{-1}(\delta_{a_2^n,y}U^{n+1})))_{ij}\right.$$

$$\left.+\delta_{a_1^n,x}\left(\hat{\phi}_1^{-1}\left(1+\frac{h}{2}\frac{|a_2^n|}{K_1^n}\right)^{-1}\delta_y(K_1^n\delta_{\bar{y}}U^{n+1})\right)_{ij}-\delta_{a_1^n,x}(\hat{\phi}_1^{-1}\delta_{a_2^n,y}U^{n+1})_{ij}\right\}$$

$$=-K_{2,ij,N-1/2}^n\delta_{\bar{z}}W_{ij,N}^{n+1}+Q(U_{ij}^{n+1}),\quad 1\leqslant i,j\leqslant N-1,\tag{5.3.32a}$$

$$U_{ij}^{n+1}=0,\quad (x_i,y_j)\in\partial\Omega_1.\tag{5.3.32b}$$

等价于式 (5.3.10a′)~(5.3.10d′) 的差分方程:

$$\hat{\phi}_{3,ij}\frac{V_{ij}^{n+1}-V_{ij}^n}{\Delta t}-\left\{\left(1+\frac{h}{2}\frac{|b_{1,ij}^n|}{K_{3,ij}^n}\right)^{-1}\delta_x(K_3^n\delta_{\bar{x}})+\left(1+\frac{h}{2}\frac{|b_{2,ij}^n|}{K_{3,ij}^n}\right)^{-1}\delta_y(K_3^n\delta_{\bar{y}})\right\}V_{ij}^{n+1}$$

$$+\delta_{b_1^n,x}V_{ij}^{n+1}+\delta_{b_1^n,x}V_{ij}^{n+1}+\Delta t\left(1+\frac{h}{2}\frac{|b_{1,ij}^n|}{K_{3,ij}^n}\right)^{-1}\delta_x\left(K_3^n\delta_x\left(\hat{\phi}_3^{-1}\left(1+\frac{h}{2}\frac{|b_{2,ij}^n|}{K_{3,ij}^n}\right)^{-1}\right.\right.$$

$$\left.\left.\times\delta_y(K_3^n\delta_{\bar{y}}V^{n+1})\right)\right)_{ij}-\Delta t\left\{\left(1+\frac{h}{2}\frac{|b_{1,ij}^n|}{K_{3,ij}^n}\right)^{-1}\delta_x(K_3^n\delta_x(\hat{\phi}_1^{-1}(\delta_{b_2^n,y}V^{n+1})))_{ij}\right.$$

$$\left.+\delta_{b_1^n,x}(\hat{\phi}_1^{-1}\left(1+\frac{h}{2}\frac{|b_2^n|}{K_3^n}\right)^{-1}\delta_y(K_3^n\delta_{\bar{y}}V^{n+1}))_{ij}-\delta_{b_1^n,x}(\hat{\Phi}_3^{-1}\delta_{b_2^n,y}V^{n+1})_{ij}\right\}$$

$$=K_{2,ij,1/2}^n\delta_zW_{ij,0}^{n+1}+Q(V_{ij}^{n+1}),\quad 1\leqslant i,j\leqslant N-1,\tag{5.3.33a}$$

$$V_{ij}^{n+1}=0,\quad (x_i,y_j)\in\partial\Omega_1,\tag{5.3.33b}$$

方程 (5.3.8) 此时写为

$$\phi_{2,ijk}\frac{W_{ijk}^{n+1}-W_{ijk}^n}{\Delta t}=\delta_z(K_2^n\delta_{\bar{z}}W^{n+1})_{ijk},\quad 1\leqslant k\leqslant N-1,\tag{5.3.34a}$$

内边界条件:

$$W_{ij,N}^{n+1}=U_{ij}^{n+1},W_{ij,0}^{n+1}=V_{ij}^{n+1},\quad (x_i,y_j)\in\Omega_1,\tag{5.3.34b}$$

从 (5.3.32), (5.3.33) 和 (5.3.34) 式能够得到误差方程和下述误差估计:

$$\left\{\left\|\hat{\phi}_1^{1/2}\xi^{n+1}\right\|^2+\left\|\hat{\phi}_3^{1/2}\zeta^{n+1}\right\|^2+\left\|\phi_2^{1/2}\omega^{n+1}\right\|^2\right\}$$

$$-\left\{\left\|\hat{\phi}_1^{1/2}\xi^n\right\|^2+\left\|\hat{\phi}_3^{1/2}\zeta^n\right\|^2+\left\|\phi_2^{1/2}\omega^n\right\|^2\right\}$$

$$+(\Delta t)^2\left\{\left\|\hat{\phi}_1^{1/2}\xi_t^n\right\|^2+\left\|\hat{\phi}_3^{1/2}\zeta_t^n\right\|^2+\left\|\phi_2^{1/2}\omega_t^n\right\|^2\right\}+2\Delta t\left\{\left[\left\|K_1^{n,1/2}\delta_{\bar{x}}\xi_t^n\right\|^2\right.\right.$$

$$\left.\left.+\left\|K_1^{n,1/2}\delta_{\bar{y}}\xi^{n+1}\right\|^2\right]+\left[\left\|K_3^{n,1/2}\delta_{\bar{x}}\zeta^{n+1}\right\|^2+\left\|K_3^{n,1/2}\delta_{\bar{y}}\zeta^{n+1}\right\|^2\right]+\left\|\phi_2^{n,1/2}\delta_{\bar{z}}\omega^{n+1}\right\|^2\right\}$$

$$=-2\Delta t\{\langle\delta_{a_1^n,x}\xi^{n+1}+\delta_{a_2^n,y}\xi^{n+1},\xi^{n+1}\rangle+\cdots\}-2(\Delta t)^2$$

$$\left\{\left\langle\left(1+\frac{h}{2}\frac{|a_1^n|}{K_1^n}\right)^{-1}\delta_x\left(K_1^n\delta_{\bar{x}}(\hat{\phi}_1^{-1}\left(1+\frac{h}{2}\frac{|a_2^n|}{K_1^n}\right)^{-1}\delta_y(K_1^n\delta_{\bar{y}}\xi^{n+1}))\right),\xi^{n+1}\right\rangle+\cdots\right\}$$

$$+2(\Delta t)^2\left\{\left\langle\left(1+\frac{h}{2}\frac{|a_1^n|}{K_1^n}\right)^{-1}\delta_x(K_1^n\delta_{\bar{x}}(\hat{\phi}_1^{-1}\delta_{a_2^n,y}\xi^{n+1}))+\cdots,\xi^{n+1}\right\rangle\right\}$$

$$+\left\langle\left(1+\frac{h}{2}\frac{|b_1^n|}{K_3^n}\right)^{-1}\delta_x(K_3^n\delta_{\bar{x}}(\hat{\phi}_3^{-1}\delta_{b_2^n,y}\zeta^{n+1}))+\cdots,\zeta^{n+1}\right\rangle$$

$$+2\Delta t\left\{\langle Q(u^{n+1})-Q(U^{n+1}),\xi^{n+1}\rangle+\langle Q_3(v^{n+1})-Q_3(V^{n+1}),\zeta^{n+1}\rangle\right\}$$

$$+2\Delta t\left\{\langle\varepsilon_1^{n+1},\xi^{n+1}\rangle+\langle\varepsilon_3^{n+1},\zeta^{n+1}\rangle+\langle\varepsilon_2^{n+1},\omega^{n+1}\rangle\right\}. \tag{5.3.35}$$

最后, 同样可以得到相应的误差估计并建立下述收敛性定理:

定理 5.3.2 假定问题 (5.3.1)~(5.3.4) 的精确解满足光滑性条件: $\dfrac{\partial^2 u}{\partial t^2},\dfrac{\partial^2 v}{\partial t^2}\in L^\infty(L^\infty(\Omega_1)),u,v\in L^\infty(W^{4,\infty}(\Omega_1))\cap w^{1,\infty}(W^{1,\infty}(\Omega_1)),\dfrac{\partial^2 w}{\partial t^2}\in L^\infty(L^\infty(\Omega)),\ w\in L^\infty(W^{4,\infty}(\Omega))$. 采用迎风分数步差分格式 II 的 (5.3.7′), (5.3.8′), (5.3.10′) 逐层计算, 由下述误差估计式成立:

$$\|u-U\|_{\bar{L}^\infty(J;l^2)}+\|v-V\|_{\bar{L}^\infty(J;l^2)}+\|w-W\|_{\bar{L}^\infty(J;l^2)}+\|u-U\|_{\bar{L}^2(J;h^1)}$$
$$+\|v-V\|_{\bar{L}^2(J;h^1)}+\|w-W\|_{\bar{L}^2(J;h^1)}\leqslant M\left\{\Delta t+h^2\right\}. \tag{5.3.36}$$

5.3.3 一阶迎风分数步差分格式及其收敛性分析

对于一般问题的非高精度计算, 通常可采用简便的一阶分数步差分格式.

1. 迎风分数步格式 III

一阶迎风分数步差分格式为

$$(\hat{\phi}_1-\Delta t\delta_x(K_1^n\delta_{\bar{x}})+\Delta t\delta_{a_1^n,x})U_{ij}^{n+1/2}$$
$$=\hat{\phi}_{1,ij}U_{ij}^n+\Delta t\left\{-K_{2,ij,N-1/2}^n\delta_{\bar{z}}W_{ij,N}^n+Q(x_i,y_j,t^n,U_{ij}^n)\right\},\quad i_1(j)<j<j_2(i), \tag{5.3.37a}$$

$$U_{ij}^{n+1/2}=0,\quad (x_i,y_j)\in\partial\Omega_{1,h}, \tag{5.3.37b}$$

$$(\hat{\phi}_1-\Delta t\delta_y(K_1^n\delta_{\bar{y}})+\Delta t\delta_{a_2^n,y})U_{ij}^{n+1/2}=\hat{\phi}_{1,ij}U_{ij}^{n+1/2},\quad j_1(i)<j<j_2(i), \tag{5.3.37c}$$

$$U_{ij}^{n+1/2}=0,\quad (x_i,y_j)\in\partial\Omega_{1,h},\tag{5.3.37d}$$

此处, $\delta_{a_1^n,x}u_{ij}=a_{1,ij}^n[H(a_{1,ij}^n)\delta_{\bar{x}}+(1-H(a_{1,ij}^n)\delta_x)]u_{ij},\delta_{a_2^n,y}u_{ij}=a_{2,ij}^n[H(a_{2,ij}^n)\delta_{\bar{y}}+(1-H(a_{2,ij}^n))\delta_y]u_{ij},H(z)=\begin{cases}1,z\geqslant 0\\0,z<0.\end{cases}$

$$\phi_{2,ijk}\frac{W_{ijk}^{n+1}-W_{ijk}^n}{\Delta t}=\delta_z(K_2^n\delta_{\bar{z}}W^n)_{ijk},\quad 0<k<N,(i,j)\in\Omega_{1,h},\tag{5.3.38}$$

$$\begin{aligned}&(\hat{\phi}_3-\Delta t\delta_x(K_3^n\delta_{\bar{x}})+\Delta t\delta_{b_1^n,x})V_{ij}^{n+1/2}\\=&\hat{\phi}_{3,ij}U_{ij}^n+\Delta t\left\{K_{2,ij,1/2}^n\delta_zW_{ij,0}^n+Q(x_i,y_j,t^n,V_{ij}^n)\right\},\quad i_1(j)<i<i_2(j),\end{aligned}\tag{5.3.39a}$$

$$V_{ij}^{n+1/2}=0,\quad (x_i,y_j)\in\partial\Omega_{1,h},\tag{5.3.39b}$$

$$(\hat{\phi}_3-\Delta t\delta_y(K_3^n\delta_{\bar{y}})+\Delta t\delta_{b_2^n,y})V_{ij}^{n+1}=\hat{\phi}_{3,ij}V_{ij}^{n+1/2},\quad j_1(i)<j<j_2(i),\tag{5.3.39c}$$

$$V_{ij}^{n+1/2}=0,\quad (x_i,y_j)\in\Omega_{1,h},\tag{5.3.39d}$$

此处 $\delta_{b_1^n,y}v_{ij}=b_{1,ij}^n[H(b_{1,ij}^n)\delta_{\bar{x}}+(1-H(b_{1,ij}^n))\delta_x]v_{ij},\delta_{b_2^n,y}v_{ij}=b_{2,ij}^n[H(b_{2,ij}^n)\delta_{\bar{y}}+(1-H(b_{2,ij}^n))\delta_y]v_{ij}$, 计算过程和格式 I 是类似的.

2. 迎风分数步差分格式Ⅳ

一阶迎风分数步差分格式为

$$\begin{aligned}&(\hat{\phi}_1-\Delta t\delta_x(K_1^n\delta_{\bar{x}})+\Delta t\delta_{a_1^n,x})U_{ij}^{n+1/2}\\=&\hat{\phi}_{1,ij}U_{ij}^n+\Delta t\left\{-K_{2,ij,N-1/2}^n\delta_{\bar{z}}W_{ij,N}^{n+1}+Q(x_i,y_j,t^{n+1},U_{ij}^{n+1})\right\},\quad i_1(j)<i<i_2(j),\end{aligned}\tag{5.3.37a$'$}$$

$$U_{ij}^{n+1}=0,\quad (x_i,y_j)\in\partial\Omega_{1,h},\tag{5.3.37b$'$}$$

$$(\hat{\phi}_1-\Delta t\delta_y(K_1^n\delta_{\bar{y}})+\Delta t\delta_{a_2^n,y})U_{ij}^{n+1}=\hat{\phi}_{1,ij}U_{ij}^{n+1/2},\quad j_1(i)<j<j_2(i),\tag{5.3.37c$'$}$$

$$U_{ij}^{n+1/2}=0,\quad (x_i,y_j)\in\partial\Omega_{1,h},\tag{5.3.37d$'$}$$

$$\phi_{2,ijk}\frac{W_{ijk}^{n+1}-W_{ijk}^n}{\Delta t}=\delta_z(K_2^n\delta_{\bar{z}}W^{n+1})_{ijk},\quad 0<k<N,(i,j)\in\Omega_{1,h},\tag{5.3.38$'$}$$

$$\begin{aligned}&(\hat{\phi}_3-\Delta t\delta_x(K_3^n\delta_{\bar{x}})+\Delta t\delta_{b_1^n,x})V_{ij}^{n+1/2}\\=&\hat{\phi}_{3,ij}V_{ij}^n+\Delta t\left\{K_{2,ij,1/2}^n\delta_zW_{ij,0}^{n+1}+Q(x_i,y_j,t^n,V_{ij}^{n+1})\right\},\quad i_1(j)<i<i_2(j),\end{aligned}\tag{5.3.39a$'$}$$

$$V_{ij}^{n+1/2}=0,\quad (x_i,y_j)\in\partial\Omega_{1,h}, \tag{5.3.39b$'$}$$

$$(\hat{\phi}_3-\Delta t\delta_y(K_3^n)\delta_{\bar{y}})+\Delta t\delta_{b_2^n,y})V_{ij}^{n+1}=\hat{\phi}_{3,ij}V_{ij}^{n+1/2},\quad j_1(i)<j<j_2(i), \tag{5.3.39c$'$}$$

$$V_{ij}^{n+1}=0,\quad (x_i,y_j)\in\partial\Omega_{1,h}, \tag{5.3.39d$'$}$$

计算过程和格式 II 是类似的.

3. 收敛性定理

定理 5.3.3　假定问题 (5.3.1)~(5.3.4) 的精确解满足光滑性条件: $\dfrac{\partial^2 u}{\partial t^2},\dfrac{\partial^2 v}{\partial t^2}\in L^\infty(L^\infty(\Omega_1)),u,v\in L^\infty(W^{4,\infty}(\Omega_1)),\ \dfrac{\partial^2 w}{\partial t^2}\in L^\infty(L^\infty(\Omega)),w\in L^\infty(W^{4,\infty}(\Omega))$. 采用迎风分数步差分格式III, IV逐层计算, 则下述误差估计式成立:

$$\|u-U\|_{\bar{L}^\infty(J;l^2)}+\|v-V\|_{\bar{L}^\infty(J;l^2)}+\|w-W\|_{\bar{L}^\infty(J;l^2)}+\|u-U\|_{\bar{L}^2(J;h^1)}$$
$$+\|v-V\|_{\bar{L}^2(J;h^1)}+\|w-W\|_{\bar{L}^2(J;h^1)}\leqslant M\{\Delta t+h\}. \tag{5.3.40}$$

5.3.4　应用

迎风分数步差分格式除在多层地下渗流的非稳定流计算中得到应用外, 最近也应用到多层油资源运移聚集的软件系统和胜利油田资源评估中. 问题的数学模型为

$$\nabla\cdot\left(K_1\frac{k_{\mathrm{ro}}}{\mu_{\mathrm{o}}}\nabla\varphi_{\mathrm{o}}\right)+B_{\mathrm{o}}q+\left(K_2\frac{k_{\mathrm{ro}}}{\mu_{\mathrm{o}}}\frac{\partial\varphi_{\mathrm{o}}}{\partial z}\right)_{z=H}=-\phi_1\dot{s}\left(\frac{\partial\varphi_{\mathrm{o}}}{\partial t}-\frac{\partial\varphi_{\mathrm{w}}}{\partial t}\right),$$
$$X=(x,y)^{\mathrm{T}}\in\Omega_1,\quad t\in J=(0,T], \tag{5.3.41a}$$

$$\nabla\cdot\left(K_1\frac{k_{\mathrm{rw}}}{\mu_{\mathrm{w}}}\nabla\varphi_{\mathrm{w}}\right)+B_{\mathrm{w}}q+\left(K_2\frac{k_{\mathrm{rw}}}{\mu_{\mathrm{w}}}\frac{\partial\varphi_{\mathrm{w}}}{\partial z}\right)_{z=H}=\phi_1\dot{s}\left(\frac{\partial\varphi_{\mathrm{o}}}{\partial t}-\frac{\partial\varphi_{\mathrm{w}}}{\partial t}\right),\quad X\in\Omega_1,t\in J, \tag{5.3.41b}$$

$$\frac{\partial}{\partial z}\left(K_2\frac{k_{\mathrm{ro}}}{\mu_{\mathrm{o}}}\frac{\partial\varphi_{\mathrm{o}}}{\partial t}\right)=-\phi_2\dot{s}\left(\frac{\partial\varphi_{\mathrm{o}}}{\partial t}-\frac{\partial\varphi_{\mathrm{w}}}{\partial t}\right),\quad X=(x,y,z)^{\mathrm{T}}\in\Omega,t\in J, \tag{5.3.42a}$$

$$\frac{\partial}{\partial z}\left(K_2\frac{k_{\mathrm{rw}}}{\mu_{\mathrm{w}}}\frac{\partial\varphi_{\mathrm{w}}}{\partial t}\right)=\phi_2\dot{s}\left(\frac{\partial\varphi_{\mathrm{o}}}{\partial t}-\frac{\partial\varphi_{\mathrm{w}}}{\partial t}\right),\quad X\in\Omega,t\in J, \tag{5.3.42b}$$

$$\nabla\cdot\left(K_3\frac{k_{\mathrm{ro}}}{\mu_{\mathrm{o}}}\nabla\varphi_{\mathrm{o}}\right)+B_{\mathrm{o}}q-\left(K_2\frac{k_{\mathrm{ro}}}{\mu_{\mathrm{o}}}\frac{\partial\varphi_{\mathrm{o}}}{\partial z}\right)_{z=0}=-\phi_3\dot{s}\left(\frac{\partial\varphi_{\mathrm{o}}}{\partial t}-\frac{\partial\varphi_{\mathrm{w}}}{\partial t}\right),$$
$$X=(x,y)^{\mathrm{T}}\in\Omega_1,t\in J. \tag{5.3.43a}$$

$$\nabla\cdot\left(K_3\frac{k_{\mathrm{rw}}}{\mu_{\mathrm{w}}}\nabla\varphi_{\mathrm{w}}\right)+B_{\mathrm{w}}q-\left(K_2\frac{k_{\mathrm{rw}}}{\mu_{\mathrm{w}}}\frac{\partial\varphi_{\mathrm{w}}}{\partial z}\right)_{z=0}=\phi_3\dot{s}\left(\frac{\partial\varphi_{\mathrm{o}}}{\partial t}-\frac{\partial\varphi_{\mathrm{w}}}{\partial t}\right),\quad X\in\Omega_1,t\in J. \tag{5.3.43b}$$

应用本节的计算方法, 对胜利油田运移聚集的实际问题进行了数值模拟, 结果符合油水运移聚集规律, 可清晰地看到油在下层运移聚集的情况, 并由中间层进一步运移到上层, 最后形成油藏的全过程, 其成藏位置基本上和实际油田的位置一致.

5.4 动边值问题的迎风差分方法

5.4.1 油水渗流动边值问题的修正迎风差分方法

问题的数学模型是一组非线性抛物型耦合偏微分方程组的动边值问题 [1~4]:

$$d(c)\frac{\partial p}{\partial t}+\nabla\cdot\boldsymbol{u}=Q(X,t),\quad X=(x_1,x_2)^{\mathrm{T}}\in\Omega(t),t\in J=(0,T],\tag{5.4.1a}$$

$$\boldsymbol{u}=-a(c)\nabla p,\quad X\in\Omega(t),t\in J,\tag{5.4.1b}$$

$$\varphi\frac{\partial c}{\partial t}+b(c)\frac{\partial p}{\partial t}+\boldsymbol{u}\cdot\nabla c-\nabla\cdot(D\nabla c)=f(X,t,c),\quad X\in\Omega(t),t\in J,\tag{5.4.2}$$

方程 (5.4.1a), (5.4.1b) 是流动方程, p 为地层压力, u 是达西速度, 均为待求函数, $a(c)$ 是地层的渗透率, $d(c)$, $a(c)$ 均为正定函数, $Q(X,\,t)$ 是产量项. 方程 (5.4.2) 是饱和度函数, 亦为待求函数. $\varphi(X,t)$ 是地层孔隙度, $D(X,\,t)$ 是扩散系统, φ,D 亦均为正定函数 [2,5]. 这里 $\Omega(t)=\{X\,|s_1(x_2,t)\leqslant x_1\leqslant s_2(x_2,t),0\leqslant x_2\leqslant L_0(t);\,t\in J\},s_i(x_2,t)$ $(i=1,2)$ 和 $L_0(t)$ 是已知函数, 对于 $t\in J$ 具有一阶连续的导函数, 如图 5.4.1 所示, 记号 $\nabla=\left(\dfrac{\partial}{\partial x_1},\dfrac{\partial}{\partial x_2}\right)^{\mathrm{T}}$.

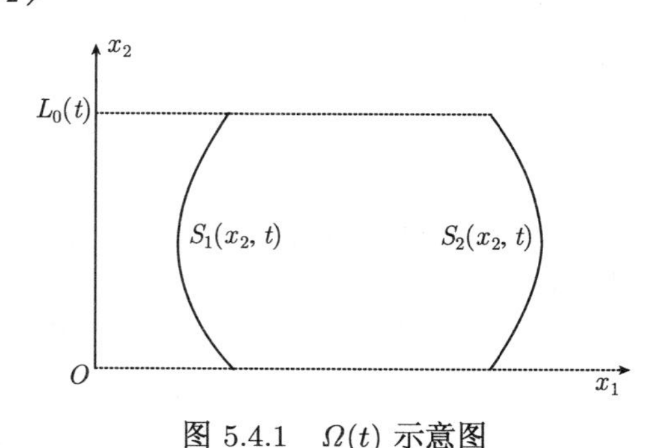

图 5.4.1 $\Omega(t)$ 示意图

定压边界条件:

$$p(X,t)=e(X,t),c(X,t)=r(x,t),\quad X\in\partial\Omega(t),t\in J,\tag{5.4.3}$$

此处 $\partial\Omega(t)$ 是 $\Omega(t)$ 的边界曲线.

初始条件:

$$p(X,0)=p_0(X),c(X,0)=c_0(X),\quad X\in\Omega(0).\tag{5.4.4}$$

可压缩、相混溶渗流驱动问题, 其中关于压力方程是抛物型方程, 饱和度方程是对流–扩散方程. 由于以对流为主的扩散方程具有很强的双曲特性, 应用中心差分格式, 虽然关于空间步长具有二阶精确度, 但会产生数值弥散和非物理特征的数值振荡, 使数值模拟失真. 问题的另一困难在于能源和环境科学要计算的是高维、大规模、超长时间的问题, 其节点个数多达数万乃至数十万个, 模拟时间长达数千万年, 一般方法难以解决, 需要分数步技术将高维问题化为连续解几个一维问题, 才能解决 [4,5].

对平面不可压缩两相渗流驱动问题, 在问题的周期性假定下, J.Douglas, Jr., R.E.Ewing, M.F.Wherler, T.F.Russell 等提出特征差分方法和特征有限元法, 并给出误差估计 [6,15,20]. 他们将特征线方法和标准的有限差分方法或有限元方法相结合, 真实地反映出对流–扩散方程的一阶双曲特性, 减少截断误差. 克服数值振荡和弥散, 大大提高计算的稳定性和精确度. 对可压缩渗流驱动问题, Douglas 等同样在周期性假定下提出二维可压缩渗流驱动问题的 "微小压缩" 数学模型、数值方法和分析 [1~3], 开创了现代数值模型这一新领域 [4]. 我们去掉周期性的假定, 给出新的修正特征差分格式和有限元格式, 并得到最佳的 l^2 模误差估计 [11,25,26]. 由于特征线法需要进行插值计算, 并且特征线在求解区域边界附近可能穿出边界, 需要作特殊处理, 特征线与网格边界交点及其相应的函数值需要计算, 这样在算法设计时, 对靠近边界的网格点需要判断其特征线是否越过边界, 从而确定是否需要改变时间步长, 因此实际计算还是比较复杂的 [27,28].

对抛物型问题, O.Axelsson, R.E.Ewing, R.D.Lazarov 等提出迎风差分格式 [21,22,27] 来克服数值解的振荡, 同时避免特征差分方法在对靠近边界网点的计算复杂性. 虽然 Douglas、Peaceman 曾用此方法于不可压缩油水二相渗流驱动问题, 并取得了成功 [7]. 但在理论分析时出现实质性困难, 他们用 Fourier 分析方法仅能对常系数的情形证明稳定性和收敛性的结果, 此方法不能推广到变系数的情况 [8,9]. 我们从生产实际出发, 对可压缩渗流驱动的一般形式动边值问题, 提出一类修正迎风分数步差分格式, 该格式既可克服数值振荡和弥散, 同时将高维问题化为连续解几个一维问题, 大大减少计算工作量, 使工程实际计算成为可能. 且将空间的计算精度提高到二阶. 应用区域变换、变分形式、能量方法、差分算子乘积交替性理论、高阶差分算子的分解、微分方程先验估计和特殊的技巧, 得到了最佳 l^2 模误差估计 [4,28~30]. 该方法已成功地应用到油资源评估和运移聚集的数值模拟中. 详细的讨论和分析可参阅论文 [31~33].

5.4.2　多层渗流方程动边值问题的差分方法

在多层地下渗流驱动问题的非稳定流计算中, 当第 1、第 3 层近似地认为水平流动, 而置于它们中间较薄的层 (弱渗透层) 仅有垂直流动时, 其厚度近似的认为是不变的, 需要求解下述一类多层对流–扩散耦合系统的动边值问题 [4,16~19]:

$$\phi_1(x_1,x_2)\frac{\partial v}{\partial t}+\boldsymbol{a}(x_1,x_2,t)\cdot\nabla u-\nabla\cdot(K_1(x_1,x_2,t)\nabla u)+K_2(x_1,x_2,x_3,t)\left.\frac{\partial w}{\partial z}\right|_{x_3=H}$$

$$=Q_1(x_1,x_2,t,u),\quad (x_1,x_2)^{\mathrm{T}}\in\Omega(t),t\in J=(0,T],\tag{5.4.5a}$$

$$\phi_1(x_1,x_2,x_3)\frac{\partial w}{\partial t}=\frac{\partial}{\partial x_3}\left(K_2(x_1,x_2,x_3,t)\frac{\partial w}{\partial x_3}\right),\quad (x_1,x_2,x_3)^{\mathrm{T}}\in\textcircled{H}(t),t\in J,\tag{5.4.5b}$$

$$\phi_3(x_1,x_2)\frac{\partial v}{\partial t}+\boldsymbol{b}(x_1,x_2,t)\cdot\nabla v-\nabla\cdot(K_3(x_1,x_2,t)\nabla v)-K_2(x_1,x_2,x_3,t)\left.\frac{\partial w}{\partial x_3}\right|_{x_3=0}$$

$$=Q_3(x_1,x_2,t,v),\quad (x_1,x_2)^{\mathrm{T}}\in\Omega(t),t\in J,$$

此处 $\Omega(t)=\{(x_1,x_2)|s_1(x_2,t)\leqslant x_1\leqslant s_2(x_2,t),0<x_2\leqslant L_0(t)t\in J\}$, $\textcircled{H}(t)=\{(x_1,x_2,x_3)|s_1(x_2,t)\leqslant x_1\leqslant s_2(x_2,t),0\leqslant x_2\leqslant L_0(t),0\leqslant x_3\leqslant H,t\in J\}$, $\partial\Omega(t)$, $\partial\textcircled{H}(t)$ 分别为 $\Omega(t)$ 和 $\textcircled{H}(t)$ 的边界. $s_i(x_2,t)(i=1,2)$ 和 $L_0(t)$ 是已知函数, 对 $t\in J$ 具有一阶连续的导函数, 如图 5.4.2 所示.

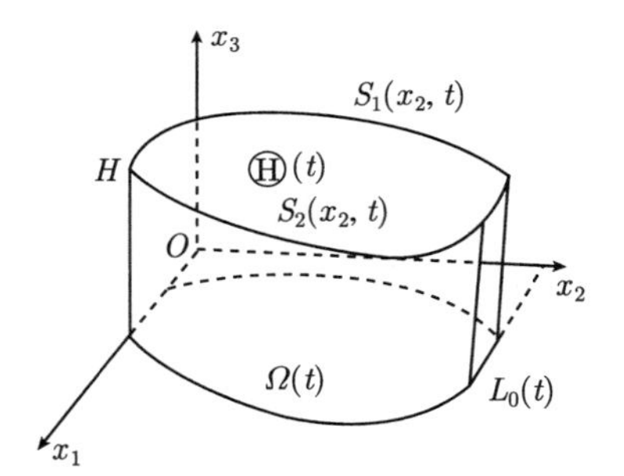

图 5.4.2　区域 $\Omega(t)$、$\textcircled{H}(t)$ 示意图

初始条件:

$$\begin{aligned}u(x_1,x_2,0)&=\psi_1(x_1,x_2),\quad (x_1,x_2)^{\mathrm{T}}\in\Omega(0),\\ w(x_1,x_2,x_3,0)&=\psi_2(x_1,x_2,x_3),\quad (x_1,x_2,x_3)^{\mathrm{T}}\in\textcircled{H}(0),\\ v(x_1,x_2,0)&=\psi_3(x_1,x_2),\quad (x_1,x_2)^{\mathrm{T}}\in\Omega(0).\end{aligned}\tag{5.4.6}$$

边界条件是第一型的:

$$u(x_1,x_2,t)|_{\partial\Omega(t)}=0,w\ (x_1,x_2,x_3,t)|_{(x_1,x_2)^{\mathrm{T}}\in\partial\Omega(t),x_3\in(0,H)}=0,$$

$$v\ (x_1,x_2,t)|_{\partial\Omega(t)}=0,\tag{5.4.7a}$$

$$w(x_1,x_2,x_3,t)|_{x_3=H}=u\ (x_1,x_2,t),w(x_1,x_2,x_3,t)|_{x_3=0}=v(x_1,x_2,t),$$

$$(x_1,x_2)^{\mathrm{T}}\in\Omega(t).\tag{5.4.7b}$$

(内边界条件)

在渗流力学中, 待求函数 u, w, v 为位势函数, $\nabla u, \nabla v, \dfrac{\partial w}{\partial x_3}$ 为达西速度, $\phi_a(\alpha = 1,2,3)$ 为孔隙度函数, $K_1(x_1,x_2,t), K_2(x_1,x_2,x_3,t)$ 和 $K_3(x_1,x_2,t)$ 为渗透率函数, $\boldsymbol{a}(x_1,x_2,t) = (a_1(x_1,x_2,t), a_2(x_1,x_2,t))^{\mathrm{T}}$, $\boldsymbol{b}(x_1,x_2,t) = (b_1(x_1,x_2,t), b_2(x_1,x_2,t))^{\mathrm{T}}$ 为相应的对流系数, $Q_1(x_1,x_2,t,u)$, $Q_3(x_1,x_2,t,v)$ 为产量项.

对于对流—扩散问题已有 Douglas 和 Russell 的著名特征差分方法 [6,20], 它克服经典方法可能出现数值解得振荡和失真 [4,7,34,35], 解决了用差分方法处理以对流为主的问题. 但特征差分方法有着处理边界条件带来的计算复杂性 [4,6], Ewing, Lazarov 等提出用迎风差分格式来解决这类问题 [21,22,33]. 为解决大规模科学与工程计算 (节点个数可多达数万乃至数千万个) 需要采用分数步技术, 将高维问题化为连续解几个一维问题的计算 [5,7,23]. 我们从油气资源勘探、开发和地下水渗流计算的实际问题出发, 研究多层地下渗流耦合系统动边值问题的非稳定渗流计算, 提出适合并行计算迎风差分格式, 利用区域变换、变分形式、能量方法、二维和三维格式的配套、隐显格式的相互结合, 差分算子乘积交换性、高阶差分算子的分解、先验估计的理论和技巧, 得到收敛性的 l^2 模误差估计, 对于简化的情况, 即将问题近似认为是固定区域的情况, 我们已有初步成果 [36,37]. 但由于油田勘探的深入发展, 需要寻找 "土豆块闭圈" 中小型油田, 油田勘探的数值模拟需要向精细化、并行化发展, 模拟步长要求百米尺度, 模拟时间长达 2500 万 ~3000 万年, 需要考虑动边值问题的真实情形. 该方法已成功地应用到多层油资源运移聚集精细数值模拟计算和工程实践中. 详细的讨论和分析可参阅论文 [39,40].

参 考 文 献

[1] Douglas J Jr, Roberts J E. Numerical method for a model for compressible miscible displacement in porous media.Math Comp,1983, 164: 441~459.

[2] 袁益让. 多孔介质中可压缩、可混溶驱动问题的特征有限元方法. 计算数学, 1992, 4: 385~406.

[3] 袁益让. 多孔介质中可压缩、可混溶驱动问题的差分方法. 计算数学, 1993, 1: 16~28.

[4] Ewing R E.The Mathematics of Reservoir Simulation.Philadelphia: SIAM Press, 1983.

[5] Marchuk G I. Splitting and alternating direction methods. In: Ciarlet P G, Lions J L, eds. Handbook of Numerical Analysis. Paris: Elsevior Science Publishers B V, 1990: 197~460.

[6] Douglas Jr J. Finite difference methods for two-phase incompressible flow in porous media. SIAM J. Numer. Anal., 1983, 4: 681~696.

[7] Peaceman D W. Fudamental of Numerical Reservoir Simulation. Amsterdam: Elsevier, 1980.

[8] Douglas Jr J, Gunn J E. Two order correct difference analogues for the equation of

multidimensional heat flow. Math Comp, 1963, 81: 71~80.

[9] Douglas Jr J, Gunn J E. A general formulation of alternating direction methods. Parabolic and Hyperbolic problems. Numer Math, 1964, 5: 428~453.

[10] 袁益让, 王文洽, 赵卫东等. 油气资源数值模拟系统的数值方法及软件//CSIAM'1996 论文集. 上海: 复旦大学出版社, 1996, 576~580.

[11] 袁益让. 油藏数值模拟中动边值问题的特征差分方法. 中国科学 (A 辑), 1994, 10: 1029~1036.

Yuan Y R. The characteristic finite difference methods for enhanced oil recovery simulation and L^2 estimates. Science of China (Serices A), 1993, 11: 1296~1307.

[12] 袁益让. 强化采油数值模拟的特征差分方法和 l^2 估计. 中国科学, A 辑, 1993, 8: 801~810.

Yuan Y R. Characteristic finite difference methods for moving boundary value problem of numerical simulation of oil deposit. Science in China (Serices A), 1994, 3: 276~288.

[13] Ungerer P. 盆地评价: 热传递、流体流动、烃类生成、运移的综合模拟. 国外油气勘探, 1991, 2: 1~12.

[14] Ungerer P. 盆地评价: 热传递、流体流动、烃类生成、运移的综合模拟. 国外油气勘探, 1991, 3: 18~32.

[15] Ewing R E, Russell T F, Wheeler M F. Convergence analysis of an approximation miscible diplacement in porous media by mixed finite elements and a modified of characteristics. Comp Mech Eng, 1984, 1-2: 73~92.

[16] Bredehoeft J D, Pinder G F. Digital analysis of areal flow in multiaquifer groundwater systems: A quasi-three-dimensional model. Water Resources, 1970, 3: 883~888.

[17] Don W, Emil O F. An iterative quasi-three-dimensional finite element model for heterogeneous multiaquifer systems. Water Resources Research, 1978, 5: 943~952.

[18] Ungerer P, Dolyiez B, Chenet P Y, et al.. Migration of hydrocarbon in sedimentary basins. Doliges B, ed. Editions Techniq, Paris, 1987: 414~455.

[19] Ungerer P. Fluid flow, hydrocarbon gereration and migration. AAPG Bull., 1990, 3: 309~335.

[20] Douglas Jr J, Russell T F.Numerical method for convection-dominated diffusion problems based on combining the method of characteristics with finite element or finite difference procedures. SIAM J Numer. Anal., 1982, 5: 871~885.

[21] Ewing R E, Lazarov R D, Vassilevski A T. Finite difference scheme for paraolic problems on a composite grids with refinement in time and space for parabolic problems. SIAM J. Numer. Anal., 1994, 6: 1605~1622.

[22] Lazarov R D, Mischev I D, Vassilevski P S. Finite volume methods for convection-diffusion prolems.SIAM J. Numer. Anal., 1996, 1: 31~55.

[23] 袁益让. 可压缩两相驱动问题的分散步长特征差分格式. 中国科学 (A 辑), 1998, 10: 893~902.

Yuan Y R. The characteristic finite difference fractional steps method for compressible two-phase displacement problem. Science in China (Serices A), 1999, 1: 48～57.

[24] 萨马尔斯基 A A, 安德烈耶夫 B B. 椭圆形方程差分方法. 北京：科学出版社, 1984.

[25] 袁益让. 三维动边值问题的特征混合元方法和分析. 中国科学 (A 辑), 1996, 1: 11～22.
Yuan Y R. The characteristic mixed finite element method and analysis for a 3-dimensional moving boundary value problem. Science in China (Serices A), 1996, 3: 276～288.

[26] 袁益让. 三维热传导型半导体问题的差分方法和分析. 中国科学 (A 辑), 1996, 11: 973～983.
Yuan Y R. Finite difference method and analysis for three-dimensional semiconductor device of heat conduction. Science in China (Serices A), 1996, 11: 1140～1151.

[27] Axelsson O, Gustafasson I. A modified upwind scheme for convective transport equations and the use of a conjugate gradient method for the solution of non-symmetric system of equation. J. Inst. Maths. Applics, 1979, 23: 321～337.

[28] Ewing R E. Mathemetical modeling and simulation for multiphase flow in porous media. In Numerical Treatment of Multiphase Flows in Porous Media, Lecture Notes in Physics, Vol.1552. New Yock: Springer, 2000, 43～57.

[29] Yuan Y R, Han Y J. Numerical simulation of migration-accumulation of oil resources, Comput. Geosi., 2008, 12: 153～162.

[30] 袁益让, 韩玉笈. 三维油资源渗流力学运移聚集的大规模数值模拟和应用. 中国科学 (G 辑), 2008, 11: 1582～1600.
Yuan Y R, Han Y J. Numerical simulation of three-dimensional oil resources migration-accumulation of fluid dynamics in porous. Science in China (Serices G), 2008, 8: 1144～1163.

[31] 袁益让, 李长峰, 杨成顺等. 油水渗流动边值问题的迎风差分方法. 应用数学和力学, 2009, 11: 1281～1294.
Yuan Y R, Li C F, Yang C S, et al.. Upwind finite difference method for miscible oil and water displacement problem with moving boundary values. Applied Mathematics & Mechanics (English Edition), 2009, 11: 1365～1378.

[32] Yuan Y R. The upwind finite difference fractional steps methods for two-plase compressible flow in porous media. Numer.Meth.for P.D.E., 2002, 1: 67～88.

[33] 袁益让. 压缩两相驱动问题的迎风差分格式及其理论分析. 应用数学学报, 2002, 3: 484～496.

[34] Bermudez A, Nogueiras M R, Vazquez C. Numerical analysis of convection-diffusion-reaction prolem with higher order characteristics/finite elements. Part I: time discretization, SIAM J. Numer. Anal., 2006, 5: 1892～1853.

[35] Bermudez A, Nogueiras M R, Vazquez C. Numerical analysis of convection-diffusion-reaction prolem with higher order characteristics/finite elements. Part II: fully dis-

cretization, SIAM J. Numer. Anal., 2006, 5: 1854～1876.

[36] 袁益让. 多层渗流方程组合系统的迎风分数步长差分方法和应用. 中国科学 (A 辑), 2001, 9: 791～806.

Yuan Y R. The upwind finite difference fractional steps method for combinatorial system of dynamics of fluids in porous media and its application. Science in China (Serices A), 2002, 5: 578～593.

[37] 袁益让. 三维非线性多层渗流方程耦合系统的差分方法. 中国科学 (A 辑), 2005, 12: 1397～1423.

Yuan Y R. The finite difference method for the three-dimensional nonlinear coupled system of dynamics of fluids in porous media. Science in China (Series A), 2006, 2: 185～212.

[38] Yuan Y R. The upwind finite difference fractional steps methods for nonlinear coupled system. Numer. Meth. For P. D. E., 2007, 1: 1037～1058.

[39] Yuan Y R. The upwind finite difference method for moving boundary value problem of coupled system. Acta Mathematica Scientia, 2011, 3: 857～881.

[40] 袁益让. 三维渗流耦合系统动边值问题迎风差分方法的理论和应用. 中国科学：数学, 2010, 2: 103～126.

《信息与计算科学丛书》已出版书目

1 样条函数方法 1979.6 李岳生 齐东旭 著
2 高维数值积分 1980.3 徐利治 周蕴时 著
3 快速数论变换 1980.10 孙 琦等 著
4 线性规划计算方法 1981.10 赵凤治 编著
5 样条函数与计算几何 1982.12 孙家昶 著
6 无约束最优化计算方法 1982.12 邓乃扬等 著
7 解数学物理问题的异步并行算法 1985.9 康立山等 著
8 矩阵扰动分析 1987.2 孙继广 著
9 非线性方程组的数值解法 1987.7 李庆扬等 著
10 二维非定常流体力学数值方法 1987.10 李德元等 著
11 刚性常微分方程初值问题的数值解法 1987.11 费景高等 著
12 多元函数逼近 1988.6 王仁宏等 著
13 代数方程组和计算复杂性理论 1989.5 徐森林等 著
14 一维非定常流体力学 1990.8 周毓麟 著
15 椭圆边值问题的边界元分析 1991.5 祝家麟 著
16 约束最优化方法 1991.8 赵凤治等 著
17 双曲型守恒律方程及其差分方法 1991.11 应隆安等 著
18 线性代数方程组的迭代解法 1991.12 胡家赣 著
19 区域分解算法——偏微分方程数值解新技术 1992.5 吕 涛等 著
20 软件工程方法 1992.8 崔俊芝等 著
21 有限元结构分析并行计算 1994.4 周树荃等 著
22 非数值并行算法(第一册)模拟退火算法 1994.4 康立山等 著
23 矩阵与算子广义逆 1994.6 王国荣 著
24 偏微分方程并行有限差分方法 1994.9 张宝琳等 著
25 非数值并行算法(第二册)遗传算法 1995.1 刘 勇等 著
26 准确计算方法 1996.3 邓健新 著
27 最优化理论与方法 1997.1 袁亚湘 孙文瑜 著
28 黏性流体的混合有限分析解法 2000.1 李 炜 著
29 线性规划 2002.6 张建中等 著
30 反问题的数值解法 2003.9 肖庭延等 著
31 有理函数逼近及其应用 2004.1 王仁宏等 著
32 小波分析·应用算法 2004.5 徐 晨等 著
33 非线性微分方程多解计算的搜索延拓法 2005.7 陈传淼 谢资清 著
34 边值问题的Galerkin有限元法 2005.8 李荣华 著
35 Numerical Linear Algebra and Its Applications 2005.8 Xiao-qing Jin, Yi-min Wei
36 不适定问题的正则化方法及应用 2005.9 刘继军 著

37 Developments and Applications of Block Toeplitz Iterative Solvers 2006.3 Xiao-qing Jin

38 非线性分歧：理论和计算 2007.1 杨忠华 著

39 科学计算概论 2007.3 陈传淼 著

40 Superconvergence Analysis and a Posteriori Error Estimation in Finite Element Methods 2008.3 Ningning Yan

41 Adaptive Finite Element Methods for Optimal Control Governed by PDEs 2008.6 Wenbin Liu Ningning Yan

42 计算几何中的几何偏微分方程方法 2008.10 徐国良 著

43 矩阵计算 2008.10 蒋尔雄 著

44 边界元分析 2009.10 祝家麟 袁政强 著

45 大气海洋中的偏微分方程组与波动学引论 2009.10 〔美〕Andrew Majda 著

46 有限元方法 2010.1 石钟慈 王 鸣 著

47 现代数值计算方法 2010.3 刘继军 编著

48 Selected Topics in Finite Elements Method 2011.2 Zhiming Chen Haijun Wu

49 交点间断 Galerkin 方法：算法、分析和应用 〔美〕Jan S. Hesthaven T. Warburton 著 李继春 汤涛 译

50 Computational Fluid Dynamics Based on the Unified Coordinates 2012.1 Wai-How Hui Kun Xu

51 间断有限元理论与方法 2012.4 张 铁 著

52 三维油气资源盆地数值模拟的理论和实际应用 2013.1 袁益让 韩玉笈 著